国家林业和草原局普通高等教育"十三五"规划教材

刨花板制造学

唐忠荣　编著
吴义强　主审

中国林业出版社

内 容 简 介

本书按刨花板制造的工艺过程分为绪论、生产原材料、刨花制造、干燥、刨花分选与加工、施胶、板坯铺装与处理、热压、后期处理与加工9章，全面论述了刨花板制造的原理、方法和技术进步。践行层次清楚、重点突出、教学方便、知识系统、内容先进的原则，从基础理论、工艺技术及生产设备三个方面逐层讨论，强调理论基础和工艺技术理论，并从工艺角度介绍了设备的相关知识，深入浅出，易于掌握。又以其他木材刨花板、无机胶凝刨花板、非木材植物刨花板、刨花板车间工艺设计共4章作为选讲内容进行补充教学，构建了刨花制造理论的完整体系。

图书在版编目(CIP)数据

刨花板制造学 / 唐忠荣编著. —北京：中国林业出版社，2019.2(2024.1重印)
国家林业和草原局普通高等教育"十三五"规划教材
ISBN 978-7-5038-9954-6

Ⅰ.①刨… Ⅱ.①唐… Ⅲ.①刨花板–制板工艺–高等学校–教材 Ⅳ.①TS653.5

中国版本图书馆 CIP 数据核字(2019)第 023693 号

国家林业和草原局生态文明教材及林业高校教材建设项目

中国林业出版社·教育分社

策划编辑：杜 娟　　责任编辑：杜 娟　孙源璞
电　话：(010)83143553　　传　真：(010)83143516

出版发行	中国林业出版社(100009　北京市西城区德内大街刘海胡同7号)
	E-mail：jiaocaipublic@163.com　　电话：(010)83143500
	http://lycb.forestry.gov.cn
经　销	新华书店
印　刷	北京中科印刷有限公司
版　次	2019年2月第1版
印　次	2024年1月第2次印刷
开　本	850mm×1168mm　1/16
印　张	20.75
字　数	477千字
定　价	58.00元

未经许可，不得以任何方式复制或抄袭本书之部分或全部内容。

版权所有　侵权必究

前　言

刨花板是一种绿色资源产品，广泛应用于家具家饰、建筑建造和运输等行业，与人们日常生活紧密相联，与社会发展同步并行。进入21世纪以来，我国刨花板工艺技术和设备技术逐渐与世界先进水平接轨，普通刨花板、均质刨花板和定向刨花板得到了快速发展，秸秆水泥刨花板也得到了重视，品种多样，品质优良，产量稳步上升，规模企业不断呈现，产业已步入了快速健康发展的轨道。刨花板制造是工艺技术、设备技术、自动控制技术和管理技术等的集合。自20世纪80年代中期"引进、吸收和消化"以来，刨花板工业在工艺技术、设备制造及管理水平等方面跃上了一个新台阶。刨花板领域的众多专家和学者在刨花板制造理论研究和实践应用方面取得了突破性进展。

本教材基于作者30余年在刨花板制造领域的生产实践经验和教学科研思想，承载着同行学者及前辈们的学术成就，全面呈现新知识、新技术、新工艺和新产品的时代精髓。全书按照刨花板制造的工艺过程分为绪论、生产原材料、刨花制造、干燥、刨花加工、调胶施胶、铺装与预压、热压、素板处理与后期加工共9章，阐述了刨花板制造的相关知识，并以其他木材刨花板、无机胶凝刨花板和非木材植物刨花板共3章进行补充，以求达到多而不乱，重点突出，逻辑清楚，层次分明的目的。最后一章为车间工艺设计，让学生进一步系统深入了解刨花板的生产工艺和工艺设计过程，以便为企业技术改造和新线建设提供知识储备。章节内容按照基础理论、工艺知识、设备技术三个层面进行介绍，强调基础理论，辅以设备技术，以便教学过程根据教学实际情况选择教学内容。

本书编著过程中参阅了国内外相关文献，引用了许多珍贵的数据和资料，在此向这些论文著作的作者表示衷心感谢！承蒙中南林业科技大学林业工程学科及湖南省教育厅重点项目的支持，承蒙中南林业科技大学木材科学与技术教研室全体同仁的关心，承蒙中南林业科技大学吴义强教授审稿，借此一并表示感谢！

由于本书涉及技术面较广，生产实践性较强，囿于作者知识水平，书中难免存在疏漏与不足之处，恳请广大读者批评指正。

唐忠荣
2018年10月

目 录

前言

第1章 绪论 ………………………………………………………………………… 1
  1.1 刨花板的工业进程 …………………………………………………………… 2
  1.2 刨花板的分类及命名 ………………………………………………………… 5
  1.3 刨花板产品性能及特点 ……………………………………………………… 9
  1.4 刨花板生产工艺流程 ………………………………………………………… 15

第2章 生产原料及其性质 …………………………………………………………… 19
  2.1 原料种类及资源 ……………………………………………………………… 19
  2.2 木材原料的性质与应用 ……………………………………………………… 21
  2.3 原料处理及贮存运输 ………………………………………………………… 33

第3章 刨花制造 ……………………………………………………………………… 37
  3.1 刨花形态 ……………………………………………………………………… 37
  3.2 刨花制造方法 ………………………………………………………………… 40
  3.3 刨花制造设备及选用 ………………………………………………………… 42
  3.4 木片与刨花的贮存输送 ……………………………………………………… 59

第4章 刨花干燥 ……………………………………………………………………… 66
  4.1 干燥理论 ……………………………………………………………………… 66
  4.2 刨花干燥工艺 ………………………………………………………………… 72
  4.3 刨花干燥设备 ………………………………………………………………… 79

第5章 刨花分选与加工 ……………………………………………………………… 93
  5.1 刨花分选 ……………………………………………………………………… 93
  5.2 刨花再碎 ……………………………………………………………………… 99

第6章 施胶 …………………………………………………………………………… 104
  6.1 胶液调配 ……………………………………………………………………… 104
  6.2 施胶工艺 ……………………………………………………………………… 113
  6.3 施胶方法与设备 ……………………………………………………………… 119

第7章 板坯铺装与处理 ... 125
7.1 铺装工艺要求 ... 125
7.2 铺装方法 ... 127
7.3 铺装设备 ... 132
7.4 板坯输送 ... 147
7.5 板坯处理 ... 150
7.6 板坯的在线监控 ... 158

第8章 热压 ... 162
8.1 热压基本理论 ... 162
8.2 热压工艺 ... 183
8.3 热压设备 ... 191

第9章 后期处理与加工 ... 213
9.1 冷却与调质处理 ... 213
9.2 裁边分割 ... 215
9.3 砂光 ... 222
9.4 除醛处理 ... 228
9.5 板材运输 ... 231
9.6 分等入库 ... 232

第10章 特殊结构刨花板(选讲) ... 234
10.1 定向结构刨花板 ... 234
10.2 均质刨花板 ... 248
10.3 华夫结构刨花板 ... 251
10.4 模压刨花板 ... 254

第11章 无机胶凝刨花板(选讲) ... 258
11.1 水泥刨花板 ... 258
11.2 石膏刨花板 ... 267
11.3 其他无机胶黏刨花板 ... 275

第12章 非木材植物刨花板(选讲) ... 278
12.1 非木材植物刨花板的性能与发展 ... 278
12.2 非木材植物纤维原料 ... 280
12.3 非木材植物刨花板的生产工艺特点 ... 286

第13章 刨花板车间工艺设计（选讲） ………………………………………… 296
13.1 概述 ……………………………………………………………………… 296
13.2 生产大纲 ………………………………………………………………… 298
13.3 生产工艺设计 …………………………………………………………… 298
13.4 生产能力确定 …………………………………………………………… 299
13.5 原辅材料消耗计算 ……………………………………………………… 301
13.6 设备选型 ………………………………………………………………… 309
13.7 车间设计布置 …………………………………………………………… 311
13.8 动力部分 ………………………………………………………………… 314
13.9 车间定员 ………………………………………………………………… 315
13.10 生产技术指标 …………………………………………………………… 315
13.11 设计说明书内容及格式要求 …………………………………………… 317

参考文献 …………………………………………………………………………… 320

第 1 章

绪 论

[**本章提要**] 刨花板是一种绿色低碳的可再生资源产品,是人造板的主要品种之一,具有资源广、品种全、用途多等特点。本章主要阐述了刨花板的定义、发展历程及发展趋势,产品的命名原则及分类方法;系统地叙述了刨花板的基本性能及特点,刨花板制造的基本流程及作用,并结合生产实际介绍了典型的普通刨花板生产工艺流程;同时介绍了刨花板生产的供热方法及设备。

刨花板是以木材或非木材植物纤维为原料,经专门设备加工成刨花或碎料,施加一定量的胶黏剂和添加剂,再经铺装、热压而制成的一种板材,是三大人造板产品之一。但从广义的角度来说,一切以木材或非木材植物纤维质的刨花或碎料为基本构成单元制成的板材或型材都属于刨花板范畴。

根据刨花板的定义,其内容包括了以下几方面的含义:

1. 原材料种类

植物资源包括木本植物、草本植物和藤本植物 3 大类,其中主要以木本植物中的乔木为主,其次为草本植物中的竹材,再次为农作物秸秆。此外,灌木、藤及农作物果壳利用相对较少。

2. 单元特征

构成刨花板的刨花或碎料依然保持了原料的基本属性。由于刨花形态差异,板坯的排列方式也不尽相同,其产品主要有普通结构刨花板、定向结构刨花板和华夫板等。

3. 刨花结合

刨花之间的结合主要以有机胶黏剂作为黏合剂将刨花进行粘结,其主要有脲醛树脂胶黏剂、酚醛树脂胶黏剂及异氰酸酯胶黏剂等,其中主要为脲醛树脂胶黏剂。此外,刨花还可与水泥或石膏复合制成无机胶凝材料,或通过物理、化学方法使刨花间自身结合。

4. 热压胶合

刨花的胶合必须对板坯进行加热加压,以保证单元间的充分接触,减少间隙,形成一定的规则形状。一般为了缩短热压周期,改善胶合质量,一般采用热压成型方法,但对于水泥石膏刨花板多采用冷压方法。

总之,刨花板是一种绿色低碳的可再生资源产品,已广泛应用于家具制造、室内装饰、建筑构件、建设模板、汽车内装、纺织包装及航空座椅等领域。刨花板工业的快速发展不但可为人们现代生活需求提供有力的物质保障,缓解优质木材资源短缺的资源矛盾,同时也可有效地推动工业人工林的迅猛发展和改善森林资源结构。因此,刨花板工业的健康快速发展对国民经济发展有着非常重大的意义。

1.1 刨花板的工业进程

1.1.1 刨花板的发展历程

1. 起始阶段

刨花板始于19世纪后期。1887年德国率先制成的血胶锯屑碎料板为刨花板之始,1889年德国用木工刨花制成刨花板获得第一个专利,20世纪初合成树脂胶黏剂的出现为刨花板工业化生产准备了条件;1935年法国用废单板制造长条刨花,并使各层刨花垂直相交排列铺装成板坯,此为刨花板定向技术的先导;1937年瑞士提出三层结构刨花的制造工艺。

2. 成长阶段

1941年,德国在不来梅州(Bremen)建立了世界上第一家具有一定规模的以干燥过的云杉锯屑为原料的刨花板制造工厂。1942年,德国一家胶合板厂与另一家刨花板厂合作成立了一家以山毛榉单板的加工剩余物为原料,采用箱式成型和多层压机的刨花板厂。随后德国又相继成立了几家小刨花板厂,但年产量仅达到了1.0万t。1944年瑞士和美国有企业开始生产刨花板。1947年,比利时首次生产出了亚麻秆碎料板。1948年,德国人发明了连续式挤压机,并运用立式挤压机生产刨花板。1952年,第一台试验性卧式挤压机在美国开始运行。1953年,设计了年生产能力为3.3万~4.0万 m^3 的卧式刨花板挤压机。

在刨花板生产初期,由于工艺技术落后和设备制造简单,产品质量较差,生产规模很小。直至20世纪50年代,单层热压机和连续式热压机开始应用于刨花板生产,刨花板生产才有了较大发展。20世纪70年代以前,胶合板在人造板生产中占据主导地位,纤维板工业也发展很快,刨花板虽然开始在欧洲、美洲和亚洲普及,但总产量依然相对较小。1960年全世界刨花板的产量仅占人造板总产量的10%。

3. 发展阶段

20世纪70年代以后,世界刨花板工业进入了快速发展期,并发明了用辊压法生产刨花板的技术。据联合国粮食及农业组织(FAO)统计,1976年世界刨花板总产量就达到了3300万 m^3,占全球人造板总产量的37%,到2004年世界刨花板总产量突破了1亿 m^3 大关,占世界全部人造板总产量的44.6%,成为了世界上年产量最高的人造板产品。

我国刨花板生产起始于中华人民共和国成立初期,但发展很慢,技术也落后,单线生产能力不足0.5万 m^3,直至20世纪80年代中后期,从德国和美国等发达国家成套或配套引进了年产1.8万 m^3、3万 m^3 和5万 m^3 生产规模的刨花板生产线,并在引进、吸收和消化的基础上,刨花板技术和产业得到了快速发展。在1997年我国开始生产定向刨花板。21 世纪初，湖北宝源成套引进年产 22 万 m^3 的定向刨花板生产线，福建三明成套引进年产 45 万 m^3 的三层结构的普通刨花板生产线，标志着我国刨花板生产上了一个新的台阶。

1.1.2 刨花板的生产现状

进入 21 世纪以来，全球刨花板年产量始终保持在 1 亿 m^3 左右。2007 年以前，欧洲、美洲的刨花板产量占全球总量的 82.3%。2009 年，全球刨花板、胶合板、中密度纤维板三大板比例为 40∶35∶25，刨花板依然是全球人造板生产的主要品种。

中国人造板从 20 世纪 50 年代近于零的状态到 90 年代的迅猛发展阶段，再进入 21 世纪的持续发展阶段，2015 年中国胶合板、纤维板、刨花板及其他人造板的产量比例为 58∶27∶7∶12。2005 年中国人造板产量位居世界第一，达到 0.64 亿 m^3，2007 年至 2016 年 10 年间，中国人造板产量年均增速接近 14.6%。2016 年人造板产量突破 3 亿 m^3，刨花板产量为 2650 万 m^3，其中木质刨花板 2572 万 m^3，非木质刨花板 78 万 m^3。在木质刨花板中，定向刨花板(OSB)产量为 91 万 m^3。刨花板在 2017 年刨花板产量为 0.35 亿 m^3，同比增长 31%，所占比例也仅占人造板产量的 11%。

随着中国环境保护政策变化，刨花板产品用途拓广，近两年中国刨花板发展加快，产品品种多，生产规模大。截至 2017 年年底，中国拥有 379 家刨花板生产企业的 417 条刨花板生产线，合计年生产能力 2986 万 m^3，总生产能力在 2016 年底基础上大幅增长 43.5%，其中 40 条连续平压刨花板生产线，占全国刨花板总生产能力的 30.8%。2018 年初，中国在建刨花板生产线 38 条，合计年生产能力为 697 万 m^3，其中连续平压生产线 24 条，合计年生产能力 544 万 m^3，占在建刨花板生产能力的 78%，其中新建定向刨花板生产线 4 条，年总产能 107 万 m^3；秸秆刨花板生产线 6 条，年总产能 40.5 万 m^3。

中国人造板应用主要集中在家具制造业，而国外则主要用在建筑业，占到 50% 左右，这也就体现为我国刨花板发展相对迟缓，而胶合板和纤维板发展较快。我国人造板历年产量及主要用途见表 1-1 和表 1-2。

表 1-1 中国人造板产量　　　　　　　　万 m^3

年 份	人造板总产量	胶合板	纤维板 总产量	纤维板 MDF	刨花板	其他人造板
1951	1.69	1.69	—	—	—	—
1960	20.71	14.76	5.96	—	—	—
1970	24.04	17.07	5.47	—	1.50	—
1980	91.43	32.99	50.62	—	7.82	—
1990	244.60	75.87	117.24	8.69	42.80	8.69
2000	2001.66	992.54	514.43	329.8	286.77	207.92
2005	6392.89	2514.97	2060.56	1854.14	576.08	1241.28

(续)

年 份	人造板总产量	胶合板	纤维板		刨花板	其他人造板
			总产量	MDF		
2010	15 360.83	7139.66	4354.54	3894.24	1264.20	2602.43
2015	28 680	16 546.25	6618.53		2030.19	
2016	30 042	17 756	6651.22		2650	2985.29
2017	31 500	18 200	6700		3500	

表1-2 中国人造板应用比例　　　　　　　　　　　　　　　　　%

板 种	家 具	建 筑	交通运输	包 装	其 他
胶合板类	41.3	50.1	3	2.2	3.4
纤维板类	78.2	11.5	0.9	5.4	3.7
刨花板类	85.6	3.9	1.8	2.5	6.7
细木工板	65.6	19.4	0	0	15
总 计	63.33	26.26	1.88	2.52	6.01

1.1.3 刨花板生产的发展趋势

由于人造板的高速发展需要使用大量自然资源——木材，破坏了生态环境，危及人们的生存，因而人造板使用的木材资源从天然林为主转向人工林为主。此外竹材、农业剩余物等非木材资源也引起了人们的重视。总体说来，刨花板生产发展趋势是拓宽原料来源、坚持绿色生产、扩大生产规模、提高产品质量、降低生产成本、平衡产品品种。具体体现在以下几方面：

（1）工业人工林及非木材植物资源将作为主要生产原料，天然林得以保护，减小对生态环境的破坏。工业人工林将作为刨花板的主要生产原料，"林板一体化"将作为刨花板设厂建厂的先决条件，非木材植物资源刨花板的生产技术将得到提升和应用。

（2）低碳生产、绿色生产降低刨花板生产的能源消耗。清洁生产和规模化生产受到重视和发展，热能中心得以普遍推广应用，原料利用率不断提高，企业加工固体废弃物得到合理利用。

（3）刨花板产品朝着品种个性化、用途多样化，质量差异化的方向发展。根据原材料的性能特点和产品的使用要求，生产出安全可靠、低毒无害、功能齐全、性能优越的多种刨花板以满足市场的不同需要，同时刨花板标准也相应得以修订。

（4）工艺、设备及管理技术同步发展，先进制造技术得到广泛重视。刨花板生产过程管理将实现计算机同步管理，可视化、智能化及自动化水平更加科学协调，产品资源能源消耗下降，成品质量提高。

（5）生产规模不断扩大，规模效益得到呈现。规模化生产带来的规模效益得到了广泛的认识，高消耗的小规模生产线将被淘汰，连续式的热压生产线将得到青睐。

简言之，刨花板生产将会是既有消耗低量化、质量优越化和品种多样化，又有工艺先进化、设备智能化、管理科学化同步发展。

1.1.4 刨花板产品市场价格

由于刨花板的质量受原材料、设备技术及工艺技术影响很大,尤以刨花形态、施胶、铺装等引起的问题比较突出,从而导致产品质量参差不齐,销售价格也不尽相同。2016年通过综合调查,中国50余家年产5万m^3以上刨花板企业及考察主要地区刨花板的出厂销售价格,以1220mm×2440mm×18mm规格普通刨花板统计,非甲醛系列胶黏剂刨花板的国内平均销售价格为2279元/m^3,E_0级为1428元/m^3,E_1级为1225元/m^3(E_0和E_1级刨花板参考中国林产工业协会团体标准T/CNFPIA 1001—2016《人造板甲醛释放限量》)。采用非甲醛系列胶黏剂生产的企业较少,价格基本在2200~2400元/m^3。而E_0级和E_1级产品生产厂家较多,受到地区原料价格、生产成本、产品质量等因素影响,产品区域价格变化幅度相对较大,总体上E_0级产品销售价格高于E_1级产品约10%~20%。

1.2 刨花板的分类及命名

1.2.1 刨花板的分类

刨花板的分类可根据刨花板的产品特性、原料来源及生产方法等对刨花板的品种进行分类。

1. 按产品结构分类

刨花板按照板的结构和刨花形态可分为普通刨花板、定向结构及华夫结构(大片结构)刨花板等,见图1-1。

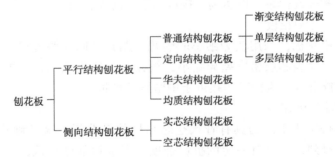

图1-1 刨花板按结构分类

平行结构刨花板是指刨花平面与板材的平面基本平行,板坯成型时刨花沿着板坯厚度方向叠加。侧向结构刨花板是指刨花平面与板的横断面基本平行,板坯成型时刨花沿着板坯长度方向叠加。

(1)普通(结构)刨花板

是指采用微型刨花、纤维刨花等细小刨花铺装热压而成的板材,可分为渐变结构、单层结构和多层结构刨花板。

①渐变(结构)刨花板　从表层刨花层到芯层刨花层，刨花由细逐渐变粗，粗细刨花变化无明显分界线。一般表层刨花和芯层刨花分开施胶，表层施胶量较大，芯层施胶量相对减小，且采用分级效果很好的气流铺装机成型。这种刨花板的特点是板材表面细致平滑，静曲强度较高，内结合强度相对较低；生产设备复杂，铺装调整要求高，生产规模相对较小。

②单层(结构)刨花板　刨花无须区分表层和芯层刨花，刨花拌胶后不分大小地均匀铺装成板坯，再经热压成板。在板材平面方向和厚度方向，粗细刨花均匀地混杂在一起进行分布。这种刨花板的特点是板面粗糙、强度低、生产设备简单。主要为蔗渣碎料等非木材刨花板。

③三层(或多层)(结构)刨花板　一般表层刨花细小，芯层刨花粗大，刨花层内的刨花大小区分不很明显，刨花层间的刨花大小区分明显，层间有明显的分界线，且越靠近中心层的刨花层的刨花越粗。这种刨花板的特点是表面细腻平滑，板材强度高、质量好；生产设备复杂，刨花要分层施胶和贮存，且需要采用三个(或多个)铺装头铺装。这种多铺装头的铺装机可以满足大规模的生产需要。

(2)定向(结构)刨花板

是由窄长的薄平刨花，按一定的方向排列的单层或多层刨花板。单层定向结构刨花板的刨花成纵向排列(刨花的长度与板子长度方向一致)，多层定向结构刨花板各层刨花的排列方向则互呈一定的角度。这种板材的性能具有明显的方向性，调整各层刨花的尺寸、比例和排列角度，可以得到不同性能的板材。单层定向刨花板的纵向强度约为普通刨花板的2.5倍。

(3)华夫板

用小径级木材刨切成宽平的大片刨花压制而成的板材。它的力学强度高于普通刨花板，抗弯强度和弹性模量可以达到或接近同厚度的胶合板。

(4)均质(结构)刨花板

可称细密型刨花板，采用较为细小的刨花，尤其是刨花厚度进一步减小，同时通过调整热压工艺，使表芯层密度差异缩小，板面和板边更加细密，板材结构比较均匀一致，其力学性能和加工性能基本接近于中密度纤维板。

(5)空芯(结构)刨花板

一般是指用挤压法生产的具有管状空芯结构的刨花板。这种刨花板厚度比较大，刨花垂直于板面排列，产品有一定的抗压强度，但抗弯强度很低，一般用作隔音板和门芯材料等。

2. 按生产方法分类

根据刨花板热压时加压形式可分为平压法、辊压法、挤压法和模压法4大类。

①平压法　用于生产厚度为4.0~40mm规格的刨花板，为刨花板生产的主要方法。平压法是加压方向垂直于板面，根据压机形式可分为连续式平压和周期式(间歇式)平压，其产品特点是板平面强度大，长、宽方向吸水厚度膨胀小，板的厚度方向变形大。见图1-2。

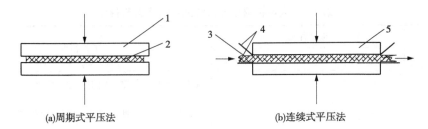

图 1-2　平压法示意图

1、5. 热压板　2. 板坯　3. 板坯带　4. 环形钢带

②辊压法　主要用于生产薄型刨花板，它是利用大直径的回转加热辊的外圆面进行加热定型，将铺装好的连续板坯带压制成规格板材；辊压法是曲面加压定型后再拉直成平面状，因而只适合薄板生产，且板材内应力较大，未解决变形问题，其产品特点类似于平压法生产的板材。见图 1-3。

③挤压法　以细棒状碎料作原料，由挤压设备将刨花连续冲挤成板。若在挤压机中安放一系列金属棒后，则可生产出空芯刨花板，一般用于生产厚度较大的刨花板。挤压法可分为立式挤压法和卧式挤压法两种。立式挤压法的冲压头做直立方向的往复运动，并将施胶刨花挤压成板材；卧式挤压法的冲压头做水平方向的往复运动，并将施胶刨花挤压成板材。挤压法是加压压力方向平行板面，沿着长度方向加压，且刨花沿着长度方向上叠加，在板的平面方向上，刨花没有叠加搭接。因此其产品特点是：板的宽度方向强度较大，厚度方向吸水膨胀变形小，长度方向吸水膨胀大、强度小。见图 1-4。

④模压法　是根据产品形状，采用专用模具进行的一种生产方法。它是将一定量的施胶刨花放入金属对模中，在一定的温度和压力作用下一次压制成型的一种方法（图 1-5）。模压法由于模具的形状不同，各个面对刨花产生的有效压力的大小和方向不同，因而刨花板性能差异较大，存在较大的内应力。

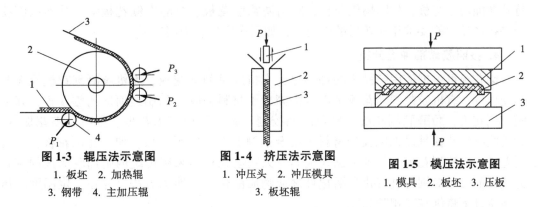

图 1-3　辊压法示意图	图 1-4　挤压法示意图	图 1-5　模压法示意图
1. 板坯　2. 加热辊 3. 钢带　4. 主加压辊	1. 冲压头　2. 冲压模具 3. 板坯辊	1. 模具　2. 板坯　3. 压板

人造板由于各构成单元的形态特性决定了板坯的基本结构，热压方法的适用性也就存在着不同。胶合板由于板坯的非连续化，因而使用周期式热压，纤维的交织性决定了其不适合采用挤压法等。各种热压方法对人造板制造的适用性见表 1-3。

表 1-3　人造板热压方法的适用性及工艺特点

热压方法	板材种类			工艺特点
	胶合板类	刨花板类	纤维板类	
平压法	+-	+	+	垂直板面加压，平面定型，成品平直
辊压法	-	+	+	垂直板面加压，曲面定型，成品拉直，内应力大
挤压法	-	+	-	平行板面加压，压缩比决定板坯压力，密度不均匀
模压法	+	+	+	加压方向与板面成不同角度，一次成型，内应力大

3. 按照刨花板性能分类

按照刨花板的性能，刨花板可分为普通型刨花板和特殊型刨花板两大类，见图 1-6。

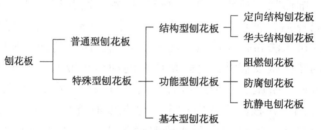

图 1-6　刨花板按性能分类

普通型刨花板又称普通刨花板或家具型刨花板，泛指普通的标准刨花板和经过表面加工或饰面处理后的刨花板。结构型刨花板指具有较好的力学性能（如强度、韧性及高温性能等），且具有一定承载能力，而可用作结构件的刨花板，如定向刨花板、华夫刨花板等。功能型刨花板指具有特殊的电、磁、热、光等物理性能或化学性能等一定特殊功能的刨花板，如阻燃刨花板、防腐防霉刨花板、抗静电刨花板等。基本型刨花板是指产品性能要求相对较低的刨花板，如用作广告、护墙等。

4. 按照胶黏剂种类分类

刨花板可根据使用胶黏剂的种类分为有机胶黏剂刨花板、无机胶凝刨花板及无胶刨花板等。有机胶黏剂刨花板是以有机高分子材料为胶合剂制造而成的刨花板，如脲醛胶刨花板、酚醛胶刨花板、异氰酸酯胶刨花板、豆粉胶刨花板、蛋白胶刨花板等。无机胶凝刨花板是以无机胶凝材料为胶合剂制造而成的刨花板，如水泥刨花板、石膏刨花板、矿渣刨花板、菱苦土刨花板等。无胶刨花板不采用传统的施加胶黏剂的胶合方法，而通过对刨花进行化学活化处理或物质的化学转换的方法，并在一定温度和压力等条件下将刨花互相胶黏在一起。

5. 按照使用环境分类

按照刨花板的使用环境，刨花板可分为室外型刨花板、室内型刨花板和防潮型刨花板等。室外型刨花板指适合于在室外环境中使用的刨花板，且具有较好的耐水耐候性能，一般采用酚醛树脂、异氰酸酯胶黏剂等作为胶合剂。室内型刨花板指适合于在室内干燥环境中使用的刨花板，且具有一般的耐水耐候性能，一般采用脲醛树脂胶黏剂等作为胶合剂。防潮型刨花板指适合于在室内潮湿环境中使用的刨花板，且具有一定的耐水耐候性能，一般采用三聚氰胺改性脲醛树脂胶黏剂等作为胶合剂。此外，刨花板按照原材料种类可分为木材刨花板和非木材植物刨花板；按产品密度分为低密度刨花板、中密度刨花板和高密度刨花板。

1.2.2 刨花板的命名

1. 名称内涵

刨花板名称应体现刨花板结构特征、性能特点、胶黏剂种类、生产方法、产品形状以及原材料种类等。

①刨花板结构特征　有渐变结构、多层结构、均质结构、定向结构、大片刨花及复合结构等。

②性能特点　主要有承载性能、环境性能及其他特殊功能特征等。

③胶黏剂种类　有机胶黏剂主要有脲醛树脂(UF)、酚醛树脂(PF)、三聚氰胺树脂(MF)及其改性的脲醛树脂(MUF)，以及异氰酸酯(MDI)等；无机胶凝剂主要有水泥、石膏及粉煤灰和矿渣等。

④生产方法　主要指平压法、辊压法、挤压法及模压法。

⑤产品形状　平面型、曲面型及模压制品。

⑥原材料种类　刨花板原材料主要有木材及竹材、秸秆(玉米秆、高粱秆、棉秆等)、果壳等非木材类植物纤维原料。

2. 命名原则

刨花板命名应按照"先远后近，先大后小"的原则进行，一般顺序是承载性→生产方法→胶黏剂种类→产品结构→原材料种类→功能改性→产品形状→产品种类。名称中常被省略的有功能人造板、原材料种类、胶黏剂种类中的脲醛树脂、生产方法、平面型产品等。例如：异氰酸酯胶合的杨木定向结构刨花板、室内型阻燃刨花板。一般以不超过3个类别限制语为妥，如果名称太长，可将主要特征部分加入名称内，次要部分设置为定语或补充说明。定语部分的排列顺序不用限定。例如，结构型酚醛树脂平压法生产的渐变结构的竹材阻燃刨花板。

1.3 刨花板产品性能及特点

普通刨花板的基本性能主要包括外观性能、物理性能、力学性能等。此外，对于功能型刨花板还包括某些专项性能。刨花板的基本性能限定了其适合的使用场合，而其使用场合也约定了其基本性能要求。例如用于室外用刨花板就必须具有较好的力学性能和耐候性，用于普通家具制造的刨花板就必须要有较好的加工性能，用于公共场所的刨花板则要有较好阻燃性能等。

1.3.1 刨花板的性能

1. 外观性能

外观性能是指通过人体感官或借助简单工具可以直接检测到的性能，主要包括有产品几何形状及表观特征。主要要求产品的长度、宽度及厚度尺寸符合产品要求；四边平直，相邻边互相垂直，边角完整；板面平整光滑，无明显压痕，没有粗大刨花和明显的夹杂物；没有鼓泡分层和边角松软的现象（特种刨花板除外）。

2. 物理性能

刨花板的物理性能包括自身具有的物理特征和对水的性能两方面，主要包括密度、密度偏差、含水率、2h吸水厚度膨胀率，以及甲醛释放量等。而其具有的导电性能、导热性能和声学性能等，一般无特殊要求情况下不做检测。

刨花板生产过程中，湿刨花经过干燥后含水率一般为1%~3%，再经施胶后含水率增至8%~14%，最后板坯热压定型，因而其产品含水率较低，一般要求在5%~11%之间，且人造板的平衡含水率比木材约低5%。过高或过低的含水率都会导致刨花板在使用过程中产生较大的内用力和产品的变形等。

刨花板生产的压缩率一般为原材料的1.3倍，其密度一般高于原材料密度，密度的大小直接影响板材的力学性能，尤其是密度不均匀性将导致板材的内应力加大等。

甲醛释放量主要是指以脲醛树脂作为胶黏剂生产的产品，而以酚醛树脂及三聚氰胺树脂生产的板材，甲醛释放量很低。甲醛严重影响人类的身体健康，尤其是对小孩容易导致白血病的发生。

刨花板对水的稳定性主要由使用胶黏剂和防水剂的种类、数量及施加效果来决定，胶黏剂是一种永久性防水剂，而石蜡防水剂只是一种暂时性防水剂。一般不加防水剂的脲醛树脂胶黏剂胶合的普通刨花板，其2h吸水厚度膨胀率可达30%。

3. 力学性能

刨花板的力学性能是指其抵抗外力的能力。刨花板的力学性能主要包括有：静曲强度和弹性模量、内结合强度（垂直平面抗拉强度）、表面结合强度和握螺钉力等。

(1) 静曲强度

静曲强度是表示刨花板抵抗弯曲外力而不破坏的最大承载能力，是决定刨花板做结构部件的重要性能。刨花板静曲强度检测一般采用集中载荷（中心点）加载的形式进行，见图1-7。其计算公式如下：

$$\sigma_b = \frac{3F_{max}l}{2bt^2}$$

式中：σ_b——静曲强度，MPa；

F_{max}——破坏载荷，N；

l——两支承辊中心距，mm；

b——试件宽度，mm；

t——试件厚度，mm。

(2) 弹性模量

弹性模量是指刨花板在比例极限内的应力与应变之间的关系,是表示刨花板刚度的性能指标,它是衡量刨花板受外力作用后弹性恢复的能力。弹性模量检测一般和静曲强度检测同步进行,其检测原理参见图1-7。计算公式如下:

$$E_b = \frac{l^3}{4bh^3} \times \frac{\Delta f}{\Delta s}$$

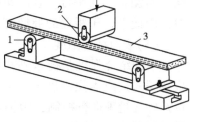

图 1-7 静曲强度及弹性模量检测原理图
1. 支撑辊 2. 加载辊 3. 检测试件

式中:E_b——试件的弹性模量,MPa;
Δf——在载荷-变形图中直线段内力的增加量,N;
Δs——在 Δf 区间试件变形量,mm。

(3) 内结合强度

刨花板内结合强度是测定构成刨花之间胶合质量的重要指标,是通过垂直于板面的载荷而使其破坏,因此也称为垂直平面抗拉强度,见图1-8。计算公式如下:

$$\sigma = \frac{F_{max}}{lb}$$

式中:F_{max}——试件的破坏载荷,N;
l——试件的长度,mm;
b——试件宽度,mm。

内结合强度随板密度增加而成正比例增加。因为芯层密度低,刨花之间的胶结力差,正常情况下,在做垂直板面抗拉试验时,破坏发生在芯层部位。

(4) 握螺钉力

刨花板握螺钉力也称握钉力,是指刨花板对钉子或螺钉的握持能力。它是指一定规格大小的螺丝拧入规定深度后所能承担的最大载荷。握螺钉力的测定分为垂直板面(简称板面)和平行板面(简称板边)握螺钉力两个指标,见图1-9。

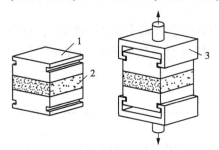

图 1-8 内结合强度检测示意图
1. 卡头 2. 试件 3. 夹具

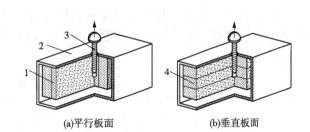

(a)平行板面　　(b)垂直板面

图 1-9 握螺钉力检测示意图
1. 平行板面试件 2. 卡头 3. 自攻螺丝 4. 垂直板面试件

刨花板密度对握螺钉力影响极大,其握持能力将随板的密度几乎成直线或略成曲线关系增加。影响握螺钉力的因素还有螺钉的直径、旋入深度、钉入方向等。当螺钉垂直于板面旋入时,刨花被挤压而分开(指平压法刨花板),这些被挤压的刨花和螺钉之间产生较大的摩擦,这样使握螺钉力大大增加;当钉平行于板平面旋入时,螺钉与刨花平面平行，且刨花板芯层密度低，存有空隙，因此平行于板面的握螺钉力低。

(5) 表面结合强度

表面结合强度是衡量刨花板表层的结合力。刨花板热压时造成表层密度低、强度低，更必须对压制质量及砂光量等进行控制，为刨花板的后续表面加工提供质量保证。

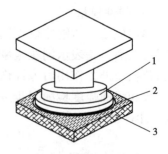

图 1-10　表面结合强度检测原理图

1. 专用卡头　2. 环形槽　3. 刨花板

表面结合强度的检测原理是在刨花板中心开一个环形槽，并将环内的刨花板用专门卡头进行黏贴后再在垂直平面的拉力作用下使其破坏，以其单位面积承担载荷大小作为检测结果。由于刨花板的表面结合强度大于内结合强度，因此在进行表面结合强度检测时，应使芯层的受力面积大于表层检测时的受力面积，以保证芯层的承载载荷能力大于表层结合强度检测时承担载荷的能力，见图 1-10。

4. 耐久性能

天然耐久性主要指材料在自然环境状态下，其性能指标随时间的迁移仍保持可应用性的一种评价指标，它能够反映出材料的优劣程度。

影响刨花板的耐老化性的决定因素主要有：①胶黏剂的耐水、耐热性；②刨花板构成的均匀性和刨花形态及化学组成；③老化的外界环境条件等。

经研究发现，室外自然老化和加速老化能使刨花板的物理力学性能显著变化，厚度膨胀率增大，密度减小，开始暴露时的影响很剧烈，随着暴露时间的延续和循环次数的增加，其性能下降幅度逐渐减小，老化对于刨花板的内结合强度的影响大于对其静曲强度的影响。

刨花除具有以上性能外，根据使用环境要求，还可以生产出具有阻燃、防潮防水、防火、防虫、吸音、防静电、电磁屏蔽等特殊性能的材料。

5. 刨花板的物理力学性能指标

根据 GB/T 4897—2015 对刨花板的种类及其性能指标进行归类汇编（改编），刨花板可分为基础型、家具型、轻载型和重载型四大类。其在干燥条件下的物理力学性能指标见表 1-4。

表 1-4　刨花板物理力学性能

项目	种类	厚度规格 H(mm)					
		$H \leq 6$	$6 < H \leq 13$	$13 < H \leq 20$	$20 < H \leq 25$	$25 < H \leq 34$	$H > 34$
静曲强度（MPa）	基础型	11.5	10.5	10.0	9.5	8.5	6.0
	家具型	12.0	11.0	11.0	10.5	9.5	7.0
	轻载型	15.0	15.0	15.0	13.0	11.0	8.0
	重载型	—	20.0	18.0	16.0	15.0	13.0

(续)

项目	种类	厚度规格 H(mm)					
		$H\leq6$	$6<H\leq13$	$13<H\leq20$	$20<H\leq25$	$25<H\leq34$	$H>34$
弹性模量 (MPa)	基础型	—	—	—	—	—	—
	家具型	1900	1800	1600	150	1350	1050
	轻载型	2200	2200	2100	1900	1700	1200
	重载型	—	3100	2900	2500	2400	2100
内结合强度 (MPa)	基本型	0.30	0.28	0.24	0.18	0.16	0.14
	家具型	0.45	0.40	0.35	0.30	0.25	0.20
	轻载型	0.45	0.40	0.35	0.30	0.25	0.20
	重载型	—	0.60	0.50	0.40	0.35	0.25
表面结合强度 (MPa)	基本型	—	—	—	—	—	—
	家具型	0.80	0.80	0.80	0.80	0.80	0.80
	轻载型	—	—	—	—	—	—
	重载型	—	—	—	—	—	—
握螺钉力 (N)	基础型	—	—	—	—	—	—
	家具型	板面≥900 板边≥600					
	轻载型						
	重载型						
2h吸水厚度 膨胀率(%)	基础型	—	—	—	—	—	—
	家具型	8.0	8.0	8.0	8.0	8.0	8.0
	轻载型	22.0	19.0	16.0	16.0	16.0	15.0
	重载型	—	16.0	15.0	15.0	15.0	14.0

注：基础型指在非承载情况和非家具制造用的刨花板，如展板及隔墙板等；家具型指作为家具或装饰装修用，通常要进行表面二次加工处理的刨花板；轻载型刨花板指用于小型结构部件，或普通承载情况下使用的刨花板，如室内地板、搁板、吊顶板及墙面板等普通结构用板；重载型指在较大载荷下使用的刨花板，如工业用地板材料、搁板及梁等。

1.3.2 刨花板的特点和用途

1. 产品使用特点

刨花板是人造板的主要品种之一，和锯材相比，它具有很多锯材无法比拟的特点，总体来说表现在以下几方面：

（1）幅面大，规格品种多，适应性大，应用范围广。刨花板的幅面大，使用过程中不需要拼接。其幅面主要为1220mm×2400mm，此外还可以根据使用需要生产更大幅面尺寸的板材；其厚度规格从2~40mm的均可生产，采用特殊工艺和设备可以生产更多厚度规格的材料。刨花板品种多，根据不同使用环境要求，可以生产出不同种类和品种的产品。如普通刨花板、定向结构刨花板、华夫板等。

(2)材质均匀、功能可调，不易开裂变形，纵横强度可调控。刨花板作为人工材料，其产品性能稳定，材质均匀，不易变形开裂，没有木材因树种、年龄、早晚材等因素造成的很大的性能差异。此外，作为人造板构成单元的单板及各种碎料等易于浸渍，因而可作阻燃、防腐、抗缩、耐磨等各种功能性处理。

(3)结构性好、形状规则、加工性能好，便于机械化大生产。刨花板幅面尺寸大，厚度规格齐，形状规整，可以适用不同的使用要求，便于机械化大生产。

(4)刨花板产品密度大、强度较低、耐久性差。刨花板的胶层会老化，长期承载能力差，使用期限比锯材短得多。而刨花板密度普遍高于木材，使得刨花板制成的产品密度大，尤其作为家具用材，使得家具搬移麻烦，且刨花板类的抗弯和抗拉强度一般不及其锯材强度的50%。

(5)具有湿胀干缩特性，但可以调控。刨花的湿胀干缩特性和原材料一致，顺纤维方向变化小，横纤维方向变化大，但刨花板在生产时需要加压胶合，因此在其加压方向上的尺寸变化率较大。

(6)表面平整度及光洁度因产品不同而相差较远，但便于后续加工。经砂光后的刨花板，其表面平整光滑，厚度偏差小，便于后续加工，其三聚氰胺浸渍纸贴面、薄木贴面及涂饰都非常适合。

2. 产品结构特点

由于刨花的横向和纵向的性能差异、表层和芯层的刨花形态和施胶量的不同以及制造方法的不同等原因，刨花板内部单元会因外部环境状态的变化而产生刨花之间的相互制约的内应力。为了保持刨花板在生产和使用过程中形状尺寸的稳定和力学性能要求，刨花板产品结构和刨花板板坯成型具有相应的特点。

(1)结构对称原则

在刨花板的对称中心平面两侧的相应层内的刨花的树种、形态、厚度、制造方法、纹理方向、施胶量及含水率等影响刨花物理力学性能的因子都应相同，即对称分布于对称中心平面两侧。

(2)内部均匀

内部均匀包括两方面：一方面是指刨花板板坯及产品中，同一厚度层内的刨花的树种、形态、厚度、制造方法、纹理方向、施胶量及含水率等影响单元物理力学性能的因子都应相同，这样可以减小层内单元的内应力，且保证砂光质量；另一方面是指刨花板板坯及产品中，在平面方向任意单位面积内刨花的含水率、质量应均匀分布，否则会增大产品内应力，引起产品变形。

(3)密度高

刨花板胶合必须要保证刨花胶合界面有足够的接触面积，以保证胶合强度。一般刨花板的压缩率为原料的1.3倍，一定的压缩率才能保证刨花充分接触，以增加胶合面积和改善胶合界面，达到提高胶合强度的目的。

3. 刨花板的用途

刨花板用途广泛，概括起来有以下4个方面：

(1) 家具制造

刨花板可作为家具制造材料，广泛用于各种板式家具制造，目前我国用于家具制造业的各种刨花板约占其总量的 85.6%。而防潮刨花板用于厨房及卫生间的家具制造，其性能优越。

(2) 建筑材料

刨花板作为房屋建筑建设方面，可作地板、墙板、吊顶板、楼梯板及室内其他装修材料。定向结构刨花板可以用作轻型木结构建筑的内墙板、外墙板、屋顶板、工字梁腹板等。水泥刨花板、石膏刨花板、矿渣刨花板等在建筑上还可以做建筑构件等。

(3) 车辆、船舶的内部装饰

刨花板可作为汽车、火车、轮船的内部装饰材料，尤其是经过三聚氰胺装饰板或三聚氰胺浸渍装饰纸贴面后的刨花板，在车辆和船舶的内部装修、车辆家具及区间隔断等方面应用广泛。

(4) 其他用途

刨花板在其他方面还可用作工业操作台台面、音响壳体材料以及作为包装箱体材料和运输托盘等。

1.4 刨花板生产工艺流程

刨花板生产工艺流程，又叫生产流程、工艺流程或加工流程，是指在刨花板生产工艺中，从原料投入到成品产出，通过一定的设备按顺序连续地进行加工的过程，即从原材料到成品的制作过程中的要素组合。

1.4.1 刨花板制造的基本工艺

刨花板制造过程可以分为备料、制板及砂光 3 个工段，其基本工艺流程见图 1-11。流程中每个工序的作用和要求如下：

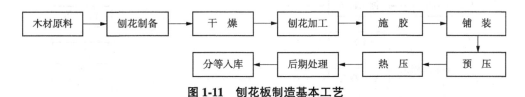

图 1-11 刨花板制造基本工艺

原料贮存：原料贮存的目的是为了满足原料供给和平衡原料含水率等。原材料包括有木材(小径材、枝丫材，采伐及加工剩余物等)和非木材植物纤维材料两大类。

刨花制造：是指将原材料制造成刨花基本单元的过程，对于木材来说主要有直接刨片法和削片-刨片法两种。直接刨片法是将木材直接加工成刨花，而削片-刨片法则是将木材先制造成木片，然后再将木片刨切成刨花。

刨花干燥：刨花制造过程中，一般要求木材含水率在 40%~60%，而热压要求板坯平均含水率在 10%~15%，因此，施胶前必须对刨花进行干燥。

刨花分级：通过机械筛选和气流分选对刨花进行分级，不但可以分选出表层和芯层刨花，实现芯层、表层分开施胶，同时对于那些粗大刨花实现加工，满足生产要求。

刨花再碎：将不能满足生产工艺要求的刨花进行加工，使其符合工艺要求，同时可以调整表层、芯层刨花的比例，实现平衡生产。

刨花施胶：将有限的胶黏剂均匀施加到刨花表面，利于刨花间的胶合。施胶方法有雾化施胶法、摩擦施胶法等。

刨花铺装：将施胶后的刨花按照"均衡、均匀、对称"的原则铺装成质量和结构符合要求的板坯。铺装的方法有气流铺装、机械铺装和机械气流联合铺装方法。

热压：是刨花板生产的关键工序之一，在保证胶黏剂固化质量和毛板厚度的前提下，缩短热压时间，可以有效地提高产量。热压方法有周期式的单层和多层热压法，连续式的平压法、辊压法和挤压法等。

后期处理：刨花板的后期处理包括毛板冷却、裁边分割、中间贮存、砂光分等。

1.4.2 刨花板生产工艺流程

刨花板的生产工艺流程是在刨花板的基本工艺流程的基础上，根据生产实际需要进行的具体化。由于刨花制备的方法、干燥形式、施胶方法、铺装方法及热压方法等都应根据原料特点、产品结构及生产规模等进行选择，因此，同样的产品可以选用不同的流程，而相同的流程可以选用不同的设备。图1-12和图1-13分别以框图和示意图的形式表述了普通刨花板的生产工艺流程。

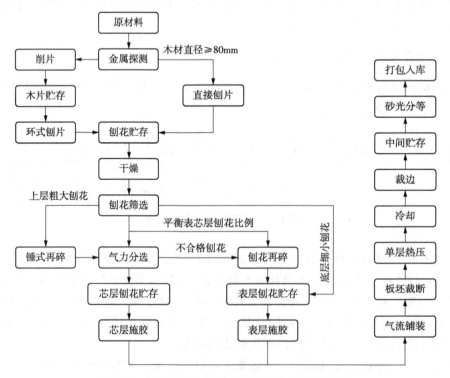

图1-12　渐变结构的普通刨花板生产工艺流程图

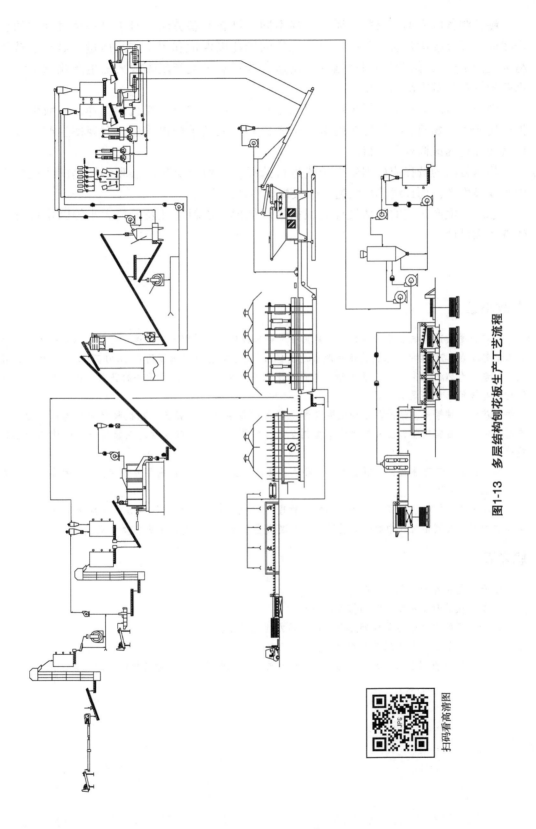

图1-13 多层结构刨花板生产工艺流程

刨花制备应根据原材料的属性选择不同的刨花制备方法。对于以小径材为主的生产线应选择直接刨片法，可以生产出优质的刨花以保证和提高产品质量；对于以枝丫材为主的生产线适宜选用削片刨片法制造方法；对于生产规模较大的生产线则应该考虑两种刨花制备方法的选用。

刨花干燥的方法应根据生产规模和刨花形态要求进行干燥机的选择，一般中小规模选用转子干燥机、间接加热的滚筒干燥机和三通道干燥机均可，大规模生产一般选用直接加热的滚筒式干燥机。

热压方法的选择应根据生产规模进行选择，一般单层热压法和多层热压法适合于中小规模生产，而连续热压法适合于大规模生产。

总之，生产工艺的具体设计应根据生产规模、原料特性及投资大小等因素进行具体选择和设计。

本章小结

刨花板是人造板的主导产品之一，其具有原料来源广、品种繁多、用途广泛、能源消耗少及生产成本低等特点。2014年全球刨花板年产量近1亿 m^3，定向结构刨花板约占2600万 m^3；而我国刨花板年产量约为2087.53万 m^3，占人造板总产量比例不足8%，并且以平压法的普通刨花板为主，定向结构刨花板年产量不足100万 m^3。

刨花板品种繁多，按产品结构主要有渐变结构和多层结构的普通刨花板和定向结构刨花板，按使用环境主要有室内型、室外型及防潮型刨花板，按原材料主要有木材刨花板和非木材植物纤维刨花板。

刨花板生产工艺多样，但其基本工艺相同，各产品生产工艺的区别主要表现在刨花制备、铺装方法及热压方法方面。

刨花板产品的性能主要包括外观性能、物理力学性能及耐久耐候性能等，其性能指标是为了检测和监控刨花板制造过程中原料质量及工艺控制质量，为刨花板的使用提供质量保证。

思考题

1. 什么是刨花板？其内涵是什么？
2. 刨花板的种类有哪些？如何进行分类？
3. 刨花板的基本性能包括哪几个方面？其内涵是什么？
4. 刨花板制造的基本工艺及作用是什么？
5. 绘制刨花板制造的工艺流程图，分析比较渐变结构和多层结构刨花板制造的工艺区别。

第 2 章
生产原料及其性质

[本章提要] 刨花板生产原料是构成刨花板产品的主要物质，包括木材植物纤维或非木材植物纤维原料两大类别。目前刨花板生产主要是以木材植物为原料，但非木材植物原料得到了广泛重视。刨花板生产用的木材原料来源主要有木材采伐剩余物、木材加工剩余物、营林间伐材、小径材、劣质劣等材等。原料的种类及来源对刨花板生产工艺设计、生产控制及产品质量存在着很大的影响。本章主要对刨花板生产所用原料的种类来源、性质特点及其对刨花板生产过程及产品质量的影响进行系统阐述，并对原料的选择、贮存要求进行说明。

刨花板生产中所用原材料主要包括以植物纤维原料为主体材料和以胶黏剂及其添加剂为辅助材料的两大部分。此外，还包括为了满足产品特殊使用要求而施加的改性剂。植物纤维原料中凡是具有一定纤维素含量，且便于加工成刨花或碎料颗粒的木材或其他非木材植物原料均适合作为刨花板生产原料。

2.1 原料种类及资源

2.1.1 我国林木资源概况

1. 森林资源

我国幅员辽阔，气候多样，森林资源十分丰富。根据联合国粮农组织的《2015 全球森林资源评估报告》显示 2015 年我国森林面积达到 2.08 亿 hm^2，居俄罗斯、巴西、加拿大、美国之后，列第 5 位；而从 1990 年至 2015 年间，年平均变化率为 1.1%，其中原森林 0.116 亿 hm^2，其他天然再生林 1.18 亿 hm^2，种植林面积 0.79 亿 hm^2。立木蓄积量 160 亿 m^3，而从 1990 年至 2015 年间，年平均变化率为 0.8%，居巴西(96 745)、俄罗斯(81 488)、加拿大(47 320)、美国(40 699)、刚果民主共和国(35 115)之后，位居世界第 6 位。其中针叶林 65.61 亿 m^3，阔叶林 97.41 亿 m^3。生长林生物质 144.4 亿 t。

根据第 8 次全国森林资源清查(2009 年开始，2013 年结束)结果显示，全国森林面积 2.08 亿 hm^2，森林覆盖率达 21.63%，森林蓄积 151.37 亿 m^3。人工林面积 0.69 亿 hm^2，蓄积 24.83 亿 m^3。在五大林种中，经济林的面积仅次于用材林面积，居第二位。全国有经济林面积 0.202 亿 hm^2，占国土总面积的 2.11%，是我国森林面积的重要组成部分。此外，我国是世界上竹材资源丰富的国家，拥有 99 类 40 属 400 余种，竹林面积逾421.08万 hm²。在大江南北均有分布，主要分布在福建、江西、浙江、湖南、广东和四川6省。

2. 树木的组成

一棵生长的树木，从上到下主要由树冠、树干和树根三部分组成(图2-1)。这三部分在树木的生长过程中构成一个有机体，提供不同的原材料。树根是树木的地下部分，占立木总材积量的5%~25%。树干是树木的主体部分，木材的主要来源，其木材量占立木总材积量的50%~90%。树冠是树木的最上面的部分，是被树叶所覆盖的树干、树枝部分的总称。一般树枝的材积量占立木总材积量的5%~25%。

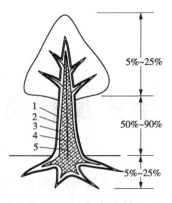

图2-1 树木的组成
1. 树皮 2. 形成层 3. 边材
4. 心材 5. 髓

通过对5年生杨树生物量测试结果为树头23%~26%，树干50%~52%，树根22%~26%，而树根的80%~90%在40cm土层内。

2.1.2 刨花板原料

1. 刨花板原料来源

生产刨花板的木材植物纤维原料主要来自木材的树干和树冠两部分，包括有小径材、间伐材、劣质材、森林采伐剩余物及木材加工剩余物等，具体来源如下：

①原木类 不适合生产锯材、胶合板、集成材等高效益低能耗产品的树形不好、材质较差的木材均可用作刨花板原材料，主要有小径材和劣质材。此外，林木培育过程中产生的间伐材，这类原料由于生长期短，材料的力学强度相比较低。

②枝丫材 枝丫材主要来源于采伐和造材过程中剩下的大量枝丫材、树梢及截头等。

③木材加工剩余物 在制材和木制品加工过程中产生的包括板皮、截头、刨木屑、小木块、锯屑和砂光粉等。

④灌木类植物 灌木类是无明显直立主干的木本植物。灌木的经济价值大体可分为薪炭用灌木、工艺灌木、观赏灌木、饲料灌木、香料灌木和药用灌木等。

2. 刨花板原料特征

随着森林资源的匮乏，优质资源的减少，生产刨花板的原材料的质量等级在不断降低。木材作为森林的主体，也是人们保护生态环境的主体。其作为刨花板的原材料具有以下基本特征：

(1)原料是一种低质或劣质的木材资源，依然保持着木材的天然属性。它是一种可再生的生物质材料，具有干缩湿胀的各向异性材料，同时还会因树种不同、立地条件不同而引起材质差异极大，并且也具有调节湿度、吸音隔热和较好的装饰功能。

(2)原料来源广泛，品种多样，外形不规整，形体差异大。原料来源包括有小径材、枝丫材、间伐材、劣质材及木材加工剩余物等。这些材料大小规格不一，形状体态多样，有直径很大的弯曲或腐朽的劣等材，也有强度性能较低的枝丫材或低龄材，还有木材加工厂小块料或锯末粉等。

(3)原料含有金属及泥沙等杂质，且树皮含量高。木材在采伐加工过程会夹杂进去一些泥沙或金属，这将加重刀具的磨损或破坏。而树皮含量多将会影响刨花板的物理力学及表面性能。

3. 刨花板生产对原料的要求

刨花板生产是以木材及非木材植物纤维两大类原料作为主体材料，因此要求其具有较好的物理力学性能及适合于刨花板制造的加工特性。具体要求如下：

(1)原料性质选择一般考虑选用密度低、强度适中，且具有较好的刨削加工性能的树种作为生产原料，以便制造出优质的刨花和有利于胶合。刨花板生产中，要求刨花表面平整光滑、形态均匀、厚度一致，同时刨花易于压缩压实，且具有较好的力学强度。因此，也就要求原料具有一定纤维素含量，以保证板材的物理力学性能。

(2)原料的种类选择一般是单一树种优于混合树种。单一树种的材料加工特性相近，有利于生产工艺控制，保证产品的产量和质量。对于多种原料的混合使用，一定要注意按比例混合，保持稳定的配比，同时也应注意保持材料性质（尤其是密度、刨削加工性能）相近，主要是为了保证生产工艺相对稳定和减小板材的内应力。

(3)原料的树皮含量一般要求控制不超过10%，以保证板材的物理力学性能和表面质量。由于树皮密度低、强度低，不但会造成粉尘增加，同时不利于胶合，而且树皮在板材表面，影响表面质量，不利于后期的饰面及涂饰加工。

(4)原料含水率要求控制在40%~60%之间。原料含水率过低，则原料刚性大、发脆，将会造成刨削性太差、粉尘多、刨花制备段的能耗增大；反之，含水率过高，木材强度低、容易被"拉毛"，刨花表面质量差，而且增加干燥的工作负荷和能源消耗等。

2.2 木材原料的性质与应用

2.2.1 木材细胞的构造特征

1. 细胞壁的超微构造

木材细胞壁的组织结构，是以纤维素作为"骨架"物质，它的基本组成单位是一些长短不等的链状纤维素分子。这些纤维素分子链平行排列，有规则地聚集在一起称为微团（又称基本纤丝）。由微团组成一种丝状的微团系统称为微纤丝。由微纤丝组成纤丝，纤丝再聚集形成粗纤丝，粗纤丝相互接合形成薄层，许多薄层再聚集形成细胞壁。在电子显微镜下观察，认为组成细胞壁的最小单位是微团，其宽度为3.5~5.0nm，断面大约包括40（或37~42）根纤维素分子链。微团的长度变异较大。而在许多纤维素大分子链排列最致密的地方，分子链平行排列，定向良好，形成纤维素的结晶区。当纤维素分子链排列的致密程度减小时，在分子链间形成较大的间隙，彼此之间的结合力下降，纤维素分子链间排列的平行度下降，此部分成为纤维素的非结晶区（即无定形区）。在一个微团的长度方向上包括几个结晶区和非结晶区，见图2-2。

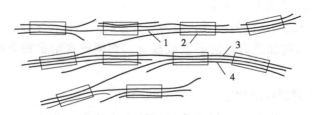

图 2-2 纤维素大分子的结晶区与非结晶区
1. 无定形区　2. 结晶区　3. 长链分子　4. 短链分子

2. 细胞壁层的结构

木材细胞壁的各部分常常由于化学组成的不同和微纤丝排列方向的不同，在结构上分出层次。在光学显微镜下，通常可将细胞壁分为胞间层（ML）、初生壁（P）和次生壁（S）。

（1）胞间层

胞间层是细胞分裂以后，最早形成的分隔部分，主要由一种无定形、胶体状的果胶物质所组成，在偏光显微镜下呈各向同性。胞间层常常很薄，很难将胞间层与初生壁区别开。实际上，通常将胞间层和其两侧的初生壁合在一起，称之为复合胞间层。

（2）初生壁

初生壁是在胞间层两侧最早沉积的壁层。初生壁在形成的初期，主要由纤维素组成，在偏光显微镜下呈各向异性；随着细胞增大和速度的减慢，逐渐沉积有其他物质。

初生壁外表面上沉积的微纤丝排列方向与细胞轴略成直角，随后逐渐转变，并出现交织的网状排列，而后又趋向横向排列。但在初生壁整个壁层上微纤丝排列都很松散。

（3）次生壁

次生壁是细胞停止增大以后，在初生壁上继续形成的壁层。次生壁的主要成分是纤维素和半纤维素的混合物。不过，在细胞壁发生木质化阶段时，此壁上还沉积有大量的木质素和其他物质。次生壁在偏光显微镜下呈现强烈的各向异性。

在次生壁上，由于纤维素分子链组成的微纤丝排列方向不同，又可明显地分出三层，即次生壁外层（S_1）、次生壁中层（S_2）和次生壁内层（S_3）。次生壁各层的微纤丝都形成螺旋取向，但斜度不同。S_1 层的微纤丝呈平行排列，与细胞轴成 50°～70°角，以 S 形或 Z 形缠绕；在 S_2 层，微纤丝排列的平行度最好，微纤丝与细胞轴成 10°～30°角排列，近乎平行于细胞轴；而 S_3 层的微纤丝与细胞轴成 60°～90°角，微纤丝排列的平行度不甚好，呈类似不规则的环状排列。在电子显微镜下管胞壁分层结构模式如图 2-3 所示。

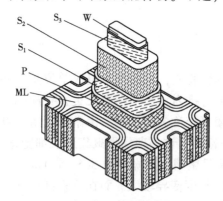

图 2-3 在电子显微镜下管胞壁分层结构模式
ML. 胞间层　P. 初生壁　S_1. 次生壁外层
S_2. 次生壁中层　S_3. 次生壁内层　W. 瘤层

在细胞壁中，次生壁最厚，占细胞壁厚度的95%以上。而次生壁上各层的厚度分别为：S_1层和S_3层较薄；S_1层为细胞壁厚度的9%~21%；S_3层为细胞壁厚度的0%~8%；S_2层最厚，占细胞壁厚度的70%~90%。

3. 针叶树材和阔叶树材在解剖特征上的差异

针叶树材和阔叶树材的组织解剖有显著不同，前者组成的细胞种类较少，后者的细胞种类则较多，并且阔叶树材的组织和细胞分化比较进化。最显著的是，针叶树材组成的主要分子是轴向管胞，既有输导功能又有对树体的支持机能；而阔叶树材则不然，组成阔叶树材的主要分子导管和木纤维分工明确，导管起输导作用，木纤维则起机械支持作用。

此外，阔叶树材比针叶树材的木射线宽，列数也多，即组合的细胞数多；轴向薄壁组织发达，组成的类型丰富；草酸钙、碳酸钙和二氧化硅等矿物质存在于阔叶树材的某些树种中，并且含量多。阔叶树材中有韧皮部、乳汁管、乳汁迹等特殊组织。在温带产的树种中，阔叶树材不具有正常的胞间道，而针叶树材却具有，此为一显著特征。在热带产的阔叶树中，某些树种含有显著的正常胞间道，如龙脑香科、豆科等。

2.2.2 木材的物理性质

生产原料的物理性质是指原料不经过化学变化，也不需要承受载荷就能表现出来的性质，主要包括水分多少及存在状态、质量大小和干缩湿胀等，此外，还有原料对电、热、声的传导性，电磁波的透射性等。其中一些性能将直接影响到刨花板生产和产品性能，如含水率的高低将直接影响到单元的制造质量和能耗，木材密度的大小将影响到产品的力学性能和产品的密度等。

1. 木材的密度

木材的密度是与木材的许多物理性质都有密切相关，可以根据它来估算木材的质量，判断木材的物理机械性质（强度、硬度、干缩率、湿胀率等）和工艺性质等，对刨花板生产有着很大的指导作用。木材细胞壁密度因树种不同而异，一般为0.71~1.27g/cm^3，而木材的绝干密度从轻木的0.1g/cm^3到愈创木的1.4g/cm^3范围内。由于不同树种的木材实质组成成分差别不大，所以各种树种的木材实质密度是近似的，平均约为1.50g/cm^3。一般认为木材主要成分纤维素的密度为1.55g/cm^3，半纤维素平均为1.50g/cm^3，木质素平均为1.35g/cm^3。抽提物的比重比纤维素的要小。

木材密度的大小直接关系到用其制造的刨花板的密度。当工艺条件一定时，使用密度小的木材原料制成的刨花板材的密度也低，反之，使用密度大的木质原料制成的刨花板材的密度高。另外，密度低的木质原料在压制刨花板时，可压缩率大，相对胶接面积大。密度还影响刨花板制造过程中的加工性能，低密度木材可以采用较小的切削角刀具和较硬的干燥条件，反之亦然。

2. 木材原料的水分

木质原料中的水分即含水率，直接影响原料的许多性质，如质量、强度、干缩与湿胀、耐久性、燃烧性及加工性能等。木材的吸着水与细胞壁物质的羟基以氢键形式结合，直接影响木质材料的干缩湿胀与强度，对刨花生产它直接关系到木质原料的弹塑性，对刨花的制造和胶合工艺密切相关。

由于木材具有干缩湿胀特性，所以刨花板构成单元也具有和木材一样的干缩湿胀的特性，且刨花还具有比表面积大和压缩变形的特征，因此，为提高刨花板的尺寸稳定性，对那些压缩率大、施胶量不足以防水的刨花板，必须在生产过程中进行防水处理，如添加石蜡等憎水物质，以保证产品的尺寸稳定性，否则无法满足使用环境要求。

2.2.3 木材的化学性质

木材由高分子物质和低分子物质组成。构成木材细胞壁的主要物质是纤维素、半纤维素和木质素三种高聚物，占木材重量的97%~99%，热带木材中的高聚物含量略低，约占90%。在高聚物中以多糖居多，占木材重量的65%~75%。除高分子物质外，木材中还含有少量的低分子物质。木材中的化学组成如图2-4所示。

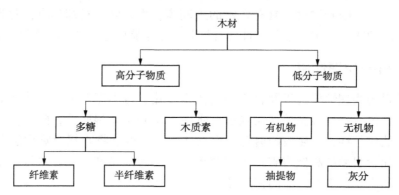

图2-4 木材的化学组成

①纤维素是木材的主要组分，约占木材重量的50%，可以简单地表述为一种线性的由β-D-葡萄糖组成的高分子聚合物。它在木材细胞壁中起骨架作用，其化学性质和超分子结构对木材性质和加工性能有重要影响。

②半纤维素是细胞壁中与纤维素紧密联结的物质，起黏结作用，主要由己糖、甘露糖、半乳糖、戊糖和阿拉伯糖等五种中性单糖组成，有的半纤维素中还含有少量的糖醛酸。其分子链远比纤维素的短，并具有一定的分支度。阔叶材中含有的半纤维素比针叶材的多，而且组成半纤维素的单糖种类也有区别。

③木质素是木材组成中的第三种高分子物质。其分子构成与多糖的完全不同，是由苯基丙烷单元组成的芳香族化合物，针叶材中含有的木质素多于阔叶材，并且针叶材与阔叶材的木质素结构也有不同。在细胞形成过程中，木质素是沉积在细胞壁中的最后一种高聚物，它们互相贯穿着纤维，起强化细胞壁的作用。

组成木材的三种聚合物，其分子皆是由原子通过共价键联结而成的，没有自由电子和可移动的电子，所以，木材在绝干状态可以视为绝缘材料，为不导电体。但实际上是具有微弱的导电性，这是由于木材中含有少量无机物的缘故。

低分子物质仅占木材重量的一小部分，但它影响着木材的性质和加工质量。所含有的化学组分种类繁多，很难十分准确地划分开来，通常简单地把这些物质分为有机物和无机物。一般称这些有机物为木材抽提物，无机物为灰分。

1. 纤维素

纤维素是构成植物细胞壁的结构物质，它是由活着的生物体产生的一种非常重要的天然的有机物，在生物圈中富有分布。纤维素是由脱水吡喃葡萄糖单元相互联结而成的分子链，是一种具有均一链结构的多聚葡萄糖的线性的高分子聚合物。其元素组成为 $C=44.44\%$，$H=6.17\%$，$O=49.39\%$，化学式为 $(C_6H_{10}O_5)_n$（n 为聚合度，一般测得高等植物纤维素的聚合度为 7000~15 000）。纤维素分子具有不同的构象，诸如椅式、半椅式、扭曲式和船式构象等。其中，能量最低也最稳定的是椅式构象，半椅式和船式构象能量最高也最不稳定。

(1) 纤维素的氢键

纤维素链上的主要功能基是羟基(—OH)。羟基不仅对纤维素的超分子结构有决定作用，而且也影响其化学和物理性能。氢键的能量弱于配价键，但强于范德华力。纤维素中的—OH 基之间的氢键能量相同于或略高于乙醇中的—OH 基之间所形成的氢键。在水分子和纤维素分子之间形成氢键的能量约为 26kJ/mol。纤维素分子上的羟基可能形成分子内和分子间的两种类型的氢键，此外氢键也形成于纤维素中的—OH 基与水中的—OH 基之间。若在细胞壁上形成氢键，则能导致纹孔闭塞，影响水分或处理药剂的传导；若在纤维素分子之间形成的氢键集中在一定的区域内，则可以构成纤维素的结晶区。氢键对木材的物理力学性质也有影响，大量的氢键可以提高木材和木质材料的强度，减少吸湿性，降低化学反应性等。

(2) 纤维素的结晶结构

纤维素的结晶区与无定形区。在结晶区，纤维素分子链的排列定向有序，具有完全的规模性。在无定形区，纤维分子链的排列不呈定向有序，规则性不强，不构成结晶格子，结合松散。结晶区与无定形区之间无严格的界面，且逐渐过渡(参见图 2-2)。由于纤维素分子链很长，所以一个分子链可以连续穿过几个结晶区和无定形区。纤维素除结晶区与无定形区以外，尚包含许多空隙，形成空隙系统。空隙的大小一般为 1~10nm，最大可达 100nm。

纤维素在细胞壁中起着骨架物质的作用，对木材的物理、力学和化学性质有着重要影响。纤维素的吸湿性直接影响到纤维的尺寸稳定性及强度。纤维素具有吸湿性的内在原因是纤维素无定形区分子链上的羟基，部分形成氢键，部分处于游离状态。纤维素具有吸湿滞后的内在原因是纤维素吸湿过程中发生的润胀破坏了氢键，在解吸过程中，部分羟基重新形成氢键，使已被吸着的水分不易蒸发。

纤维素结构的特殊性决定了其化学性质的复杂性。其特征一是化学反应和降解作用能使纤维素的聚合度和聚合物结构发生变化；二是化学反应及其反应产物的不均一性；三是在某种程度上纤维素具有多元醇的反应性能。这是因为在纤维素分子中的 C_2、C_3 和 C_6 原子上的羟基均为醇羟基。

纤维素的化学特性主要包括降解、酯化和醚化两方面。降解主要表现为老化降解、氧化降解、酸碱条件下的水解、受热条件下的热解，此外，还有纤维素的机械降解和纤维素的微生物降解等。

2. 半纤维素

半纤维素是存在于木材和其他植物组织的另一种多糖物质。其组成与纤维素不同，含有多种糖基，分子链很短，具有分支度。半纤维素的主链可以由一种糖基组成（如木聚糖）形成均聚物，也可以由两种或两种以上糖基组成（如葡甘露聚糖）形成杂聚物。其与纤维素相比，半纤维素是相对分子质量颇小的高分子化合物。

半纤维素具有吸湿性强、耐热性差、容易水解等特点，在外界条件的作用下易于发生变化，对木材的某些性质和加工工艺产生影响。

半纤维素是无定形的物质，其结构具有分支度，并由两种或多种糖基组成，主链和侧链上含有亲水性基团，因而它是木材中吸湿性最大的组分，是使木材产生吸湿膨胀、变形开裂的因素之一。另一方面，在木材热处理过程中，半纤维素中的某些多糖容易裂解为糖醛和某些糖类的裂解产物，在热量的作用下，这些物质又能发生聚合作用生成不溶于水的聚合物，因而可降低木材的吸湿性，减少木材的膨胀与收缩。

木材经热处理后多糖的损失主要是半纤维素。半纤维素的变化和损失不但削弱木材的韧性，而且也使抗弯强度、硬度和耐磨性降低。因为半纤维素在细胞壁中起黏结作用，受热分解后能削弱木材的内部强度。高温处理后阔叶木材的韧性降低远较针叶木材显著，因为阔叶木材中含有的半纤维素戊聚糖较针叶木材多2~3倍。

在潮湿和温度高的环境中，半纤维素分子上的乙酰基容易发生水解而生成醋酸，因而使木材的酸性增加，当用酸性较高的木材制作盛装金属零件的包装箱时可导致对金属的腐蚀。

针叶木材与阔叶木材中的半纤维素不仅总的含量不同，而且半纤维素的组成和各种糖基的比例也有明显的区别。就非葡萄糖单元而论，针叶木材中含有的甘露糖和半乳糖单元的比例比阔叶木材高，而阔叶木材中含有的木糖单元和乙酰基比针叶木材高。

木材中的纤维素和半纤维素都含有大量的游离羟基，热压时这些组分中的羟基相互作用形成氢键和范德华力的结合，因而湿法纤维板不施胶而能热压成板。此外，也有人认为木质素和其降解产物（含多酚类物质）与半纤维素的热解产物（糠醛等）发生反应形成的所谓"木素胶"也有黏结作用，因而热压后纤维板具有较高的力学强度。

3. 木质素

从木材中除去纤维素、半纤维素和抽提物后，剩余的细胞壁物质便是木质素。木质素和木材多糖在一起，构成木材细胞壁，在细胞壁中起坚固作用。木材组织中含有木质素则增加了强度，使活立木能够挺立，并使一些树木高达百米以上而依然挺拔茂盛。

木质素是具有芳香族特性、非结晶、三维空间结构的高聚物，木质素的结构十分复杂，其基本结构单元是苯丙烷，彼此以醚键（—C—O—C—）和碳碳键（—C—C—）连接。其中有三分之二以上的苯丙烷单元以醚键连接，其余的为碳碳键。

木质素为无定形聚合物，因而具有无定形聚合物最重要的性质——玻璃化转变特性，即在温度作用下，可以实现从玻璃态⟷高弹态⟷黏流态的相互转变。

许多研究者的研究结果表明，木质素具有一般无定形高聚物的玻璃化转变特性。

当加热木质素达到玻璃化转变温度时，木质素迅速软化，木质素的软化温度因木质素的来源和分离方法、相对分子质量和含水率的不同而差异显著。

木质素的玻璃化转变特性与木材含水率负相关，并随含水率提高，其软化点温度下降，见表2-1。当木质素加压时，在一定温度达范围内几乎没有胶合现象发生，一旦达到某一温度后，胶合强度随温度的升高而增大。木质素的胶合温度和它的软化温度极为相近，当温度达到木质素软化温度后，有利于木材界面胶结。

表 2-1　木质素含水率与软化温度对应关系

木 质 素	含水率(%)	软化点(℃)
云杉过碘酸木质素	0	193
	3.9	159
	12.6	115
	27.1	90
云杉二氧六环木质素(低相对分子质量)	0	127
	7.1	72

木质素的玻璃化转变特性在刨花板生产工艺中有重要的实际意义。在热压制板中，当温度加热到玻璃化转变温度时，由于木质素的热塑性作用，能使材料迅速成板而不会引起材料的过分降解。在高温和水分的关联作用下，木质素易于软化和塑化，发生热软化的温度范围，针叶树材为170~175℃，阔叶树材为160~165℃，且随着含水率的提高其软化温度下降。

4. 木材的抽提物

木材是天然生长形成的一种有机物，除了纤维素、半纤维素和木质素等主要成分外，还含有其他次要成分。其中比较重要的是木材的抽提物，其对木材材性、加工及利用均产生一定的影响。

抽提物影响木材的渗透性，污染木材表面，不利于木材胶合。当抽提物处于木材表面或接近表面时，可干扰木材胶合界面的形成，在界面处形成障碍，从而可能阻止材面润湿或导致胶合强度变低；同时还可以改变胶黏剂的特性、胶液的正常流动及其在木材表面的铺展，妨碍和延长界面间胶层的固化。一般认为，抽提物对碱性胶黏剂固化及胶合强度的影响不十分敏感，而对酸性胶黏剂，抽提物可能会抑制或加速胶黏剂的固化速度，这取决于缓冲容量和树脂反应的pH值。另外，木材抽提物中的多酚类抽提物含量高者在木材加工过程中易使切削刀具磨损。

在生产水泥刨花板和木丝板时，含糖和单宁多的木材，由于还原糖和多酚类物质的阻聚作用，可使水泥的凝固时间延迟或不易凝固，影响制品质量。

5. 木材的酸碱性质

木材具有天然的酸碱性不但能腐蚀金属，而且还明显地影响着木材的某些加工工艺与合理利用。

世界上绝大多数木材呈弱酸性，大多数木材的pH值介于4.0~6.0之间，仅有极少数木材呈碱性。这是因为木材中含有天然的酸性成分。木材的主要成分是高分子的多糖,它们是由许多失水糖基联结起来的高聚物。每一个糖基都含有羟基,其中的一部分羟基与醋酸根结合形成醋酸酯,醋酸酯水解能放出醋酸,使得木材中的水分常带有酸性。其反应方程式如下:

$$R\text{—}OCOCH_3 + H_2O \longleftrightarrow R\text{—}OH + CH_3COOH$$
糖基　　　　　　　　醋酸酯　　　　醋酸

因为醋酸有挥发性,会从平衡体系中逸出,使水解反应不断向生成醋酸的方向移动。木材中含有1%~6%的醋酸根,阔叶材比针叶材含量高。除醋酸外,木材中还含有树脂酸以及少量的甲酸、丙酸和丁酸。木材含有0.2%~4%的矿物质,其中,硫酸盐占1%~10%,氯化物占0.1%~5%,它们电离、水解后也可使木材的酸性提高。

木材的酸碱性质(pH值和缓冲容量)对木材的某些性质、加工工艺和木材利用有重要影响。危害木材的真菌,无论在其孢子发芽阶段,还是菌丝生长期间,均明显地喜于生活在酸性介质中。木材的pH值和缓冲容量对酚醛树脂胶和脲醛树脂胶的胶合质量影响差异很大。木材的酸碱性质对酚醛胶无不良影响,而对脲醛树脂胶影响较大。酸性木材对脲醛树脂的胶合质量均能达到要求,而对春榆、大叶榆、香杨和大青杨等树种的心材对脲醛树脂的胶合质量不佳,这是由于这些树种的心材pH值较高,显弱碱性的缘故。有人认为胶液pH值为3~5时可以获得适宜的固化速度,即热压时间最短而胶合质量高,故在刨花板生产中,对于偏碱性的木材需要增大固化剂用量,以满足胶合要求。

2.2.4 木材力学性质

材料力学性质表示材料抵抗外部机械力作用的能力。外部机械力的作用有拉伸、压缩、剪切、弯曲、扭转、冲击等。影响木材强度的因素很多,主要是木材缺陷,其次是木材密度、含水率、生长条件、木材构造等。密度大,强度亦大,所以密度通常是判定木材强度的标志。产地不同、生长条件不同,木材强度也会有差异。在同一株树上,因部位不同,强度也会有差别,如靠近髓心部分,易开裂,强度也较低。

木材的力学性质直接左右实木制品的性质,但随着胶合单元越小其影响的程度越少。这主要是因为人造板的力学性能取决于原料自身强度和胶合强度两方面,采用高强度胶合时,木材强度就直接影响到产品的强度。但普通刨花板的力学强度一般只为木材强度的1/4~1/3,因此,木材强度对产品强度影响不大,但胶合界面和胶合质量则影响很大。

1. 木材的弹塑性

木材应力与应变的关系是非常复杂的,因为它的性能既不像真正的弹性材料,又不像真正的塑性材料,而属于既有弹性又有塑性的材料——黏弹性材料。应变的大小受很多因素的影响,包括木材自身的因素,如密度、管胞或纤维细胞壁微纤丝的角度以及恒定的或变化的环境因素(如大气的温度、相对湿度)等。此外,还取决于时间的因素,长时间处于应力状态或短暂时间的受力,应变的大小也不同;在较小的应力和较短暂的时间里,木材的性能十分接近于弹性材料,反之,则近似于黏弹性材料。

木材是各向异性材料，在各个方向上具有不同的力学性质，也就有不同的弹性模量。通常，纵向较大，径向次之，而弦向最小。

木材弹性变形是由于相邻微纤丝之间发生了滑移，细胞的壁层也发生了变形，但在壁层之间并没有出现永久变形。因此，弹性变形实际上是分子内的变形和分子间键距的伸缩。木材塑性变形是由于微纤丝内应力过大造成破坏，引起共价键断裂，细胞壁壁层的变形使细胞间出现永久性微细开裂。因此，塑性变形实际上是分子间相对位置的错移。

木材的弹塑性对刨花板的热压影响很大，弹性大的木材不利于刨花的塑化，因而需要增加热压压力和延长热压时间，以实现木材的高效结合和减少板材的反弹。同时，木材的弹塑性严重影响刨花板对水的稳定性。

2. 木材强度、韧性和破坏

强度是指木材在规定的方向上能够抵抗最大荷载的能力。韧性是指骤然荷载下的抵抗力，即木材抵抗冲击的能力。虽然强度和韧性最终都会达到破坏的水平，但达到破坏的量值是完全不同。韧性在数值上是以需要的能量计算（J/m^2），而强度的量值是应力计算（MPa）。韧性与强度的概念不同，两者之间并无相关关系。

木材是一种低密度、各向异性、多孔性的毛细管胶体，具有不可避免的天然缺陷和相当大的变异性。木材强度不同于一般均匀的、各向同性的材料，其影响因素甚多，即施加应力的方式及方向，木材的宏观构造主要指：密度、纹理角度、节疤等，木材的微观构造、含水率和温度及施加应力速率和荷载作用等。影响木材强度的诸多因素，对木材的韧性也产生相应的影响，且纹理角度对木材的韧性很敏感。

因为木材强度和韧性远高于刨花板产品的强度和韧性，因此，一般木材的强度和韧性对刨花板产品的影响不大。但其对刨花的制造和加工过程中的切削条件、刀具寿命、能耗及刨花质量影响很大。

2.2.5 木材的润湿性

木材的润湿性，表征某些液体（水、胶黏剂、氧化剂、交联剂、拒水剂、染色剂、油漆涂料及各种改性木材的处理溶液等）与木材接触时，在表面上润湿、铺展及黏附的难易程度和效果。这一性质对界面胶结、表面涂饰和各种改性处理工艺极为重要。对于难以胶合或涂饰的抽提物含量高的木材以及竹皮、藤皮等纤维材料，只需将其表面的润湿性予以改良即可改善其胶合性和涂饰性。

由于木材表面的分子具有极性，且有一定的表面自由能，当与极性胶黏剂、涂料或其他处理溶液相接触时，就能够彼此吸引相互结合。此外，木材具有巨大的比表面积，如此庞大的表面积和数目众多的毛细管，便于多种液体的吸着与传导。

润湿性的高低通常以液滴在木材表面上形成的接触角（θ）或接触角的余弦（$\cos\theta$）的大小表征。若$\theta<90°$，则表明固体表面具有亲水性，即液体较易润湿固体，其角越小，表示润湿性越好；若$\theta>90°$，则表明固体表面具有疏水性，即液体不容易润湿固体，容易在表面上移动。至于液体是否能进入毛细管，还与具体液体有关，并非所有液体在较大夹角下完全不进入毛细管，如图2-5。

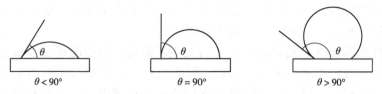

图 2-5 接触角与浸润性的关系

1. 润湿性与胶合质量

有关木材的润湿性对胶合质量的影响曾有许多研究者作了大量的试验和研究工作。Chung Y. H. 曾用多种酚醛树脂胶黏剂制造胶合板,并测定了胶液对美国长叶松木材单板的接触角。通过对板子的湿态剪切强度、木破率和分层百分率测定证实,接触角与胶合质量呈正相关,即接触角大,单板的润湿性低,导致胶合板的胶合质量差。

2. 影响润湿性的因素

木材表面的润湿性除受材料自身性质的影响外,还受所接触的液体及外界环境的影响。其因素错综复杂,归纳起来,主要有以下几个方面:首先是木材表面自由能的高低直接影响木材的润湿性,若使木材表面自由能升高,则有利于改善木材的润湿性;其次是木材树种与纹理方向及表面质量,粗糙的木材表面润湿性差,胶合质量也差;再次是周围环境与木材老化程度,长期暴露在不同环境中的木材表面由于氧化作用、吸附作用、水合作用和污染作用,能使木材表面老化,导致木材润湿性降低;最后是木材抽提物可使木材的润湿性和胶合性发生明显的变化,木材表面的抽提物影响木材的润湿性。

3. 改善木材湿润性的方法

改善木材湿润性的方法主要有砂磨处理、化学处理及电晕处理等方法。砂磨能提高木材表面的润湿性,砂磨后其接触角变小,润湿性提高,有利于胶结;适宜的化学药剂能提高木材的表面自由能,从而改善胶合性能。电晕放电处理使木材表面瞬间产生一些物理和化学变化,能改善木材的润湿性。

2.2.6 原料特性对刨花板生产的影响

1. 原料特性与产品性能

(1) 原料性质

一般说来,与非木材植物原料相比,木材原料纤维细胞含量高、形态好,抽提物和灰分含量低,没有髓心和蜡质层,常用的木材胶黏剂都能实现良好的胶合,用其制造刨花板,物理力学性能优于非木材植物纤维为原料的刨花板。

以单一树种木材为原料,在刨花质量、干燥工艺和热压工艺控制方面比较容易掌握,因此制造的刨花板性能通常优于混合树种为原料的刨花板产品。

小径级原木和胶合板生产中的下脚料,可以制备出优质的刨花,与枝丫材和制材板皮等相比,其树皮含量低,与工厂刨花和锯屑等相比,其刨花形态好、纤维长,因此,由其制造的刨花板质量较好。

（2）树皮含量

木材中的树皮含量对刨花板质量也有很大影响，从图 2-6 中看出，适当增加树皮用量不会影响刨花板的强度，因为适量的树皮起填充作用。但是，树皮本身强度毕竟比较低，当树皮含量过多时，就会严重影响刨花板的强度。此外，树皮的颜色一般较深，用于表层时，会影响表面的美观。因此，树皮最好用于芯层。树皮的存在除影响板的性能外，树皮中往往还掺杂尘埃及其他物质，给设备的维修和保养带来很多问题。大量生产实践证明，树皮用量在 10% 以下对刨花板性能的影响不大。

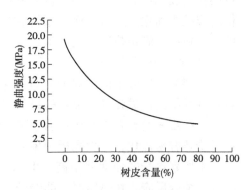

图 2-6 树皮含量对刨花板静曲强度的影响

（3）原料密度

原料的密度对加工性能及成品质量都有重要的影响，生产中应合理选择及使用原料。用不同树种木材生产的刨花板，在板材密度相同的情况下，低密度的木材比高密度的木材刨花体积大，因而压缩比大，胶合面积也大，制成的刨花板的胶接强度就较高。在施胶量和胶种相同的条件下，低密度的木材比高密度木材刨花单位面积得胶量少，因而胶合强度下降。

一般情况下，低密度的原料生产低密度的板材，反之亦然，但是低密度木材刨花的施胶量一定要高于高密度木材刨花的施胶量，因为施胶量是以刨花质量为基准进行计算，而低密度木材刨花单位质量的比表面积大。

制造刨花板时最好选用密度低而强度较高的树种作原料，但也会因压缩比大而致使制成的板材吸水膨胀性也比较大。如果采用密度低而强度也低的木材生产刨花板，其产品不但强度较好，而且吸水厚度膨胀率也低。

（4）原料含水率

原料的含水率对刨花板生产工艺及其性能都有很大影响。当原料含水率太低（如低于 40%），则木材刚性太大、发脆，加工成刨花时会产生过多的碎屑；如果把碎屑除去，就会降低刨花产量。含水率太高（如高于 60%），木材本身的强度就低，生产的刨花也容易"起毛"，而且刨花干燥时间也要延长，动力消耗也就相应增加。同一批原料含水率相差悬殊也不好，因为刨花经干燥后，这种含水率的不均匀仍然存在，从而影响刨花板的性质。据研究，木材含水率为 40%～60% 时制得的刨花板为最佳。

（5）木材的抽提物与酸碱度

在水和热的作用下，木材中的有些抽提物会出现在刨花表面，其中有些成分能提高产品的耐水性，但有些成分会影响胶合，从而影响产品质量。例如：树脂、树胶、三萜类、蜡等抽提物会使胶黏剂的黏附能力和胶结力下降，导致产品的力学性能降低，但会使其耐水性提高；木质酚能提高产品的耐腐、防虫和抗霉变能力；挥发性油易使产品在热压过程中发生鼓泡现象等。

酸碱度主要体现在原料本身的 pH 值，它直接影响胶黏剂的固化速度。当使用脲醛树脂作为胶黏剂时，固化剂用量应根据原料本身 pH 值的高低进行调整，当原料 pH 值低时应减少固化剂用量，而当原料 pH 值高时应加大固化剂用量，以保证施胶后胶黏剂的固化速度，满足热压工艺要求。

（6）原料化学成分

原料化学成分中最主要的是纤维素的含量。纤维素是组成各种纤维的骨架，决定着各种纤维的机械强度。原料的纤维素含量高，意味着产品的耐水性好、机械强度大。

半纤维素的聚合度很低，强度低、吸湿性高。半纤维素水解生成单糖，单糖在热压时受热容易焦化，产生黏板现象，使板面质量下降。

木质素本身的强度并不高，但木质素的耐水性好，耐热性高，可塑性好。木质素能发生缩合反应，在热压时，能像胶黏剂一样起到胶合作用。

（7）木材强度

木材本身的强度对板材强度影响很大。板子在使用过程中，多数情况下是承受静弯曲力的作用，基本上体现为拉伸和压缩变形，除胶黏剂和板材结构的因素外，在密度相同的情况下，强度大的木材制造的板子强度高。

木材的构造对板子的强度也有一定的影响。一般在相同工艺条件下，用构造细致的木材能加工制出光滑平整的刨花，可使胶黏剂最大限度地分布于刨花表面；而具有粗构造的木材往往只能获得表面粗糙多孔的刨花，使胶黏剂过多地渗入刨花内部，降低胶合强度。

2. 原料的选择

选用什么样的原料生产刨花板，将直接影响到产品的质量和经济效益。在选用原料时，除了考虑原料的质量以外，还应考虑原料来源丰富、价格低廉、运输和加工方便、制成的产品质量高等因素。

就原料质量来看，针叶材优于阔叶材，树干优于枝丫和梢头，边材优于心材，早材优于晚材。但刨花板生产是木材综合利用的途径之一，不可能只选优质的木材作为原料，必须充分利用现有的木材资源。为了尽可能制出强度高、质量好、不变形的板子，最好选用同一树种作为原料。当采用混合树种作为原料时，应尽量选用性质相近的材种，否则材性相差悬殊，会使板内产生较大的内应力，不仅给热压操作带来困难，而且会降低板子的强度和出现明显的翘曲变形。除考虑原料的质量外，还必须考虑原料的产量和成本。由于原料的需求量较大，因此，必须建立长期稳定的原料供应基地。原料的价格和收集、运输、贮存的难易程度，直接影响产品的成本，也必须予以重视。

科学合理地进行原料搭配，不仅能保证产品质量、降低成本，而且能充分利用木材原料资源。制造三层结构和渐变结构刨花板时，应尽量将优质原料用于表层，将劣质原料用于芯层，这样不仅能提高板面质量和强度，而且能降低产品成本。刨花板实际生产中，常加入一些工厂刨花和锯屑，与优质原料搭配使用：工厂刨花通常只做芯层原料的一部分，使用量最好不要超过芯层原料的 1/3；适当添加锯屑能够起到填充作用，使板面平整光滑，内结合强度提高，但用量不得超过 15%，否则会使刨花板的强度下降。

非木材的植物纤维原料和农作物秸秆也是宝贵的制造刨花板的原料，国内外都进行过广泛深入的研究。目前制板工艺比较成熟的主要原料有亚麻屑、甘蔗渣、麻秆等。麦秸、稻草及芦苇原料，主要是因其自身所含生物蜡和二氧化硅影响甲醛类胶黏剂的润湿，胶接性能不理想，只能使用价格昂贵的异氰酸酯类胶黏剂。

2.3 原料处理及贮存运输

2.3.1 原料处理

刨花板生产使用木材原料的形状、大小不一，树皮含量有多有少，木材含水率相差悬殊。这些木材在制成刨花前，应根据工艺和设备要求，进行原料的含水率调控处理、剥皮及截头等准备工作，以保证刨花板的质量。

1. 含水率调控

原木树皮含量约在 10%~15%，小径木和枝丫材的树皮含量更高，这样大量的树皮在生产中造成很大的困难。为了保证产品质量，延长设备使用寿命，原料中树皮含量不应超过 10%，如果超过，对于小径木和原木可采用先剥皮后刨片，而对于枝丫材和不规格的小径材可采用先削片然后通过筛选去除树皮。

为了保证刨花质量及得率，应使原料具有一定的含水率，以 40%~60% 为宜。当原料含水率太低（低于 40%）时，最好进行水热处理。处理方法常用浸泡法，处理温度一般为 40~60℃，浸泡时间随木材树种、木段直径大小而定。简便的处理方法，可采用喷淋堆放措施提高原料的含水率。

2. 木材规格化处理

根据生产工艺和设备性能要求，刨花制造之前，需要把长原木按一定尺寸截断。原木截断一般采用圆锯机或带锯机。

木段直径过大，可用劈木机劈开，也有用带锯机剖开的，使之适于加工需要。

植物纤维原料和农作物秸秆原料，多需要截断、除尘，或除去不适宜作刨花原料的部分。

3. 去除金属杂物

在刨花制造前应首先去除金属杂物，以保护刨花制造设备。为了在原料中发现金属杂物，可采用电子金属探测器。金属探测器的传感器，安装在带式输送机支架断开处的特制金属底座上。输送带的工作面应通过传感器口，但不得与其壁相接触。金属探测器的灵敏度和抗干扰性能，在很大程度上取决于传感器在带式输送机上的安装是否正确。

对于直接使用木片为原料时，可采用磁铁式金属探测器，利用磁铁对钢铁的吸附作用，直接去除金属杂质。

4. 原料去皮

树皮由木栓形成层产生，是树干外围的保护结构，主要为死组织，树皮通常较茎部的木质部薄，且树皮内纤维素含量低。树皮含量约占树木的 6%~20%，平均占 10%

左右,制材板皮占10%以上,小径木和枝丫材占13%~28%,平均在20%以上。

由于树皮的结构和性能与木质部完全不同,当树皮含量增加时,会造成板材强度降低,同时还影响板材的外观质量,所以利用小径木和枝丫材为原料生产高档板材时必须考虑原料去皮问题。

木材机械剥皮主要有切削法和摩擦法两种。切削式剥皮机是利用切削刀具有旋转运动,配合木段的定轴转动或直线前进运动,从木段上切下或刮下树皮;摩擦式去皮则是利用木材和刀体、木材和木材相互间的不规则切削和冲击碰撞而将树皮去除。

刨花板生产中大多没有采用专门的去皮设备,主要通过木片筛选和刨花分选工序将树皮筛除掉。

2.3.2 木材原料的贮存

1. 原料的贮存要求

原材料的贮存一方面是要保证生产所需原材料的数量;另一方面是通过贮存调控均衡原材料的含水率及搭配比例等,从而达到保证生产过程和产品质量稳定的目的。

刨花板生产使用木材原料的形状、大小不一,树皮含量有多有少,木材含水率相差悬殊。这些木材在制成刨花前,应根据工艺和设备要求,进行原料的含水率调控处理、剥皮及截头等准备工作,以保证刨花板的质量。

原木树皮含量约在10%~15%,小径木和枝丫材的树皮含量更高,这样大量的树皮在生产中造成很大的困难。为了保证产品质量,延长设备使用寿命,原料中树皮含量不应超过10%,如果超过,对于小径木和原木可采用先剥皮后刨片,而对于枝丫材和不规格的小径材可采用先削片然后通过筛选去除树皮。

为了保证刨花质量及得率,应使原料具有一定的含水率,以40%~60%为宜。对于过长过大的木材原料,需要根据设备要求进行截断和剖分。

植物纤维原料和农作物秸秆原料,多需要截断、除尘,或除去不适宜作刨花原料的部分。

为了保证生产的连续化,刨花板厂或车间应贮备一定数量的原料。一般可贮存在露天或有顶棚的仓库中。原料贮备量一般应能满足15~30d的生产需要,以防止生产中出现停工待料的现象。特别是对于一年生植物和农作物秸秆,因其生长和收获的季节性问题,必须存够一年生产所需原料量,原料贮存尤为重要。

原料的贮存直接影响产品的质量和生产成本。原料贮存场地应干燥、平坦,且具有良好的排水条件,有些原料还要考虑防雨问题。为了防火和保证通风干燥,以及考虑装卸工作的方便,原料堆垛之间必须留有一定的间隔和通道,见图2-7。设计时还应在堆场考虑足够的消防栓和原料称量场所。

各种薪炭材及木材加工剩余物的堆积

图2-7 原料堆场

表 2-2　各种薪炭材及木材加工剩余物的堆积系数

原料种类	直径或厚度(cm)	堆积系数	原料种类	直径或厚度(cm)	堆积系数
薪炭材（未劈开）	25~30	0.74	大板皮（堆垛）	—	0.53
	20~25	0.70	板条（散堆）	—	0.35
	15~20	0.66	锯屑（1~3mm）	—	0.20
	5~10	0.65	刨花	—	0.20
	15以下	0.51	截头、梢头	1~5	0.30
薪炭材（劈开）	10以下	0.64	枝丫	1~3	0.25
伐根（劈开）	3~6	0.50	木片（夯实）	1~2	0.35
三角木块	—	0.40	木片（未夯实）	1~2	0.28

系数见表 2-2，可作为料场面积计算的参考。

2. 原料堆积方法

贮存场地的大小取决于生产所要求的原料贮存量及搬运方式等。由人工搬运的料堆其高度不宜过高，一般不超过 3.0m，由机械搬运的料堆，允许高度达 10m 以上。机械堆垛的设备有吊车、抓车、架杆绞盘机、叉车、龙门吊车和桥式吊车等。图 2-8 为抓车堆垛和运输的工作图。

(a)木材搬运抓车

(b)木材堆积抓车

图 2-8　木材抓车

2.3.3　木材原料的运输

刨花板原料运输应根据材料的运输要求、材料特性和运输距离等选择合理的运输方式，主要有水路运输和陆路运输两大类。运输设备可分通用设备和专用设备，既有厂内运输设备也有厂外运输设备。通用运输设备包括有火车、汽车、货船等，专用运输设备有木片铲车、木材抓车、木片运输专用车辆等。

1. 陆路运输

原料的陆路运输主要有汽车运输和铁路运输，汽车运输又包括卡车运输和平板拖车运输。汽车运输灵活方便，组织简单，但运输成本高。平板拖车主要用于大规格尺寸的胶合板用材运输，卡车运输适用于各种原材料的长途或短途运输，而火车运输受到运输条件的限制，运输成本低于汽车运输，但一般需要转运，路途时间长，手续烦琐。

2. 水路运输

原料的水路运输包括有船坞运输和扎排运输，其运输成本低，能耗低，但受到诸多客观条件限制。排运木材浸泡于水中，木材含水率高，不会造成木材开裂。

本章小结

刨花板生产原料来源广、种类多，主要包括木材和非木材植物纤维原料两大类，并以木材原料为主，而非木材植物纤维原料中以蔗渣、竹材应用技术相对成熟。原料的种类和质量对刨花板的制造影响很大，应根据原料特性制定合适的生产工艺和选择合适的生产设备及产品方案。

木材的物理力学特性对刨花制造、干燥及板坯压缩压实影响较大，而木材的化学性质更主要是影响刨花的界面润湿及胶合。刨花的水分是刨花传热的主要途径，木材的塑性变形和加热软化是刨花板制造的理论基础。

刨花板生产原料的贮存量要根据生产规模、资源供给情况、季节及成本来确定，确保生产需要；原料的贮存方法要符合木材的特性要求，要分批、分期及分类贮存，便于生产原料的搭配，同时场地要通风干燥，排水流畅，消防设施齐备等。原料的堆积有人工堆积和吊车堆积等多种方法，运输有陆地运输和水路运输两种形式。

思考题

1. 刨花板生产的木材原料来源有哪些？各有什么特点？
2. 木材的化学组成包括哪些？纤维素、半纤维素和木质素的基本构成是什么？
3. 木材的性质对刨花板生产有什么影响？
4. 刨花板生产原料的选择应注意哪些问题？
5. 针叶材和阔叶材原料的特点是什么？
6. 生产原料贮存的目的和要求是什么？

第 3 章

刨花制造

[**本章提要**] 刨花制造是指将木材原料加工成刨花的过程,它是刨花板生产的关键工序之一。刨花的形态、分布及表面质量等直接影响到刨花板生产的后段工序质量,甚至直接影响到产品的外观质量和物理力学性能。本章主要介绍了各种刨花的类型及特征、刨花制造方法、刨花制造设备和贮存运输方式等内容。

刨花制造是刨花板生产的关键工序之一,刨花的几何形状尺寸直接影响到刨花板的性能和质量;反之,刨花板的品种也对刨花几何形状尺寸有一定的要求。不同刨花的制造方法各不相同。影响刨花制造的因素主要有材料种类、含水率、制造方法等。刨花的种类和特性不同,用其制造的刨花板的种类和特性也不同,如普通刨花板、均质刨花板、华夫板、定向刨花板(OSB)、水泥刨花板等。

3.1 刨花形态

3.1.1 刨花的类型

刨花板制造可以采用各种木材刨花原料。刨花的长度、宽度、厚度、长宽比及刨花的表面质量均对刨花板生产及板材性能产生直接影响。常见的刨花类型如图 3-1 所示。根据刨花的来源,通常将刨花分成特制刨花和废料刨花两大类。

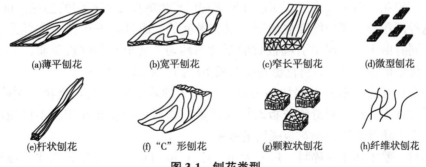

(a)薄平刨花　　(b)宽平刨花　　(c)窄长平刨花　　(d)微型刨花

(e)杆状刨花　　(f)"C"形刨花　　(g)颗粒状刨花　　(h)纤维状刨花

图 3-1　刨花类型

1. 特制刨花

它是指用专门机床制造的具有一定形状和尺寸的刨花。这种刨花基本保证了纤维完整，不起毛，尺寸均匀，表面光滑，质量好。刨花按照其形态尺寸可分为以下几种：

①薄平刨花　利用刨片机制造的薄而均匀的片状刨花，长度为 10~25mm，宽度为 4~10mm，厚度为 0.2~0.5mm；这种刨花多为刀轴式刨片机生产，可加工成普通刨花板生产用的优质刨花。

②宽平刨花　长度在 30mm 以上，且长度和宽度基本一致的薄平刨花。宽平刨花也是用刨片机直接制成的刨花，所用原料必须是规格的原木或小径木等。用这种刨花制得的刨花板板面美观，强度较高。一般采用盘式刨片机生产，是生产华夫刨花板用的优质刨花。

③窄长平刨花　平均长度大于 50mm，平均厚度小于 2mm，且长宽比在 2∶1 以上的刨花。它是用刨片机直接制成的，这种刨花纤维完整，用它生产的刨花板强度较大，刚性也大。一般用于生产定向结构刨花板。

④杆状刨花　是木片经锤式粉碎机破碎而成的刨花，厚度和宽度相近，约 3~6mm，长度为厚度的 4~5 倍。它的形状很像折断的火柴杆，通常称为碎料，是挤压法刨花板常用的原料。在平压法刨花板生产中，只能用作芯层材料。在利用木片制造刨花的生产工艺中，当木片含水率很低或双鼓轮刨片机的刨刀磨损严重时，生产出的刨花也多为这种刨花。

⑤微型刨花　薄平刨花经打磨机再碎而成的尺寸较小的刨花，一般长度为 2~8mm，宽度和厚度约 0.2mm，常用于刨花板表层。微型刨花是一种优质的表层原料，通常用它制造多层结构板或薄型单层结构板。用它制成的板材板面平整、美观、光滑、材质均匀，板的边缘致密而且吸水性低，尺寸稳定性较好。

⑥纤维状刨花　类似于纤维的细长刨花，常用于刨花板表层。

2. 废料刨花

废料刨花是指木材加工企业生产制品的副产物，是木工机床上进行各种加工时产生的废料，通常也称为工厂刨花。

①工厂刨花　由木工平刨、压刨和铣床切削产生的厚度不均匀的刨花，也称"C"形刨花。这种刨花的大部分纤维被切断，刨花强度低，而且有不少呈卷曲状态，影响施胶质量，同时由于折叠现象引起板材的厚度不均匀，使板材的强度下降。如果原料来源充足，价格低廉，"C"形刨花也是刨花板生产的主要原料之一。

②颗粒状刨花　木材在锯切加工过程中产生的颗粒状加工剩余物。这种锯屑长、宽、厚尺寸基本一致。制造刨花板时掺入适量的锯屑可起填充作用，不但能增加板面平整度，而且还具有增加刨花板强度的效果。

③木粉　粉末状木材碎料。尺寸大小一般在 40 目以下，即砂光粉尘。通常用网眼为 0.63mm×0.63mm 筛网筛出来，可用作表层材料，制得的板材板面光滑、平整。

以上是根据刨花的形态尺寸及来源对木质刨花进行的分类，此外，对于非木材植物纤维材料来说，除竹材外，其他原料几乎不采用刨削的方式加工制造刨花板构成单元，其单元形态多为不规则形状，主要有颗粒状和纤维状等。

3.1.2 刨花几何形态要求

刨花的形状和尺寸直接影响刨花板的性质和制造方法。刨花的几何尺寸对刨花板的性能均有影响，首先是厚度，其次是长度，而宽度影响很小，如图 3-2 所示。

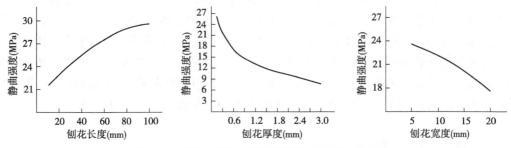

图 3-2 刨花几何尺寸对刨花板静曲强度的影响

1. 几何尺寸的影响

从尺寸上来看，刨花的厚度越大，其刚性越强，压缩性越差，因而会形成板材内部很多的"空穴"，胶合面积减小，从而降低了胶合强度，尤其是内结合强度。刨花越长，板材的静曲强度越高，这是因为长刨花可以减少刨花长度方向上的胶接，从而有效提高了板材的强度，尤其是静曲强度。但是过长的刨花不但影响施胶的均匀性，同时也在铺装时容易"架桥"和造成铺装不均匀，反而会使板材的强度降低。宽度对板材强度影响很小，这主要是由于木材或刨花本身的横向强度很低，因此刨花宽窄对强度影响很小。但是刨花太宽，容易形成板坯铺装时内部的"空穴"，使细刨花不能有效填充在刨花之间，从而也会使板材强度降低。

2. 形状系数

从形状上看，薄而狭长的刨花虽然比表面积大，单位面积上的胶量少，但是由于薄而狭长的刨花自身的抗弯强度较高、刨花压缩性好，刨花之间的接触面积大，胶合面积也大，因此其制成的刨花板有较高的强度和较好的尺寸稳定性，且板面平整。反之，厚而粗短的刨花虽然比表面积较小，单位面积上的胶量大，但这种刨花刚性大，不易被压实，因而造成板内空隙多且大，胶合面积小，同时内应力也大，因此板材的强度较低，尤其是内结合强度较低，尺寸稳定性也差。

为了保证刨花的胶合质量、提高板材质量，合理控制刨花的形状系数对刨花板生产非常重要。由于刨花的刚性与长度成反比，与厚度成正比，因此生产上用长厚比作为控制参数。

刨花的形状与尺寸可由长度 l、宽度 B、厚度 d 来表示。而影响刨花性质的主要参数是长度 l 和厚度 d 之间的比例关系，此比值称为刨花的形状系数，用 S 表示。

$$S = \frac{l}{d} \tag{3-1}$$

S 值越小，表明刨花的长度尺寸与厚度尺寸越接近，则刨花的形状显得厚而短；反之，S 值越大，则表明刨花的形状是薄而长。试验研究表明：当 S 值小于 150 时，板材的静曲强度随 S 值的增加而增加；当 S 值大于 150 时，板材的静曲强度就无明显变化了。一般认为表层 S 值为 100~200、芯层 S 值为 60 较为合适。在这个范围内，板材的内结合强度也能满足要求。

尽管刨花的几何尺寸及形状系数对刨花板的性能影响很大，但在生产中应根据具体的刨花板生产工艺来确定，例如定向刨花板采用了特殊的铺装方法，其刨花可以加长，华夫板则应注重保持刨花厚度不能太厚，均质刨花板则应保证刨花比较细小。因此生产不同种类的刨花板对刨花形态也有不同要求，并且实际生产中刨花加工的难易程度也在一定程度上制约刨花的尺寸。如生产定向结构刨花板(OSB)时要求刨花的长宽比为 7∶1 较好，而生产大片刨花板(华夫板)时长宽比为 2∶1、厚度为 0.4mm 则较好。

3.2 刨花制造方法

刨花制造方法应根据原料种类及特性进行选择。小径材和原木等通直原料，可采用直接刨片法生产优质刨花，也可采用间接刨片法。枝丫材、采伐剩余物、木材加工剩余物等原料，必须选用间接刨片法。对于非木材植物纤维原料，绝大部分原料不适宜直接套用木材原料的刨花制造方法，必须根据原料本身的特点采取相应的刨花原料制造方法。

3.2.1 刨花制造工艺

刨花制造方法按工艺路线可分为直接刨片法和间接刨片法(削片-刨片法)；按照原料特性可分为木材刨片法和木片刨片法；按照切削运动轨迹可分为直线刨削、内圆弧刨削和外圆弧刨削；按刀体结构可分为刀环式刨削、刀轴式刨削和盘式刨削。此外，还有多用于非木材植物纤维材料刨花制备的锤式破碎和碾磨等方法。刨花制造工艺主要有直接刨片法和削片-刨片法(间接刨片法)两种方法。图 3-3 是刨花制造的生产工艺流程。

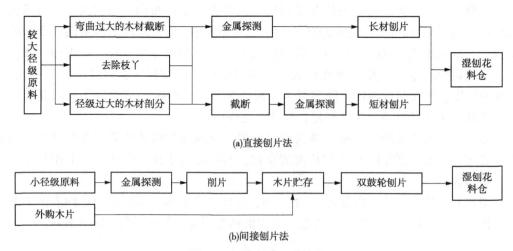

图 3-3 刨花制造工艺流程

①直接刨片法　即采用刨片机直接将木材原料加工成薄片状刨花，这种刨花可直接作多层结构刨花板芯层原料或作单层结构刨花板原料，也可通过再碎机（如打磨机或研磨机）粉碎成细刨花作表层原料使用。这种工艺的特点是刨花质量好，表面平整，尺寸均匀一致，易于再碎，能耗低，但由于对原料有一定要求，适用于原木、木芯、小径木等大体积规整的木材。

②削片-刨片法　也称间接刨片法，即先利用削片机将原料加工成木片，然后再用双鼓轮刨片机加工成窄长刨花。其中粗的可作为芯层料，细的可作为表层料。必要时可通过打磨机将一部分过大的芯层料打磨加工成表层料。该工艺的特点是生产效率高，劳动强度低，对原料的适应性强，可用原木、小径材、枝丫材以及板皮、板条、碎单板等各种不规格原料加工，但是刨花质量稍差，刨花的厚度不均匀，刨花形态不易控制。

此外，目前有许多工厂直接购买工业木片，将削片工序放在场外完成，但仍属间接刨片法，这种外购木片的方法便于原料收集，减少运输成本，但是木片质量和含水率不便于管理控制。

3.2.2　刨花制造的刨削原理

按照木材或木片的加工特点和刀具的运行轨迹，可以将刨花制造的刨削分为直线型刨削、内圆弧刨削和外圆弧刨削三种类型，如图3-4所示。

(a)直线刨削　　　　(b)内圆弧刨削　　　　(c)外圆弧刨削

图 3-4　刨花制造切削方式
1. 切削刀　2. 木段或木片

1. 直线刨削

直线刨削方法的刀刃线在一个平面上，刀刃线平行于木材纤维方向进行横向刨削或者成一定夹角，进行纵-横向刨削。由于在一个平面上切削，刨花切削面是一个平面，刨花平整性好，有利于后续工序的施胶和胶合，但生产效率低，且对木材径级有一定要求。这种刨削方法刀体不做进给运动，并具有顺势排料的优点，刨花形态破损较少。主要设备有盘式和往复式刨片机，可以制造各种形态尺寸的薄平刨花。

2. 内圆弧刨削

内圆弧刨削方法的刀刃线在一个弧线上，刀刃朝内，刀刃线平行于木材纤维方向进行横向刨削，或者成一定夹角进行纵-横向刨削。圆弧切削木材，其刨花表面是一个弧面，有一定的卷曲，刨花展平后存在一定的内应力或表面裂纹。这种方法刨削的木材在离心力的作用下，顺着切削方向排料，因而刨花破坏少，刨花形态好，可以刨削窄长薄平刨花、薄平刨花和宽平刨花等。设备主要有双鼓轮刨片机（环式刨片机）、刀环式刨片机。

3. 外圆弧刨削

内圆弧刨削方法的刀刃线在一个圆环面上，刀刃朝外，刀刃线平行于木材纤维方向进行横向刨削，或者成一定夹角进行纵-横向刨削。圆弧切削木材，其刨花表面是一个弧面，有一定的卷曲，刨花展平后存在有一定的内应力或表面裂纹。这种方法刨削的木材不能顺着切削方向排出去，需要在非切削区内利用离心力排料。由于刨削后的刨花需要在切削区做短暂贮存，刨花受到挤压，因而刨花有些破损，但对刨花形态质量影响不大。不便于生产宽平刨花和窄长平刨花，可以生产优质的薄平刨花等。设备主要有刀轴式刨片机。

3.3 刨花制造设备及选用

刨花制造设备是指将原材料制造成基本单元的设备；刨花加工设备是指将刨花基本单元加工成形态尺寸符合工艺要求的设备。在刨花板生产过程中，刨花的制造是一道重要的工序。刨花质量的优劣，在很大程度上与制造刨花的设备有着直接的关系。为了适应不同原料、不同刨花类型的要求，应选择不同的刨花制造设备。

按照刀具的工作原理，将刨花制造设备大致分为三类，即切削型、冲击型和研磨型机床。木材原料大多采用切削型机床，而非木材植物纤维原料则大多采用冲击型或研磨型机床。

木质刨花主要采用横向刨削或者纵-横向刨削方式制造刨花，制造方法的选择需要根据原材料特性和产品特性来确定。原材料种类不同、来源不同，其制造方法也不同。

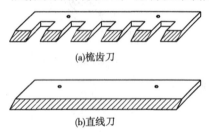

图3-5 刨片机刀具形式
(a)梳齿刀
(b)直线刀

刨片机的刀刃平行或接近平行于木材纤维，并在垂直于纤维的方向上进行切削（即横向或接近横向切削）。刨片机的刀具形式可分为带割刀和不带割刀两种类型，如图3-5所示。带割刀的刀具常称为梳齿刀，由割刀之间的距离来决定刨片的长度，切削时其相邻的刀刃相互错开安装，重叠0.3~0.5mm，前一把刀切削剩余的部分留给下一把刀切削，如此交错切削，可形成一定长度的"刨花卷"。不带割刀的刀具常称为直线刀，常对短小的木片进行刨削，其刨花长度主要由木片长度决定。

3.3.1 直接刨片设备

1. 刀轴式长材刨片机

（1）工作原理

刀轴式长材刨片机又名单鼓长材轮刨片机，其刀刃为外圆弧的切削方式，它是在刀轮高速旋转刨削木材的同时，刀轮水平移动以实现木材的进给，其刀锋的切削轨迹为长幅外摆线，如图3-6。

刨花刨削加工和一般的木材铣削加工不同。一般铣削加工时，材料的进给速度和切削速度夹角较小，且进料方向与木材纤维方向相同。而刨削加工时，材料进给速度与切削速度夹角较大，且进料速度与木材纤维方向垂直。如图3-7。

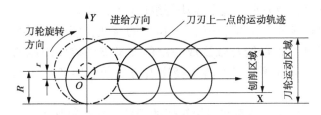
图 3-6　刀轴式刨片机的切削轨迹

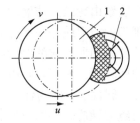
图 3-7　刀轴式刨片机的刨花切削形状
1. 刀体　2. 木材

为了刀轮载荷稳定和改善切削条件，一般刀轮在切削过程中的切削总长度接近（即刀刃与木材接触的总长度），并避免冲击载荷，因此，刨刀刀刃会与木材纤维方向成一定夹角。而进料高度（切削）一般为刀轮直径的 80% 以下。刀轮直径大，其切削出来的刨花就平整，接近平面刨削。由运动轨迹（图 3-7）可以看出，刨花的厚度是不均匀的，中间厚而两侧薄，因此与盘式刨片机相比，单鼓轮刨片机的理论厚度存在不均匀现象，且对于木材来说，有的顺年轮刨切，而有的反年轮刨切，对于刀轮来说，上半部是顺刨，下半部是逆刨。

长材刨片机的特点是木材无须切断，可以直接进行刨削，而对于弯曲过大的木材需进行截断，对于直径过大的木材需要锯开或者劈开，以便能够进料。

（2）基本结构

刀轴式长材刨片机包括有链板进料槽、料槽压料装置、刨削压料装置、负压抽风系统、进料机构、刨削刀轮和进给液压系统等。刀轮在刨削起始位置时，压料块 1 提升，进料槽进料，进料距离为刨削槽的宽度，即刀轮长度；进料完毕后，压料块下降，在压料块自重的作用下压紧进料槽内的木材，而刨削槽的压料块在油缸压力作用下压紧木材，并可随刀轮一起前行；刀轮 4 在进给液压油缸 6 的作用下切削慢行，并高速旋转而切削木材，槽内松散的木料在槽内压块的作用下压紧；当切削槽内木材切削完毕后，刀轮机构在进给液压油缸的作用下快速回程到起始切削位置，如此完成一个切削周期。如此周而复始地不断切削，以实现不断地制造刨花。由于木材长度没有限制，所以称为刀轴式长材刨片机，如图 3-8 和图 3-9。

图 3-8　刀轴式长材刨片机

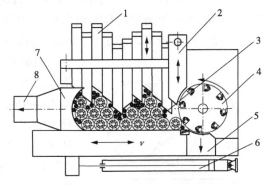
图 3-9　长材刨片机结构原理图
1. 上料槽压料块　2. 刨削槽压料块　3. 木材　4. 刀轮
5. 排料口　6. 行进油缸　7. 小料抽吸口　8. 挡块

刀盘装置由轮毂、防磨块、梳齿刀、装刀夹、契形压块等组成(图3-10)。

切削刀的刀刃线是一条与刀轴中心线成 α 夹角(一般 α=14°)的直线,那么刀刃线绕刀轴旋转一周所形成的曲面实质就是一条母线与轴线成一定的交叉夹角旋转而成的单叶双曲回转面,而刀轮轮毂即为与刀刃线平行且回转半径比刀刃线回转半径小 Δ 的单叶双曲回转面,Δ 即为伸刀量。

刀刃绕刀轴旋转一周所形成的单叶双曲回转面和刀轮轮毂的回转半径计算如下:

从图3-11可知,OO′为刀轮轴中心线,AA′为刨刀的刀锋锋线,BB′为过 OO′ 的平面与鼓轮的交线,如果设 AA′ 与 OO′ 两直线间距离为 r,成夹角 α,那么鼓轮上离开两线垂足距离 x 的点的回转半径 y 满足下列条件:

$$y^2 = r^2 + (x\tan\alpha)^2 \tag{3-2}$$

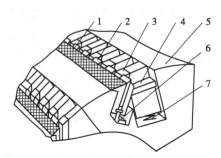

图3-10 刀盘结构局部示意图
1. 耐磨块 2. 梳齿刀 3. 刀夹 4. 契形块
5. 刀轮 6. T型卡位条 7. 压缩弹簧

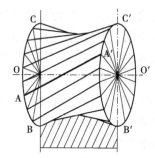

图3-11 刀轴式刨片机刀锋轨迹原理图
OO′. 刀轮轴心线 AA′. 刀锋线

从式(3-2)可以看出,其曲线方程为双曲线方程,也为长材刨片机底刀的近似曲线方程。并由此可见,随 x 增大,刀轮的回转半径 y 增大,即轮毂越长,轮毂的回转半径相差越大;随 α 值的增大,y 值也增大。因而在生产设计中一般采用多组刀轮组合以减小 x 的数值(即刀轮的宽度),以使 y 值变化量减小;而刨刀与轴的夹角,一般取 α=14°。y 值变化太大对保证纤维的完整性和保证刨花形态不利,而 α 太小对于设备的平稳运转不好,且载荷冲击大,功率消耗大,刀轮直径增大,设备的制造难度加大。因此,为了保证刨花的切削质量和刨削条件,刀轴式刨片机刀轮常为2~3个刀股并在一起,如图3-12,如此既可以满足良好的刨削条件,又可以简化刀轮的制造难度。

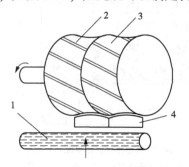

图3-12 长材刨片机切削原理示意图
1. 木材 2. 切削刀 3. 刀轮 4. 底刀

刀轴式长材刨片机生产的刨花形态特点是刨花厚薄均匀,厚0.2~0.5mm;长度由梳齿刀确定,长30~40mm;宽度较大,可达20~30mm。需再碎后才能成为合格的刨花,满足普通刨花板的工艺要求。其设备主要有德国洪巴克(HOMBAK)公司生产的 U 系列和镇江林机厂生产的 BX44 系列产品。

表3-1为国产刀轴式刨片机和 U 系列刨片机的主要技术参数。

表 3-1　刀轴式刨片机主要技术参数

主要技术指标		BX444	BX445	BX446	U64-1	U64-2	U74	U112-26	U150-24
刀轴直径	(mm)	350	548	620	620	620	750	1000	1000
刀轴宽度	(mm)				640	640	740	1120	1480
装刀数	(片)	6	12	14	16	32	36	52	96
刨花长度	(mm)	18 或 36	26.5	38	19, 26	31, 40	20, 26, 30	19, 25, 30	20, 26, 30
刨花厚度	(mm)	0.2~0.7	0.2~0.7	0.2~0.7	0.4~0.5	0.4~0.5	0.4~0.5	0.4~0.5	0.4~0.5
生产能力	(kg/h)	400	1500	2500	3000	4800	6800	11 200	14 700
主电机功率	(kW)	30	90	132	132	160	250	400	2×250
刀轴转速	(r/min)	1300	1300	1300	1150	1150	1000	750	750
备注			镇江林机厂		HOMBAK 公司，刨花厚度 $\delta=0.2\sim0.3$				

注：刀片形式为 14°斜刃，台时产量按木材绝干密度 0.45kg/cm³ 计算。

进口刀轴式刨片机制造技术先进，质量可靠，工作稳定，制造刨花形态均匀一致，换刀方便，但刀轮调整工作烦琐，时间较长。国产技术仍处于磨合阶段。

在 2000 年，洪巴克 Hombak 公司制造了世界上最大的鼓式刨片机，该设备重达 110t，轴径达 1400mm，78 套齿形刀片安装在 3 个刀盘上，动力为 2 台 560kW 电机，刨花产量可超过 $30t_{绝干}/h$，整条生产线日产量超过 1300m³ 刨花板。

2. 刀环式长材刨片机

刀环式长材刨片机是一种内圆弧式的刨削，主要由西德帕耳曼公司生产。这种设备可将各种长度的原木、板皮和边角余料加工成高质量的平刨花和华夫板用刨花，将削片和刨片合成一个工序直接进行刨片加工。这种刀环式刨片机有其独特的优点。

PZU 型刀环式长材刨片机由链式进料机、水平和垂直夹紧装置以及刀环等主要部件组成（图 3-13）。作业时由抓车将原材料放到链板式运输机上，木材由链板式输送机送至刨片室（刀环内），进入刨片室后，由液压控制的夹紧装置开始工作，首先水平移动式推杆将木料沿水平方向夹紧，然后垂直方向的重块压紧器靠自重将木材沿垂直方向压紧，由于重块是多个并列，因此可使不同高度和形式的料槽内木材压紧，夹紧装置是保证刨花质量和增加生产率的关键部件。进入刨片室的木材压紧成捆后就由刀环进刀将木材刨切成刨花。当刀环完成刨切后，刀环快速回到原始位置，然后所有夹紧装置都放开，进料链板输送机进料，开始下一循环的

图 3-13　刀环式长材刨片机

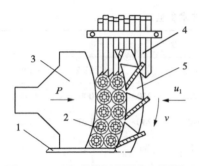

图 3-14 刀环式长材刨片机刨削原理
1. 料槽底　2. 木材　3. 水平挤紧装置
4. 垂直压紧装置　5. 刀环

刨切,如图 3-14。

刨花厚度可由刨刀伸出量、刀环速度、刨刀与背压块之间的间隙(排料间隙)进行调整。刨花的长度由刨刀的形式来确定,刨刀形式有直刀、复合刀和梳齿刀三种。刀环刀组的更换非常简便,换刀时,使刀环停转,按一个按钮就可使刀组放开,从而将其取出,并将组装好的刀组装入相应的位置,再按一下按钮,刀环就可转到下一个需要换刀的位置进行换刀。由于这种刨片机工作条件恶劣,因此轴的强度高、直径大、壳体厚,易损件均由耐磨材料制成,从而使整机工作平稳、坚固耐用。当采用板皮或边角余料作为原料时,在进料运输机上可安装预压辊、侧向移动挡板等辅助部件以保证夹紧原料和增加进料口的充填程度。

辛北尔康普公司已经研发了世界上最大的长材刨片机,新一代环式刨片机是大型生产设备:刀环直径 2500mm,切削宽度 850mm,切削刀 56 把,生产长刨花厚度 0.65mm,绝干产量 45t/h。

PZU 系列刀环式刨片机和国产 BX 系列刀环式刨片机的主要型号及其技术参数见表 3-2。

表 3-2　刀环式刨片机的技术特性

项　目	PZU 型					国产 BX498
刀齿长度	8~300	10~375	13~450	16~525	19~60	—
刀环直径(mm)	800	1070	1340	1600	1880	800
刀片数(个)	15	24	30	36	42	18
切削室宽度(mm)	300	375	450	525	600	300
切削室高度(mm)	350	500	635	760	855	380
切削室长度(mm)	640	960	1070	1300	2500	640
主电机容量(kW)	110~160	160~200	250~315	315~400	400~500	160
刨花产量(绝干)(t/h)	3.1	5.3	7.6	9.8	12.2	3.1

注:刨花产量为木材密度 420kg/m³ 针叶材,刨花厚度 0.4~0.5mm 时所测。

3. 刀轴式短材刨片机

刀轴式短材刨片机是一种刀高速旋转而木材进给的一种切削方式,其切削原理及刨花质量与刀轴式长材刨片机基本一样。

刀轴式短材刨片机的制造单位是西德洪巴克公司,型号为 Z 型,其基本结构如图 3-15。一般木段径级在 550mm 以下,长度为 1~2m 左右,刀鼓机座固定不动,只是刀鼓旋转。横向强制进料的木段被装有多排刀片的旋转鼓轮刨切。每排刀片数量根据鼓轮长度确定。一般为3~4把斜刀，最多为6把斜刀。刀数为30~96把，刀片安装角度α为14°，鼓轮转速为980r/min，主电机容量为250~470kW，台时产量与刨片厚度有关。

刨刀使用的时间与气温有关，夏季每工作2~3h需更换刀片一次。冬季气温低，每次工作时间要短些，利用气动工具换刀，每次需要30min左右。

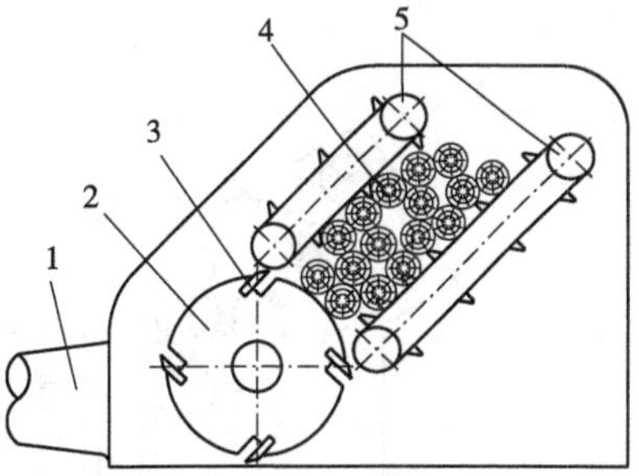

刀轴式短材刨片机的主要技术参数见表3-3。

图3-15 刀轴式短材刨片机
1. 出料口 2. 刀轮 3. 飞刀
4. 木段 5. 进料机构

表3-3 刀轴式短材刨片机技术数据

名称		Z112/55-12	Z112/55-14	Z112/55-16	Z113/55-18	Z130/55-16	Z220S-12
进料槽（高×宽×长）(mm)			550×1100×1600			550×1330×1600	450×2210×1400
木段尺寸（厚或直径）×长(mm)			550×1090			550×1300	4500×2190
刀片数量（把）		36	42	48	54	40	72
刨花长度(mm)			20，26，30			20，27，33	20，26，30
刀片安装斜度（°）		14	14	14	14	14	14
刀辊轮转数(r/min)		980	980	980	980	980	980
电机容量(kW)		256	321	321	407	256	326
刀辊直径和长度(mm)			φ750×110			φ750×1340	φ750×2220
梳式刀槽数		12	14	16	18	10	12
台时产量(kg/h)	$\delta=0.2~0.3$	6800	8000	9130	10 300	6950	10 400
	$\delta=0.3~0.4$	9600	11 000	12 800	14 400	9750	14 600
	$\delta=0.4~0.5$	12 250	14 300	16 400	18 500	12 500	18 800

4. 盘式刨片机

盘式刨片机主要由切削部分、进料部分、机架和机壳等组成，其原理如图3-16所示。圆盘式刨片机的刨切部分，主要是在刀盘上沿辐射方向，并与径向成某种角度装有2~6把（或更多）刨刀。由刨刀刀刃凸出刀盘的高度，确定刨花的厚度。被切下的刨花通过刀下刃口，从刀盘的另一面排出。对于带割刀的刀具，为了节省换刀时间，刨刀和割刀可一起装在可拆卸的刀盒上。刨刀刃磨角一般为30°，刀片厚度一般为12mm，刀盘直径在1.0m以上。

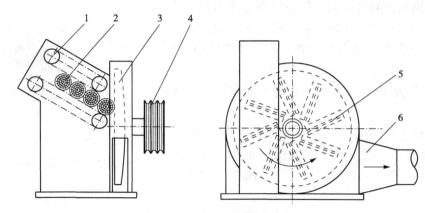

图 3-16 圆盘式刨片机示意图
1. 进料系统 2. 木材 3. 刀盘 4. 皮带轮 5. 刨刀 6. 出料口

当用刨片机刨切木材时,为了保证制得的刨花符合规定尺寸要求并保持纤维完整,就要保证有稳定的切削过程,而这个稳定过程则取决于最佳切削参数的选择。图 3-17 给出了圆盘式刨片机相关的主要切削参数。其中:R_{cp} 为平均切削半径,φ 为交叉角,ω 为刀的安装角,B 为进料口高度,a 为进料口中心线的偏离距离,φ_H 为木材倾斜角,v 为进料方向。

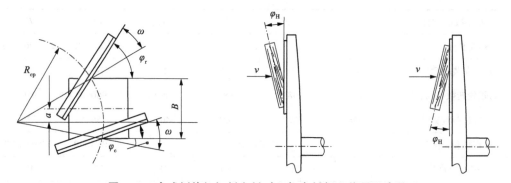

图 3-17 盘式刨片机切削木材时刀与木材相互作用示意图

图 3-17 中,φ 是刀刃和水平上纤维方向形成的交叉角。在盘式刨片机上,φ 是随着机床结构数据的不同而改变的,其关系如下:

$$\varphi_r = \omega + \arcsin \frac{B + 2a}{R} \tag{3-3}$$

$$\varphi_c = \omega - \arcsin \frac{B - 2a}{R} \tag{3-4}$$

式中:φ_r——刀刃刚进入切削过程时的交叉角;
　　　φ_c——刀刃将离开切削过程时的交叉角;
　　　ω——相对于圆盘半径的刀刃转角;
　　　R——切削半径,mm;

B——进料器宽度，mm；

a——进料器对称中线偏离圆盘对称中线的位移值，mm。

研究表明，当转角 $\omega = 5° \sim 10°$ 时，可获得最合理的交叉角 φ。φ_H 是切削面和纤维方向之间形成的倾角。切削时，φ_H 的存在对切削条件起不良的影响，因为，在此情况下，切削面与纤维方向不平行，切削中会把木材纤维割断。在切削过程中倾角 φ_H 是由木段在进料器内歪斜而引起的，其歪斜产生的原因，主要有两方面：一是木材在切削过程中未能牢靠地固定在进料器内；二是由于沿刀长度的切削速度差和沿圆盘半径相邻刀之间的距离不一样。

盘式刨片机采用强制进料装置使木材固紧在进料器内不发生倾斜，可获得良好的切削条件。

3.3.2 削片-刨片设备

1. 木材削片

木片作为刨花板的生产原料，有些企业采用自行制造工艺，有些采用外购和自造相结合的工艺路线。

木材削片是指刀刃垂直于纤维并在垂直于纤维的平面内进行切削（即端向切削），切下木片的长度一定，厚度不定的一种切削。主要有盘式削片和鼓式削片两种方法。盘式削片机适用于切削比较通直的大径材，它的切削效率高，适合高负荷运转，但对枝丫材的适应性不好。多用于定向结构刨花板生产线上，以减少细小木片的产生；鼓式削片机适用于切削小径材、枝丫材，对原料要求不严格，适合用于原料种类多、直径大小范围广，尤其是小直径木材多的原料削片，一般刨花板生产线都能使用。

削片质量对刨花的质量有很大影响，一般要求木片尺寸规格要均匀。刨花板生产一般要求木片含水率在 40%～60%（绝对含水率）；普通刨花板生产的木片尺寸长度要求在 30～40mm 左右，而定向刨花板则长达 70～75mm，甚至可达 150mm。

（1）盘式削片

盘式削片机在刀盘面向喂料口的一侧装有若干把飞刀，一般与刀盘径向成 8°～15° 角向前倾斜安装，刀盘除了固定飞刀以外，在切削过程中还起飞轮的储存能量的作用，这就要求刀盘有较大的转动惯量，以起到稳定转速的作用。因转动惯量与其质量和直径的平方成正比，所以在结构允许的情况下，都选用较大的直径。

盘式削片机的进料方式有水平进料和倾斜进料两种（图3-18）。水平进料采用一条水平皮带输送机，木材呈水平状进入刀盘。这种进料方式的优点是操作方便，安全可靠，适于切削长度较大的木料。倾斜进料方式大多采用人工进料，不安装皮带输送机，结构比较简单，适用于小型盘式削片机。倾斜进料的削片机，进料槽轴线与刀盘平面之间有一夹角，称为进料槽倾角，倾角的大小对木片质量和消耗的功率都有影响。无论是哪一种进料方式，都要注意进料口与刀盘平面的位置配置，配置不当就会影响削片机产量和质量。正确的配置是刀刃线与木材切削面的椭圆短轴同向，即切削速度方向与切削面椭圆长轴同向，以保证相等刀刃切削更多的木材。此外，切削方向与木材纤维方向夹角为锐角。

(a)水平进料　　　　　　　(b)倾斜进料

图 3-18　盘式削片机

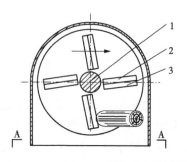 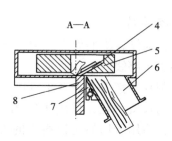

图 3-19　下水平进料盘式削片机原理图

1. 主轴　2、4. 飞刀　3. 排料口　5. 刀盘　6. 进料口
7. 进料调整块　8. 底刀

水平进料的盘式削片机的基本结构如图 3-19 所示。倾斜进料盘式削片机的结构和工作原理如图 3-20 所示。

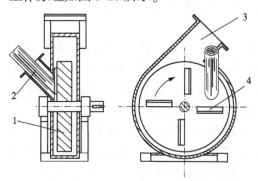

图 3-20　斜向进料盘式刨片机

1. 刀盘　2. 进料口　3. 出料口　4. 飞刀

盘式削片机的出料方式有两种，即上出料和下出料，如图 3-20。上出料是在刀盘周边装有若干叶片，当刀盘旋转时，会产生一定的气流把木片向上吹出；下出料在刀盘周边不装叶片，削出的木片直接落下，由机座下部的皮带输送机或其他输送装置输出。上出料方式结构简单，但是木片排向旋风分离器时，会增加能量消耗，而且会产生大量碎屑。

盘式削片机的底刀安装在喂料槽底部和刀盘相接的位置。旧式的削片机，底刀呈片状，刃角约为 40°；新型盘式削片机的底刀截面呈矩形，刀刃角等于或大于 90°。盘式削片机的切削刀装在铸钢圆盘（即刀盘）的端面上，呈辐射状，但与径向成某种角度；底刀装在机架上；刀盘旋转，切下木片；木片通过切削刀下面的圆盘缝隙落入机壳内，在圆盘旋转的离心力作用下,木片排向机壳外部,然后靠装在圆盘周围的叶片(6~12把)把这些削好的木片送至出料口。

盘式削片机根据刀盘上切削刀的数量,又可分为少刀盘式削片机和多刀盘式削片机两种。

①少刀盘式削片机,刀片一般为3~4把,刀盘转速一般为150~720r/min,刀盘直径1m以上。切削特点是间歇地切削木材,在间歇时间内木材在进料槽中会产生翻转和跳动,因而对木片的均匀性有不良的影响。此外,由于切削是间歇时间长,所以生产效率较低。这种削片机的时间利用系数一般为0.6。

②多刀盘式削片机,刀片一般为8~12把,刀盘转速一般为350~580r/min,刀盘直径1m以上。多刀盘式削片机因为刀距小,所以在刀盘转动的任何时刻,都能保持有一把以上(大部分时间为两把)的刀片在切削木材。在这种情况下,被牵引的木材运行平稳,故在切削过程中不会发生跳动,木片质量显著提高,生产效率高。

盘式削片机加工的木片,厚度一致,质量好,而且功率消耗小,适于把薪炭材或大块废材加工成木片。但这类机床的刀具容易磨损变钝,磨刀换刀较费时间。盘式削片机的主要型号和技术参数见表3-4。

表3-4 盘式和鼓式削片机的主要技术参数对照

项目名称	盘式削片机(国产)			鼓式削片机(国产)			HRL/OSB型鼓式削片机		
	BX116	BX1710	BX112	BX216	BX218	BX2113A	HRL800	HRL1000	HRL1200
刀盘/刀辊直径(mm)	630	900	1220	650	800	1300	800	1000	1200
刀盘/刀辊转速(r/min)	800	980	740	380	670	500			
刀片数量(片)	3	6	4	2	2	3			
木片长度范围(mm)	15~25	12~35	20~35	22~30	20~30	24			
喂料方式	水平	倾斜	水平	水平	水平	水平			
主电机功率(kW)	22	55	110	55	110	200	75~110	110~160	250~355
喂料口尺寸(mm)	130×110	207×190	400×275	180×500	225×680	400×700	250×650	350×800	450×1000
进料速度(m/min)	—	—	—	35	27	35			
生产能力(实际m³/h)	2~3	8~12	15~20	70	15~20	34	12~16	23~31	32~41
最大原木直径(mm)	100	100	200	120	160	230			

瑞典美卓造纸机械芬兰公司提供的Camura GSNTM Chipper 600盘式削片机,装刀8把,刀轮直径为1200mm,切片能力可达80t实积木片/h。

(2) 鼓式削片

鼓式削片机是由切削部分、进料部分、筛子和机壳等部分组成。切削部分包括刀辊、装在刀辊上的飞刀和固定在机座上的底刀;进料部分包括上、下进料辊;筛子装在刀辊下边的机架及两边内侧壁之间,如图3-21和图3-22。

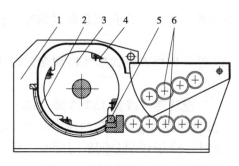 

图 3-21 鼓式削片机结构原理　　　　图 3-22 鼓式削片机
1. 机座　2. 筛板　3. 刀轮　4. 飞刀
5. 底刀　6. 进料辊

鼓式削片机的切削部分由主电动机通过三角皮带带动刀辊旋转，鼓轮上的飞刀和机座上的底刀组成一个切削机构。木材通过进料辊送入后，在飞刀和底刀的剪切作用下被切成木片。切下来的木片穿过筛网从出料口排出，如图 3-21 所示。

鼓轮直径因型号而不同，一般在 1m 左右，刀辊转速约为 390~1000r/min。鼓轮上的飞刀一般为 2~4 把，由螺栓固定在刀辊轮沿上，飞刀由一个圆弧面的压块固定在刀轮上，以保证切削后角，刀刃角约为 32°。底刀卡住在机座上。飞刀与底刀的间隙原则上要求在 0.8~1.0mm 之间，机座可以在机架上沿导轨方向移动，以调整飞刀与底刀的间隙。

进料部分的上进料辊（刺辊），装在可绕销轴摆动的机体上，摆动机体由左右各一组油缸支撑，可以减小上进料辊对原料的压力。随着原料进料高度的变化，上进料辊可以自行摆动。当原料厚度太大时，可以通过调节控制系统抬起上进料辊（刺辊），使原料通过。下进料辊安装在机座上。进料辊由刀辊通过一组减速机构驱动。

鼓式削片机适于加工枝丫材、板条、板皮、废单板和胶合板边条等，国产削片机主要型号及技术参数见表 3-4。

德国帕尔曼制造的 PHT350×650 型鼓式削片机，装机容量为 250kW，刀鼓直径为 1300mm，生产能力为每小时 56m³。削成的木片规格厚 12~15mm，宽 20mm，长 30~50mm。进料口 350mm×650mm。其厂生产的主要型号及技术参数见表 3-4。

从表 3-4 可知，国产 BX 系列削片机和德国 PALLMANN 公司生产的削片机原理相同，结构相似，但国产设备由于基本材料、制造精度及配品配件质量稍欠，因而其设备的故障率稍高，但性价比高。

2. 木片筛选

木材经削片后形成的木片中除合格木片外还包含有很小一部分的粗大木片和细小碎料。过大的木片不便进行刨削加工，而细小的碎料也无须刨削加工，因此这两小部分需要在刨片前分离出来，以保证刨花质量。小规模生产可以通过环式刨片机自有的振动下料器进行分离，而大规模生产中则会采用圆盘辊筒组合筛进行分离。

圆盘辊筒组合筛由辊筒筛和圆盘筛组合而成。前部分辊筒筛将细小的碎料分离出来后送入废料料仓或直接送入湿刨花料仓，后部分圆盘筛将木片进行大小分级成两部分,适合采用不同的刨片机进行刨片加工。未能通过间隙的木片则为不合格的过大木片,直接剔除出来进行再处理(图 3-23)。

3. 木片刨削

(1)双鼓轮刨片机

双鼓轮刨片机也称环式刨片机,它是指刀刃为内圆弧式的切削方式,从刀环的中间部位进料,从刀环的四周排料。设备主要包括有:将木片加工成刨花的刀轮和叶轮反向旋转的环式刨片机(双鼓轮刨片机),刀轮固定而叶轮高速旋转的高速环式刨片机。

环式刨片机由于刀轮、叶轮反向旋转,不但提高了切削速度,而且有利于刨花的卸料,但是由于刀轮是空心轴,套装在高速旋转的叶轮轴上面,因此,设备跳动大,不利于切削参数调整。高速环式刨片机采用了静刀技术,刀轮固定,叶轮高速旋转,因此,设备运动精度高,有利于切削参数调整,但必须配备有卸料装置辅助刀轮卸料,特别是刀轮上部的卸料。

环式刨片机系统包括直线振动筛、金属清除器、进气进料道、环式刨削机构和抽风系统等,如图 3-24。

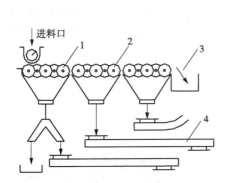

图 3-23 圆盘滚筒组合筛结构原理
1. 钻石辊筒 2. 圆盘 3. 料槽 4. 皮带运输机

图 3-24 环式刨片机

①振动下料筛 振动下料筛是直线振动筛,其作用为:首先去除泥沙和粉料,使之不经过环式刨片机刨削,延长了切削刀的使用寿命和提高了刀刃的切削效率;其次是使进料更加均匀连续,达到切削均衡稳定。

直线振动筛为双振动电机驱动,利用两台振动电机做同步、反向旋转,其偏心块所产生的激振力在平行于电机轴线的方向相互抵消,在垂直于电机轴的方向叠加为一合力,因此筛机的运动轨迹为倾斜向上的往复直线。两电机轴相对筛面在垂直方向有一倾角,在激振力和物料自重力的合力作用下,物料在筛面上被抛起跳跃或向前做直线运动,从而达到对物料进行筛选和分级的目的。

直线振动筛具有筛分精度高、结构简单、维修方便、耗能低、噪声小、密封性好、无粉尘溢散、筛网寿命长等特点,可单层或多层使用,最多可达到五层。

②切削机构的结构及原理 常用的双鼓轮刨片机参见图 3-25。其主要工作机构(图 3-26)为装有刀片的刀轮和装有叶片的叶轮,刀轮和叶轮旋转方向相反,叶轮的转速比

刀轮高。木片从进料口落入机内后，在叶轮产生的离心力作用下，被压向刀轮的内缘，然后，在刀轮和叶轮的相对运动中，实现了木片的切削。切下的刨花，由机底出料口排出。刀轮内径一般为 600~1200mm，飞刀数量为 24~42 把，安装在同一刀轮上的刨刀，其形状和刀刃凸出刀轮内缘的高度要求一致，以保证切削质量。刨刀刃磨角一般为 32°。为了节约换刀时间，每台机床应备有 2~3 个刀轮交替使用。刨刀变钝需更换时，从刨片机上取下变钝的刀轮，换上另一个预先装好锋利刨刀的刀轮（图 3-27）。

刀轮旋转的主要目的是为了刀轮上所有刀能切削均匀，使每一把刀发挥最大的切削量，如果叶轮高速旋转，那么木片在离心力的作用下，紧贴刀轮，因此只需要叶轮转动，就可以达到刀轮均匀切削的目的，同时，加大了刨片机的产量。

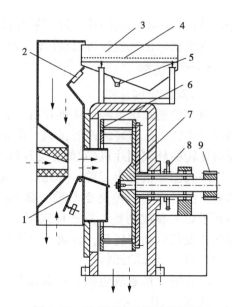

图 3-25　环式刨片机结构原理图
1. 气流调节板　2. 磁铁　3. 振动下料器
碎料出口　4. 筛板　5. 粉料出口　6. 刀轮
7. 叶轮　8. 刀环链轮　9. 主轴皮带轮

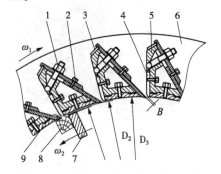

图 3-26　环式刨片机切削机构示意图
1. 刀夹 T 型螺丝　2. 装刀螺丝　3. 定位块
4. 背压板　5. 三角型座　6. 刀轮圆环
7. 叶轮拨料片　8. 木片　9. 耐磨块

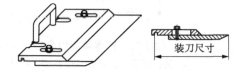

图 3-27　刀夹的组成

③刨削参数条件对刨花形态的影响　刨削参数包括伸刀量、刀门间隙、径向间隙和切削角等，如图 3-28 所示。

a. 刨刀伸出量：双鼓轮刨片机是靠调节切削刀轮上刀的伸出量 h 来控制刨花厚度的。影响刨花厚度均匀性的因素有刀实际伸出量与额定的偏差值 Δh、刀下缝隙尺寸 s 以及刀刃磨钝后所造成的木材弹性变形值。刀伸出量增大，刨花厚度也随之增大。但刨花厚度的增大小于刀伸出量的增大，这是因为在切削过程中木材发生弹性变形所致，如图 3-29。

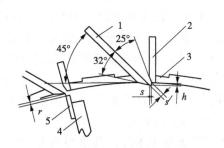

图 3-28　切削几何参数示意图
1. 切削刀　2. 背压块　3. 耐磨块
4. 叶轮　5. 拨料块

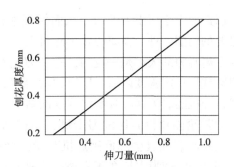

图 3-29　刨花厚度与伸刀量的关系

根据刨花的平均厚度 e_{cp} 不同，刀伸出量 h 可按下式计算：

$$e_{cp} = 0.767h + 0.054 \text{ (mm)} \tag{3-5}$$

例如，要求刨花厚度为 0.4mm，则刀伸出量应为 0.45mm（不考虑刀的磨钝程度）。

b. 刀门间隙：刀门间隙是刨花排出口的最狭窄的地方，主要控制排出刨花的大小。刀门间隙过大，则会将一些细小刨花未经过足够的刨削直接排出；刀门间隙太窄，则会导致经过刨削的刨花排出困难，造成塞料和使刨花破碎，降低设备产能，增大成本。

刀门间隙 s 与刀伸出量 h 及切削角 δ 有关，可按下式计算：

$$s = \frac{h}{\cos\delta} \tag{3-6}$$

生产中刀门间隙可用专门的工具进行检测，只能控制最小值和最大值。而间隙大小的调整是通过更换刀轮背压块的厚薄来实现的，不能实现连续调整，因此，刀门间隙大小控制精度比较宽松。

c. 径向间隙：利用旋转的刀轮和叶轮的离心力给木片或碎料施加压力，是双鼓轮刨片机保证切削过程的条件之一。为此，必须使叶片能在切削刀的近处通过而不被咬住。在理想的情况下，径向间隙 r 应与刀伸出量相等，即 $r=h$。但实际上这种理想情况不可能得到，因为在机床制造和使用过程中，不可避免地在尺寸上有偏差。属于允许偏差的有：刀伸出量的偏差 Δh，刀轮内表面的不平度 Δc，刀轮径向跳动 σ_{hp} 和叶轮径向跳动 σ_p。其偏差总和用固定系数 a 表示，即 $a = \Delta h + \Delta c + \sigma_{hp} + \sigma_p$。为了保证径向间隙（在此间隙下叶片不会被咬住），必须使此间隙的最小值超过刀伸出量 h，其超过值应为允许偏差的总和 α，即径向间隙最小值应为：

$$r_{min} = h + a \tag{3-7}$$

为了保证在切削过程中给木片增压，径向间隙最大值应为刨花厚度的 2 倍或相当于刀伸出量的 2 倍，即：

$$r_{min} = 2e \quad \text{或} \quad r_{min} = 2h \tag{3-8}$$

实际生产中，径向间隙由于受到设备精度的限制，一般为 0.8~1.2mm 比较好。

d. 刨刀的磨钝程度：在双鼓轮刨片机上，刨刀的磨钝程度对刨花形成过程的影响比刨片机更大。在刨片机的切削过程中，被切削的木材是被进料装置夹持着。通过进料装置可以造成大于压出力的力,从而保证木材不会被刀刃切削时产生的压出力弹出,保证了必要的切削条件。在离心式再碎机上,切削过程中木片仅仅是靠离心力与压出力对立。而这个离心力的大小是一定的,它由刀轮和叶轮的转速、尺寸以及木片的尺寸决定。当刀刃磨钝到一定程度以后,压出力就会超过离心力,从而不能保证必要的切削条件。离心式再碎机随着刀和叶片磨钝程度的增大,对刨花的质量有明显的影响,甚至不能切削。

双鼓轮刨片机的切削刀变钝,不但影响切削条件,使刨花无法通过刨削完成,大部分被挤碎,而且会降低刨片机产量,严重时会造成刨片机塞料。

图3-30(a)为木片在正常情况下被切削,叶片挡板推压木片,其推力与刀轮内面平行,这就可以保证木片有良好的切削条件,切出的刨花质量较高。

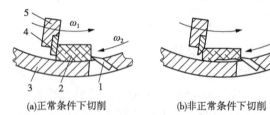

图3-30(b)为木片在不正常情况下(即叶片挡板和刀刃磨钝后)被切削,由于叶轮挡板的周边被磨损,其推力向下,使木片不能保持正确的方向;由于刀刃磨钝,切削阻力增大。在这种情况下进行切削,不仅影响刨花质量,而且耗电量增大,甚至不能进行切削。

(a)正常条件下切削　　(b)非正常条件下切削

图3-30　木片在离心式刨片机内的切削状态
1. 刨刀　2. 木片　3. 刀轮　4. 叶轮桥　5. 叶片

削片后的木片经双鼓轮环式刨片机刨成刨花,其规格为厚0.3~0.7mm,宽10mm,长10~40mm。环式刨片机具有质量好、产量高、结构紧凑、简单、调整刨刀方便、精确等特点,工作2~3h需要进行换刀,换刀时间一般为10~20min。

国产环式刨片机主要以镇江苏福马制造商的产品为代表,其与进口设备的外形尺寸基本一致,不同之处是进口环式刨片机的刀轮采用油马达驱动,而国产采用链条驱动,并且国产设备制造精度稍欠一些,因而刨花质量及产量对比同型号的进口刨片机要差一点。国产环式刨片机的主要技术参数见表3-5。

表3-5　国产环式刨片机主要技术参数

项目名称	型号		
	BX466	BX468	BX4612
刀辊直径(mm)	600	800	1200
飞刀数(片)	21	28	42
刀片长度(mm)	225	300	375
刀环转速(r/min)	225	300	375
叶轮转速(r/min)	1960	1450	935
主电机功率(kW)	75	132	200
生产能力(kg/h)	700~900	1500~3000	3000
刨花厚度(mm)	0.4~0.7	0.4~0.7	0.4~0.7
质量(kg)	3000	6363	8300
外形尺寸(长×宽×高)(mm)	2800×2260×2110	3130×2512×2380	3443×2753×2840

(2)高速环式刨片机

国际上环式刨片机的主要制造厂家有德国帕尔曼公司和迈耶公司,其产品系列齐全,具有自己的产权技术,并一直处于国际领先水平。

德国迈耶公司生产的高速环式刨片机采用了静刀轮技术(图3-31),即刀轮无须与叶轮反向旋转来增大切削速度,而是依靠增大叶轮的转速来实现,并且解决了排料的问题。

MRZ系列环式刨片机率先引入了先进、可靠的静止刀环技术,仅用一组精确的轴承系统,消除了多余的运动误差,精确高效,并获得更稳定的切削效果,因此得到更高质量的刨花,并且能源消耗量更低,每绝干吨仅消耗15kW·h。

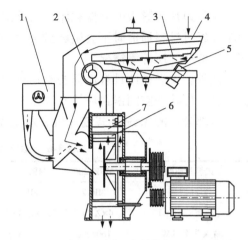

图3-31 刀轮固定型环式刨片机(MRZ系列)
1. 循环风机 2. 金属清理器 3. 筛网 4. 入料口
5. 偏心振动电机 6. 叶轮 7. 刀轮

MRZ HS型高速环式刨片机由于转子的构造牢固,25~40mm长的木片可以在高速下被切削,同时把刀的伸出量调节到最小,这样生产出的大部分刨花厚度在0.25~0.4mm之间,完全可以直接用来生产均质刨花板。

一般表层的刨花是由干燥后经过筛选的物料再经打磨之后得到,能源消耗量非常大,大约为60(kW·h)/t。MRZ HS型高速环式刨片机使得由湿的小木片切削出大比例的用作表层的刨花成为可能。

由于技术上的创新和改进,德国迈耶公司的MRZ1400型环式刨片机的生产能力较强。可以根据不同的树种(基本密度380~650kg/m³)切削出不同的刨花厚度(0.3~0.8mm),生产能力可达6~15t$_{绝干}$/h,主电机功率是250kW,只需要1台就能够满足年产5万~7万m³的刨花板生产线对刨花的需求量。其技术特点包括如下:

①静止刀环 迈耶公司的环式刨片机使用了静止刀环的技术,设备在工作期间刀环是静止不动的,静止刀环和一组精确的转子轴承系统相结合,允许转子上的分离刀片和刀环上的切割刀片在间隙非常小的情况下高速运行,木片在稳定的切削状态下得到性能一致的高质量刨花。

②高转速 MRZ系列中的高速环式刨片机MRZ1400HS,使用了增强型的转子。转子高速旋转,可以在大于1320r/min的速度下加工出刨花,切削速度达到约100m/s,能够加工出0.5~0.8mm厚的刨花,用来生产普通刨花板;同时也能够取代长材刨片机,加工出厚度0.25~0.4mm的刨花,用来生产均质刨花板或者作为刨花板的表层原料。

③采用气流辅助排料的优化设计技术 转子转动时在切削室内形成压迫气流,绕过转子筋板前的保护罩,由空气冲刷系统(专利技术)帮助带走位于刀环上方的刨花。空气冲刷系统带有特殊设计的喷嘴,用螺栓固定,容易更换。在工作过程中不需要额外的驱动装置,节约了能源消耗。

④带刀片压紧板的支撑载体　支承载体保证了刀片压紧板在安装时不会产生倾斜，刨花在经过排料通道时不会接触到刀片支撑载体的背面，避免了发生破坏刨花形态的摆动、弯曲、压碎等情况。

此外，该设备还具有流畅的刨花排料通道、切割刀片数多（可达60把）、具有耐磨板保护、环状的空间密封环等专利技术和专有技术。

迈耶公司的MSF环式刨片机和新型MRZ刨片机主要技术参数见表3-6和表3-7。

表3-6　MRZ环式刨片机技术参数

环式刨片机型号	MRZ1200	MRZ1400	MRZ1600	MRZ1800	MRZHS1200	MRZHS1400
刀环型号	MR42	MR48	MR72	MR80	MR50	MR60
长×宽×高(m)	1.4×2.2×2.9	1.7×2.4×3.0	1.8×2.7×3.3	1.8×3.0×3.4	1.4×2.2×2.9	1.7×2.4×3.0
输入功率(kW)	160/200	250/315	355/400	400/450	160/200	250/315
工作时气流量(m^3/h)	8000	10 000/12 000	14 000	18 000	10 000	14 000
转子上刀片数量(片)	18	21	25	27	18	21
刀环上刀片长度(mm)	333	463	648	648	333	463
刀环上分离刀片的数量(把)	42/50	48/50	72	80	50	60
生产能力(t/h)	3~7/4~8	5~11/6~15	7~20	8~24	3~7	4~11
自重(t)	6	8	10	12	6	8

表3-7　MSF环式刨片机参数

设备型号	MSF14	MSF16	MSF18
刀环的内部直径(mm)	1400	1600	1800
刨刀刀片长度(mm)	463	580	650
装机容量(kW)	315	400	450
外形尺寸(长×宽×高)(mm)	1700×2400×3000	1800×2700×3200	1800×3000×3500
生产能力(tbd./h)	6~9	8~12	10~15

注：MSF用于定向刨花板制造。

(3) 锥鼓轮刨片机

为方便地调整刨花的厚度，德国迈耶公司制造了MKZ型锥鼓轮刨片机。这种锥鼓形环式刨片机(又称双锥轮刨片机)的结构和工作原理与双鼓轮刨片机基本相同，但是其加工性能优于双鼓轮刨片机。机体内固定着可拆卸的不动的锥形刀轮。在轮内装有旋转的涡轮叶片轮。叶轮的锥度与刀轮的锥度相同。刨刀和底刀在刀轮上和叶轮内的位置可以调节。叶轮叶片板和刨刀之间的径向间隙(0.25~0.5mm)通过调节螺帽轴向移动涡轮叶轮予以保证。

MKZ型环式刨片机的特点是刀轮和叶轮均为锥鼓形，锥度约40°(图3-32)。其优点是调整飞刀和底刀之间的间隙较为方便，只要移动锥鼓形叶轮即可调整径向间隙，因此在切削过程中产生的碎刨花和木尘数量少，提高了合格刨花得率。叶轮上的叶片形状制成螺旋状，当木片进入刨片机后，在螺旋叶片推动下，很快地顺着叶片疏散开，木片不会出现旋涡运动,可均匀地分散到刀轮内环边缘,使刀轮上所有的刨刀能较均匀地切削,充分利用了刨切能力,刨刀的负荷也较均匀。该设备还设置了专门安装和拆卸刀轮的起吊架,使用这种可转动的起吊架和拆卸装置大大缩短了更换刀轮的时间。MKZ 型锥鼓形环式刨片机最大叶轮直径为 1400mm,刀轮上装有 48 把刨刀,电机功率 200kW。

MKZ 型刨片机采用下面的调整参数可以制得规定质量的刨花:刨片在刀轮表面上伸出量为 0.35mm,叶轮和刀轮间的径向间隙为 0.35mm,排料口间隙为 2.0~2.5mm,刨刀的研磨角 31°~37°,底刀的研磨角 47°~50°。由于叶轮可以轴向移动,移动叶轮就可以调整叶轮和刀轮之间的径向间隙尺寸,从而可以比较方便地调整刨花的厚度。此外,由于叶轮的形状和可以调节的径向间隙,使产生的细小碎料及木粉减少。

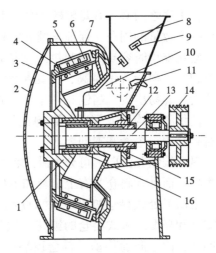

图 3-32　MKZ 型锥鼓形环式刨片机结构示意图

1. 叶轮　2. 门　3. 刀轮　4. 叶片　5. 刨刀
6. 装刀夹　7. 机座　8. 下料口　9. 磁铁
10. 调整活门　11. 喷嘴　12. 移动轴套
13. 主轴　14. 皮带轮　15. 调整套　16. 支座

刨刀可连续作业 2.5~3.0h,更换刨片机刀轮和叶轮可通过设备配有的可转动的吊轮将机内的刀轮或叶轮吊起移开,也可将调整好的刀轮和叶轮吊入机内安装,整个更换刀轮时间约为 10min。

3.4　木片与刨花的贮存输送

3.4.1　木片及刨花的贮存

1. 料仓的作用、种类和特点

料仓的一般作用就是贮存,首先可贮备一定的物料以平衡设备的产能;其次可连续供料和定量供料;除此之外,还可按比例混合物料,实现物料搭配。由于刨花板都是全自动化生产线,很多设备的进料量必须按一定数量供给,甚至要求适时调整,而前端的设备又无法实现随动,这就要求工序间配备有料仓来实现供料的作用。不同来源的原料送入不同的料仓,可以实现比例供料。

料仓按物料的运动方向可分为卧式料仓和立式料仓两大类,卧式料仓的物料在料仓中做水平流动,而立式料仓的物料做垂直流动。一般卧式料仓水平方向较宽,从而占地面积大;立式料仓高度方向较高,所以占地面积比较小。由于纤维和刨花堆积密度比较小,因此料仓体积就大,从几十至几百立方米不等。

2. 刨花的贮存

刨花板生产一般均为连续化、自动化作业。为了保证自动化工艺生产能不间断地进行，工序之间必须有足够数量的备用材料。因此，工艺生产线上需要设有料仓，以贮存一定数量的刨花，保证连续和定量供应。

刨花堆积时容易出现起拱或架桥现象，其原因是由于刨花的流动难度大。刨花含水率越高，树脂含量越高，刨花越大，料堆体积越大，贮存时间越长，则起拱或架桥现象就越容易出现。当刨花料堆出现起拱或架桥时，造成切料困难，刨花不能正常输送，使供料不均匀或间断，影响正常生产。因此，保证刨花在料仓中畅通无阻，就成为对料仓的一个最基本的要求。

料仓按刨花流向，可分为卧式料仓（刨花水平流动）和立式料仓（刨花垂直流动）两种类型。而卧式料仓又有上出料和下出料两种形式。

上出料卧式料仓如图3-33（a）所示，刨花在料仓中主要做水平流动，料仓的长度大于宽度和高度。卧式料仓的刨花一般从料仓后端进入，落到仓底运输机上，随运输机的回转，刨花向前移动，料仓顶端有倾斜运输机把刨花运出料仓，供下段工序使用。运输机速度一般不超过2m/min。图3-33（b）是一种下出料卧式料仓。这种料仓的出料端不设倾斜输送机，而是由一排针辊来控制输出刨花的数量。

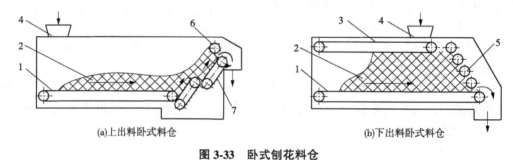

(a)上出料卧式料仓　　　　　(b)下出料卧式料仓

图 3-33　卧式刨花料仓

1. 底部运输机（皮带式或刮板式）　2. 刨花　3. 匀料器　4. 进料口
5. 针辊　6. 定量扫平辊　7. 倾斜运输机

卧式料仓因为堆积高度低，刨花堆密度均匀，所以不容易起拱或架桥。但是它占地面积大，动力消耗也大。卧式料仓适于贮存平刨花。

立式料仓，其中刨花是靠重力作用做垂直流动的，即刨花从料仓顶部落下，从仓底卸出。料仓高度大于宽度和长度。

立式料仓因为刨花料堆高度高，容易起拱或架桥。同时由于料堆有时高有时低，使料堆密度不同，卸料不均匀。为了防止堵塞现象，一般在卸料口设有电磁振动器，或旋转刺辊等装置，使卸料通畅。这种料仓的优点是占地面积小，动力消耗少。一般木片、碎料多采用这类料仓。

立式料仓有方形和圆形两种。图3-34为带卸料刺辊的方形立式料仓。卸料刺辊装在料仓底部，在两组杠杆

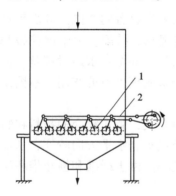

图 3-34　方形立式刨花料仓

1. 卸料刺辊　2. 曲柄连杆机构

传动机构带动下,使每个刺辊都能绕自身的轴心作半圆往复回转,相邻两刺辊的回转方向又恰好相反,这就能使刨花从每个刺辊两侧轮番排出。刺辊拨下的料从卸料斗落到运输机上,供下一工序使用。为了避免堵塞现象,这种料仓一般做成锥台形状,即上小下大,其锥度一般为6°~10°。卸料漏斗也不应有死角,即在接角处做成圆角或在接角里面用弧形板垫起。

① 方形立式料仓还可以将底部做成一组螺旋水平并排排列的出料形式,料仓下部做成有一定斜度的倾斜壁,朝螺旋方位倾斜,以减少螺旋数量。也可以做成抽屉式活底料仓,料仓底部有一排由油缸驱动的往复活动底板,物料从底板悬空处落下。

② 圆形立式料仓如图3-35。刨花从仓顶落入,仓底装有带弹簧片构成的旋转推料器,料仓料位高,运行阻力大,弹簧片收拢;当料位低时,运转阻力小,弹簧臂张开,从而实现物料多时推料少,物料少时推料多,既保证了供料,又减少了设备运行阻力,如图3-36。国产设备多采用液压装置推料器,利用油缸往返运动推动出料板,使仓底刨花落到出料器上。

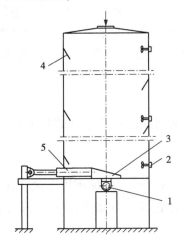

图3-35 立式刨花料仓基本构成
1. 测速可调出料螺旋 2. 料位指示器
3. 推料器 4. 防搭桥板 5. 活塞油缸

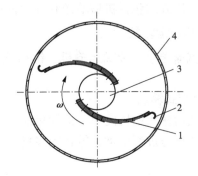

图3-36 立式刨花料旋转推料装置
1. 组合弹簧臂 2. 勾料器
3. 驱动装置 4. 料仓

圆形料仓比方形料仓优越,因为它无死角,能产生较好的重力流,木片或刨花不易堵塞,可贮存大量刨花或木片(大约为50~300m³)。方形料仓内因为有死角,容易产生堵塞现象,难于卸料,需要经常检查,适于贮存数量少的木片或刨花(5~10m³)。为了防止立式圆形料仓刨花"搭桥"的问题,可在料仓内壁分段焊接倾斜钢板,使刨花不至于堆积过紧。

立式料仓结构简单、占地面积小,但贮存密度大,容易产生"搭桥"现象,造成不能连续供料,但在推料装置和料仓内部隔断板的作用下,"搭桥"现象基本解决。

3. 料仓料位器

阻旋式料位控制器的叶片是利用传动轴与离合器相接,在未接触物料时,马达保持正常运转,当叶片接触物料时,马达会停止转动,机器会同时输出一点信号而测出

图 3-37 阻旋式料位控制器

料位高度料仓堵塞信号，并相应发出有料、无料的显示信号，如图 3-37。

这种料位器是采用全封闭式，室内室外都可使用。独特的油封设计可防止粉尘沿轴渗入。扭力稳定可靠且扭力大小可调节。结构轻巧、安装简易。叶片承受过重负荷时，马达回转机器自动打滑，确保马达不受损坏。不必从料仓上整体拆除，即可轻易检查维修内部零组件。采用铝合金铸造，强度高，质量轻。

木片料仓除使用与刨花料仓相同的结构外，对于大规模生产线还可以采用木片堆场或地下料仓进行贮存。

3.4.2 木片及刨花的输送

刨花输送对象具有堆积密度小、实质密度小、体积蓬松、输送量大且属于易燃类和可燃类材料的特点，而刨花与木片在形态特征方面还存在很大的差异，但均属于碎料范畴。其输送特性及所采用的输送装置大致相似。输送的基本要求是输送能力应与生产能力相适应，可连续稳定工作，对被输送物料形态不产生破坏，输送成本低等。常见的输送方式包括机械输送和气力输送两大类。

1. 机械运输机

机械输送包括带式运输机、链槽式运输机、刮板式运输带、斗式提升机和螺旋运输机等。

（1）带式输送

带式运输机结构简单，运输可靠，适用于水平或 20°~30° 坡度以下的长距离运输。为了防止输送过程中被运输物料飞扬，应将物料封闭输送。其结构如图 3-38(a)所示。

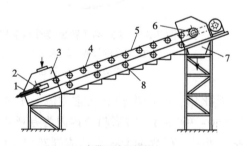
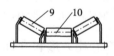

(a)皮带运输机结构　　(b)槽型托辊

图 3-38　皮带运输机

1. 张紧及跑偏调整装置　2. 从动轮　3. 防尘罩　4. 上托辊　5. 运输皮带
6. 主动轮　7. 下料斗　8. 下托辊　9. 倾斜托辊　10. 水平托辊

倾斜托辊与水平托辊的最大夹角叫槽型托辊的槽角。槽型托辊的槽角是决定输送能力的重要参数之一，旧的系列一般采用 20°，随着输送带的改进，带的横向挠曲性能的提高，槽角也逐渐增大，我国目前 TD75 系列已将槽角增加到 30°。

大倾角皮带输送机采用具有波状挡边和横隔板的输送带(图 3-39),因此可以达到大倾角输送物料的目的,最大倾角可达 90°垂直输送,其结构紧凑、占地少,因而是大倾角(或垂直)输送的理想设备。大倾角皮带输送机倾斜输送的最大高度可达 20m,在工作环境温度为 -15~40℃的范围内输送堆积比重为 0.5~4.2t/m³ 的各种散状物料;对于输送有特殊要求的物料,输送倾角在 0°~90°范围内,最大垂直输送物料粒度为 400mm。

(2)斗式提升机

斗式提升机适用于垂直输送,主体为垂直运动的循环链条,链条上装有提升斗。斗式提升机结构简单,占地面积小,运行成本低,特别适合于较大高度的场所。但是,其工作结构易被损坏。斗式提升机的结构原理如图 3-40 所示。

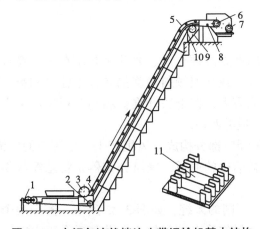
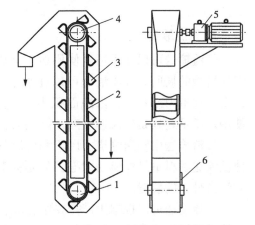

图 3-39 大倾角波状挡边皮带运输机基本结构

1. 张紧装置 2. 改向滚筒 3. 压带滚轮 4. 托辊
5. 带隔板波状挡边皮带 6. 驱动滚 7. 动力装置
8. 清料装置 9. 支架 10. 凸弧机架
11. 波状挡边大倾角皮带

图 3-40 斗式提升机结构原理图

1. 从动轮 2. 皮带 3. 提升斗
4. 主动轮 5. 驱动装置 6. 张紧装置

(3)刮板式运输机

刮板式运输机的结构与链槽式运输机类似,主体为两条平行的滚柱链,链条上装有木制或金属制的刮板,借助刮板作用带动物料运动,它可以在任何场所卸料,尤其适用于长距离和倾斜度(45°)较大的场所。其缺点是速度慢,生产效率低,且易挤碎被输送物料。其结构原理如图 3-41 所示。

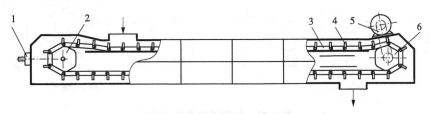

图 3-41 刮板运输机结构原理图

1. 张紧装置 2. 从动轮 3. 牵引链 4. 刮板 5. 驱动装置 6. 主动轮

（4）螺旋运输机

螺旋运输机是一种常用的刨花运输装置，主体为装在半圆槽中的螺旋轴。螺旋运输机适合在水平或低于20°倾角的场所使用。螺旋运输机结构简单、紧凑，封闭输送，不污染环境，其结构原理如图3-42所示。

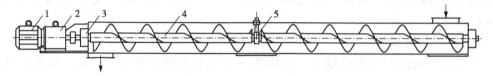

图3-42　螺旋运输机结构原理图
1. 电动机　2. 减速箱　3. 轴承座　4. 螺旋　5. 中心吊架

2. 气流输送

气流输送可以在不适合使用机械运输的地方发挥作用，尤其是被用在长距离且有多处转换的场所。气流输送可以在水平、垂直或任何倾斜角度的条件下输送物料，可以安装在室内或室外，占地面积小，生产能力大，在干法纤维板和刨花板生产中广泛使用。不足之处是气流速度高，能耗大，管道易磨损。

气流输送由输送管道、风机和旋风分离器三部分构成，风机产生一定压力的气流，使被输送物料呈悬浮流动状态，管道是物料输送的通道，旋风分离器是将悬浮状物料与气流分开的装置。

气流输送可以根据生产需要组合成各种不同的系统，如图3-43所示。其中两个负压输送系统，物料不经过风机，对被输送物料的形态破坏较小，尤其适合于定向刨花板所用大片刨花的输送。气流速度与物料混合浓度是设计气流输送装置的主要技术参数，混合浓度一般取 $0.1 \sim 0.3 \text{kg/m}^3$ 为宜。气流速度因被输送物料的形态、含水率等参数而异，几种物料的气流输送速度见表3-8。

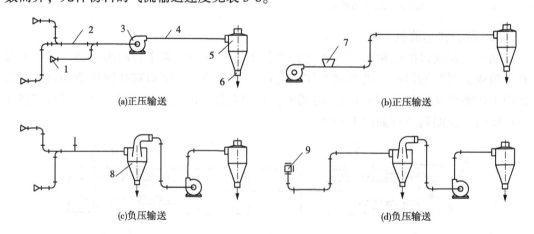

图3-43　气流输送系统示意图
1. 吸料口　2. 负压风管　3. 风机　4. 正压风管　5. 旋风分离器
6. 旋转阀　7. 供料器　8. 一级旋风分离器　9. 吸料器

表 3-8　几种物料的气流输送速度

物料种类	气流速度(m/s)	物料种类	气流速度(m/s)
木片	18~25	废板坯料	25~30
刨花	20~28	锯屑	20~25

本章小结

刨花的类型可分为薄平刨花、宽平刨花、窄长薄平刨花、杆状刨花、微型刨花、纤维状刨花、工厂刨花、锯屑及木粉等，刨花的形态及分布直接影响和决定了刨花板的质量和种类。

减少树皮量可以有效改善刨花板质量，并可选择原料去皮和工序中去皮的方法。刨花制造应根据原料属性和产品要求选择其制造方法和制定合理的工艺路线，刨花的制备方法有直接刨片法和削片—刨片法两种，前者具有刨花形态好、能耗小，而后者对原料的适用性好；木片和刨花贮存对保证连续化生产十分必要，既可以起到供料缓冲作用，又可以平衡原料的特性，达均衡生产的目的。

刨花制造的常用设备有鼓式削片机、盘式削片机、环式刨片机、刀轴式长材刨片机等；木片和刨花有堆场、立式料仓和卧式料仓等贮存方式，其运输设备有皮带运输、螺旋运输、刮板运输、斗提机运输等多种机械运输方法及气力运输等。

思考题

1. 刨花的种类有哪些？形态特征是什么？
2. 刨花制造对原料有什么要求？
3. 树皮对刨花板生产有什么影响？常用的去皮设备有哪些？
4. 削片方法有哪些？各有什么特点？
5. 刨花制备的方法有哪些？各有什么特点？
6. 刨花的运输方法有哪些？各有什么特点？
7. 立式料仓和卧式料仓的基本结构是什么？各有什么特点？
8. 影响环式刨片机刨片质量的机械因素有哪些？
9. 刀轴式长材刨片机的切削轨迹是什么？有什么特点？

第 4 章

刨花干燥

[本章提要]　刨花干燥是利用热能去除刨花内部多余的水分，使其含水率满足工艺要求，减少热压造成的鼓泡分层，提高压机产量，其含水率要求包括含水率的大小和含水率的均匀两方面。本章主要阐述了刨花干燥的目的、机理、方法和要求，以及影响刨花干燥的工艺因素和干燥工艺的控制及调整；系统介绍了转子干燥机、滚筒干燥机等设备的基本结构、工作原理及特点。

刨花干燥是利用热动力、空气动力及机械动力去除刨花内的多余水分，降低刨花含水率的过程，其本质就是热质的传递。传热推动力是温度差，而传质推动力是物料表面的饱和蒸汽压与干燥介质（通常为空气）中水气分压之差；根据传热方式的不同，刨花干燥主要为接触传热干燥和对流传热干燥两种方法。

4.1　干燥理论

4.1.1　木材干燥的过程特性

1. 水分的移动的过程

尽管木材规格和形态差别较大，但其干燥原理相同。木材等植物纤维原料中的水分通常以三种形式存在：①存在于大毛细管内（细胞腔内）的水分称为自由水；②存在于微毛细管内（细胞壁内）的水分称为吸着水；③少数与木材分子具有化学结合的水分称为化合水。化合水含量极少，通常采用物理的方法不能将化合水与木材分离，在木材干燥中将其归为吸着水类。

植物纤维材料中的自由水一般在微毛细管系统内的水分达到饱和时才存在，其容量很大，有的材料的绝对含水率超过100%，植物纤维原料中自由水的增加或减少不引起材料尺寸的缩胀。植物纤维原料中存在的吸着水可使其含水率最高达到30%左右，此时的含水率称作纤维饱和点，超过纤维饱和点以上的水分为自由水，纤维饱和点是植物纤维原料中自由水和吸着水存在状态的分界线。微毛细管对吸着水有一定的束缚力，其大小随含水率变化而变化，因此，蒸发相同体积的吸着水比蒸发自由水消耗更多的热量。且纤维饱和点以下含水率的增加或减少均会引起材料尺寸的胀缩。

木材及木质原料干燥过程是在温度作用下，热量首先传递给物料的表面，并逐渐向内部传递，这个过程称为传热过程。物料表面的水分首先蒸发，导致表面和内部的含水率形成差异，称为含水率梯度。在热量和水蒸气压力差作用下，物料内部水分源源不断地向表面扩散，此扩散过程称为内扩散。物料表面水分汽化过程以及物料内部水分向表面移动的过程称为传质过程。物料干燥过程中存在着两类传质：一类是物料表面的水汽化向干燥介质中移动的气相传质；另一类是内部水分向蒸发表面扩散移动的固体内部的传质。

植物纤维类原料中水分移动有两种通道：一种是以细胞腔作为纵向通道，平行于纤维方向移动；另一种是以细胞壁上的纹孔（包括细胞间隙）作为横向通道，垂直于纤维方向移动。刨花厚度小，面积大，其形态与板方类成材存在比较大的差异，主要依靠横向通道传递水分，表面蒸发速度和内部扩散速度彼此容易适应，尽管两种作用都很强烈，但不会产生开裂、变形等工艺缺陷，故可采用高温快速干燥工艺。

2. 干燥阶段

刨花干燥过程通常分为三个阶段，即预热阶段、恒速干燥阶段和减速干燥阶段。

①预热阶段 主要通过干燥介质与干燥物料直接接触，使物料的温度快速上升，一般预热阶段不产生水分蒸发，根据环境温度和物料大小的不同，所需要的时间也不同。

②恒速干燥阶段 以蒸发自由水为主，且蒸发速率不变。由于木材中自由水的增减不影响木材的尺寸变化，故自由水的蒸发速率可以尽可能地提高。

③减速干燥阶段 又可分为两段：第一段，主要蒸发第二阶段剩下的自由水和大部分吸着水；第二段，蒸发剩余部分吸着水。减速干燥阶段的特点是：水分移动和蒸发阻力逐步加大，干燥速率逐步降低，供给的热量除了蒸发水分外，还使被干燥单元温度上升。

刨花干燥一般都采用高温快速干燥，干燥介质的温度相对比较高，干燥时间相对较短，在刨花板生产中通常不考虑其变形问题。

3. 干燥曲线和干燥速率曲线

（1）干燥曲线

干燥曲线是指在被干燥物料干燥过程中，用横坐标表示干燥时间，纵坐标表示被干燥物料的含水率 C，根据数据整理所得到的 $C-t$ 曲线，称为干燥曲线，如图4-1所示。其中给出的 $C-t$ 曲线表示物料表面温度 θ 与干燥时间 t 之间的关系，成为温度曲线。

刨花的干燥曲线可以通过实验得到。实验必须在稳定的干燥条件下进行。这就是说，干燥介质（热空气）的温度、相对湿度和流动速度在整个干燥过程中应保持不变。

从图4-1中可以看出，AB 段属于预热阶段，供给的热量主要用于干燥物料升温，基本上不用于水分蒸发，反映在 $\theta-t$ 温度曲线上 AB 段温度变化比较明显；BC 段属于恒速干燥阶段，主要蒸发自

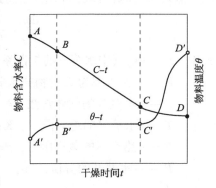

图4-1 恒定干燥条件下的干燥曲线

由水，物料的含水率急剧下降，C-r 曲线斜率较大，但单位时间内物料含水率下降的速率不变，C-t 曲线近似呈直线，此阶段内供给的热量基本上相当于物料水分蒸发所需的热量，物料的表面温度基本上不变，反映在 θ-t 曲线上 BC 段比较平坦；CD 段为减速干燥阶段，主要蒸发 BC 段未蒸发完的自由水和吸着水，单位时间内物料含水率下减速度逐渐减小，C-r 曲线斜率变小，此阶段供给的热量除了用于吸着水蒸发所需的热量外，还有一部分被用于干燥物料升温，θ-t 曲线在 CD 段有所上升。

在大量试验的基础上，可以在物料含水率 C 与干燥时间 t 之间建立经验公式 $C=f(t)$，或者建立分段公式，比如 $C_{B-C}=f(t_{B-C})$、$C_{C-D}=f(t_{C-D})$。

(2) 干燥速率曲线

干燥速率（μ）表示在单位时间内单位干燥面积上蒸发的水分量，用下式表示：

$$\mu = \frac{d\omega}{Adt} = \frac{-GdC}{Adt} \quad [\text{kg}/(\text{t} \cdot \text{m}^2 \cdot \text{h})] \tag{4-1}$$

式中：ω——自然物料中除去的水分量，kg；

A——干燥面积，m²；

t——干燥时间，h；

G——绝干物料量，kg。

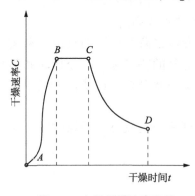

图 4-2 木材干燥速率曲线

如图 4-2 为木材干燥速率曲线，AB 段为物料预热段，此阶段主要提高物料表面温度，几乎不蒸发水分；BC 段为恒速干燥阶段，此阶段干燥速率基本上维持不变，反映在图中为一条近似直线；CD 段为减速干燥阶段，此阶段主要蒸发纤维饱和点以下的吸着水，干燥速率逐步下降，反映在图上即 CD 段为一曲线。在恒速干燥阶段与减速干燥阶段之间，有一拐点（C 点），与 C 点对应的物料含水率称为临界含水率 C_c，即纤维饱和点含水率。

干燥速率可以分为蒸发自由水阶段和蒸发吸着水两种情况。

蒸发自由水（纤维饱和点以上的水分）时的干燥速率：

$$\frac{d\omega}{Adt} = \frac{k}{k_c} \times \frac{1}{RT} \times \frac{P}{P-P_s} \times \frac{dp}{dx} \tag{4-2}$$

式中：k——空气中水蒸气的扩散系数，m/h；

k_c——含水率为 C 时物料水分的扩散阻力系数，m/h；

R——水蒸气的气体常数，47.1，kg·m/(kg·K)；

T——水蒸气的绝对温度，K；

P——热空气的蒸汽压力，Pa；

P_s——水蒸气的分压，Pa；

$\dfrac{dp}{dx}$——压力梯度，Pa。

蒸发吸着水(纤维饱和点以下的水分)时的干燥速率:

$$\frac{d\omega}{Adt} = -K_f \frac{dC}{dx} \tag{4-3}$$

式中：K_f——水分传导系数，kg/(m·h·%)，随受温度影响的表面张力和黏度及含水率的变化而变化；

$\dfrac{dC}{dx}$——断面上含水率梯度，%/m；

ω——水分蒸发量，kg；

t——干燥时间，h；

A——蒸发面积，m²。

由以上两个方程式可知，干燥速率与水蒸气扩散系数 k、水分传导系数 K_f 成正比，与水分扩散阻力系数 K_μ 成反比，而 K、K_f、K_μ 又受干燥介质参数(热空气的温度、相对湿度、气流速度)和被干燥物料的条件影响。干燥过程所需的时间用下式计算:

$$t = t_1 + t_2 \tag{4-4}$$

式中：t——干燥时间；

t_1——恒速干燥阶段所需时间；

t_2——减速干燥阶段所需时间。

其中，

$$t_1 = \frac{G}{k_c A} \times \frac{C_H - C}{C_0 - C_p} = \frac{G}{U_C A} \times (C_H - C) \tag{4-5}$$

式中：G——绝干物料的质量，kg；

k_c——比例系数，kg/(m²·h·AC)；

A——干燥面积，m²；

C_H——物料的初始含水率，%；

C_0——物料的临界含水率，%；

C_p——物料的平衡含水率，%。

$$t_2 = \frac{G}{kA} \ln \frac{C_0 - C_p}{C_e - C_p} \tag{4-6}$$

式中：C_e——减速干燥终点物料的含水率，%。

由于受被干燥物料树种、被干燥单元形态和干燥方式等因素的影响，用式(4-4)计算出的干燥时间仅作为制定干燥工艺条件的参考依据，与实际干燥时间会有所差异，应当根据实际生产试验来最终确定干燥时间。

在刨花板生产中，也可以用平均干燥速率来表示刨花的干燥过程，用下式进行计算：

$$\mu = \frac{C_1 - C_2}{t} \tag{4-7}$$

式中：μ——平均干燥速度，%/s；

C_1——物料干燥前的含水率，%；

C_2——物料干燥后的含水率，%；

t——完成干燥所需要的时间，s。

平均干燥速率意味着在单位干燥时间内使物料含水率下降的程度，根据平均干燥速率的大小可以对所采用的干燥工艺参数和干燥设备性能做出评估。

4.1.2 刨花干燥系统的热耗计算

刨花板制造过程中，刨花干燥是消耗热能的关键工序之一，对整个生产过程的能量消耗有重要影响，所以估算或计算干燥工序能耗对于生产成本控制、工艺设计都是至关重要的一环。

1. 热量计算

在选用或设计一台刨花板生产用物料干燥装置之前，首先要确定被干燥物料量、要蒸发水分的量以及需要供应的热量，这就需要进行物料平衡计算和热量平衡计算。

在一个干燥系统中，湿物料的重量随着水分的蒸发不断降低，但其干物料的重量是不会改变的（不考虑植物纤维原料有机挥发物的散失）。设进入干燥系统的物料流量为 G_t（kg 干物料/h），物料进出干燥系统的含水率分别为 C_1 和 C_2，进出干燥系统的绝干空气的流量为 L（kg 干空气/h），空气的湿度分别为 x_1 和 x_2（kg 水蒸气/kg 干空气）。单位时间内的水分和物料平衡计算方程如下：

$$G_t C_1 + L x_1 = G_t C_2 + L x_2$$

干燥过程中水分蒸发量 ω 计算如下：

$$\omega = G_t(C_1 - C_2) = L(x_2 - x_1) \quad (\text{kg 水/h})$$

绝干空气消耗量 L 为：

$$L = \frac{\omega}{x_2 - x_1} \quad (\text{kg 干空气/h}) \tag{4-8}$$

蒸发 1kg 水分所消耗的绝干空气量称为单位空气消耗量，记为 J（kg 干空气/kg 水分）。

知道了水分蒸发量 ω、绝干空气量 L 就可以计算干燥过程的热量消耗。

在工程计算中，对一个完整的干燥系统来说，输入的总热量 Q 应由四部分组成：

$$Q = Q_1 + Q_2 + Q_3 + Q_4 = \sum_{i=1}^{4} Q_i \tag{4-9}$$

式中：Q_1——蒸发物料中水分所需要的热量，kJ；

Q_2——加热物料所需要的热量，kJ；

Q_3——设备散热损失，kJ；

Q_4——废气排放带走的热量，kJ。

对干燥过程来说，Q_1 和 Q_2 是不可少的，是有效热量，故干燥机的热效率用下式计算：

$$\eta = \frac{Q_1 + Q_2}{Q} \times 100\% \tag{4-10}$$

$Q_1 \sim Q_4$ 可以根据下式进行计算：

$$Q_1 = GC_{水}(t_1 - t_0) + G'(L + q) \tag{4-11}$$

式中：G——物料中所含水分的质量，kg；

$C_{水}$——水的比热容，J/(kg·K)；

t_0——干燥装置的环境温度，℃；

t_1——水汽化临界温度，℃；

G'——物料中蒸发水分的质量，kg；

L——水的汽化潜热，J/kg；

q——克服水分子和木材分子结合力的平均分离热，J/kg。

$$Q_2 = G_0 C_{木}(t_2 - t_0) \tag{4-12}$$

式中：G_0——物料绝干质量，kg；

$C_{木}$——物料的比热容，J/(kg·K)；

t_2——物料离开干燥机时的温度，℃。

作为设备散热损失 Q_3 分为两种情况：

对框架壳体式单板干燥机来说，Q_3 用下式计算：

$$\begin{aligned}Q_3 &= (A_1\lambda_1 + A_2\lambda_2)(t_3 - t_0) \\ &= A\lambda(t_3 - t_0)\end{aligned} \tag{4-13}$$

式中：A_1——干燥机壁的表面积，m²；

A_2——干燥机底的表面积，m²；

t_3——干燥机内温度，℃；

λ_1——干燥机内壁体的传热系数，W/(m²·K)；

λ_2——地面的传热系数，W/(m²·K)；

λ——干燥机整个壳体传热系数的概略值。

干燥机壳体上下、左右、前后有很大差别。为了计算简便，一般概略计算为：

$$\lambda = 2.236 \sim 3.489 [\text{W}/(\text{m}^2 \cdot \text{K})]$$

对于圆筒式或管道式刨花干燥机散热损失 Q_3，可参照以下有关简式计算：

$$Q_3 = \lambda(2\pi rL)(t_{介} - t_0) \tag{4-14}$$

式中：$t_{介}$——最外层的介质温度。

对于刨花干燥机来说，Q_4 相当于排放废气带走的热量，用下式计算：

$$Q_4 = V \cdot \rho \cdot r \tag{4-15}$$

式中：V——从干燥机内排放出的废气量，m³；

ρ——在排气口温度条件下废气的密度，kg/m³；

r——在排气口温度条件下废气的热含量，J/kg，r 值可以经实测并计算后得出。

对干燥系统的热量评价最可靠的方法是实地进行热平衡测试。目前，我国对刨花板工程项目的热量损耗指标值均有一定的规定，在进行干燥系统设计时必须遵守。

2. 热量供应和转换模式

在刨花干燥过程中，对于接触传热干燥，其干燥介质的热能来源于传热的传导，而对于对流干燥，其传热介质即为干燥介质。传热介质通常有蒸汽、热水、热油、热空气和烟气等,而常用的干燥介质为热空气和烟气。热空气作为干燥介质的特性参数可参阅相关的书本,如木材干燥、传热学等。

烟气作为干燥介质具有产量高、成本低等特点,在国外应用较广泛,国内近年来在刨花干燥中也得到了重视和推广。烟气一般通过热油燃锅炉或木材废料锅炉产生,需要经过净化处理才可用作干燥介质。工业生产中,可以把热空气和烟气两种干燥介质混合在一起使用。在刨花板生产中,干燥介质和传热介质使用情况归纳见表4-1所列,锅炉烟气(0~600℃)的特性参数见表4-2。

表4-1 干燥介质转换模式

干燥设备	传热方式	加热介质	传热介质	备注
转子式干燥机	接触加热	蒸汽、热水、热油	热空气	
滚筒式干燥机	接触加热 对流加热	蒸汽、热水、热油 烟气	热空气 烟气	含单通道、三通道
喷气式干燥机	对流加热	蒸汽、热水、热油或烟气	热空气或烟气	

表4-2 在标准大气压力下烟气的特性参数(烟气成分:$X_{CO_2}=0.3$,$X_{H_2O}=0.11$,$X_{N_2}=0.76$)

温度 t (℃)	密度 P (kg/m³)	定压比热 C_p [kJ/(kg·℃)]	导热系数 $\lambda \times 10^{-2}$ [W/(m·℃)]	导温系数 $\alpha \times 10^{-6}$ (m²/s)	动力黏度 $\mu \times 10^{-6}$ (n·s/m²)	运动黏度 $\nu \times 10^{-6}$ (m²/s)	普朗特数 p_r
0	1.295	1.042	2.28	16.9	15.8	11.90	0.74
100	0.950	1.068	3.13	30.8	20.4	21.54	0.70
200	0.748	1.097	4.01	48.9	24.5	32.80	0.67
300	0.617	1.122	4.84	69.9	28.2	45.81	0.65
400	0.525	1.151	5.70	94.3	31.7	60.8	0.64
500	0.457	1.185	6.56	121.1	34.8	76.30	0.63
600	0.405	1.214	7.42	150.9	37.9	93.61	0.62

4.2 刨花干燥工艺

4.2.1 刨花干燥的目的、要求及特点

1. 干燥目的

刨花板生产中,单元干燥是一个非常重要的工序,其目的是为了保证施胶前后刨花含水率保持在一个合理的工艺要求范围内。通常刨花拌胶前含水率在2%~5%,对于可胶接高含水率木材的胶黏剂,虽然被胶接单元的含水率可达20%~70%甚至更高,但作为板材使用其制成品的含水率也不能过高,否则会因水分散失、板材失水收缩不平

衡导致成品尺寸变化，而引起变形。

通常刨花制备时，为保证被胶接单元的加工质量和延长切削刀具寿命，必须使原料具有一定的含水率，一般控制在40%~60%范围内。因此，刨花通常都必须进行干燥处理。对于用无机胶黏剂（石膏、水泥）生产特殊复合板材时，由于石膏和水泥需要加水调配的工艺特殊性，一般不需要干燥工序。

2. 干燥的要求

刨花板干燥占刨花板生产能耗的70%~80%，干燥质量直接影响成品质量。因此干燥工序是刨花板生产的一个非常重要的工序。刨花干燥的目的是去除刨花内多余的水分。其基本要求如下：

(1) 保证干燥后含水率符合工艺要求

含水率的工艺要求包括含水率大小和含水率平衡稳定两方面。在刨花板生产过程中，对刨花含水率有严格要求。如果含水率过高，将会在热压时引起"鼓泡"或"分层"等问题，同时还会显著降低热压机产量。如果含水率过低，则会造成施胶时刨花产生"吸胶"现象，预压效果不好，不利于板坯输送，同时影响没有预压工序的热压机的快速闭合，也会影响板坯的传热和增加干燥机的耗能等，并且影响刨花板产品质量的稳定。生产工艺要求干燥后刨花的理想含水率为1%~3%，这里的含水率是指绝对含水率。

(2) 保证刨花形态完整，减少干燥缺陷

刨花板单元在干燥过程中，由于机械作用，将会致使单元形态被破坏，因此，必须选择适当的干燥方法和工艺才能保证工艺要求。

(3) 保证生产需求

单元干燥速度在保证干燥质量的前提下要尽量满足后续生产的需要，否则将会造成"无米之炊"的结果。在正常生产时，干燥机的产量要可以和后工段保持平衡生产，但干燥机的产量受到季节和原材料的初含水率影响很大，如果干燥能力超出很多时，则可以选择保证终含水率满足生产要求的前提下尽量提高产量，采取"开机—待机"的干燥模式，这对降低能源消耗效果明显。

(4) 降低能耗，节约成本

在生产过程中，一定要注意平衡生产，减少能源浪费。因为影响干燥的工艺因素中的温度和湿度直接影响到排出废气的能源消耗，只有适当控制好温度和湿度，才能减少单位产品的能源消耗。由于干燥工序需要消耗大量的能源，约占去总能耗的70%，因此选择合适的干燥方式、干燥设备和干燥工艺对降低能耗非常重要。

3. 刨花的干燥特点

刨花干燥由于刨花的尺寸大小和刨花形态差异导致水分扩散传送路径的主次有不同，其干燥速度差异较大。总体来说，刨花既小又薄，且对干燥后刨花形态变化无限制，一般多采用较高温度和较低湿度为干燥介质的机械或机械—气流干燥机进行干燥。

刨花干燥因刨花为散状物料，其水分蒸发较快，干燥时间较短，且不存在干燥缺陷问题，但因其形态尺寸较大，对气流悬浮速度要求较高，且干燥时间相对较长，故不适宜采用管道式气流干燥，因而在干燥过程中必须要翻动或搅拌。生产上采用对流换热和接触传热的滚筒或转子干燥机。

4.2.2 刨花干燥过程

刨花干燥过程分为3个阶段。

(1) 快速干燥阶段(阶段Ⅰ)

湿刨花进入干燥机内,刨花内的水分快速蒸发,含水率急剧下降,含水率的降低过程并不影响水分蒸发速度,蒸发始终处于近似相等的高速状态。这一阶段是刨花干燥的最有效阶段,应是刨花干燥设备结构设计中重点考虑的阶段,从结构上适当延长刨花在第一阶段的停留时间,使刨花翻转落下更均匀;同时也是湿蒸汽大量产生的时期,为了保持干燥机内合适的空气相对湿度,应设置排湿装置并控制好湿空气排出量。

(2) 减速干燥阶段(阶段Ⅱ)

随着刨花在干燥机内不断向前运动,在含水率由 B 逐渐降低至 C 的过程中,水分由刨花内部移到表面的速度持续降低,刨花的干燥速度明显下降。此时刨花的含水率已经不高了,接近于工艺规定的终含水率,刨花应已靠近干燥机的出口位置,干燥机在结构设计上应重点考虑如何使刨花快速移动至出口处。对于转子式刨花干燥机有效的方法是增加料铲的数量,而对于通道式干燥机则是减少阻碍刨花向前输送的芯部料铲的数量。

(3) 慢速干燥阶段(阶段Ⅲ)

这个阶段水分由刨花内部移到表面的速度已经非常缓慢,刨花含水率已趋于稳定,只有在干燥机内停留更长的时间,才能使刨花中的含水率更低。这样不但浪费了大量热能,而且容易引起干刨花着火,这也是刨花板生产线工艺将刨花干燥终含水率定为1%~3%而不是低于1%的近绝干状态的重要原因。

一般情况下,刨花板生产线均采用绝对含水率表示,只有特殊情况下才采用相对含水率。刨花的绝对含水率、相对含水率分别按式(4-16)、式(4-17)计算。

$$W = \frac{m - m_0}{m} \times 100\% \tag{4-16}$$

$$W_0 = \frac{m - m_0}{m_0} \times 100\% \tag{4-17}$$

式中:m——刨花初始质量,kg;
m_0——绝干后的刨花质量,kg;
W——刨花相对含水率,%;
W_0——刨花绝对含水率,%。

4.2.3 刨花的干燥方法

1. 刨花干燥方式种类

刨花干燥的方法很多,其干燥方式分类有以下几种。

(1) 刨花干燥机按照传热方式可分为接触加热和对流加热两大类

在干燥过程中,总是多种传热方式同时存在。①接触加热干燥机内装有加热管道,主要靠刨花与加热管接触进行热交换，刨花在干燥机内主要依靠机械装置产生螺旋运动；②对流加热干燥机是利用热介质和刨花进行热交换，达到干燥目的。其刨花的移动可以是依靠机械传动，也可以是利用气流直接带动。

(2) 刨花干燥机按使用的热介质可分为蒸汽、高温热水、热油、热空气及炉气等

使用炉气的干燥机一般都带有燃烧室。使用的燃料有煤气(天然的或液态的)、汽油、煤、木材(如板皮、废木块、树皮、粉尘、锯屑及刨花板裁边后的边条)等。有的燃烧室还可循环使用炉气，可以减少总燃料的消耗。由于油类和煤气成本较高，考虑到节约能源问题，利用木材废料作燃料更为普遍。

(3) 刨花干燥机按干燥介质传热的特点分为直接加热式干燥机和间接加热式干燥机等

①直接加热式干燥机　干燥的加热介质即为干燥介质，传热介质与刨花直接接触，以高温烟气为热介质，刨花与烟气以一定的混合浓度依靠风机的气流高速运动，并经过较短的时间(通常小于30s)而达到规定的终含水率。

②间接加热式干燥机　干燥的加热介质不与刨花直接接触，以管路中流动的热介质产生的热传递作用对刨花进行加热干燥，同时，刨花在机械动力作用下在干燥机内向前运动，并经过一定时间达到规定的终含水率。

(4) 刨花干燥机按设备的结构特点分为滚筒式、转子式、喷气式干燥机等

①滚筒式干燥机　结构特点是干燥机有一个可旋转的外壳，在干燥过程中，旋转外壳将成堆的刨花翻动，以保证刨花受热均匀，同时将刨花向出口推进。滚筒式干燥机按加热介质的加热方式又可分为直接加热式和间接加热式两种，而直接加热式又可分为单级和多级干燥机。

②转子式干燥机　结构特点是加热器安装在干燥机内部，并随空心主轴一起旋转(转子)。主轴的旋转还能将成堆的刨花翻散，以保证刨花受热均匀，同时将刨花向出口推进。转子式干燥机按照转子的数量又可分为单转子和双转子干燥机。

③喷气式干燥机　结构特点是干燥机内部装有很多的气流喷嘴，喷射的气流将成堆的刨花吹散，以保证刨花受热均匀，同时将刨花向出口推进。喷气式干燥机按介质的加热方法可分为直接加热和间接加热两种方式。

2. 刨花干燥工艺的确定

刨花干燥过程中的工艺参数主要包括干燥温度、湿度、干燥时间及进料量。干燥工艺的制定既要满足生产对刨花含水率的工艺要求和保证刨花形态的质量要求，又要保证生产对刨花的产量要求，同时还要节省能源和提高干燥机生产效率。

(1) 干燥温度

干燥温度是影响干燥速度的一个重要因子，但它的调节范围有限，因而一般只做阶段性调整或微调。由于刨花体积小，比表面积大，而且呈疏松状态，在干燥过程中不必考虑产生变形和开裂等缺陷。因此，刨花干燥可以采用较高温度和较低的相对湿度的干燥介质进行快速干燥。干燥介质温度越高，干燥时间越短。

刨花干燥温度的高低主要由干燥方式决定，一般以对流或对流传热为主的干燥方式的干燥温度较高，干燥时间相对较短，而以接触传热或接触传热为主的干燥方式的

干燥温度较低，干燥时间相对较长。反之，较高的干燥温度，一般会选择对流传热为主的干燥方式，而较低的干燥温度，一般会选择接触传热为主的干燥方式。提高干燥温度，将会提高干燥速度，也会降低干燥后含水率。反之则会减缓干燥速度，增大干燥后含水率。但过高的干燥温度将会引起刨花表面碳化，甚至引起干燥机着火等严重后果。

(2) 相对湿度

相对湿度是影响干燥速度的一个重要因子，但它的调节范围有限，因而一般只做季节性调整。相对湿度的大小与干燥过程中的很多因素密切相关。它会随水分蒸发速度增大而增大，随干燥温度的提高而提高，随新鲜空气的进入量的增加而降低，反之亦然。生产上一般会根据相对湿度的大小来调节新鲜空气的进入量，但过多的新鲜空气进入量将会造成干燥机温度下降，能耗增大，热效率降低，甚至导致干燥温度无法升高。因此，控制合适的相对湿度十分重要。

(3) 干燥时间

干燥时间是影响刨花出口含水率的一个有效的重要因子之一，刨花干燥时间对刨花终含水率的影响非常显著，它是控制刨花含水率的一个主要手段。对干燥温度和相对湿度的调整受到很多条件限制，一般调整范围比较窄，对终含水率效果有限，因此生产上一般首选调整干燥时间。对于滚筒式和转子式干燥机都可以通过滚筒或转子的速度来达到调整干燥时间的目的。很多的干燥机是通过调整电动机的线路连接方法，分别有Ⅱ级、Ⅳ级、Ⅵ级和Ⅷ级的连接，从而使转速范围在1~4倍调节，也有使用直流电动机或变频调速的无级调节。

(4) 进料量

进料量是影响刨花出口含水率的一个有效的重要因子之一，刨花进料量对刨花终含水率的影响非常显著，它也是控制刨花含水率的一个主要手段。进料量的多少决定了干燥机的产量，也会造成供料不足而影响刨花板的产量。

总之，干燥终含水率与干燥机产量密切相关，生产上应该在保证刨花含水率工艺要求的前提下来提高干燥机的产量，以满足热压机的生产需要和提高干燥机的热效率，降低生产成本。

3. 刨花干燥速度的主要影响因素

影响刨花干燥速度的主要因素包括原料(刨花)因素、工艺因素、设备因素及环境因素4个方面。下面介绍各因素对干燥的影响。

(1) 刨花(物料)特性对刨花干燥的影响

刨花特性主要包括刨花的木材种类、刨花的厚度及刨花的初含水率等。

刨花的这些自身条件不仅影响刨花干燥的速度，而且影响刨花干燥质量。在相同的干燥条件下，密度大、初含水率高、厚度大的刨花干燥速度慢，反之则干燥速度快。因此，如果条件允许，应尽量将密度、初含水率和形态尺寸差异较大的刨花分开进行干燥，以保证终含水率的均匀一致。

①原料树种　刨花干燥工艺的确定与原料的树种有关。刨花中水分排出的速度受木材的密度和构造影响较大，在相同的工艺条件和含水率情况下，针叶材刨花的干燥

时间可以短一些，而阔叶材刨花的干燥时间应相对长一些(图4-3)。树种会影响到生材的含水率，如沙松生材含水率较高，约为150%，而有些落叶松仅为70%左右。另外，特别是松科树种，心材和边材的含水率有较大差别，如鱼鳞松心材含水率为40%，而边材则高达140%。

②刨花初含水率　由于原料的来源不同，刨花初含水率变化很大。例如，废料刨花的绝对含水率为15%～20%，锯屑为35%～45%，板皮、截头等制成的刨花和碎木为35%～40%，碎单板、木心等制成的刨花为65%～75%。因此，在干燥过程中最好将初含水率相差较大的刨花分开干燥。生产中，一般可通过原料贮存对原料初含水率进行调控，然后再进入干燥机干燥。

③刨花的厚度　由于刨花中水分主要是通过表面蒸发的，因此，刨花的几何尺寸对干燥速度的影响很大。同样质量的粗刨花比细刨花的表面积小，在相同干燥条件下，粗刨花得到的热量少，水分蒸发慢。在刨花的几何尺寸中，刨花厚度对干燥速度和干燥时间

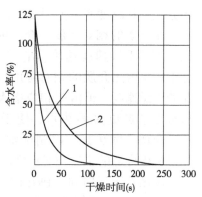

图4-3　树种和初含水率对干燥时间的影响
1. 针叶材　2. 阔叶材

的影响最为显著。刨花厚度减小会使刨花的比表面积成倍增加，得到的热量也大大增加，而且刨花厚度越小，水分蒸发的阻力越小，因此，刨花越薄，干燥速度越快，干燥时间就越短。如图4-4所示为对流条件下，刨花干燥时间与刨花厚度的关系曲线。如图4-4中直线1是初含水率为113%，干燥到终含水率为3%时，不同厚度刨花所需要的干燥时间。直线2是初含水率为113%，干燥到终含水率为30%时，不同厚度刨花所需的干燥时间。同一厚度刨花，由于终含水率不同，干燥时间也不同。终含水率低的刨花干燥时间要长些。

在刨花干燥过程中，要求刨花的形状和尺寸尽量一致。如果刨花形状和尺寸相差较大，将影响干燥质量，将会造成小尺寸的刨花过干而大尺寸刨花未干的后果。过干的小刨花还有可能引起火灾及爆炸的危险。生产中如需要两种规格的刨花，如三层结构刨花板，表层与芯层刨花应该分开干燥。

(2) 干燥工艺及刨花终含水率要求对刨花干燥的影响

干燥工艺包括干燥(介质)温度、介质相对湿度、干燥时间及刨花下料量等。

①介质温度　干燥机内热空气的温度决定刨花内部水分向外移动的速度，即直接影响到干燥的快慢。温度越高，干燥速度越快，如图4-5。因此，新型刨花干燥机大多采用高温快速干燥。但

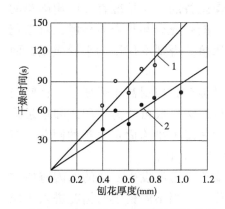

图4-4　刨花厚度与干燥时间的关系
（初含水率113%）
1. 终含水率为3%　2. 终含水率为30%

过高的温度容易引起火灾,故应根据刨花初含水率高低来确定最高干燥温度,初含水率高的刨花,可以采取较高的干燥温度,反之则应选择较低的干燥温度。但对于设定的干燥方式,其温度调节范围相对有限。

②介质的相对湿度 介质的相对湿度越低,刨花干燥速度越快(图4-5)。因此,降低干燥机内热介质的相对湿度,可以加快刨花的干燥速度,但由此相应增大湿空气的排出量将带走更多的热量,使干燥热效率降低。合理的做法是,控制湿空气的排出量,保持机内合适的空气相对湿度。

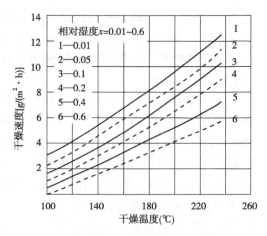

图4-5 介质温度和湿度对干燥速度的影响

③刨花干燥时间 刨花的含水率会随着干燥时间的延长而降低,虽然针叶材所需干燥时间短,而阔叶材相对较长。但在高含水率时干燥速度比较快,而在低含水率时,其干燥速度比较慢。由于这一特性,在刨花含水率干燥到较低状态时,其终含水率相差不会很大;不同厚度的刨花其含水率会随干燥时间的延长而直线下降,如图4-4。

④刨花进料量 刨花进料量的多少直接影响到干燥介质的温度、湿度、水封蒸发量以及刨花的运动状态,因此减少进料量能显著加快干燥速度和降低刨花终含水率。

⑤终含水率要求 刨花终含水率要求是由刨花板压板工艺的要求而决定,一般单层热压(包括连续热压)要求刨花干燥后终含水率低;多层热压可以适当提高刨花的终含水率。

对终含水率的要求不同,干燥工艺也不相同。在相同的工艺条件下,要求的终含水率越低,所需干燥时间越长。

(3)干燥设备(方式)对刨花干燥的影响

干燥设备主要指设备的类型、结构及其他辅助装置等。不同的干燥方式,其刨花的干燥工艺、干燥速度及干燥质量等相差较大。干燥设备的工作情况直接影响刨花的干燥速度和干燥质量。干燥机内刨花能否充分分散、能否充分与热介质接触,对刨花干燥影响很大。干燥机内刨花运动要顺畅,不能有死角,否则不仅影响干燥质量,而且还容易引起火灾。

干燥机的进料要均匀,要尽量减少干燥机的负荷波动,以提高干燥质量。将刨花送到干燥机入口处的方法对干燥效果也有影响。进料方法一般可分为容积式和重量式两种。容积式用得比较多,如螺旋式运输机在已定的速度下供给固定容积的刨花。有的从旋风分离器下来的刨花,直接用皮带运输机送到干燥机内。

容积式运输机存在的问题是刨花的密度会发生变化。密度发生变化的原因有树种的变化、刨花形状和尺寸的变化、刨花含水率的变化等。当不同密度的刨花进入干燥机时,会影响到干燥机载荷的变化,进而影响到刨花干燥的质量。

从实际操作经验来看,供料设备最好采用直径比较合适、速度比较高和螺旋升角比较小的螺旋运输机。如果使用皮带运输机,则要求输送速度高、输送量少。

(4) 干燥环境对刨花干燥的影响

干燥环境指干燥机的外部环境,即室外和室内的温度、湿度等。

干燥机周围的环境温度和空气相对湿度也对刨花干燥速度和质量有一定的影响。当气温低而相对湿度较高时,应适当提高干燥温度,反之则可适当调低干燥温度,以保证刨花终含水率稳定。

干燥机的进口温度应根据周围空气温度与湿度进行调整,使干刨花含水率能满足生产要求。当气温低而湿度高时,应适当提高干燥机的进口温度;当气温高而湿度低时,可略微降低干燥机的进口温度。当空气湿度较高时,最好将刨花终含水率适当降低些,以免干燥后的刨花由于吸湿使含水率提高到不符合干燥后刨花含水率要求的程度。在低温高湿季节干燥机要多消耗些热量,必然使干燥机的效率降低。

4.3 刨花干燥设备

干燥系统是刨花板生产线的重要组成部分,干燥设备的性能不仅影响板材的质量和能量的消耗,而且还影响对环境的污染程度。因此,选择适合生产需求的干燥设备至关重要。

传统的刨花干燥机是以热油、热水或蒸汽为热源的转子式干燥机或圆筒式干燥机,热源通过金属传导,将热量传递给刨花进行干燥,燃料的热能利用率约为65%。随着干燥技术的发展,转子式干燥机逐渐被以烟气为干燥热源的滚筒式干燥机替代,燃料的热能利用率高达90%以上。

在刨花板生产发达的北美和欧洲国家,90%以上的工厂使用滚筒式干燥机。而我国此项技术推广较晚,除了近几年新建的大中型刨花板厂开始采用滚筒式干燥机以外,建于2003年以前的生产线,以及近期建造的小型刨花板厂,大多仍采用转子式干燥机。

现代化干燥机应具备的条件是容量大,工效高,操作简便,整个干燥过程可以连续化作业和不易引起火灾。此外,干燥工序还可以放在整个生产线之外,这样不但能节约基建费用,并可减小刨花板生产线的火灾危险。

4.3.1 滚筒式干燥机

滚筒式干燥机是目前刨花板生产广泛使用的一种刨花干燥设备,主要有间接传热和直接传热的两种单级滚筒干燥机,还有直接传热的多级滚筒干燥机。

1. 间接加热式的单级滚筒干燥机

间接加热式滚筒式刨花干燥机也常被称为圆筒式干燥机,为国内小规模刨花板生产常用的干燥设备。这种干燥设备主要由滚筒(图4-6)及布置在滚筒内的系列蒸汽管道加热器等组成。干燥机圆筒长5~18m,直径与长度之比为(1:4)~(1:6)。圆筒用两对导轮支撑,由电动机带动圆筒回转。为控制干燥时间,圆筒的调速范围在3.5~25r/min。

图4-6 干燥滚筒外形图

间接加热式单级滚筒刨花干燥机一般利用蒸汽作为传热介质，通过干燥机内部的金属管道对干燥介质进行加热。金属管道安装在干燥机滚筒内部中心位置固定不动，而干燥机外壳转动。蒸汽从滚筒一端的进汽管进入加热管对干燥介质加热，而在滚筒的另一端有排汽管，当蒸汽变成冷凝水后通过疏水器排出。刨花从进料口进入，与干燥机内加热管接触，通过导热的方式加热刨花使之干燥。圆筒安装呈一定倾斜度，并在滚筒内设有提升和导向叶片，在滚筒回转时使刨花提升到一定高度并重新掉落在加热器上，对刨花进行再次加热，同时导向叶片在提升刨花的同时会产生一个轴向的推力，使刨花逐渐向出口处移动，如图4-7所示。

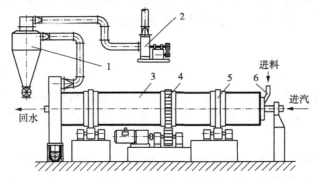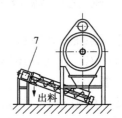

图 4-7 滚筒干燥机原理结构示意图
1. 旋风分离器 2. 排湿风机 3. 干燥滚筒 4. 滚动齿轮
5. 支撑辊 6. 进料器 7. 出料螺旋

干燥过程中，随着刨花的干燥的进行，干燥介质的湿度增大，因此必须随时将滚筒内的湿空气排出和补充新鲜空气。滚筒内空气流动速度不应太快，以免刨花被高速气流带走。现有设备采用的滚筒出口空气速度为1.5~2.5m/s。干燥时应使蒸汽出口温度保持在140℃，排湿口废气温度保持在80℃。

这种干燥机的特点是制造简单、操作方便，但干燥规模小、热效率低、刨花形态破坏较多，内部管道维修较为困难。

2. 直接加热式的单级滚筒干燥机

直接加热式的单级滚筒干燥机有带预热段和不带预热段的单通道滚筒干燥机两种，主要为带预热段的单通道滚筒干燥机。

（1）带预热段的单通道滚筒干燥机

带预热段的直接加热式的单级滚筒干燥机常称为单通道滚筒干燥机。单通道滚筒刨花干燥系统包括滚筒干燥机、刨花预热段、燃烧室、介质循环系统等（图4-8）。滚筒式刨花干燥系统具有产量大、含水率均匀一致、节能环保、可靠性好、技术含量高等特点。干燥机直径4m，长度22m，

图 4-8 单通道滚筒干燥机外形

出口产量 15 000kg/h，蒸发水分 15 200kg/h，入口含水率 100%，出口含水率 1.5%，入口温度 450℃，出口温度 120℃。

目前，我国刨花板生产线大产能的通道式刨花干燥系统主要依靠进口，但是年产 10 万 m³ 以下生产线，国产设备完全可以替代进口。

单通道刨花干燥系统(图 4-9)是通过加热系统 1 产生的高温气流过滤后与回流干燥介质一同进入气流混合器 2 进行干燥温度和湿度的调节后进入干燥机。湿刨花通过旋转阀 4 进入垂直布置的预干管道内，由于过大的粗刨花的重力大于气流的上升力，在重力的作用下下降经排料口 3 排出；细小刨花在热气流场的作用下顺着管道进入干燥机，并降低了含水率；含水率较低的刨花直接从预干刨花入口 5 进入干燥滚筒 6 内。高温干燥介质进入干燥机内，通过对流换热继续干燥刨花，同时也将干燥机筒体及内部金属隔层加热，微细刨花随着气流迅速排到干燥机外，含水率达到干燥要求。由于干燥滚筒直径比干燥管道大，因而干燥机内部的气流速度将减小，较粗的刨花可能落入干燥机内部的金属板上而进行加热，随着滚筒的滚动，落入底部的刨花会被提起再次落入气流中，如此经过反复的对流加热和接触传热，刨花含水率降低，重量减轻，直至被气流带出干燥机外。经干燥机排出的刨花直接进入旋风分离器 10，刨花经旋风分离器底部排出，热气流从旋风分离器顶部排出，再经气流调节阀 9 进入风机。排出来的回流气体，一部分经湿空气排出口 7 排入大气，另一部分回送到气流混合器循环使用。细小刨花在筒内停留时间较短，约 10min；粗大刨花则逗留时间较长，有的可达 20min。

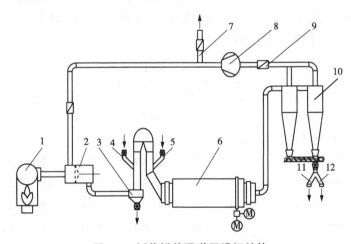

图 4-9　刨花板单通道干燥机结构

1. 加热系统　2. 气流混合器　3. 粗大刨花排出口　4. 湿刨花入口
5. 预干刨花入口　6. 干燥滚筒　7. 湿空气排出口　8. 风机　9. 气流调节阀
10. 高效旋风分离器　11. 紧急排料口　12. 干刨花排出口

单通道干燥机内部的隔层板有层板式和网格式两种，如图 4-10。这种金属板将滚筒分隔成很多的独立区间且刨花分散于各区间内，刨花不会出现大量的堆积现象，各区间内温度基本均衡，断面温差不超过 5℃，因此刨花干燥质量好，刨花形态破坏少。一般层板式干燥机适合于普通刨花板生产，而网格式干燥机适合于定向刨花板生产。

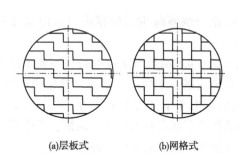

图 4-10　单通道干燥机内部
结构断面示意图

(a)层板式　　(b)网格式

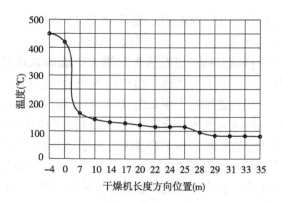

图 4-11　滚筒干燥机纵向温度分布

这种干燥机前端的介质温度高，随后介质温度由于水分的大量蒸发而快速降低。如图 4-11 为定向结构刨花板干燥机的温度分布情况，干燥机长度方向的前部分温度降低速度快，后部分温度相对平稳，说明前部分水分蒸发迅速，后部分干燥平稳。

相同产量的三通道刨花干燥系统相比，单通道干燥系统更加节能、制造和运行的成本更低，但其对干燥系统的制造、安装和运输能力要求很高，具有相当难度。

年产量 10 万 m^3 以上的刨花板生产线，基本上采用单通道刨花干燥系统，常见使用于年产 15 万 m^3、20 万 m^3、25 万 m^3、30 万 m^3 生产线。目前我国刨花板机械厂家尚无制造，大规模产能生产线使用的单通道刨花干燥系统全部依赖进口。

单通道干燥机的技术参数见表 4-3。

表 4-3　单滚筒干燥机技术参数

型号	直径(m)	长度(m)	产量(kg/h)		含水率(%)		温度(℃)	
			总重	绝干	入口	出口	入口	出口
S.P.B./Thailand TT4.0×22	4.0	22	15 500	15 270	100	1.5	450	120
Gotha/Germany VT-TT4.6×24	4.6	24	22 040	19 000	120	4.0	465	120
Masisa/Brasil TT6.0×32OSB(2×)	6.0	32	30 000	20 000	150	2.0	460	120
Norbord/Belgium TT6.0×32OSB	6.0	32	30 000	22 000	140	3.0	480	120
Scharja/Russia VT-TT4.6×24	4.6	24	25 000	24 500	100	2.0	510	120
Falco/Hungary VT-TT5.2×28	5.2	28	30 000	29 400	100	2.0	495	120
Kronospan/Czech Rep. TT6.0×35OSB	6.6	35	37 400	31 700	120	2.0	520	130
Laminex/Australia TT5.6×30	5.6	30	38 000	35 720	96	2.0	460	120
Hevea/Malaysia TT6.0×32LL	6.0	32	40 760	32 000	80	1.5	450	125
Mielec/Poland TT7.0×37	7.0	37	61 225	60 000	100	2.0	550	120
Mieco/Malaysia TT7.0×37	7.0	37	64 000	62 720	100	2.0	520	120
Bolderaja/Lettland TT7.0×35OSB	7.0	35	37 400	31 700	100	2.0	500	120

(2)不带预热段的滚筒干燥机

不带预热段的滚筒干燥机又名炉气加热圆筒干燥机,如图 4-12 所示。这种干燥机的外形与间接加热的滚筒式干燥机十分相似,而与带预热段的单通道干燥机相比,其气流速度低,干燥时间长。圆筒的两端用支撑轮支撑,由电动机带动使圆筒回转。

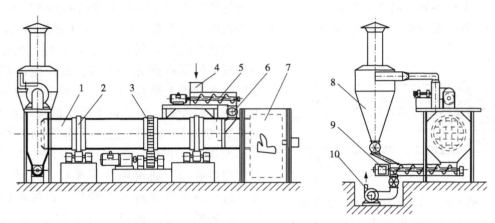

图 4-12 炉气加热滚筒干燥机(气流干燥滚筒干燥机/单通道干燥机)
1. 干燥转筒 2. 支撑体 3. 转动齿轮 4. 进料口 5. 进料螺旋
6. 旋转阀 7. 燃烧室 8. 旋风分离器 9. 出料螺旋 10. 风机

滚筒的内部结构简单,没有加热管,只装有一些导向的叶片。滚筒转动时使刨花向出料口移动。这种干燥机前端带有燃烧室,一般用废木材、锯屑、煤或油等作燃料,在燃烧室燃烧后产生高温气体,与进入燃烧室的冷空气按一定比例混合。通过两道挡火墙,可将炉气中的火星即灰尘除去,防止火星进入干燥机及炭粒污染刨花表面。炉气的进口温度为 300~400℃,以 1~3m/s 的气流速度经过干燥圆筒。从进料口进入圆筒的刨花与炉气进行热交换。干燥后的刨花从排料口排出。出口温度约 200℃。废炉气可排入大气中或经炉气再循环装置送回燃烧室,继续循环使用。

为了防止刨花燃烧,在燃烧室内增设风量自动调节装置,可以根据干燥圆筒内的温度自动调节风门的开启程度,自动控制进入燃烧室的冷空气量,进而自动调节炉气温度,防止温度过高引起刨花燃烧。这样可以达到安全生产的目的。

3. 直接加热式的多级(三级)滚筒干燥机

直接加热式的多级滚筒干燥机的典型设备为三通道干燥机,它是利用高温干燥介质对刨花进行干燥的设备。该系统由热交换装置、燃烧室、供料装置、旋转阀、三通道干燥机、风机、旋风分离器、扩料室、出料装置组成,如图 4-13 所示。

以苏福马机械有限公司三通道刨花干燥系统组成为例:三级滚筒气流干燥机外形长约 30m,

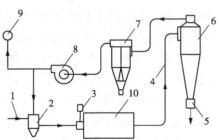

图 4-13 三通道刨花干燥系统
1. 高温烟气 2. 混合室 3. 湿刨花下料器
4. 风管 5. 出料下料器 6. 旋风分离器
7. 除尘分离器 8. 风机 9. 烟囱
10. 三通道干燥机

直径约 4m，刨花在干燥筒内要经过大约 3 个干燥筒长度的干燥过程。刨花在半悬浮状态下，与热烟气相接触，并随着烟气从中心通道向外侧通道移动。

三通道刨花干燥机的结构由托轮及托轮装置、滚道、干燥筒体、挡托轮装置、驱动装置等组成。如图 4-14 所示。在干燥筒体的两端紧固有滚道，支承在托轮上，由驱动装置驱动旋转，筒体转速为 3~11r/min；挡托轮装置用于限制干燥筒体的轴向移动；驱动装置由变频电机、液力耦合器、减速器和链轮传动组成，用于驱动干燥筒体旋转。

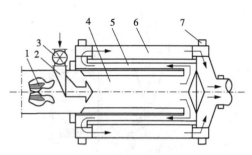

图 4-14　三通道滚筒干燥机原理图
1. 热源　2. 均料器　3. 旋转阀　4. 中心筒
5. 内筒　6. 外筒　7. 滚道

燃烧炉内送入所需的工艺燃料，在充足的空气条件下得到充分燃烧，所产生的高温烟气由燃烧炉上部排出，来自燃烧炉的高温烟气进入混合室，与来自干燥机的尾气混合，调整烟气的温度达到工艺使用的要求（一般为 300~500℃），再经过除尘器将清洁的烟气送到需用热量的三通道刨花干燥机，同时湿刨花通过回转下料器进入干燥机。在风机的作用下，热烟气与湿刨花一起以 20m/s 的速度进入中心筒，再以 10m/s 的速度折向内筒，最后以 5m/s 的速度通过外筒移动至出口。

湿刨花在向前输送的过程中，较小的刨花在干燥机内基本上处于悬浮状态与烟气速度同步通过干燥机；而较湿重的刨花落入筒体底部，并被分布于筒内的抄板抄起返回气流中，随烟气向前运动。在这个过程中烟气充分与湿刨花接触产生热传递，水分迅速蒸发，经过三个圆筒的干燥而达到所需要的终含水率。较小的刨花在干燥机内迅速干燥，并较快地从干燥筒内排出；而较湿重的大刨花在干燥机内时间较长，这样可使刨花干燥更均匀。合格的干燥刨花由旋风分离器下部的回转下料器排出，湿热的烟气除尘后一部分经烟囱排向大气，其余再次进入干燥系统混合室循环使用，大大提高了热能使用效率。

一般热风进入干燥机的温度为 t_1=450~500℃，出风口的排气温度 t_2=120℃ 左右，风速约 25m/s，内筒内风速约为 6m/s，外筒风速约为 3.6m/s，干燥机出口处的管道风速约为 25m/s，混合刨花干燥时间约为 5~8min。刨花在干燥过程中，辊筒作连续慢速旋转，旋转速度可以调节。干燥后排出的湿空气，一部分排至大气；另一部分循环利用。

三通道干燥机的三层通道间的 180°转向处压力损失较大，如果要提高干燥机的产能就需要增加风机功率、风量，增大筒体直径，但从节能和运行成本来看不可取，故三通道干燥机不宜用于大规模产能生产线。结合国外同类产品的使用情况和经济节能的要求，其一般使用于年产量不大于 10 万 m³ 的生产线。而单通道干燥机只有一个通道，不仅压力损失小，而且刨花通过能力强，在大产能生产线刨花的处理方面比三通道干燥机具有更大的优越性。

4.3.2　转子式干燥机

目前，我国中小规模普通刨花板生产线的干燥工段，基本上都是配置转子式刨花干燥机，单台产量可满足年产刨花板 1.5 万~3.0 万 m³，较大产量需用两台并联或采用双转子刨花干燥机，以年产量 3 万~6 万 m³ 居多。

1. 单转子干燥机

转子式刨花干燥机在我国的发展已经有 20 多年的历史，其结构形式已经比较成熟、刨花板生产线产能大小与转子尺寸已经成系列化。如转子直径 φ2700mm 用于年产 1.5 万 m³ 的生产线，转子直径 φ3000mm 用于年产 2.5 万 m³ 的生产线，转子直径 φ3300mm 用于年产 3.0 万 m³ 的生产线等。

转子式干燥机又名管束式干燥机，其包括有管束加热器及其传动系统、进料及出料装置、加热系统、抽风及排湿系统等。如图 4-15。

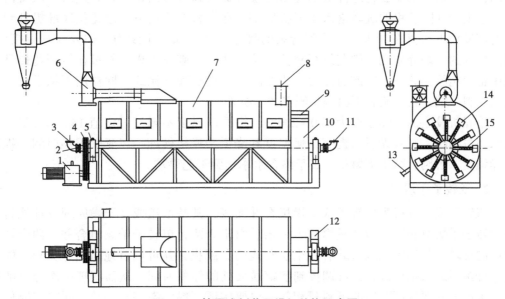

图 4-15 转子式刨花干燥机结构示意图

1. 减速箱　2. 石墨密封环　3. 过热水（热介质）入口　4. 多排链　5. 轴承　6. 排湿风机　7. 机壳　8. 湿刨花入口　9. 新鲜空气调节入口　10. 空气预热室　11. 热水出口　12. 轴承座支架　13. 干刨花出口　14. 刮板　15. 加热管道

干燥机的壳体 7 由钢板和型钢焊接而成，分为上壳体和下壳体两部分。上壳体长度方向分布着一排观察口，顶部有排湿口和进料口。进料一端板上有新鲜空气入口调节窗及预热室。上壳体和下壳体由螺栓连接，便于运输和维修。

转子系统由空心主轴、管束和刮板等组成。主轴上呈辐射状在两端各焊有一组管道支承架，用于支撑固定管束，管束每一组按"S"形链接，每一组成扇形分布。空心主轴的两端各用一个调心轴承支承，靠出料端为热源进口，进料端为热源出口，管束的外沿分布着料刮板，刮板组由斜板（送料）、直板（提升）和反向斜板组成，斜板角度可调，并固定在一根与管道同向的支撑梁上，随转子一起转动。转子由变级电动机通过多排链条驱动，分为 4 档。采用调速电机驱动转子转速一般在 2~11r/min 范围内调整。

排湿系统是由一台功率20kW的电动机带动一台直径φ1000mm的离心风机，风管直径为φ500mm，进风口装在干燥机顶部靠出料段的位置，湿空气经旋风分离器后排出，湿空气中的碎料经旋风分离器下部排出至干燥后刨花的螺旋运输机上。

热源系统负责提供给干燥机热能，并可以按工艺设定进行温度调节至恒定，以保证干燥介质的温度稳定。新鲜空气经过空气预热器加热后从下料口一端的干燥机下部进入，进气量通过百叶窗式阀门控制进气量，以调节干燥机的干燥介质相对湿度。热介质从出料口一端的空心轴进入后，通过干燥管道束并从另一端排出。

由锅炉产生的蒸汽或过热水从入口3进入干燥机内，通过干燥机内的蒸汽管束加热干燥机内的干燥介质，同时通过热交换器将进入的新鲜空气9进行预热，再从出口5排出；定量供给的湿刨花经含水率检测后通过旋转阀从湿刨花入口8进入干燥机内落在管束上，并随管束的旋转落入干燥机底部，在管板的作用下，刨花从底部提升到一定的高度后再次落在管束上，受到管束的接触加热，如此不断循环往复与管束接触，同时机内的干燥介质也对刨花进行对流换热，从而将刨花干燥。斜板在将刨花提升过程中也会施给刨花一个向前的推力，从而刨花在斜板和气流的共同作用下从进料一端推向出料一端，再经旋转下料阀将刨花送出机外。

干燥机设定的干燥温度为180~200℃，排湿口温度不超过设定值145~155℃。当含水率过高时，则首先适当提高干燥温度和降低干燥机转速，以延长干燥时间，提高干燥强度。否则就减少下料量，直至终含水率达到工艺要求。

2. 双转子干燥机

双转子式干燥机为单转子式干燥机合并而成，其基本组成、干燥原理及性能特征与单转子干燥机相同，但产量提高了一倍。由于为两台单转子干燥机合并，两个转子是反向旋转，其湿刨花入口装有一个摆动式的分配板，并可调节地向两边分料。配料装置分配板的摆幅可调，并可调控到摆幅最大处的停留时间，从而实现一次分料的数量。生产上既要保证两边的下料量相等，也要保证下料状态基本一致，同时需要保持两边干燥介质参数基本一致，如图4-16。

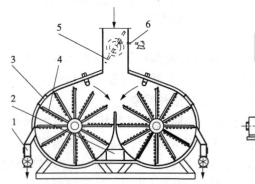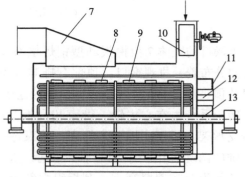

图4-16 双转子管束干燥机
1. 出料口　2. 配风口　3. 故障处理口　4. 管道支架　5、10. 下料分配器　6. 曲柄连杆机构
7. 排湿口　8. 刮料板　9. 进料板　11. 新鲜空气入口　12. 空气预热器　13. 空心轴

4.3.3 喷气式干燥机

喷气式干燥机是利用旋转流动层干燥的原理。湿料进入固定筒体的一端，在筒体底部形成物料层。热空气进入筒体是经过筒体纵向排列的缝隙，使热空气沿切线方向进入干燥筒内，物料在筒内一面旋转一面向前运动。为了防止刨花集结，可用旋转齿耙耙松。已干物料经过鼓风机，从旋风分离器底部排出，如图 4-17。

热空气可回到加热装置继续使用，使大部分热量保留在干燥机内，喷气式封闭式空气循环热效率较高。这种干燥机主要通过控制安装在筒底空气进口缝隙内的叶片，决定热介质在筒内旋转角度及物料向前运动的速度，以此来调整物料在筒内的停留时间。如图中 A 段使物料很快经过，B 段以中等速度向前运动，C 段为回流段。使用这种控制装置，可以根据刨花的大小，采取不同的干燥时间。如干燥较大规格的刨花，使它移动速度减慢，延长干燥时间。反之，细小刨花，则使它较快通过，缩短干燥时间。

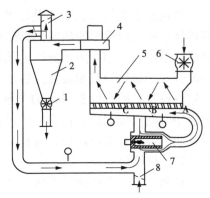

图 4-17　喷气式干燥机工作原理图
1. 出料口旋转阀　2. 旋风分离器　3. 排湿口
4. 鼓风机　5. 干燥机筒体　6. 进料口旋转阀
7. 燃烧室　8. 新鲜空气调节阀

这种类型干燥机根据加热方式分为直接加热式和间接加热式两种，其原理如图 4-18 所示。

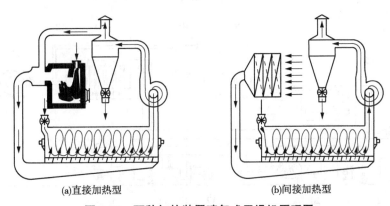

(a)直接加热型　　　　(b)间接加热型

图 4-18　两种加热装置喷气式干燥机原理图

直接加热式喷气干燥机可使用煤气或油作燃料，也可使用木屑与油的混合燃料。干燥机工作时入口温度为 370~400℃，加热介质可循环使用。使用蒸汽、热水或热油的间接加热喷气干燥机，其热空气不能再循环使用。工作时入口温度为 160~188℃。

对流供热和气流传动干燥除了以上两种典型干燥机之外，还有悬浮式气流干燥机、管道式气流干燥机，但目前在刨花干燥上应用的不多。

在刨花板生产中也有使用振动筛式干燥机的。干燥机内装有数层筛子，采用机械振动将刨花抛起并向前移动，同时利用热空气通过刨花层进行干燥。振动筛的振幅和振动频率等对干燥效果有影响。

此外，对于刨花干燥还有一些悬浮式气流干燥机，这种类型的干燥机主要是使用适当速度的气流，使刨花呈悬浮状态，这样使刨花充分暴露在高温气流中进行干燥。而管道式气流干燥机是依靠高温高速的气流在管道内输送刨花的同时将刨花进行干燥。

4.3.4 干燥供热系统

1. 热能中心

刨花板企业的热能中心是以企业生产过程中所产木粉、锯屑等木质废料为燃料，经燃烧炉燃烧而产生的热能（如热风、热油、蒸汽等多种热载体）供给企业生产用热的热能供给设备。燃烧炉燃烧产生的热烟气直接供给干燥机用热；燃烧所产生的热能的一部分用于加热导热油装置，热油通过蒸汽发生器产生蒸汽用于胶黏剂和乳化剂等制造用汽设备；用汽设备排出的热水用作石蜡熔化；热油直接作为热压机的加热介质。热能中心能充分利用刨花板生产过程中产生的剩余物，将废料转化为工厂所需要的各种热能，可节省大量燃煤，降低生产成本，有利于环境保护，是一套高效、节能、环保的热能供给设备。

热能中心由燃料供给系统、燃烧室燃烧系统、导热油炉供热系统、蒸汽锅炉供热系统和热烟气供热部分组成。主要设备包括燃烧室、热油交换器、烟气混合室、烟气除尘器、蒸汽发生器等。此外还包括相应的风机，油泵，水泵，水处理设备，除尘器等辅助设备，如图4-19。

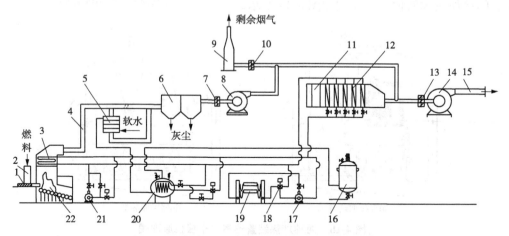

图 4-19 年产 10 万 m^3 刨花板热能系统原理图

1. 燃料推进装置　2. 燃料斗　3. 热油加热器　4. 热风管　5. 冷水预热器　6. 烟气除尘器　7. 调节风门
8. 烟气排风机　9. 烟囱　10. 烟囱调节风门　11. 空气过滤器　12. 空气加热器　13. 干燥机调节风门
14. 干燥风机　15. 干燥介质管道　16. 制胶反应釜　17. 热油循环泵　18. 电动比例调节阀
19. 热压板　20. 蒸汽发生器　21. 锅炉循环油泵　22. 燃烧室

(1) 燃料供给系统

燃料供给系统根据企业生产过程中所产木质废料可分为粉状（木粉、锯屑等）燃料供给系统和块状（树皮、碎块等）燃料供给系统。粉状燃料供给系统工艺流程为：粉料仓→定量出料螺旋→输送风机→止回安全阀→粉尘喷射装置→燃烧炉。

(2) 焚烧炉燃烧系统

废料由燃烧进料斗落在往复炉排上，由斜往复炉排逐步推下，并在炉排上燃烧。炉排下设计呈对称的相互密封的助燃风室，每个助燃风室的给风量可以各自调节，以便使不同的混合比的燃料均可达到最佳燃烧工况。砂光粉和锯屑等用专用喷燃设备喷入炉内，在悬浮燃烧室燃烧。

(3) 导热油炉系统

导热油炉系统以高温烟气为热源，产生 240~280℃ 的热油，采用的设备与常规热油炉基本相同。导热油炉的实际供热量和供热温度通过烟气管道上的阀门和变频风机采用无级连续调节；导热油炉中设置吹灰装置；导热油炉主要提供热压机和干燥机所需的导热油，通过导热油循环供给热压机所需热量。

(4) 蒸汽锅炉系统

蒸汽锅炉系统以燃烧室的烟气作为热源产生饱和蒸汽。蒸汽锅炉的压力、温度和水位均可自动调节，并控制在设定的安全范围内。

(5) 烟气混合利用系统

从导热油炉，蒸汽锅炉及燃烧室排出的烟气，最终全部进入烟气混合室进行混合。为了保持烟气混合室出口温度便于调节，在烟气混合室中还要加入适量的新空气，从而使烟气混合室输出的烟气温度恒定，满足纤维干燥工艺要求。烟气应通过除尘、除灰系统处理以达到工艺使用要求。采用铸铁多旋风除尘器除尘效率较高，除尘后的全部烟气送至干燥工序，只在燃烧炉启动时有少量烟气排放大气。使用的燃料为木废料，因此除尘器排出的细灰和炉排下灰渣量都较少，可分别采用螺旋运输机和刮板出渣机集中后用手推车运离。

2. 循环供热控制系统

循环加热系统是利用热油及高温热水作为加热介质的干燥机的加热系统，其基本组成包括热源、用热器(干燥机)、热循环泵、比例调节控制阀，如图 4-20。当干燥机升温时，比例阀 3 减少通过循环管 2 的流体数量，从而进入干燥机的热介质多为来自热源 6 的高温流体；如果增加通过循环管 2 的流体数量，那么来自干燥机出口的低温流体将再次进入干燥机内，因而干燥机将会降温。由此可以看出，升温的快慢由比例调节阀进行控制。

转子式干燥机及间接加热的滚筒式干燥机，其内部的"S"干燥管弯头多，且多为焊接连接，因此干燥机的升温或降温过程必须缓慢进行，否则将会造成管道焊接处因热应力大而爆裂。生产上多采用阶梯式升温或降温，在某一温度段保温一段时间，以使管道热应力减小，尤其是高温段必须如此。

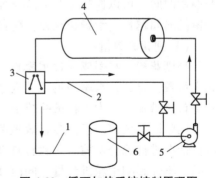

图 4-20 循环加热系统控制原理图
1. 回流管 2. 循环管 3. 比例调节控制阀
4. 干燥机 5. 热循环泵 6. 热源

4.3.5 刨花干燥过程的控制

1. 含水率控制

刨花含水率是刨花板生产工艺过程控制的重要内容。干燥后刨花的终含水率是刨花干燥质量评价的重要指标，它与成品板材质量和产量密切相关。在干燥过程中，实施刨花含水率的连续测控，掌握刨花干燥前及干燥后的含水率大小及其变化，对实现刨花板的生产自动化、保证产品质量和产量都非常重要。

刨花含水率的连续式测定仪有介质常数测定仪、相对湿度仪、红外线测湿器、电阻测湿仪等多种检测方法和设备。生产过程中应根据检测结果适时调整各工序的工艺参数，尤其是干燥工艺参数，以保证正常生产。

在刨花干燥过程中，含水率变化最大的是干燥前刨花含水率，这主要是由原材料的种类、贮存条件及收购情况所引起，一般干燥前的刨花含水率在40%~60%之间，但也有的含水率会达到甚至超过100%，有的则不到10%。因此干燥机应能根据干燥前的刨花含水率自动进行工艺参数调整，以保证干燥后的刨花含水率达到工艺要求。

当原料树种、刨花初含水率、刨花尺寸和环境条件等变化较大时，将会导致干燥后的刨花含水率不符合工艺要求，针对这种情况，一般有以下3种方法进行调整。

(1) 干燥介质的温度和湿度

适当提高干燥机内的干燥介质的温度，可以降低刨花的终含水率。反之，应适当降低干燥介质温度。可根据干燥设备的不同，可通过调整加热介质(如蒸汽、热油、烟气)的温度或流量来实现。当刨花初含水率变化太大时，系统应该先提高干燥介质温度，以免造成干燥后含水率过高。温度也不能过高，否则将会引起干燥机内部起火，影响正常生产。干燥介质的相对湿度对刨花干燥也起着相当重要的影响，如果干燥机内相对湿度过高，应增加新鲜空气的进入量，以保证干燥效率。反之则应减少进入量，以保证干燥机内的温度和提高热效率。一般只做季节性调整。

(2) 刨花干燥时间

通过调整干燥机的参数(如转速、安装角度、介质流速等)，改变刨花在干燥机内的停留时间，可以控制刨花的终含水率。在其他条件不变的情况下，刨花在干燥机内停留的时间越长，干燥越充分，终含水率就越低。

(3) 刨花进料量

当刨花初含水率或终含水率偏高时，可适当减少干燥机的进料量，降低干燥机的充实系数，直到含水率满足工艺要求；反之则可适当增加刨花进料量。这种调整方法不是首选措施，因为下料量的减小，将会造成后段供料不足，影响正常生产。

调整以上任何因素都会有效地改变干燥机出口的刨花含水率，但在生产中应根据具体情况进行综合调控。一般首选调整干燥时间，其次是下料量，这是由于调整干燥时间，不会影响干燥机产量，同时能有效改变刨花含水率，而减少下料量可快速地改变终含水率。由于干燥介质温度和湿度的调节范围有限，过高的温度容易引起干燥机失火，过低的湿度会造成能源的巨大浪费，且刨花的初含水率波动也会引起温度和湿度的波动，因此，干燥介质的湿度也只做季节性调整，温度只能小范围调节。

2. 安全防火

现代干燥机的干燥温度较高,安全防火是一个十分重要的问题。因此,在刨花干燥过程中要加强监测,并随时调整工艺参数,以防火灾发生。同时,还必须设置安全防火设施,一旦出现火情,立即消除,以防火灾蔓延造成更大的损失。

刨花干燥过程中引起着火的主要原因有:干燥温度太高,超过安全限度;干燥机内干燥介质中含氧量高;干燥时间过长,导致刨花含水率太低;干燥机内有死角,使原料长期堆积或长期挂料;金属异物进入干燥系统撞击产生火花;设备故障或突然停电,导致较长时间的停车等。

针对上述着火原因,应采取相应的防护措施,以减少或消除出现火灾的概率。现代化的刨花干燥机一般都安装有火花探测和自动灭火装置。如图 4-21 所示为一火花探测系统与熄除系统的工作原理图。该装置主要由红外火花探测器、处理器和喷水灭火装置组成。当监控区域内有火花出现时,红外火花探测器将会迅速地将探测结果输送到处理器,处理器将会给报警系统发出信号,由报警系统发出声音和闪光的报警信号;处理器同时也会给水路增压系统和喷水控制阀发出信号,喷水阀喷水的同时,管路增压,以保证喷水的效果。当火花到了熄除区域时,遇到高速的水雾,火花被熄灭。如果系统没有采取降氧措施,那么自动灭火系统将不能将火花熄灭,此时会导致干燥机着火。

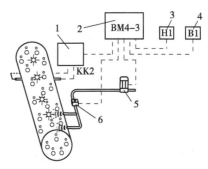

图 4-21 火花探测及熄除系统原理图
1. 火花探测系统 2. 处理器 3. 蜂鸣报警器
4. 闪光报警器 5. 加压系统 6. 控制阀

本章小结

刨花干燥是去除刨花内多余的水分,保证正常生产的需要。刨花干燥的最终含水率要求控制在 2%~4% 左右,并且要求同一批刨花的含水率要均匀,不同批的刨花的含水率要稳定。不同的热压方法对刨花的含水率大小要求略有差异。

干燥后刨花含水率过高,将会造成热压时容易鼓泡、分层和显著延长热压时间,而减低压机产量;含水率过低则会造成干燥机产量下降和能源消耗增加,甚至导致干燥机内部起火,同时也会造成施胶刨花表面缺胶、少胶或增大施胶量,还会造成粉状刨花增加,影响热压机闭合等;含水率不均匀,将会造成施胶计量不均匀,热压工艺难以合理控制,生产不稳定等。

转子式和滚筒式干燥机可采用热油、热水或蒸汽作为加热介质,以热空气作为干燥介质,干燥质量好、干燥工艺容易控制,但单机产量较低;滚筒式干燥机如采用烟气作为干燥介质,热效率高,产量大,可以满足大规模生产需要;三通道干燥机采用烟气作为干燥介质,热效率高,设备紧凑,但存在刨花表面污染。

思考题

1. 刨花板生产中为什么要进行刨花干燥?

2. 刨花干燥的目的、特点及要求是什么？
3. 影响刨花干燥的工艺因素有哪些？生产中如何调整控制？
4. 刨花干燥常用设备有哪些？比较其优缺点。
5. 刨花干燥的加热介质和干燥介质有哪些？各有什么特点？
6. 画出滚筒式干燥系统的原理图，说明其干燥系统的工作原理及特点。
7. 简述单通道刨花干燥机的工作原理。
8. 简述转子式刨花干燥机的工作原理。

第 5 章 刨花分选与加工

[**本章提要**] 刨花加工是指对经干燥后的刨花进行分选和再碎,以保证刨花形态符合生产要求;同时将粗细刨花分开贮存,以便表层刨花和芯层刨花分开施胶,达到合理施胶的目的;再者还能调整表层刨花和芯层刨花的比例,满足生产平衡的需要。本章主要阐述了刨花分选和再碎的目的、方法和要求,介绍了相关设备及工作系统的基本结构、工作原理及相关性能。

在刨花板生产过程中,刨花加工是一个不可缺少的工艺过程。刨花质量的好坏直接关系到最终产品的质量。刨花的加工与贮存在生产线上起到前后工序的过渡和缓冲作用。在刨花板产品中,因被胶接单元的大小、规格和形态不同,半成品的形态有很大区别,其加工处理方法也不同。

5.1 刨花分选

刨花分选是指对刨花形态规格尺寸进行分级和判别,一般利用机械筛选法对刨花的宽度尺寸进行分选和气流法对刨花的厚度尺寸进行风选,这样不但可以满足刨花的形态质量要求,同时还可以将粗细刨花进行分开贮存,满足后续工艺需要。刨花分选主要有机械分选、气流分选和机械气流混合分选三种形式。刨花分选的目的和作用体现在以下几个方面。

(1)满足刨花形态尺寸的质量要求

干燥后的刨花中仍存在一些宽度和厚度不符合刨花板生产工艺要求的刨花,这些不合格的刨花需要进行再碎加工以满足生产工艺对刨花形态尺寸的要求,保证板材质量。

(2)满足调胶施胶的工艺需要

首先是施胶的工艺要求。刨花板生产应根据粗细刨花的比表面积的差异进行施胶量的调节,细刨花比表面积大而施胶量大,粗刨花比表面积小而施胶量小,并可通过调整表芯层的施胶量而对产品的性能进行调控。其次是调胶工艺的要求。由于板坯表层刨花受热早、温度高,表芯层有不同的热压特点和板坯传热特征,表芯层刨花施胶量存在差异,因此生产上表芯层一般采用不同的调胶工艺配方。例如表层调胶加水而芯层不加水,表层的防水剂和固化剂添加量少于芯层等。

(3)满足铺装的工艺要求

板坯结构一般是细料铺于表层,粗料铺于芯层,以保证产品质量,尤其对于多层结构的刨花板，粗料细料必须分开送至各自的铺装头。刨花分选可以保证表芯层刨花的铺装供料比例稳定并方便调控其比例，这对保证板材成品的表面质量和稳定生产非常重要。

通过刨花分选、调胶施胶以及铺装等工序的工艺保证，为后续的板坯热压和半成品砂光提供了有力的前提条件。

5.1.1 机械分选

机械分选是刨花在机械力的作用下发生水平、垂直或旋转的运动，而运动的刨花在重力和惯性作用下，形态尺寸较小的刨花通过预定间隙，而形态尺寸较大的刨花不予通过，从而实现大小刨花分离和分级的目的。

刨花机械分选的设备主要有圆形振动筛、矩形摆动筛和辊筒分级筛等。

①圆形振动筛　是借助刨花的重力和垂直方向的惯性进行分选的一种机械筛，振动频率高，振幅小，生产能力高。由于圆形摆动筛结构限制，其筛选面积不可能太大，随着生产规模的不断扩大，圆形摆动筛用量越来越少。

②矩形摆动筛（又称晃动筛）　是综合了平面筛和振动筛二者的运动特点和优点而进行分选的一种机械筛，结构简单，分选效果好，生产能力高。现在刨花板厂普遍采用。

③辊筒分级筛　具有结构简单、功能齐全、调整范围大、故障率低、维修方便等优点，在刨花板生产过程中，可根据原料、刨花形态及含水率的变化及时进行调整，以满足生产工艺需求，保证刨花板的产量和质量。

1. 圆形振动筛

圆形振动筛是早期刨花板生产中应用最普遍的一种机械筛，其结构如图 5-1 所示。其中装有两组平衡块 1，以对筛网的偏心和倾斜进行平衡。因此尽管筛网被偏心倾斜地安装在旋转轴上，但运动依然平稳。

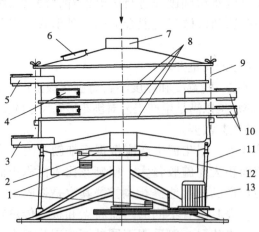

图 5-1　圆形振动筛结构原理示意图
1. 平衡块　2. 偏心量调控机构　3. 细料出口　4. 检查口　5. 不合格料出口
6. 异物取出口　7. 进料口　8. 筛网　9. 筛网固定螺丝　10. 粗料出口
11. 弹性支撑杆　12. 倾斜调整楔形垫　13. 电动机

圆形振动筛是将圆形筛网倾斜偏心地安装在垂直安装的旋转轴上，随着电动机 13 的驱动，筛网 8 会产生一个偏心的摆动和上下跳动的综合运动，刨花在筛网上面也会在离心力和振动力的作用下，不但会被抛散，同时还会向圆筛的四周运动，从而实现均匀高效筛选的目的。

圆形振动筛工作时，干燥后的刨花从上部筛盖顶端中央进料口 7 投入，首先进入顶层筛网，顶层筛网网孔较大，对未能通过顶层筛网的刨花作为不合格刨花由顶层出料口 5 排出，送往再碎机再碎；底层筛网网孔最小，对通过底层筛网的刨花作为细刨花由底层出料口 3 排出，送入表层刨花料仓贮存；对通过顶层筛网而未能通过底层筛网的中等尺寸刨花则送往气流分选机进行风选。为了有利于物料向外围分散，筛网中心部分比外围可略隆起 20~30mm，可借助调节螺母调节其高度。有的筛选机在顶层和底层筛网之间布置有多层筛网，这样的目的是有效提高筛选机的生产能力和分选质量。

典型进口筛选机筛网尺寸见表 5-1。国产圆形振动筛的型号主要有 BF1620 和 BF1626 两种型号，筛网直径分别为 D1830mm 和 D2000mm，筛选能力分别为 1800kg/h 和 3000kg/h。

表 5-1　振动筛筛网尺寸

筛网指标		上层（mm）	中层（mm）	下层（mm）	备注
筛孔尺寸	薄板	8.0×8.0	3.0×3.0	1.25×1.25	留于上层为不合格，需再碎；过下层为表层料
	厚板	10.0×10.0	5.0×5.0	2.0×2.0	
筛网铁丝直径		1.5	1.0	0.2	

2. 矩形摆动筛

矩形摆动筛的结构简图如图 5-2 所示。矩形摆动筛的箱体是长方体，底部有四个弹性装置或十字万向节支撑，箱体内有两层或多层筛网，并在每层筛箱下方增加一层放有弹性球的球筐，当摆动筛摆动时，弹性球上下跳动，碰撞上部筛网，以避免筛网网孔堵塞。上层筛网钢丝直径为 0.8mm，网眼大小为 4.5mm×4.5mm；下层筛网钢丝直径为 0.5mm，网眼大小为 2mm×2mm，可筛选出大、中、小三种刨花。实际生产中，也有选用一层或三层筛网，可分别筛选出 2 种或 4 种规格的刨花。

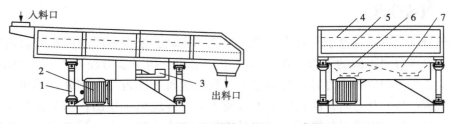

图 5-2　矩形摆动筛结构原理示意图

1. 弹性支撑连杆　2. 电动机　3. 调偏装置　4. 粗筛网　5. 细筛网　6. 粗料斗　7. 细料斗

矩形摆动筛的缺点是由于筛网面积较大，工作时负载增加，主轴轴承磨损较快，且更换麻烦，弹性装置的弹性失效也快，因此在一定程度上影响生产效率。

矩形摆动筛的筛选面积可达到 $12m^2$，如果将四支点的圆柱形弹性装置改为十字叉形支撑（图 5-2），这使弹性装置的承载能力大为提高，有效地减少了设备的故障率；而将单一进料口进料改为多处进料，可使刨花能更均匀地分布于筛网上面，从而提高了筛选效率。此外，还有的厂家将矩形筛结构彻底改进，将下部支撑结构改为上部吊挂式结构，这样使下部空间大，有利于后续运输设备的运输、安装及维护。

3. 辊筒分级筛

辊筒分级筛又称分级辊筛，它是根据刨花的分级要求，由多组旋转的钻石辊筒对刨花进行分级分选。钻石分选辊一般分成若干组，每一组内各辊子间的间隙相同，各辊子上的螺旋沟槽也相同，但组与组之间的间隙及螺旋沟槽则不同。当刨花进入分级筛后，带齿辊筒的转动将刨花抛起和向前推动，一些刨花从辊筒之间的间隙中落下，未能落下的刨花随着辊筒的旋转而被推向下一个辊筒，直至最后一个辊筒。由于前部分的辊齿细密，辊筒之间间隙小，因而细小刨花在前部区域落下，而后部分的辊齿粗稀，辊筒之间间隙大，因而较粗的刨花在后部区域落下，未能落下的刨花可视为不合格刨花。

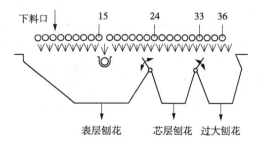

图 5-3 辊筒分级筛筛分原理图

CS3 型分级筛的筛分系统（图 5-3）由 36 个直径为 80mm、长度 3000mm 的镀铬辊组成。镀铬辊表面呈钻石形状，故又被称为钻石辊，各钻石辊之间由齿形带传动，辊与辊之间的间隙调整通过调整轴两端轴承间楔形块的位置来实现，其理论间隙为：1～15 辊之间为 0.5mm，15～16 辊之间为 3.0mm，16～24 辊之间为 0.5mm，24～36 辊之间为 2.0mm。在 15 辊和 16 辊筒之间的间隙为 3.0mm，其下方有一部直径为 138mm 的两条反向螺旋运输机将落下来的砂石及刨化输送到两边的砂石分离器中，砂石分离器将砂石分离出来，刨花则通过分送系统再回到分级筛的进料口进行重新筛分。

这种辊筛具有结构简单、操作方便、调整方便、筛分精度高、故障率低、维修方便等优点。

5.1.2 气流分选

气流分选是将刨花置于气流中，通过气流的运动，根据不同的刨花质量与表面积的比例，将其分成不同的等级。在分选室中，刨花受到了重力和气流上升力的作用，当重力大于气流产生的升力时，则刨花下降到分选机下部再经十字分料器排出；当重力小于气流产生的升力时，刨花则随着气流上升，并经风机排出；当重力等于气流产生的升力时，刨花则处于悬浮状态，此时的气流速度也称之为悬浮速度。不同形状和质量的刨花的悬浮速度不同，但在原料树种、刨花长度和宽度一定的情况下，刨花在分选室中的运动状态主要取决于刨花厚度，本质上取决于刨花的悬浮速度。

分选室中刨花的悬浮速度 V_s 可用下式计算：

$$V_S = \sqrt{2g\frac{m_F}{R_v C_v}}$$

式中：V_S——刨花悬浮速度，m/s；
g——重力加速度，m/s²；
m_F——刨花表面积密度，kg/m²；
R_v——空气密度，kg/m³；
C_v——空气阻力系数。

当气流速度大于悬浮速度时，刨花就上升。悬浮速度通过计算获得是比较困难的，因为刨花的表面积难以确定，一般可以通过实验来确定刨花的悬浮速度。

根据设备的结构不同，可以将气流分选分为单级、两级及曲折型等几种类型。

1. 单级气流分选

单级气流分选是借助单级气流分选机实现，它是目前刨花板生产应用最普遍的一种分选方式，可以将混合刨花分成合格刨花（作芯层刨花用）和不合格刨花（再碎）。单级气流分选系统由分选机、风机、旋风分离器和进风排风管道等组成，如图5-4。

单级气流分选机工作时，待分选的刨花经旋转阀从风选机的中心圆筒落入分选机的悬浮室，在悬浮室内的朝上的气流作用下对刨花进行分选，细薄的刨花随气流经风机3，再由旋风分离器下部排出进入芯层料仓，不合格的厚刨花和夹杂在其中的细小薄刨花落在上层筛板11上由拨料器10送到侧面的复选口8后进行二次风选，不合格的刨花则经旋转阀排出风选机。

系统的气流升力由风机3提供，从旋风分离器4排出的空气经过回风管，并与来自阀门6的新鲜空气混合后再经进气调节阀7及导流板进入悬浮室。悬浮室下部装有上下两层筛板，其作用是承接落下的不合格刨花

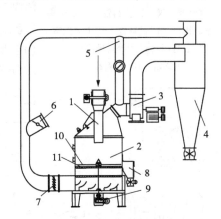

图5-4 风选系统
1. 中心圆筒 2. 风选机 3. 风机 4. 旋风分离器
5. 平衡风管 6. 新鲜空气入口 7. 进气口调节门
8. 复选口 9. 电动机 10. 拨料十字架 11. 筛板

并由涡轮减速器带动十字架10旋转，并将落入下部的刨花分向悬浮室的周边。

平衡风管的气流调节阀与进气调节阀7同步调节，当进气量减小时，平衡风量加大，以保证回风量的平衡。悬浮室上部的真空度可以用仪器测出，并给出预警信号。分选机顶部设有照明灯、观察器及灭火喷头、清洁喷头。

国产单级气流分选机的主要型号有BF212、BF213和BF214，悬浮筒直径分别为1250mm、1800mm和2100mm，上、下筛板直径分别为2mm和5mm，生产能力为分选能力（绝干刨花）1000kg/h、3000kg/h和4000kg/h。

2. 两级气流分选

两级气流分选机如图5-5所示，其分选原理和单级气流分选机一样，刨花经上分选

室分选后，细刨花随气流从上部抽走，粗刨花从上分选室下部经旋转阀进入下分选室进行再次分选，较粗刨花从下分选室上部抽走，过粗刨花则从下分选室下部排出。

两级气流分选机可分选出两种规格的合格刨花，第一级分选室（上分选室）分选出的细刨花可作表层细料，第二级分选室（下分选室）分选出的合格刨花作为芯层料，不合格刨花进行再加工。

分选机内循环使用的空气量约 95%，排出量很少。这样不但可以有效减少旋风分离器造成的粉尘污染，而且可以降低气流分选的湿度，减少干刨花的吸湿，保证含水率稳定。

3. 曲折型（又称迷宫型或 Z 字形）**气流分选**

曲折型气流分选机又称迷宫型或 Z 字形气流分选机，采用这种方法，可以分选出芯层和表层中较厚的刨花，曲折型气流分选机结构如图 5-6 所示。通过封闭型进料螺旋，将刨花送至进料口 8，风机 7 将高速气流穿过倾斜的网眼板，送入分选室内，气流将刨花（包括一部分大刨花）吹起，分选室上部有 12 根垂直的分选管，刨花就在这些管道内进行分选。

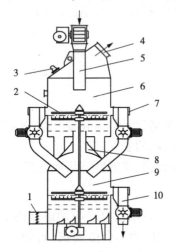

图 5-5 两级气流分选机
1. 进气量调节阀 2. 拨料辊 3. 负压头
4. 细料出口 5. 进料管 6. 上风选室
7. 复选门 8. 中等料排出口
9. 下风选室 10. 粗料排出口

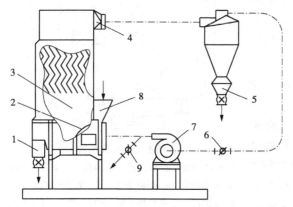

图 5-6 曲折型气流分选机结构示意图
1. 粗料出口 2. 网眼板 3. 分选室 4. 分选头出口 5. 细料出口 6. 风量调节阀 7. 风机 8. 进料口 9. 风量调节阀

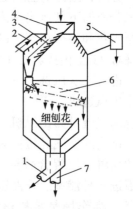

图 5-7 气流机械分选机结构示意图
1. 粗刨花出口 2. 空气进口 3. 栅板
4. 入料口 5. 粉尘排出口
6. 圆筒筛 7. 合格刨花出口

分选气流在曲折管内曲折上升，气流方向不断改变，刨花在曲折管内，细料沿着曲折管壁内侧随气流上升，最后经旋风分离器将细料从空气中分离开，粗料沿管壁曲折下降，最后从排料口 1 排出。

4. 气流—机械分选

气流—机械分选机的结构如图 5-7 所示，刨花从顶部进料口 4 进入，在分选机的负压作用下，刨花中的细刨花随着气流从一室进入二室，最后从出料口处排出。稍粗一些的刨花落入旋转式圆筒筛内进行机械分选，合格刨花通过筛网 6 从出料口 7 排出，过大过厚的刨花从粗料口 1 排出。这种筛选机体积庞大，高约 11m，国内刨花分选很少使用。

5.2 刨花再碎

刨花再碎是指将过大过粗的刨花通过锤打或研磨的方式加工成满足工艺要求的合格刨花，或者是调节生产中不同形态尺寸刨花的比例，将较大形态尺寸的刨花加工成较细的刨花，达到生产平衡。

刨花再碎有湿法和干法两种工艺，干法为目前普遍采用的方法。湿法再碎工艺具有刨花形态好、粉尘少的优点，但产量低，而且干刨花再碎需要进行加湿处理，需要重复干燥，使工艺复杂化。

刨花再碎设备主要有冲击型再碎设备和研磨型再碎设备两大类。冲击型再碎设备主要利用刨花宽度方向强度低、易于再碎的特点，将刨花宽度变窄；研磨型设备是利用磨齿对刨花进行研磨，可以改变刨花几何形态和尺寸，用于制造表层刨花。

5.2.1 冲击型再碎设备

1. 锤式打磨机

冲击型机床主要用来进行木片或刨花的再碎，其再碎是靠冲击作用完成的，如锤式再碎机。

图 5-8 是锤式打磨机的剖面示意图。当轮毂以 700~2200r/min 的高速旋转时，锤子由于离心力的作用，在锤鼓上径向张开。此时，锤头与固定在重型铸铁机架上的底刀板和筛格之间仅存在很小间隙。锤头和底刀板等在大多数情况下均经过淬硬处理。通过锤子和筛格或底刀板之间的相互作用，进行木片的撕裂或击碎。筛格一般安装在旋转锤鼓的下半部。

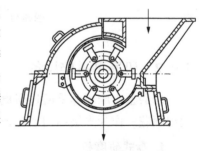

图 5-8 梅尔型锤式打磨机横剖面示意图

生产能力和功率消耗取决于要求再碎的程度、树种、含水率、再碎原料的规格以及对工厂生产能力的要求。

2. 锤片式打磨机

图 5-9 和图 5-10 为单转子锤式打磨机，它的主要工作机构是一组(4~5 个)圆盘分散固定在主轴上，并随主轴高速旋转，圆盘上装有 6 根销轴，相邻销轴上交叉装有分组的锤片，每组锤片由 4 块构成，每块锤片间有一个垫片分隔。当主轴高速运转时，锤片在离心力作用下随之呈辐射状甩开，并锤击木片或刨花，达到再碎的目的。再碎后的刨花尺寸主要取决于筛板的网眼尺寸和形状，以及再碎原料的含水率等。

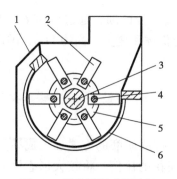

图5-9 单转子锤式再碎机
1. 机体 2. 锤片 3. 主轴
4. 销轴 5. 辐板 6. 筛板

图5-10 单转子锤式
再碎机设备

锤式再碎机筛孔的形状有两种,即圆形孔和细长形孔。网眼可交错或平行布置,如图5-11所示。圆形网眼孔径为8~12mm,细长形网眼尺寸为3mm×35mm、4mm×50mm、8mm×40mm和9mm×60mm。

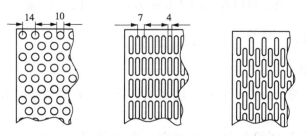

图5-11 锤式再碎机筛板的形状尺寸及布置

5.2.2 研磨型再碎设备

研磨型机床再碎是通过研磨作用达到的。它主要是用来将刨花、小木片等研磨成微型刨花,作为多层结构刨花板的表层材料。

1. 盘式研磨机

盘式研磨机(又称为齿盘式打磨机)主要由上、下齿盘组成。刨花或木片是在回转的下磨盘和固定的上磨盘之间被研磨。原料从顶部料口落下,经上磨盘圆孔落入下磨盘中心的甩料螺旋上,随着磨盘的回转,刨花或木片被均匀地抛向磨盘四周,并向磨盘边缘移动,逐渐被上、下磨盘切碎成狭长刨花。经研磨后的刨花,被抛向磨盘外凹槽内,由出料口排出机壳。上、下磨盘间隙可由调整手轮调节。磨盘是用高锰钢铸成的,直径一般为800~1000mm,转速500r/min,磨盘研磨面的形状常用弧形或齿纹形两种,其形状根据原料种类和尺寸选择,调节磨盘之间的间隙,就可以得到需要尺寸的刨花。如图5-12所示。

在生产中,应根据工厂情况,因地制宜地选择合适的加工设备。例如,当用原木或小径木等作原料时,可以先用削片机把原料加工成木片,再送入刨片机加工成细刨花；也可用长材刨片机直接加工成刨花。当用锯屑作原料时，可直接用研磨机一步加工成多层结构板的表层材料。废料刨花和其他木材加工剩余物（如单板条、齐边条等）可以用刨片机或锤式再碎机加工成粗刨花用于芯层，用研磨机加工成微型刨花用于表层。

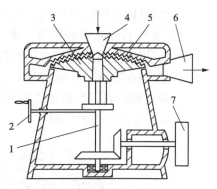

图 5-12　齿盘式研磨机示意图
1. 旋转轴　2. 手轮　3. 旋转锯齿形磨盘
4. 进料口　5. 固定锯齿形磨盘
6. 出料口　7. 皮带轮

2. 环式打磨机

环式打磨机和环式刨片机外形相似，不同之处是环式刨片机的外环是刀轮，环的内弧面为刀刃，刀轮与叶轮反向旋转，通过刀片对木片进行刨削加工。环式打磨机的外环（轮鼓）是由磨齿和带立体筛孔的筛鼓组成，环的内弧面由磨齿和筛环交错配置，一般轮鼓固定而叶轮高速旋转，主要通过磨齿与叶片间的间隙进行碾磨，而筛环不仅可以对刨花进行筛分，而且还可以对刨花起到一定的切削加工作用。

西德帕尔曼公司制造的双鼓轮再碎机 PSKM 型是具有代表性的环式打磨设备，是齿筛式打磨机（又称为筛环式打磨机），是一种性能良好的再碎型机床，能制造各种尺寸的表层刨花，应用比较广泛。

PSKM 型筛环式打磨机的切削结构是由一个叶轮和一个轮鼓组成（图 5-13 和图 5-14）。当粗刨花从进料口落入打磨机入口时，过粗的刨花会由于过重直接排出机外，其他刨花则会随着气流进入打磨机轮鼓的中心环内，在叶轮叶片的作用下做高速圆周运动，在离心力和叶片推力作用下，粗刨花会被磨齿和叶片撕裂和碾磨，然后从磨道排出进入两边的筛环内，细小的刨花随气流抽走，较大的刨花则经具有立体三角形孔的筛板再次切削后通过筛孔和细刨花一起随气流抽走。

图 5-13　PSKM 型齿筛式打磨机

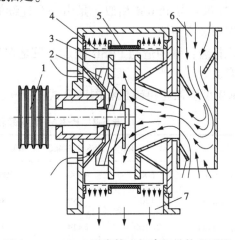

图 5-14　PSKM 型齿筛式打磨机结构原理图
1. 皮带轮　2. 叶轮　3. 叶片　4. 筛板
5. V 形磨齿　6. 进料口　7. 出料口

轮鼓可以是固定不动的,也可以是反向旋转的。轮鼓由三部分组成,中间区域是一个宽度为175mm的研磨环,装有42片V形齿磨片,与叶片一起形成研磨区。两侧为筛板,用于控制所加工刨花的尺寸,如图5-15。更换磨片和改变筛板规格,可以获得所需形态的刨花。叶轮上装有20片叶片,由电动机带动高速旋转(达2300r/min以上)。经过筛环式打磨机加工的刨花尺寸大体为:长15~25mm,宽2~4mm,厚0.15~0.25mm,为合格的表层刨花。

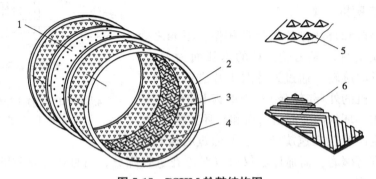

图5-15　PSKM轮鼓结构图
1、3.磨道　2.锁紧环　4.筛环　5.立体筛孔　6.研磨片

一般年产5万m³的车间,需配一台再碎机,如:PSKM10型再碎机,其生产能力(筛孔3mm)约1700kg/h(绝干),鼓轮直径为800mm,筛板宽度为2mm×90mm,装机容量110kW。年产45万m³车间,需配四台PSKM 15-720再碎机,装机容量为4×320kW。

由于轮鼓固定,打磨机产量减少,特别是粉碎湿刨花时,因此它常用于粉碎干刨花。此外还有:PPS、PPSR和PPSM型及两级打磨等。

PPS型:由逆向运动的筛板和叶轮构成,没有磨道。用2~3mm网孔,作表层用。

PPSR型:齿状筛板和磨道沿圆周方向依次交错排列。

PPSM型:与PSKM相似,是由一个连续的筛板构成筛环,但其内外环均转动。在叶片的端部装有磨道。

两级打磨:其构造与PPSR相近,只是在第一组轮鼓外周再加装一组叶轮和一个轮鼓且带磨道。

PSKM型双鼓轮再碎机和国产环式打磨机主要技术参数见表5-2和表5-3。

表5-2　PSKM型双鼓轮再碎机技术参数

参数	PSKM 6-350	PSKM 8-460	PSKM 410-530	PSKM 12-600	PSKM 14-660	PSKM 15-720
鼓轮直径(mm)	600	800	1000	1200	1400	1500
刀板宽度(mm)	120	150	180	210	230	250
筛板宽度(mm)	2×100	2×140	2×160	2×180	2×200	2×220
电机容量(kW)	55~75	90~110	132~200	200~315	250~400	315~500

表 5-3　国产环式打磨机主要技术参数

参数	BX566	BX568	参数	BX566	BX568
磨筛环直径(mm)	686	800	叶片数量(片)	14	20
磨筛环宽度(mm)	150	175	叶轮转速(r/min)	2950	2320
V形齿磨片(块)	30	42	生产率(t/h)	0.3~0.7	0.5~1.0
叶轮直径(mm)	586	780	主电机(kW)	55	90

干刨花贮存与输送是刨花板生产工艺中重要的环节，是连接前后工序、保证生产连续进行和有足够缓冲能力的手段。

干燥后刨花的贮存方式主要采用立式料仓，原因是刨花干燥后刚性增加，不容易引起刨花"架桥"。出料装置多采用旋转弹片式方法。

干燥后刨花运输形式多样，湿刨花的运输方式基本都适合干刨花运输，在干刨花运输时应注意考虑干燥机的防火问题，同时干燥后的运输量也会小于湿刨花的运输要求等。因此，相应设备型号尺寸变小，详见 3.4.2 节。

本章小结

刨花分选与加工是指对经干燥后的刨花进行分选和再碎两道工序，也是刨花板生产中一道很重要的工序。刨花分选的目的主要是将干燥后的刨花区分成表层刨花和芯层刨花，便于表层和芯层刨花分开施胶，以便对比表面积较大的表层刨花增大施胶，同时将不合格的刨花分离出来进行加工，使其刨花形态符合工艺要求。

刨花分选包括有机械筛选和气流分选两种方法。机械筛选是利用刨花的重力和惯性力，采用目数不同的系列筛网对宽度不同的刨花进行分级，大于筛网网孔的刨花留于筛网上，反之则通过筛网，从而实现分选的目的。气流分选则是根据空气动力学的原理，即细刨花的比表面积大，其承受的气流作用力(升力)也大，从而被气流抽走，反之则被留下，从而将较厚的刨花分离出来。

刨花再碎包括刨花宽度方向和厚度方向再碎两方面。宽度方向再碎是将机械分选出来的粗大刨花进行加工，一般采用锤式打磨机再碎；厚度方向再碎是将气流分选出来的超厚刨花进行加工，一般采用齿筛式打磨机或其他形式的碾磨机再碎。

思考题

1. 刨花分选的目的是什么？分选方法有哪些？
2. 刨花再碎的内容是什么？常用设备有哪些？
3. 简述刨花气流分选系统的工作原理及调整方法。
4. 锤式打磨机的作用是什么？
5. 简述齿筛式打磨机的工作原理。
6. 简要分析干刨花和湿刨花贮存要求的差异性。
7. 简要分析干刨花和湿刨花运输设备选择的差异性。

第 6 章

施　胶

[**本章提要**]　刨花施胶是将有限的胶黏剂无限均匀地施加到刨花表面，它是刨花板生产中的关键工序，直接影响到刨花板的质量及生产成本。胶黏剂的种类很多，但用于刨花板生产的主要还是脲醛树脂胶黏剂，其用量占 90% 以上。胶黏剂的性能对施胶量有很大的影响，但合适的施胶方法及刨花和胶黏剂的精确计量可以增加施胶的均匀性，减少施胶量。本章阐述了刨花施胶的方法和工艺要求以及胶黏剂及其添加剂的性能特点，介绍了刨花施胶系统中的计量系统及施胶设备等。

刨花板是由刨花、胶黏剂及水分等构建的一个复合体系，胶黏剂的种类、施胶方法及施胶工艺直接影响甚至决定了刨花板物理力学性能及使用环境。施胶的关键是选择适合刨花板生产工艺需要及满足产品性能要求的胶黏剂种类及特性，并将尽量少的胶黏剂均匀地施加到刨花表面。调胶的目的就是根据胶黏剂的特性和产品的性能要求将胶黏剂及其添加剂按一定比例混合均匀，以求最大限度地发挥胶黏剂的胶合效果，用尽量少的胶黏剂生产出优质合格的刨花板产品，同时对产品进行功能性处理。胶黏剂应具有一定的初黏性，并能很好地润湿胶合对象表面、经过产生物理化学变化而形成较大的结合强度。

6.1　胶液调配

6.1.1　刨花板常用胶黏剂

刨花板生产广泛使用的胶黏剂是脲醛树脂胶黏剂、酚醛树脂胶黏剂、三聚氰胺改性脲醛树脂胶黏剂，以及水性高分子异氰酸酯胶黏剂等。脲醛树脂胶黏剂主要用于室内干燥条件下使用的刨花板产品，酚醛树脂胶黏剂主要用于室外条件下使用的刨花板产品，三聚氰胺改性脲醛树脂胶黏剂主要用于室内潮湿条件下使用的刨花板产品，水性高分子异氰酸酯胶黏剂用于稻草刨花板产品。随着人们对产品安全性要求的提高，一些非醛系列的胶黏剂越来越受到重视，如水性高分子异氰酸酯胶黏剂。因此，新型胶黏剂的开发、复合胶黏剂的使用、无胶结合的研究等将成为刨花板胶黏剂未来的发展方向。

1. 脲醛树脂胶黏剂

脲醛树脂胶黏剂以其价廉、生产工艺简单、固化速度快、使用方便、色浅不污染制品、胶接性能优良、用途范围广而著称。但用脲醛树脂作为胶黏剂所制的刨花板普遍存在着两大问题：一是刨花板板材释放的甲醛气体不但污染环境，而且会对人们的身体健康造成一定的危害；二是板材的耐水性，尤其是耐沸水性差。

由于使用脲醛树脂胶黏剂生产的刨花板产品释放的游离甲醛会对环境造成污染破坏，并对人们的身体健康带来一定的危害，因此在胶黏剂的生产过程中可通过以下途径进行处理：①降低甲醛对尿素(F/U)的克分子比(减少甲醛用量)；②与三聚氰胺、苯酚等共缩合；③添加能捕捉胶黏剂中的游离甲醛的捕捉剂(尿素、三聚氰胺、各种胺类、蛋白质等)；④改变脲醛树脂的合成方法等。

三聚氰胺改性脲醛树脂，可在脲醛树脂合成初期添加5%~10%的三聚氰胺替代部分尿素进行加成反应，以此生产的改性树脂的耐水耐候性显著提高，可用来生产适合于在室内潮湿条件下使用的刨花板。改性胶黏剂会随着三聚氰胺量的增加，其耐水耐候性显著改善，但贮存期也会缩短。

2. 三聚氰胺树脂胶黏剂

三聚氰胺-甲醛树脂胶黏剂耐水性好、耐候性好、胶接强度高、硬度高、固化速度比酚醛树脂快，其胶膜在高温下具有保持颜色和光泽的能力。但成本较高、性脆易裂、柔韧性差、贮存稳定性差。在三聚氰胺-甲醛树脂胶中引入改性剂甲基葡萄糖甙，不仅能提高树脂的贮存稳定性，还可以降低成本，改善树脂的塑性，提高树脂的流动性，降低游离甲醛含量。

三聚氰胺树脂是三聚氰胺和甲醛(摩尔比在1∶2~1∶3)由碱性催化剂通过加成缩合反应生成的初期缩合物，是以羟甲基三聚氰胺为主要成分的胶黏剂。在酸性条件下，常温下也可以固化，因为其固化树脂的物性不好，一般不采用室温固化。

三聚氰胺树脂比脲醛树脂的热反应性高，在120~130℃条件下即使不添加固化剂也能固化。刨花板生产多使用三聚氰胺和尿素共缩合型树脂(MUF)胶黏剂。三聚氰胺-尿素共缩合树脂与纯三聚氰胺树脂相比贮存时间延长，贮存稳定性好，还可降低成本。三聚氰胺树脂除了用于制造刨花板之外，主要用于制造刨花板贴面用浸渍纸。

3. 酚醛树脂胶黏剂

酚醛树脂胶黏剂是苯酚与甲醛在催化剂作用下形成树脂胶黏剂。酚醛树脂胶黏剂具有耐热耐水耐煮沸性好、黏接强度高、耐老化性能好等特点，因此得到了较为广泛的应用。但具有颜色较深、固化时间较长、固化温度高等缺点。

酚醛树脂的改性，可以将柔韧性好的线型高分子化合物混入酚醛树脂中，研究较多的是利用三聚氰胺、尿素、木质素、聚乙烯醇、间苯二酚等物质对其进行改性。

为了降低酚醛树脂胶黏剂的固化温度，可在保持水溶性的同时，使用间苯二酚与其共聚合(PRF)或与间苯二酚树脂共混的方法。

苯酚-三聚氰胺共缩合树脂是为了降低酚醛树脂胶合成本而产生的一种共缩合树脂。树脂的性能与苯酚和三聚氰胺的配比有关，在中性条件下三聚氰胺的固化优先，之后酚醛开始固化。

间苯二酚树脂是间苯二酚与甲醛的加成缩合物，为水溶性胶黏剂。间苯二酚具有两个酚羟基（—OH），因此反应活性大。甲醛以非常快的速度进行加成反应，制成含有未反应的间苯二酚和早期缩合形成的线型低聚物。此反应非常激烈且放热量大，一般采用甲醛分批滴加方法控制反应放热和反应速度。

作为木材用胶黏剂，间苯二酚树脂胶黏剂是耐久性最好的胶黏剂，但因其价格高仅用于集成材的制造。为了降低其价格，多与苯酚共缩合。固化后胶层为黑褐色。

4. 水性高分子异氰酸酯类胶黏剂

水性高分子异氰酸酯类胶黏剂（API）通称水性乙烯聚氨酯类胶黏剂，是代表性的复合型胶黏剂。它是以水性高分子聚合物（通常以聚乙烯醇 PVA）、玉米淀粉、羧甲基纤维素和水性乳液（聚醋酸乙烯酯、聚丙烯酸酯、苯乙烯–丁二烯共聚物、乙烯–乙酸乙烯酯共聚物、丙烯腈–丁二烯共聚物等）以及填料（通常为碳酸钙粉末）、表面活性剂、分散剂等为主剂，与多异氰酸酯作为交联剂组成的胶黏剂。

水性高分子异氰酸酯类胶黏剂与醛类胶黏剂相比，具有以下特点：

①为非醛类胶黏剂，不含甲醛类物质，无甲醛释放。

②由于树脂主剂中含有多种与交联剂反应的活性基团，如—OH，—NH_2，—COOH等与木材刨花自身的酚羟基、脂肪族羟基等活性基团与异氰酸酯反应后，生成氨基甲酸酯、取代脲、取代酸酐等，形成交联网状结构。因而胶合强度高、耐水性好、耐老化性好，可常温固化。并且用胶量少，热压时间短，可实现高含水率胶合。

③由于水性高分子异氰酸酯类胶黏剂是两液型，使用时需要现场混合，且胶液适用期短，成本高。

6.1.2 添加剂

添加剂是指在刨花板生产过程中施加的除胶黏剂以外的其他化学药剂。施加添加剂的目的是为了改善或赋予刨花板以特殊性能，满足刨花板在某种条件下的使用环境的功能要求。通常使用的添加剂包括防水剂、填充剂、阻燃剂、防腐剂等。

1. 固化剂

在刨花板生产所用胶黏剂中，除了脲醛树脂、三聚氰胺–尿素共缩合树脂在调胶时需要添加固化剂之外，酚醛树脂也常常加入一些固化促进剂。

普通脲醛树脂胶黏剂使用酸性盐作固化剂即可固化，然而对于游离甲醛含量非常低的脲醛树脂胶黏剂使用酸性盐固化剂时固化迟缓，乃至不能完全固化，为此须使用复合固化剂或新的固化体系。

脲醛树脂胶黏剂在不同温度或不同酸性条件下的固化速度差异很大。它会随温度升高、酸性增强等条件而加速固化。一般情况下，添加固化剂的脲醛树脂在 60~70℃即开始固化反应，而固化交联反应主要发生在 70~110℃ 之间，但不同固化体系及不同种类脲醛树脂的固化反应速度、历程及程度不同，初期刚性率增加速度最快，随后增加速度减缓。

固化剂对胶黏剂的胶合性能有重要影响，在调胶时固化剂的选择非常重要。当使用不同种类或性能不同的胶黏剂时，也可通过固化剂的选择来调整其工艺适应性。

在刨花板生产中需要往脲醛树脂胶黏剂中加入一定量的固化剂,以加快胶黏剂的固化速度,缩短热压时间,提高压机生产效率和改善胶合质量。当用酸或强酸的铵盐固化剂固化时,脲醛树脂将会逐渐高分子化,并最终形成三维立体网状的巨大分子。通常采用的强酸铵盐固化剂有氯化铵、硝酸铵、硫酸铵等,其中氯化铵(NH_4Cl)价格低廉、使用方便,使用得较多。

氯化铵与胶黏剂中的游离甲醛反应生成盐酸和六亚甲基四胺(乌洛托品)及水,pH 值逐渐降低,固化开始进行。

$$4NH_4Cl + 6CH_2O \longrightarrow 4HCl + (CH_2)_6N_4 + 6H_2O$$

树脂 pH 值下降的速度会随固化剂的增加、温度的升高而加快。在刨花板生产过程中应根据树种、原料的 pH 缓冲量、生产工艺、气候等,选择合适的固化剂,调整固化剂的使用量,既要保证胶黏剂的固化速度快,又要保证胶黏剂的活性期长,因此生产中通常加入缓冲剂或使用复合型固化剂。

氯化铵固化剂通常需要配置成 20% 质量分数的水溶液,以氯化铵水溶液和胶黏剂均匀混合。浓度太低将会增加胶液的含水量,不利于刨花板生产,而浓度太高,氯化铵在水中不能完全溶解。在气温低的季节还应当适当降低浓度或者采用热水溶解。

2. 防水剂

在刨花板生产中,通常在施胶时要加入防水剂(石蜡乳化剂),主要目的是为了提高刨花板厚度方向对水的尺寸稳定性。防水剂的防水实质是石蜡等憎水物质附着在刨花表面,遮盖表面的极性吸水基团(如羟基等),堵塞水汽进入刨花内部的通道,从而达到暂时性防水作用。这种防水剂一旦脱落或长时间与水接触,就会失去防水效果。

防水剂的种类很多,如石蜡、松香、沥青、合成树脂、干性油、有机硅树脂等。由于石蜡的防水性能较好,资源丰富且价格相对低廉,所以在刨花板生产过程中广泛使用。石蜡在常温下是一种固体物质,不与水相溶,因此生产中需要制成石蜡乳液作为防水剂。

(1)石蜡

固体石蜡根据加工精制程度不同,可分为全精炼石蜡、半精炼石蜡和粗石蜡 3 种。每类石蜡按熔点(一般每隔 2℃)分成不同的品种,如 52,54,56,58 等牌号。刨花板工业使用的石蜡为半精炼或精炼石蜡,其熔点一般在 52~58℃,石蜡化学性能稳定,不能皂化,但能溶于汽油、苯、三氯甲烷等许多有机溶剂。密度约 $0.9g/cm^3$。石蜡的主要性能指标是熔点、含油量。

(2)乳化剂

油酸铵($C_{17}H_{33}COONH_4$)是由油酸和氨水相互作用制成的。油酸为不饱和脂肪酸,分子链中有一个双键。油酸是利用动物或植物油制成的。用油酸铵作乳化剂制作石蜡乳液时,由于氨水的气味,不利于操作。

合成脂肪酸铵是合成脂肪酸与氨水反应的产物,合成脂肪酸由石蜡氧化而制得,是中碳直链饱和有机酸,室温下呈黄色软膏体,熔点 60℃,酸值 170~220,可以被皂化,但皂化物在硬水中不稳定。

对合成脂肪酸和油酸来讲,酸值是重要的性能指标。酸值越大,酸的用量就越小。

烷基磺酸钠为淡黄色透明液体，其代表式为 $C_{19}H_{33}SO_3Na$，即碳链为饱和烃。它在碱性、中性和微酸性溶液中比较稳定，在硬水中不生成沉淀物，能保持良好的乳化能力，热稳定性良好，温度高于270℃时才出现分解变黑现象。烷基磺酸钠是石油的副产品，原料来源丰富，乳化工艺比较简单。

(3)乳化石蜡的类型

乳化蜡是包括石油蜡在内的各种蜡均匀地分散在水中，借助乳化剂的定向吸附作用在机械外力的作用下制成的一种含蜡含水的均匀流体。根据所使用的表面活性剂的类型可分为阳离子型乳化蜡、阴离子型乳化蜡、非离子型乳化蜡。刨花板工业应用阴离子型乳化蜡。

(4)乳化原理

石蜡乳化就是要使其分散于水中，借助乳化剂的定向吸附作用，改变其表面张力，并在机械外力作用下成为高分散度、均匀、稳定的乳液。石蜡乳化的关键是将石蜡分散成微小的液滴，并使其表面定向吸附乳化剂分子，在蜡水界面形成具有一定机械强度、带有电荷的乳化剂单分子界面膜，亲油基团朝蜡，极性基团朝水，使蜡滴稳定分散于水中而不易聚结。

融化的石蜡加入乳化剂后，在机械搅拌作用下，被分割成 $1\sim4\mu m$ 或更细小的颗粒，石蜡的表面积成万倍增加，具有巨大的相界面，需要一定的能量。除机械外力之外，还要吸收一定的热量。在搅拌过程中，乳化剂分子的憎水基团与水有斥力，被水排挤而指向石蜡微粒表面。石蜡将憎水基团吸附在自己的表面上。与此同时，乳化剂分子的亲水基团被拉向水中。这就是两亲分子的定向吸附作用。

为获得稳定的乳化蜡，必须考虑亲水亲油平衡值HLB、乳化温度、反应时间、颗粒度等主要影响因素，同时也要考虑乳化剂用量、乳化剂加入方式、冷却速度与搅拌速度、乳化设备、乳化水、气泡等相关的影响因素。乳化蜡的一般工艺条件为：HLB值为 $9\sim12$，乳化剂用量为 $10\sim20$ 质量百分数，乳化温度为 $80\sim95$℃，搅拌速度不小于 $100r/min$，反应时间为 $15\sim30min$，稳定乳液粒度为 $0.1\sim0.5\mu m$。

$$HLB = \frac{亲水基的亲水性}{亲油基的亲油性}$$

(5)石蜡乳化工艺

制备石蜡乳液的设备包含有石蜡乳化器、乳化罐、加热系统、冷却系统、石蜡乳液贮罐及循环泵等。在结构上，石蜡乳化罐应用夹套水浴或蛇形管加热，要保证液体有均匀、稳定的温度，要便于控制、调整和清理。石蜡乳化罐的搅拌器非常关键，要有足够的转速和均化能力，保证乳液得到充分、均匀的搅拌。刨花板生产乳液制备所用乳化罐的结构如图6-1所示。夹套式加热叶片搅拌式乳化罐结构简单，但乳化效果差，而蛇形管加热剪力式搅拌乳化管乳化效果好。此外，还可采用均质机乳化技术进行乳化，但目前在刨花板生产中没有使用。

合成脂肪酸用量与其酸值有关，可用下述经验公式确定：

$$M = 6 + \frac{A - A'}{10} \tag{6-1}$$

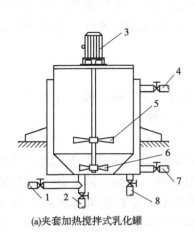
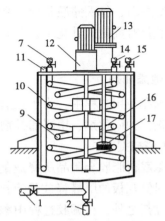

(a)夹套加热搅拌式乳化罐　　　　　　(b)蛇形管加热剪力式乳化罐

图 6-1　石蜡乳化罐结构及原理

1. 排料口　2. 排污口　3. 乳化搅拌装置　4. 热水出口　5. 可移动翼片　6. 固定翼片　7. 蒸汽进口
8. 清洁管　9. 蛇形冷却管　10. 蛇形加热管　11. 蒸汽出口　12. 慢速搅拌装置　13. 快速乳化装置
14. 冷水出口　15. 冷水入口　16. 搅拌叶片　17. 剪力乳化器

式中：M——合成脂肪酸占石蜡重量的百分数；

A——理论酸值(18碳脂肪酸的理论酸值为210)；

A'——实际酸值。

氨水量取决于合成脂肪酸(油酸)的用量和酸值，其理论用量可按皂化反应式计算：

$$RCOOH + NaOH \longrightarrow RCOONa + H_2O$$

氨水的实际用量应稍大于理论值，以保证合成脂肪酸(油酸)充分皂化，并使乳液 pH＝8～9，有助于乳液稳定。如氨水用量过多，制备过程中会产生大量泡沫，破乳时还将增加沉淀剂的消耗量。

石蜡乳液的配方：

石蜡	100份
合成脂肪酸	10份
氨水	5份
水	100份

石蜡乳液质量指标：

①乳液质量指标：pH值为7.0～8.5。

②比重(20℃)为0.94～0.96g/cm³。

③颗粒度：≤1μm者占90%以上存放两天，不分层，不凝聚。

石蜡乳化工艺：

①按配方将水、石蜡，合成硬脂肪酸加入乳化灌中。加蒸汽压力不超过1kg/cm²。

②待石蜡全部熔融后，温度至70℃，开慢速度搅拌。

③温度至88℃停汽，开高速度搅拌。同时加入氨水，此过程3～4min。乳化温度为88～92℃。

④停止高速搅拌(一般为6～9min)，开始慢速搅拌降温至70℃，停止搅拌。

⑤50℃左右，打入储灌备用。乳液指标：含量>30%，无凝聚物，不成膏状。

石蜡乳化有周期式乳化工艺和连续乳化工艺，而乳化装置有剪力乳化器乳化和均质机等。

3. 其他添加剂

胶黏剂在使用过程中，为了改善其产品性能或降低成本，通常在调胶时加入一定量的辅助剂，如固化剂、甲醛捕捉剂、阻燃剂、防腐剂等。

(1) 甲醛捕捉剂

由于脲醛树脂胶合制品所释放的游离甲醛污染环境，影响生产工人和消费者的身体健康，对刨花板的甲醛释放量有严格强制限量标准。因此，除了使用低甲醛释放脲醛树脂胶黏剂之外，在调胶过程中添加一定量的甲醛捕捉剂也可解决高 F/U 克分子比脲醛树脂的甲醛释放问题。甲醛捕捉剂通常是易于和甲醛反应的胺类物质、尿素、三聚氰胺等，也包括能够消耗甲醛的氧化剂等。

(2) 阻燃剂

根据阻燃机理，刨花板用阻燃剂分为添加型、反应型和膨胀型 3 种。

①添加型阻燃剂　在木材、刨花板和胶黏剂内以物理填充形式存在，多数无机系列阻燃剂属于添加型，硼化合物是良好的木材及其纤维阻燃剂，渗透性、持久性好而且兼具阻燃和防腐作用。应用最多的是磷酸铵，在高温下磷酸起到脱水作用，能促进碳的生成和抑制可燃气体的产生，而磷化合物阻燃剂的不足是增加了 CO 和 CO_2 的释放量，所以它经常同氮、硼等化合物一起使用，使它们发挥协同效应。

②反应型阻燃剂　能够与木材纤维或胶黏剂发生化学反应，形成化学交联，许多氨基类阻燃剂属于反应型阻燃剂，能够克服无机阻燃剂容易吸潮的缺点。

③膨胀型阻燃剂　主要用于木材的表面及油漆处理，膨胀型阻燃剂遇燃烧时可以形成厚厚的泡沫层，体积能够膨胀 50~200 倍，起到隔绝热源保护木材表面的作用。

(3) 防腐剂

防腐剂是对木质材料能够起到防止、抑制或终止细菌、微生物及昆虫危害的化学药品。防腐剂的种类很多，大致分为三类，即水溶性防腐剂、油溶性防腐剂和油类防腐剂。不同种类防腐剂性能有差别，处理方法和处理效果也不一样，使用时可根据板种、用途和处理方法进行选择。在刨花板生产中经常使用的防腐剂有五氯酚钠和烷基铵化合物等。

6.1.3　胶黏剂调配

1. 胶黏剂调配的目的和作用

调配胶是进行胶合的重要工序，它是调整胶黏剂的操作性能、工艺性能和胶合性能的重要手段。调配胶技术是胶合技术的重要组成部分，它不但可以调节胶黏剂的工艺性能，还可以降低用胶成本。通过调配胶可以调整胶黏剂的固体含量、适用期、凝胶时间、固化速度、固化程度、涂胶量、黏度、pH 值，从而满足不同胶合目的要求。

添加剂的选择应根据目的要求和效果进行选择，主体胶黏剂若为酸性固化型则不能使用碱性或与酸反应的添加剂以防阻碍固化。大部分添加剂为化学不活泼性或接近中性物质。在胶液中添加防腐、防虫剂，可赋予胶黏剂防腐防虫效果，加入导电物质粉末可赋予其导电性能。

在刨花板生产中，有时为了区分防水板、防潮板和防火板，加入染料使板材着色，通常灰色代表防水板，绿色代表防潮板，红色代表防火板。

2. 胶液浓度计算

胶液的调配应将胶黏剂及其添加剂（防水剂、固化剂、缓冲剂、水、防火剂、防霉剂等）按工艺要求，均匀混合。调胶要求包括两方面：①所有液体必须搅拌均匀；②计量要准确。调胶后，一般要求胶的活期性为3~4h，夏天停机2h以上，必须清理掉或加氨水等缓冲剂。

刨花板用胶液的调配除原胶外，还需加入：固化剂，如强酸弱碱盐（氯化铵、硫酸铵、磷酸铵等）或弱酸，通常配成20%左右的水溶液使用，固化剂的用量与热压工艺、季节和树种的pH值缓冲量的大小有关，一般为0.5%~3.0%；防水剂如石蜡乳液或液态石蜡，石蜡乳液的浓度通常约为30%；缓冲剂如氨水等，用量为0.5%~3%；用水调整胶液的黏度和固含量；其他助剂如阻燃剂、防霉剂、着色剂等。

调胶后胶液中胶和水等的比例计算是一个加权计算方法，掌控调胶后胶液中胶的固体含量和水分比例，对施胶控制非常重要。下面以刨花板用脲醛树脂生产工艺配方为例，说明计算方法，见表6-1。

表6-1 刨花板用胶的调胶计算

名称	原料属性			表层 SL		芯层 CL	
	浓度	密度		m(kg)	V(L)	m(kg)	V(L)
UF	65%	1.28		77.5	60.5	77.5	60.5
石蜡乳液	30%	0.95		5.7	6	8.55	9.0
固化剂	20%	1.05		1	0.95	10.0	9.5
氨水	16%	1.1		1.6	1.45	0.45	0.4
水	—	1.0		33.25	33.25	0	0
合计				119.05	102.2	96.5	79.5
胶液浓度				50/119.05=42%		50/96.5=51.8	
水的比例				66.6/119.05=56%		41.5/96.5=43%	
固体胶∶水				42∶56		52∶43	

3. 胶液调配的计量与定量

由于刨花板生产过程中实现了连续化、自动化生产，其胶液计量和定量也需要满足生产相应要求。胶液调配计量定量的精准性直接影响胶液性能，对刨花板生产影响很大。计量定量方法根据其计量定量特征可有多种分类方法：按供料状况可分为连续式和周期式两种方法，并以周期式计量为主；按照计量定量的方法可分为体积计量和质量计量，两种方法在规模化生产中都被广泛应用。在生产中常用的计量定量控制方法按检测元件的不同可分为以下几种：

(1) 液位控制法

控制计量定量容器的液位高度来实现对液体原料的体积控制。当液位高度达到预设高度后，液位计或探针发出电信号停止继续输入。这种方法简单可靠。

(2) 流量计法

利用电磁流量计或椭圆齿轮流量计，对泵输出的液体进行直接检测。当流量达到预定数量时给输入泵发出信号，停止继续加入。

(3) 计量泵法

通过控制计量泵的转速控制原料的加入量。虽然控制不是很复杂，但是它仍然不能很好地使各种原料按配比进行精确调胶。

(4) 称量法

称量法，它是利用微电脑（包括单片机和工业计算机）对计量筒内液体直接称重，当称量结果达到预定值时发出信号停止继续加入。

称量法与液位控制法是目前广泛使用的定量方法，其主要的特点就是计量定量数据准确可靠、方法先进合理、设备简单实用。

4. 胶液调配控制

胶液调配时，各种原料的计量可采用体积或质量计量。体积计量是利用液位探针或流量计自动控制和调节，不同原料每次加入配胶所需体积，然后依次靠自重流到调胶罐内进行混合。质量计量是利用安装在调胶罐上的质量传感器，按程序累计称量每次配胶所需各种原料的质量，投入原胶后在加入其他添加剂时即开始搅拌。调胶系统设有胶黏剂和各种添加剂的贮罐、泵、控制阀门、计量装置、搅拌罐、表芯层胶液贮罐及控制器等。每次调配好的胶液送到调胶缓冲罐暂时贮存，再通过液位流量计由计量胶泵送往拌胶机。

如图6-2是现有刨花板生产线普遍采用的一种调胶系统。根据表芯层调胶配比计算出胶黏剂及其添加剂对应的液位高度。一旦下部调胶箱9探测出调配胶量不足时则会发出配制信号，计量系统则会结合信号来源和调胶工艺配方要求准确控制所需各种物料的液位高度，当所需物料量均达到要求后，气缸6则会将球阀5打开，胶黏剂及其添加剂一同落入调胶箱内，并由搅拌器8进行搅拌。

由于调胶时加入的固化剂会使胶液分子量和黏度增长，温度越高增长速度越快，调胶箱内新入胶液与原配胶液的固化速度将会产生差别，造成胶黏剂的胶合性能波动。另外，加入固化剂的胶液的适用期有一定限度，还会在调胶缓冲罐壁上凝结。为了克服这些问题，目前的调胶系统将胶液与固化剂分开调配贮存，分别计量送往拌胶机，在进入拌胶机之前混合或分别进入拌胶机内混合。同时也可在调胶室装上室内气温调节器，如空调等，以延长胶液的活性期。

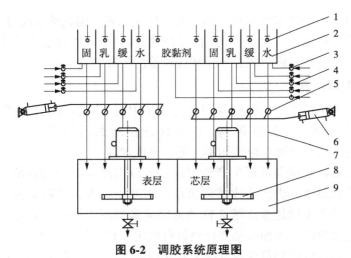

图 6-2 调胶系统原理图

1. 液位探测器 2. 定量筒 3. 电控节流阀 4. 入料管 5. 球阀
6. 气缸 7. 下料管 8. 搅拌器 9. 调胶箱

6.2 施胶工艺

刨花的比表面积大，胶液在刨花表面的分布不连续，属于点状分布。刨花施胶方法多为拌胶机施胶。刨花板生产的施胶量是指胶黏剂的干物质量与刨花的绝干质量的比值，并以"%"表示，而生产过程是以控制干燥后的刨花"流量"和胶液流量来实现施胶控制。在生产过程中，随着工艺条件的变化，应适时调整施胶量。

6.2.1 施胶工艺计算

1. 施胶量的确定

通常使用脲醛树脂胶黏剂，当其固体含量为65%时，无垫板装卸板坯的多层压机生产线的耗液体胶量在 $115 \sim 130 kg/m^3$，单层大幅面压机生产线的耗液体胶量在 $100 \sim 115 kg/m^3$，连续平压法生产线的耗液体胶量更低些，一般在 $100 kg/m^3$ 左右。施胶量的大小，不但关系到生产成本，还与板材的物理力学性能直接相关。在相同密度情况下，板材的静曲强度(MOR)、内结合强度(IB)随着施胶量的增加而提高，而其吸水厚度膨胀率(TS)随施胶量的增加而减小。虽然增加施胶量可显著提高板材性能，但必须考虑生产成本问题，故在保证成品板材胶合性能满足要求的前提下，应尽量减少胶黏剂用量。

生产单层结构板材，一般酚醛树脂胶黏剂的施胶量为5%~8%，脲醛树脂胶黏剂为8%~10%。当采用脲醛树脂胶黏剂生产渐变结构、三层或多层结构板材时，通常表层施胶量大于芯层，如以生产密度为 $0.65 \sim 0.7 g/cm^3$ 的刨花板为例，芯层刨花施胶量控制在8%~9%，表层刨花施胶量控制在10%~11%。这主要是表层刨花细小而比表面积大，为了保证板材的 MOR 和表面性能必须提高表层刨花的施胶量。

施胶量的大小应根据胶黏剂的性能和品质、产品结构、刨花形态、木材的密度及产品要求等因素确定。施胶量的实质就是体现刨花单位面积的得胶量。一般阔叶树材刨花要比针叶树材刨花多施胶10%左右，表层刨花比芯层刨花的施胶量多2%~3%。此外，表面粗糙的刨花要比表面平滑的刨花的耗胶量大些。而目前生产中，施胶计量的精准性和施胶的均匀性是影响施胶质量和施胶量的主要因素。

2. 刨花需要量计算

在同样的工艺条件下，一般刨花用量决定了刨花板有容重，而板的容重直接影响到板的强度，容重越大，强度越高。但在保证强度的前提下，不宜过大，一般在0.65~0.75之间，过重的刨花板使用不方便，且成本高。

施胶前的刨花需要量是根据生产情况确定，以满足生产为前提的，不能过快供料或供料不足。供料过快，将会造成铺装机堆积密度变化大，供料太慢则会造成铺装缺料或少料。生产过程中则是根据铺装机的需要量来控制干刨花下料量，一般略大于铺装机产量，而铺装机的产量则根据热压机进行确定。具体计算如下：

生产中，一般以板的容重来设计绝干刨花用量，计算公式和方法如下：

$$G_0 = \frac{\gamma \times V}{1000 \times (1 + W_2)(1 + P)} \text{（kg/件）}$$

式中：G_0——用于一块板的绝干刨花重量，g；
γ——刨花板的设计容重，kg/cm³；
V——热压后一件未裁边刨花板的体积，cm³；
W_2——刨花板含水率，一般按8%计，%；
P——刨花的施胶率，%。

由于用于一块刨花板的其他添加剂用量小，可以忽略不计。

生产中，施胶前刨花需要量（G_W）计算如下：

$$G_W = \frac{\gamma \times V(1 + W_1)}{1000 \times (1 + W_2)(1 + P)} \text{（kg/件）}$$

在生产中，可根据周期式热压机的热压周期和连续热压机钢带的运行速度换算出单位时间内刨花的需要量。

3. 胶黏剂及其添加剂需要量的计算

根据调胶时的工艺配方，可以计算出胶液中固体物质的含量。调胶后液体物质中固体质量相对于液体物质的质量分数 K_1 为：

$$K_1 = \frac{A \times a\% + B \times b\% + C \times c\% + D \times d\%}{A + B + C + D} \times 100\%$$

式中 A、B、C 和 D 代表各配比物质的添加的质量，而 a、b、c 和 d 代表各物质的质量百分数。

胶液中胶黏剂所占质量分数 K_2 为：

$$K_2 = \frac{A \times a\%}{A \times a\% + B \times b\% + C \times c\% + D \times d\%} \times 100\%$$

胶液需要量根据施胶刨花的绝干质量进行计算，所以胶液需要量 $G_{液胶}$ 为：

$$G_{液胶} = \frac{G_0 \times P}{K_2} \quad \text{（kg/件）}$$

式中：G_0——1件板的刨干刨花需要量，kg；
P——施胶量，%；
K_2——胶液浓度；
$G_{液胶}$——1件板所需液体胶量，kg。

4. 刨花表面积计算

施胶是利用胶和刨花之间的吸附作用，在拌胶设备内，按一定的比例，将胶黏剂均匀地分布在刨花表面。那么刨花的表面积到底多大？单位面积施胶量有多少呢？下面以逆向思维的方式来进行说明和计算。

如图6-3所示，假设体积为$1cm^3$的木片正方体，刨削成厚度为$h$mm的刨花，其刨花的表面积S为：

$$S = 2 \times \frac{1 \times 10}{h} \times 1 = \frac{20}{h} \ (cm^2/cm^3)$$

或 $$S = \frac{20}{h \times d} \ (cm^2/g)$$

或 $$S = \frac{2}{h \times d} \ (m^2/kg)$$

式中：h——刨花厚度，mm；
d——刨花的绝干木材容重，g/cm^3。

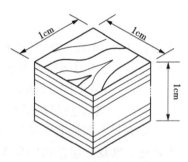

图6-3 刨花面积计算示意图

单位面积施胶量k计算如下：

如果施胶量为P，那么1kg绝干刨花的施胶量为$P(\%)$，那么实际施加胶总量为：
$g_0 = 1000 \times P$ (g)

$$k = \frac{g_0}{S} \times \eta = \frac{1000 \times P \times h \times d}{2} \times \eta \ (g/m^2)$$

式中：η——考虑施胶刨花边缘胶的系数，一般取0.9~0.95。

例 厚度0.5mm的干状松木刨花，施胶量为10%的情况下，木材容重为$0.49g/cm^3$，求单位面积施胶量？

解

$$k = \frac{g_0}{S} \times \eta = \frac{1000 \times P \times h \times d}{2} \times \eta$$

$$= \frac{1000 \times 10\% \times 0.5 \times 0.49}{2} \times 0.9$$

$$= 11.0 (g/m^2)$$

一般要求施胶量为$8\sim12g/m^2$（《木材学与木材工艺学原理》P350）。

6.2.2 施胶计量

1. 刨花计量

在刨花板生产中，刨花和胶黏剂的计量可按容积计量，也可以按质量计量。胶黏剂的计量，因其密度稳定，多采用容积计量。在周期式拌胶机内，用专门的容器计量。

连续式拌胶机采用调节输胶泵的转速控制胶量。刨花采用容积计量控制比较困难，因为刨花形状和大小不一，装料容器稍有振动就会产生误差，影响计量的准确性，所以生产中通常采用质量计量。计量秤有周期性动作和连续性动作，可以用电动或气动控制，进行自动称量。

电子皮带秤是将经过皮带上的物料通过秤架上面的称重传感器进行检测重量，以确定皮带上的物料重量。图 6-4 是电子皮带秤的连续计量原理图，从图 6-4 可知：

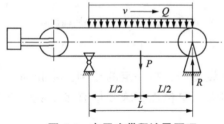

图 6-4 电子皮带秤计量原理

$$P = 2R$$

$$Q = \frac{P}{L} \times v = \frac{2R}{L} \times v \tag{6-2}$$

式中：Q——单位时间的输送量，kg/min；

R——压力传感器的读数，kg；

L——电子皮带秤的有效长度，m；

v——电子皮带的运行速度，m/min。

供料控制器将实测流量与设定流量进行比较，由控制器输出信号控制变频器或直流调速，实现定量给料的要求，同时将实测结果存入计算机。可由上位 PC 机设定各种相关参数，并与 PLC 实现系统的自动控制。它可以采用两种运行方式：自动方式和半自动方式。

刨花板生产中常用的电子皮带秤，其特点是采用了电动滚筒，动力装置和减速系统内置于滚筒内，结构紧凑，调节方便。

如图 6-5 所示是刨花板生产中应用最广泛的电子定量/计量皮带秤，它由电动滚筒、从动滚筒、皮带、压力传感器和计算机系统等组成。电动滚筒由动力部分和传动减速结构及滚筒组成，皮带速度固定，工作过程中由称重结果与工艺设定结果进行比对，并发出信号给上一设备来调整出料重量。

图 6-5 电动滚筒式皮带秤

电子皮带秤计量刨花是一种动态计量的控制方法，它不但可以实现刨花的瞬间计量，还可以与供料装置配合实现稳定供料，且对施胶量恒定控制非常有效，同时对提高拌胶机的拌胶质量也非常有益。

此外，生产上也有其他的计量办法，如采用调整螺旋转速的容积计量法，但这种方法受到刨花形态及供料状态的影响很大，因而计量不够精确，现在基本不采用；间歇式电子秤的计量方法是一种周期式计量，也不能满足现代化生产的施胶要求。

2. 胶液计量

刨花板生产由于产量高,胶黏剂用量大,生产自动化程度高,调胶施胶都采用自动化连续化计量方法。主要有计量筒体积计量、称量式计量和流量计计量3种计量系统,这些系统不但可以连续计量,同时还可以实现动态补偿,即胶黏剂的输出量可随着刨花的变化而变化,保证施胶量稳定。

(1) 计量筒体积计量

以意大利 IMAL 公司制造的设备为代表说明计量原理(图6-6)。在拌胶过程中,输胶泵7输出胶液,计量筒2内胶液液面下降,而胶液液面的下降速度与胶液输出速度成正比例关系。因此,通过转速计和传动绳测量出浮子的下降速度,可以得出输胶速度。当一个计量筒内的胶液输送完毕后,十字阀6转向,输胶泵从另一个计量筒内继续抽取胶液,而这个计量筒开始进胶。

对于如图6-6所示体积计量方法,其流量计算如下:

$$V = \pi \omega \times r \times R^2$$

式中:ω——转速计转速,r/min;
r——转速计转盘的有效半径,mm;
R——计量筒直径,mm。

从图6-6可以看出,计量筒内筒壁上的预固化胶液将会严重影响胶液计量结果,因此,对于这些预固化物必须及时清理干净。

(2) 称量式计量

称量式计量是通过称量计量筒内胶液质量的连续减少来衡量胶液输出的质量,此法也叫减量计量法。其称量装置可以是托盘式称量,也可以是吊挂式称量。

图6-7是一种托盘式称量计量系统。在计量筒底部安装一个称重传感器来检测胶液的输出量。该称重传感器为圆柱形压缩式电阻应变式称重传感器,其原理为电阻应变片贴在弹性元件上,弹性元件受力变形时,其上的应变片随之变形,并导致电阻改变。测量电路测出应变片电阻的变化并变换为与外力大小成比例的电信号输出。电信号经处理后以数字形式显示出被测物的质量。电阻应变式称重传感器的称量范围为几十克至数百吨,计量准确度达 1/1000 ~ 1/10 000,结构较简单,可靠性较好。

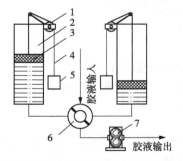

图 6-6 胶液连续自动计量原理及结构
1. 转速计 2. 计量筒 3. 浮子 4. 传动绳
5. 平衡块 6. 气动十字换向阀 7. 输胶泵

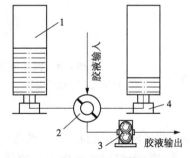

图 6-7 胶液连续自动计量原理及结构
1. 计量筒 2. 换向阀 3. 输胶泵
4. 称重传感器

(3) 流量计计量

在胶料管道上装有电磁流量计,该装置由显示仪和调节器组成,见图6-8。从显示仪中可以直接读出胶的流量。进入调节器的电流信号与来自刨花重量称量信号经调节中心运算后,输出一个信号,此信号经过计算机触发可控硅操作器控制输胶泵的转速,使输胶量随刨花的进料量的变化而得到相应的调整。

流量计计量系统是采用电磁流量计对胶泵的输出量进行计量,并将计量结果反馈给胶泵,以实现胶量的输出调节。

图6-8 流量计

6.2.3 施胶控制

1. 动态补偿计量控制

全动态计量控制是将刨花和胶料按照工艺要求预设一个基准供料速度,并对刨花和胶料进行动态计量和补偿供料,且可根据刨花的实际计量值进行比对调整和控制。

如图6-9所示,在生产某种规格刨花板时,只需要对系统输入刨花的每分钟下料需要量(kg/min)、施胶比例(施胶量)和调胶系数三个参数即可。在施胶过程中,电子皮带秤会对流经的刨花进行计量,计量结果反馈给计算机,计算机则会将根据实测结果增减输胶泵的输胶速度。同时也会根据实测结果增减刨花的供料速度,以尽量保证稳定的"刨花流"和胶液的稳定输出,即保证胶液与刨花的配比稳定,当输胶系统发生堵塞时,还可发出报警信号。

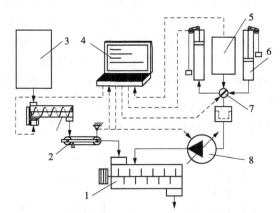

图6-9 刨花板生产线施胶控制系统原理图
1. 拌胶机 2. 电子皮带秤 3. 刨花料仓 4. 计算机 5. 调校缓冲箱
6. 胶液计量筒 7. 十字换向阀 8. 输胶泵

这种工艺的特点是刨花可实现稳定供料,而胶液则实现适时匹配,施胶均匀,控制稳定,是目前大型刨花板生产普遍使用的施胶系统。

2. 动态计量控制

动态计量控制方法是指通过计量的刨花适时将信号反馈给输胶系统,输胶泵根据刨花的数量调整电机转速。其特点是设备简单，但供料不稳定，且会出现信号延迟的问题，造成施胶不均匀。

3. 静态计量控制

静态计量控制有刨花固定法和胶液固定法两种，生产中根据工艺要求和设备性能，先将刨花或者胶黏剂的输出量其中一个控制为假设的常量，然后根据这个常量去设定另一个的需要量，并人工调整至某一位置，过程中不再做调整。这是一种落后的计量方法，除了一些小型的生产线使用外，其他均不再使用。

6.3 施胶方法与设备

在刨花板实际生产中，刨花的大小和几何形状变化较大，施胶时使胶液在刨花表面均匀分布较难，故施胶均匀是施胶工序的关键性技术问题。刨花形态及刨花表面质量对施胶效果影响都很大。刨花越细小其比表面积越大，相同施胶量的条件下，其单位面积的得胶量就少，但不同规格的刨花在拌胶机内，细刨花的得胶率反而高；光滑平整的刨花，其胶液的分布好。

刨花施胶主要有两种方法，即摩擦法和喷雾法。摩擦法是将胶液连续不断地送入搅动着的刨花中，靠刨花间的相互摩擦作用使胶液分散于刨花表面，主要用于普通大小的刨花施胶，并采用拌胶机施胶。喷雾法是利用空气压力（或液压）的作用，使胶液通过喷嘴雾化，然后喷到呈悬浮状态的刨花表面上，主要用于大片刨花的施胶，以保证刨花形态。

6.3.1 喷雾法施胶

1. 雾化原理及装置

一般喷嘴类型、雾化程度、刨花量、搅拌时间和速度、刨花质量和温度等均对喷雾施胶效果产生一定的影响，其中雾化程度对施胶均匀的影响较大。雾化后胶滴越细小，其在刨花表面分布越均匀。雾化程度与压缩空气（或胶液）的压力、胶液流量、喷嘴个数、喷嘴在拌胶机中的位置等有关（图6-10）。

喷胶速度增加会使胶滴增大，相对胶滴数量减少，致使施胶均匀性下降；喷嘴数量、喷雾距离及刨花搅拌速度的增加均可获得较好的施胶效果。这是因为这三个因素可以扩大胶雾的分布范围并增加刨花的得胶频率。

采用喷胶工艺时，通常压缩空气的压力取 0.2~0.35MPa，胶液黏度在 150~600mPa·s 时，可获得粒径 50μm 左右的小胶滴。

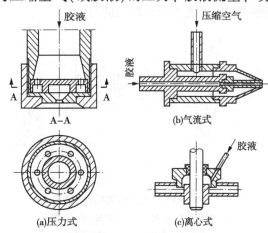

图 6-10 常用雾化装置原理结构图

喷雾法常用的雾化装置有压力式喷雾、气流式喷雾和离心式(旋转式)喷雾。现介绍常用的三种基本形式:

①压力式喷雾喷头　此法又称为无空气雾化,由泵使胶液在高压(8MPa)下通过喷头,喷头内有螺旋室,液体在其中高速旋转,然后从出口呈雾状喷出。该喷头能耗低、生产能力大,可将高黏度胶液雾化,由于是无空气雾化,工作环境好,对减轻气体污染效果明显,但需高压泵。压力喷雾法应用比较广泛。

②气流式喷雾喷头　此法采用表压为0.1~0.7MPa的压缩空气压送胶黏剂经喷头成雾状喷出。气流式喷雾法适合喷胶量较低时使用,操作比较方便,雾化胶滴较小,能处理含有少量固体的溶液,所以这类喷头应用较多,但必须注意设备密封,防止雾气泄漏,污染工作环境。

③离心式喷雾喷头　胶黏剂送入一高速旋转圆盘中央,圆盘上有放射叶片,一般圆盘转速为4000~20 000r/min,液体受离心力的作用而被加速,到达周边时呈雾状甩出。离心式喷雾喷头也适合于处理含较多细小固形物的胶黏剂。

2. 喷雾施胶设备

(1)搅拌式喷雾拌胶机

这种拌胶机由前后壁的圆筒、拱形顶盖、进料口、搅拌轴、出料装置和喷嘴等组成,如图6-11所示。

经称量的刨花连续不断地从进料口进入拌胶槽,装在拌胶机顶盖上的喷嘴向胶槽内喷胶,喷嘴的胶液由输胶泵供给,喷嘴的压缩空气由空气压缩机供给。电动机带动搅拌轴搅动刨花,使刨花呈悬浮状态与胶液混合。拌胶槽有一定倾斜角,使刨花往出料口侧移动。在出料口处有针辊,将拌胶后的刨花耙松,避免带胶刨花结团,影响板面质量。这种拌胶机的缺点是在拌胶过程中,刨花易被打碎,当粗细刨花一起拌胶时,细小刨花的着胶量多。

在生产三层结构刨花板时,一般采取表芯层刨花分开喷胶,这样可以避免上述缺点。还可以使刨花按尺寸大小调整进入拌胶机的位置。另外,在喷雾式拌胶机上部增加一气流分选设备,如图6-12所示,使细小刨花最后进入喷嘴处并快速通过,达到粗细刨花表面胶液分布均匀的目的。

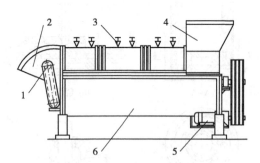

图 6-11　喷雾式连续拌胶机
1. 针辊　2. 出料口　3. 喷嘴　4. 进料口
5. 动力装置　6. 拌胶槽

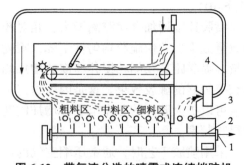

图 6-12　带气流分选的喷雾式连续拌胶机
1. 刨花出口　2. 搅拌轴　3. 喷胶嘴　4. 回风管

由于拌胶机机体加长和增设细刨花进料装置，拌胶机的充实率和容量大为提高。如采用高速搅拌，刨花会因摩擦发热，容易使胶黏剂产生预固化，为此有些拌胶机的搅拌轴和机壳设有冷却装置。

(2) 铲式喷雾施胶机

这种拌胶机由德国人设计，在滚筒内装有旋转轴，轴上安装有搅拌铲，在旋转轴的作用下，搅拌铲带起刨花旋转，使其在机内形成环状刨花流。搅拌铲有助于使刨花内外交换运转，拌胶时间需约 1~2min，施胶采用高速离心喷雾器，在喷雾器上开有 125 个小孔，用以喷洒胶料，如图 6-13 所示。这种拌胶机适合于大片刨花施胶，大片刨花尺寸大且薄，一般在拌胶机内的运动性、旋转性和流动性都较差，可以借助搅拌铲的作用使刨花运动起来。

为使刨花施胶均匀，主要是根据刨花形态和大小，决定其在拌胶机内的工作状态与其对应的施胶方式相配合的情况，也就是选择合适的拌胶机。如图 6-14 所示。

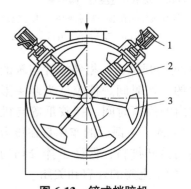

图 6-13　铲式拌胶机
1. 输胶管　2. 喷雾器　3. 搅拌铲

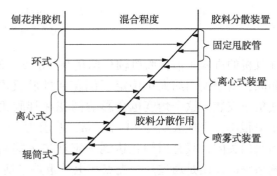

图 6-14　刨花混合与胶料分散程度间的关系

6.3.2　摩擦法施胶

摩擦法施胶是利用刨花之间的相互摩擦，将胶黏剂进行转移的一种施胶方法。由于刨花之间及刨花与搅拌装置之间的高速碰撞、冲击，因而会使刨花形态产生改变，甚至产生很多细小刨花和粉料。摩擦法施胶主要用于普通刨花板的生产中，其主要设备有环式拌胶机、快速拌胶机、离心喷胶式拌胶机等。此法拌胶质量取决于刨花在机内的停留时间。这种方法适合于细小刨花的施胶。

1. 环式拌胶机

环式拌胶机是目前普通刨花板生产最常使用的一种拌胶机，具有体积小、拌胶均匀、产量高和动力消耗小等优点。但这种拌胶机对刨花形状损失严重，将会造成粉细料增加。在正常生产情况下，胶黏剂的覆盖率可达 80%。1/10 的微细碎料可达 70%~100%（料多、混合效果好）。

环式拌胶机由带有冷却夹层的混合槽、一根空心轴、若干拨料片和拌胶爪组成的带冷却功能的搅拌装置、进胶系统、出料装置、上盖平衡系统等组成（图 6-15）。

拌胶轴按照其功能可分为进料段、施胶段、搅拌段和出料段（图 6-16）。当计量刨花从入料口进入混合槽内,由于叶片与拌胶轴倾斜安装,刨花将在进料叶片的推动下做加速的圆周运动和轴向移动,并在混合槽内形成一个螺旋环状的高速运动,从入料口移动到出料口排出。在刨花的运动过程中,经历了施胶段施胶、拌胶段混合,因而达到了均匀施胶的目的。

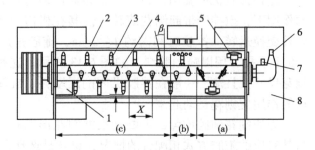

图 6-15　环式拌胶机　　　　　图 6-16　环式拌胶机结构原图

1. 出料口　2. 拌胶机外壳夹套　3. 拌胶爪　4. 空心轴
5. 进料片　6. 冷却水入口　7. 冷却水出口　8. 机座

拌胶机的进料片沿拌胶机轴径向呈 90°分布,轴向错开布置,相邻拨片与轴的夹角各不相同,这个夹角的大小确定了刨花在拌胶机内的停留时间。拌胶爪为犁尖形,可正角或负角安装,这个角度也会影响刨花在拌胶机内的停留时间。拌胶爪等与机壳内壁的距离很小,一般表层为 10~12mm,芯层为 12~14mm。重锤门的作用是在重力作用下将出料门关闭,只有当刨花达到一定数量才能将门挤开排料,保证了拌胶均匀。上盖平衡系统的作用是通过一个支点与上盖重量平衡,便于上盖的开启和关闭。

进胶系统是由泵输入的胶液进入一个滴杯里,然后,滴杯底部有 3~4 条管插入拌胶机内。有的直接用压缩空气雾化喷入。

胶液进入搅拌槽内,利用离心力将其分散成细小颗粒。由于搅拌速度很快,刨花在拌胶段只有几秒钟,主轴转速达 1000r/min,搅拌爪又为犁尖形,致使机体发热,因而采用冷却装置。拌胶机冷却系统一般进水温度小于 12℃,出水温度小于 18℃,最小水压为 0.05MPa,最大为 0.2MPa,并采用冷却机降温。冷却水经过拌胶机的空心轴分配给各拌胶爪、进料片,然后进入混合槽夹层,最后回到制冷系统。冷却不但可以防止由于机内机壳摩擦温度高造成脲醛胶产生预固化,而且拌胶机内壁及拌胶爪等表面产生冷凝水(一般温差大于 15℃,则产生冷凝水)可减少刨花与机壳内壁及拌胶爪等之间的摩擦力,降低动力消耗。

带有压缩空气的喷胶嘴有助于胶液雾化,从而提高施胶均匀性。也有单独设置固化剂喷嘴,以及在胶液进入喷嘴前设置胶液与固化剂静态混合器,这类拌胶机可以克服胶黏剂的分子量、黏度和适用期因调配后存放时间不同(特别是夏季高温情况)而产生波动的问题,有助于提高产品胶合稳定性。

2. 离心喷胶式拌胶机

用压缩空气喷胶,胶滴过小易飞扬,胶滴过大会影响拌胶质量。离心喷胶式拌胶机可很好地解决这个问题,如图 6-17 所示。

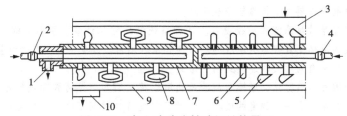

图 6-17 离心喷胶式拌胶机结构原理
1. 冷却水出口 2. 冷却水入口 3. 刨花入口 4. 胶黏剂入口 5. 进料铲
6. 甩胶管 7. 空心轴 8. 搅拌片 9. 夹套 10. 刨花出口

机内有一根长空心轴,轴的两端固定在胶槽外的轴承上。轴的前端有进料铲,中部有甩胶管,甩胶管上有许多甩胶孔,孔径为 2.54mm,后端有搅拌片,其高度可调节。

工作时,刨花从进料口进入机内,在进料铲的作用下,刨花呈螺旋状前进。胶液和刨花都是定量供应。胶液通过分配管进入空心轴的进胶口,依靠空心轴旋转时(约 1000r/min)产生的离心力将胶液以 0.1MPa 的工作压力从甩胶管上部的小孔甩出,分布到刨花的表面,经过搅拌片的搅拌,并将刨花推至出料口排出。

拌胶机后半部,搅拌轴和搅拌片都用冷却水冷却,冷却水温度一般要求低于 12℃。冷却水从冷却水入口进入,从排出口排出。拌胶机的外壳也做成夹套式,通冷却水冷却。冷却的目的在于防止刨花和胶液因高速摩擦而过热,由于机壳和轴及搅拌片一直在通冷却水,冷却湿热的刨花产生结露而起到润滑作用,避免在表面产生结胶现象。

3. 快速拌胶机

这种拌胶机由拌胶部分和调节仓两部分组成,如图 6-18 所示。拌胶部分共有四个拌胶箱,每个拌胶箱内都装一个高速搅拌轴,拌胶箱互相连通。在第二个拌胶箱内,胶液靠离心力作用,从空心轴搅拌片的孔眼甩出。

在另外两个拌胶箱中,可以使刨花相互摩擦,达到均匀涂胶的要求。刨花通过拌胶箱的时间很短,只有 10~30s。在拌胶箱下面有调节仓,用来贮存和冷却拌胶刨花。调节仓内有搅拌器和螺旋排料器,搅拌器和仓壳都有冷却水冷却。

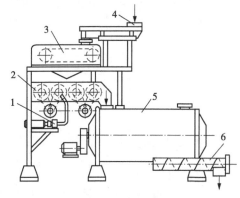

图 6-18 快速拌胶机
1. 输胶泵 2. 拌胶箱 3. 计量称 4. 下料口
5. 调节冷却仓 6. 出料螺旋

本章小结

刨花施胶是刨花板生产的关键工序之一,其施胶质量直接影响到产品的性能和生产成本等。刨花施胶要求将胶黏剂均匀地施加到刨花表面,并尽量减小对刨花形态的破坏。刨花板生产常用的胶黏剂主要为脲醛树脂胶黏剂和部分三聚氰胺改性脲醛树脂胶黏剂,而异氰酸酯胶黏剂、酚醛树脂胶黏剂及聚氨酯胶黏剂等主要用于特殊刨花板生产。

刨花施胶系统包括计量系统和施胶设备。计量系统包括刨花计量、胶黏剂的计量及两者之间的匹配，因此，计量的准确度直接影响施胶的均匀性和施胶用量。胶黏剂和刨花的计量有体积计量和重量计量两种方法，且都有周期式和连续式两种形式。

施胶方法有摩擦法和喷雾法，摩擦法施胶是利用刨花之间的摩擦将胶黏剂转移，其施胶效率高，施胶均匀，但对刨花形态有一定程度的破坏；而喷雾法是将胶黏剂高度雾化后直接喷射到刨花表面，其对刨花的形态破坏小，但施胶效率较低。

思考题

1. 刨花板生产常用的胶黏剂有哪些？各有什么特点？
2. 简述石蜡防水剂制备的乳化机理？有什么防水特点？
3. 刨花计量的方法、设备有哪些？各有什么特点？
4. 胶黏剂计量的方法有哪些？各有什么特点？
5. 什么是施胶量？影响施胶量的因素有哪些？
6. 刨花的施胶方法有哪些？各有什么特点？
7. 常用的施胶设备有哪些？其特点如何？
8. 简述环式拌胶机的基本构成及其作用？

第 7 章
板坯铺装与处理

[**本章提要**] 刨花铺装是刨花板生产的一个重要工序,铺装质量直接影响到成品的密度、厚度及其偏差,以及力学性能和砂光表面质量等。铺装方法决定了板坯的结构,而板坯的结构又直接影响产品的性能;板坯预压可以有效地改善板坯的强度,便于板坯输送和压机的快速闭合;板坯预热可以改进产品的性能和提高压机产量。本章阐述了刨花铺装、预压与预热的机理、方法及要求,说明了铺装精度的测量监控方法,介绍了气流铺装机、多级铺装机、预压机及预热系统等刨花板普遍使用的设备。

板坯铺装是刨花板生产工艺中一个十分重要的环节,铺装方法和铺装质量将直接影响到产品的物理力学性能和外观质量等。不同的板坯结构应采用不同的铺装方法,而不同的铺装方法也会铺出不同的板坯结构。生产中只有保证刨花形态符合工艺要求和铺装机供料稳定,并适时恰当地调整好铺装机,才能铺装出合格的板坯和压制出性能优越的刨花板材。板坯处理方法包括板坯预压、预热和增湿等内容,板坯处理得当,将能有效地改善板坯的特性和板坯的压制工艺条件,有效提高产量、质量等。

7.1 铺装工艺要求

7.1.1 板坯的结构类型

铺装是将施胶刨花按照板坯结构要求铺制成一定规格质量、厚度一致、结构对称且刨花分散具有一定规律的带状板坯的过程。在刨花板生产中,铺装质量直接关系到刨花板产品的物理力学性能及表面质量等。

普通刨花板常见的板坯结构类型有单层、三层、五层和渐变结构(图 7-1)。

单层结构板坯是将施胶刨花不进行大小分级随机铺装成均匀的板坯;三层结构板坯是两个由细刨花铺装的表层和一个粗刨花铺装的芯层构成;五层结构板坯是两个由细刨花铺装的表层,一个由粗刨花铺装的芯层,且在表层和芯层之间夹着一个由较

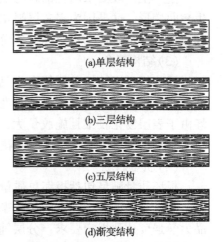

图 7-1 刨花板板坯结构示意图

粗刨花铺装的芯层的板坯；渐变结构板坯是一个由表层刨花细小、芯层刨花粗大，且从表层至芯层刨花逐渐增大，粗细刨花之间没有明显的分界线的板坯。

7.1.2 板坯的工艺要求

刨花铺装的工艺要求包括板坯长度、宽度和厚度三维方向对刨花分布的要求和对板坯质量的要求，即均衡铺装、对称铺装、结构符合和质量满足的要求等。

(1) 均衡铺装

包括板坯平面方向的均匀性和厚度方向的一致性。它是指在平面方向上板坯单位面积刨花质量相等和在厚度方向上板坯同一厚度层上的刨花形态尺寸一致。只有均衡铺装才能保证板坯热压时板坯的压缩状态、传热速度及刨花的胶合界面相近，保证胶合强度和减小内应力，防止板材的变形，同时减小毛板的厚度偏差小和成品板的密度偏差等。一般情况下，刨花铺装较多的地方的板材密度增大、强度增大，板材的回弹也会相应增加。反之密度相对变小、强度降低。

铺装均匀性是通过检测板坯纵向和横向的铺装精度进行控制的，一般横向质量偏差要求控制在±5%范围内，纵向质量偏差控制在±3%范围内。其可以通过对应检测素板密度偏差的人工方法来反映铺装精度，而现代规模生产线是通过在线检测方法即时显示板坯的纵横铺装精度。

德国生产线工艺要求95%的点应在偏差要求范围内，其横向质量偏差 d 的控制范围由下式计算：

$$d = \pm \frac{24}{\sqrt{h}} \times 100\%$$

式中：h——砂光板厚度；mm。

(2) 对称铺装

包括质量对称和刨花形态对称两方面，即板坯应当关于上下层分界面(中心层)对称。即要求每组对称布置的铺装头的刨花铺装质量应相等，同时其刨花形态也应一致。

生产上一般要求刨花铺装的上下层比例偏差控制在±1%范围内，否则成品容易产生翘曲变形。这是因为表芯层刨花的施胶量和刨花形态的差异致使板材冷却降温速度和板材内部水分移动不对称，从而导致板材弯曲变形。

(3) 结构符合

铺装板板坯结构必须符合产品的结构要求。对于三层结构、多层结构和渐变结构的板坯，要求用施胶量多的细刨花作表层，施胶量小的粗刨花作芯层。这类结构的板坯由于表层刨花较细且施胶量大，其制成的刨花板静曲强度高，表面平滑细致。对于单层结构的板坯，要求将施胶刨花随机地铺成均匀的板坯。

(4) 质量满足

板坯质量满足包括板坯总质量和各层的质量比例两方面要求。板坯质量必须符合工艺要求，保证板坯一定的压缩率和胶合面积，减小构成单元间的孔隙率，以实现产品力学强度达到规定要求；分层铺装成型时，需保证各层的质量符合工艺要求，以保证表层品质和减少胶黏剂用量。

板坯质量必须符合成品板的密度要求。对于刨花板来说，密度不但对其抗弯强度、弹性模量和内结合强度等力学性能影响的正相关非常明显，而且也影响到其物理性能。对于采用厚度控制装置的刨花板，其板材的密度完全由板坯的质量来确定。如果铺装量不够，会导致板材密度不够，胶合质量差。

连续式铺装在铺装过程中，刨花不间断地铺撒，从铺装机出来的是连续板坯带。间歇式或连续式铺装的板坯，其板坯厚度取决于刨花的密度、含水率、板材密度与厚度等因素。一般刨花板板坯的铺装厚度是板材厚度的 3~4 倍。不同木材刨花的板坯密度见表 7-1。根据这个表可以估算出板坯的厚度。

表 7-1 不同刨花板坯的密度

刨花形态		板坯密度（g/cm³）		
		针叶树材	阔叶树材	
			软材	硬材
木片		0.204	0.168	0.264
由木片打磨成的刨花	芯层	0.192	0.156	0.252
	表层	0.168	0.132	0.216
刨片机加工的刨花	芯层	0.084	0.066	0.108
	表层	0.060	0.048	0.078
工厂刨花	芯层	0.120	0.096	0.156
	表层	0.108	0.084	0.144
锯屑		0.144	0.120	0.192
砂光木粉		0.240	0.192	0.312
木纤维		0.096	0.078	0.120

一般刨花板板坯的表芯层比例见表 7-2 所列。增大芯层料比例，可以减少施胶量，降低生产成本，但表层刨花厚度减少，可能会导致表面砂光出现粗刨花和表面粗糙。

表 7-2 刨花板生产中表、芯层刨花比例

板规格（mm）		4	5	6	8	9	10	13	16	19	22	25	40
比例（%）	表层	65	60	55	50	47	45	40	37	35	30	25	25
	芯层	35	40	45	50	53	55	60	63	65	70	75	75

7.2 铺装方法

7.2.1 铺装方法的分类

铺装方法形式多样，种类也较多，不同的铺装方法，其设备的结构和性能差别很大，其铺装出的板坯结构也相差较远。铺装方法一般习惯按铺装动力形式进行分类，

图 7-2 铺装方法按铺装动力分类

可以凸显铺装机和板坯的结构形式和性能特点。对于普通刨花板的铺装方法分类如图 7-2。对于定向刨花板的定向铺装则参见第 10 章。

气流式铺装机的特点是板坯为渐变结构，刨花分级效果明显，生产规模有限，有固定式和移动式铺装两种类型。机械式铺装机特点是板坯为单层结构或多层结构，一个铺装头铺装一层，刨花分级效果不明显，且粗细刨花需采用不同的铺装头，可以满足大规模生产的需要，也有固定式和移动式铺装两种类型，但移动式很少。气流式和机械式铺装方法的组合，可以铺装出满意的板坯结构，即表层料采用气流铺装，芯层料采用机械铺装，如此可以使非常细小的刨花铺在表层，提高了砂光的表面质量，同时芯层也不会出现大量粗刨花集结造成空隙，提高了板材的力学强度和密实性。

铺装设备还可以按照产品结构、铺装的连续性、铺装机的行走性等进行分类。按产品结构可分为渐变结构、单层结构、三层结构及多层结构铺装机；按照铺装的连续性可分为连续式和周期式铺装机；按铺装机的行走性可分为固定式和移动式铺装机。此外，还有用于定向刨花板生产的定向铺装机。

移动式铺装机是周期式铺装机，也是气流式铺装机，一般与大幅面的单层热压机匹配，用于中小规模的刨花板生产。

7.2.2 铺装原理

刨花板坯铺装一般为连续式铺装，有铺装机固定和移动两种形式，对于固定式铺装机铺装板坯时，其铺装头将连续的刨花流进行分级，细小刨花铺得远，粗大刨花铺得近，当下方的铺装带行走时，先落下细刨花，再是粗刨花，然后又是细刨花，从而形成了表层细小，中间粗大的等原的板坯带；对于移动式铺装机，则铺装带固定，铺装机行走，同理也可形成等原的板坯带，但当铺装一定长度的板坯带后，铺装机回到起点位置，铺装带运行一个板坯长度，周而复始地循环铺装，实现板坯的持续供给。所以，移动式铺装机，也是周期式铺装机。

铺装对刨花进行分级的动力主要有气流分级、机械抛撒式分级和机械筛分式分级等。下面对每一种铺装机的铺装原理进行说明。

1. 气流铺装

在气流铺装机中，利用水平气流场对刨花进行粗细分级，达到粗细区分的分级铺装目的并形成一种细料在表层，粗料在芯层，粗细没有明显分界线的渐变结构的刨花板板坯。

如果铺装室下方有一个不断与气流方向反向前进的承接装置，就会形成一个下面是细料上面是粗料的结构，反之，就会形成一个上面是细料下面是粗料的结构。当有两个水平气流并排前后吹送刨花，且有一个匀速水平运动的承接装置，就会形成一个上下表层为细料，中间为粗料，表层到芯层不断加粗，粗料、细料没有明显分界面的渐变板坯结构，如图 7-3。

由于刨花进入水平气流场中，刨花在垂直方向受到了气流紊流、气流静压差及物料碰撞产生的合力作用下使刨花克服重力的作用随着气流向前推进。当重力大于上升力时，刨花会下降，当重力小于上升力时，刨花会上升，当重力等于上升力时，刨花则处于悬浮状态。刨花在气流中处于悬浮状态的气流速度称为悬浮速度。分析在上升气流中微小颗粒的受力情况，根据绕流阻力与颗粒所受到的浮力和重力相平衡，可得悬浮速度。

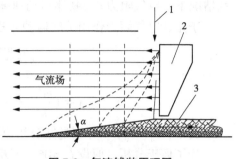

图 7-3　气流铺装原理图
1. 刨花　2. 配气风栅　3. 板坯

铺装室中刨花的悬浮速度 V_S 可用下式计算：

$$V_S = \sqrt{2g\frac{m_F}{R_v C_v}}$$

式中：V_S——刨花悬浮速度，m/s；

　　　g——重力加速度，m/s²；

　　　m_F——刨花表面积密度，kg/m²；

　　　R_v——空气密度，kg/m³；

　　　C_v——空气阻力系数。

当气流速度大于悬浮速度时，刨花上升。悬浮速度通过计算获得是比较困难的，因为刨花的表面积难以确定，一般可以通过实验来确定刨花的悬浮速度。

从上式可以看出，在稳定的气流场中，密度小或薄的物体受气流升力的影响更为明显，因而下降慢，反之，比重大或厚的物体下降就快。在水平方向上，同等质量的物体，细料和薄料受到气流的推力面积按比例增大，即推力与厚度成反比，因此，细料和迎风面的薄料被推得更远。

研究表明，相同质量的物料，球形或近似球形物料下降快，而片状物料下降最慢。不同质量的物体，其当量直径不同，直径大的物体阻力大而率先下降，细小物料则飘得较远。

2. 机械式铺装

抛射式分级是利用抛射原理，将质量大的物体抛得较远，小的物体抛得较近；物料获得的抛掷能量是由抛射轮的速度与抛射轮的直径确定的：

$$W = \frac{1}{2}mv_0^2$$

式中：W——物料获得的抛掷能量，J；

　　　v_0——物料获得的抛掷速度，m/s；

　　　m——物料的质量，kg。

抛射初始速度 $v_0 = 2\pi n \times R$，其中 n 为抛射轮的转速。

在空气阻力作用下，物体的运动要比理想的抛物线运动复杂得多。在速度不太大的情况下，空气阻力 f 与物体运动速度 v 成正比，即 $f = b \times v$，其中 b 称空气阻力系数。

于是在空气阻力作用下的运动方程是：

$$x = \frac{mv_0\cos\theta_0}{b}(1 - e^{-\frac{bt}{m}})$$

$$y = (\frac{m^2g}{b^2} + \frac{mv_0\sin\theta_0}{b})(1 - e^{-\frac{bt}{m}}) - \frac{mg}{b}t$$

其中，v_0、θ_0 和 t 分别是抛射初速度、抛射角和时间，重力加速度 $g = 9.8\text{m/s}^2$。

为了便于分析，假设 $\theta_0 = 0°$，不难看出，质量大的物体就会抛得远，小而薄的物体就会抛得近。

抛射式分级机械铺装就是利用上述原理，对大小不同的刨花进行分级而达到铺装目的。抛射式铺装头按抛射辊结构和组合数量的不同可有以下几种形式，如图 7-4。

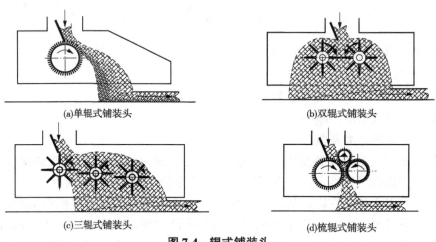

(a)单辊式铺装头　　　　　　　　　　(b)双辊式铺装头

(c)三辊式铺装头　　　　　　　　　　(d)梳辊式铺装头

图 7-4　辊式铺装头

(1) 单辊式铺装头

它装有用各种合成材料做成的针式甩料辊的铺装头。针辊旋转时对刨花的分选能力很强，能将细刨花和粗刨花分开。分选的效果可用变动甩料辊的转速和射程长短来调整。只要提高甩料辊的转速，在提高分选能力的同时，铺装头的钻装能力也提高。用这种铺装头来铺装板坯芯层，由于分选能力太强，往往会产出两种缺陷。第一是芯层都是粗刨花，缺少足够的细刨花，过分疏松，抗拉强度低；第二是木粉和木屑全部被抛到芯层的表面，热压时容易出现鼓泡现象。更严重的是高速回转的针辊在铺装头内会产生强烈的气流，干扰分选，有时会影响到刨花在整个板坯宽度上落料的均匀程度，影响的大小取决于针辊设计的形式。

(2) 双辊式铺装头

它有两个长刺的刺辊，两个刺辊作相反方向回转，进料的大部分拌胶刨花落在两辊间的长刺上，然后被刺辊用很小的不同曲线撒向垫板或输送带。这种铺装头的铺装长度较长，铺装角度平稳。因为铺装对称，可用它来铺单层刨花板坯，或作为铺装三层刨花板芯层板坯的单机使用。

(3) 三辊式铺装头

它由三个带长刺的向同一方向转动的辊组成。铺装长度更长，生产效率高，有轻度的分选作用，不会使大刨花露在刨花板表面，特别适用于铺装单种规格的刨花。

(4) 梳辊式

它是专门用来铺装纤维状刨花，铺装时有轻微分选作用。

3. 多级铺装

筛分式分级是首先利用辊筛分级的原理，将物料按细料先分出，粗料后分出的原理进行分级，然后利用气流对机械分级的刨花进行二次分级铺装。

筛分式分级是利用多组大小不同、分布密度不同的钻石辊并行排列，通过钻石辊[图7-5(a)]对不同粒度大小的刨花进行分级，以达到刨花分级铺装的目的。

当不同大小的刨花首先进入辊齿比较小、比较密、沟槽比较浅的细料铺装区，细料从辊筒之间的间隙落下，而粗料在辊筒的旋转带动下继续移向粗料铺装区(粗稀齿)，由于粗料铺装区的辊齿粗大，辊筒间隙大，因而在细料铺装区未能落下的刨花在粗料铺装区可以落下，对于在粗料铺装区未能落下的过粗的刨花则可以剔除以保证板坯质量，如图7-5。

(a) 钻石辊外形示意图

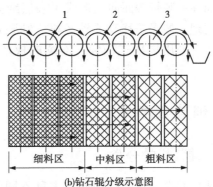

(b) 钻石辊分级示意图

图7-5　钻石辊分级铺装原理示意图

1. 细齿辊　2. 中齿辊　3. 粗齿辊

细料铺装区和粗料铺装区都是由若干辊齿相同和辊筒间隙也相同的一组铺装辊构成，细料铺装区的辊齿细密、辊筒间隙小，而粗料铺装区的辊齿稀疏、辊筒间隙大。铺装区辊筒数量越多，刨花的分选能力越强，但刨花量过多，则会影响刨花的分选效果。因此，一般铺装机将根据铺装量的大小而设定铺装区的大小和多少，以及每个铺装区的铺装辊数量，但是一个铺装头的铺装辊数量也不能太多，否则影响分选效果。由于一个铺装头的铺装产量有限，对于生产规模大的生产线就需要设置多个铺装头分层铺装以提高整体铺装能力。一般一个铺装头可设12~24个铺装辊。

7.2.3　板坯的形成过程

铺装机的铺放系统由铺放机构(俗称铺装头)和板坯承放装置两部分组成。板坯承放装置一般采用带式运输机，它的作用在于承放板坯，并将板坯输送到下一道工序。而铺装头的作用在于改变来自定量系统流出的刨花流的运动轨迹，保持其流量不变，并扩大流通面积，从而获得均匀铺放的效果。

刨花铺装一般都是将细小刨花铺装在板坯表层，而较粗的刨花铺装在芯层。从成型室纵向来看，细刨花铺撒在成型室两端部分，粗刨花抛撒在成型室中部；从铺装带来看，首先降落一层细刨花，然后是粗刨花，最后又是细刨花。因此，不管是气流铺装机还是机械铺装机，都同样遵循这一规则。特殊板坯结构另论。

下面以机械抛射式铺装机为例说明板坯成型原理。

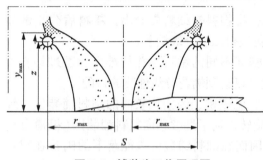

图 7-6 铺装头工作原理图

布置在铺装机铺装室前后两端的铺装头反向旋转，并分别朝铺装机中部抛射刨花，由于粗刨花抛得远，因而降落在离铺装头较远的中部，细刨花则降落在离铺装头较近的端部（图 7-6）。如果是固定式铺装机，当铺装带从左向右匀速运行时，左铺装头抛射的细刨花首先降落在铺装带上面，接着是粗刨花，然后是右边铺装头抛射的粗刨花，最后是右铺装头抛射的细刨花，从而在铺装带表面向上形成了表层细刨花、芯层粗刨花的"细—粗—细"的连续板坯带。同理，如果是移动式铺装机，铺装带固定，而铺装机移动铺装，也可形成连续的板坯带，采用周期式铺装。连续的板坯带可以根据热压需要来决定是否进行横向截断。

7.3 铺装设备

7.3.1 铺装机的分类

铺装机的类型较多，因此有多种不同的分类方法。按产品结构分：渐变结构、单层结构、三层结构及多层结构铺装机；按铺装头形式分：机械式、气流式、机械—气流式以及定向结构铺装机；按铺装机移动性分：固定式和移动式铺装机。此外，定向刨花板铺装机还可分为机械定向和静电定向铺装机。

目前国内使用的刨花铺装机，主要为机械式和气流式两种。机械式多头铺装机生产三层、多层或渐变结构刨花板；气流式生产渐变结构刨花板。以往气流式铺装机生产的产品质量略优于机械式铺装机，近年新推广使用的分级式机械铺装机不但铺装质量好，而且还能代替气流式铺装机铺装渐变结构刨花板坯。机械式铺装机都为固定式机组，气流式铺装机有固定式和移动式。定向铺装机为定向刨花板的专用铺装机。

不管是机械铺装机、气流铺装机，还是机械气流组合式铺装机，铺装机都包括供料系统、铺放系统及板坯承放运输系统三个部分，如图 7-7 所示。

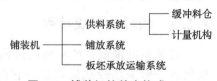

图 7-7 铺装机的基本构成

7.3.2 铺装机的供料

铺装机的供料系统除向铺装系统提供均匀稳定的计量定量功能外，还有缓冲贮存的功能。这种供料系统的作用和要求包括四方面：①需要保证铺装机宽度方向上任意位置的供料量相等；②在铺装机铺装过程中任何时间的供料量相等；③可以调节刨花的供料速度，甚至实现刨花计量；④对拌胶刨花有缓冲贮存功能，使拌胶刨花含水率更均匀，同时可对刨花的拌胶速度与铺装速度起到协调作用。

供料系统(定量系统)由横向布料器、扫平辊、定量辊、供料带、拨料辊及密度补偿器等组成。目前铺装机定量机构有体积定量和体积、重量联合定量两种类型，联合定量机构仅比体积定量机构多一只称重装置。

在铺装过程中，刨花流的流层宽度(板坯宽度)是由铺装机宽度决定，是不变参数；料层的堆积密度由刨花树种、形态尺寸等决定，对于稳定的生产过程，其基本稳定；绝干刨花流量由压机所需绝干刨花流量决定，一般略大于压机需要量。因此，刨花需要量的多少由刨花流层的高度和给料带的速度的乘积来决定。一般给料带速度过大过小都不利于均匀铺装，因此，料层高度必须根据刨花需要量进行调整。

1. 横向布料

横向布料是通过横向布料器完成。横向布料要求布料均匀，保证铺装机料带横向堆积密度误差小。如果布料不均匀，则布料多的地方会对下层料压得密实一些，造成此处料带的刨花密度大，反之亦然。由于堆积密度的差异，即使扫平后厚度一样，但供料的质量却有差异，将会造成板坯横向偏差大。

刨花横向布料均采用均布下料器来完成，刨花均布下料器安装在计量料仓的上部，主要有 5 种结构形式，如图 7-8。

①往复小车式均布下料器[图 7-8(a)]　是由小车上的皮带运输机左右跑动来实现铺装机的左右布料，其特点是布料均匀，但结构复杂；用于 8 英尺铺装机。

②螺旋运输机与移动托板均布下料器[图 7-8(b)]　采用左、右螺旋对称布置，移动托板做往复运动，这种均布下料器调整比较困难，移动托板移动时容易堵塞；多用于早期 8 英尺机械铺装机。

③螺旋均布下料器[图 7-8(c)]　是螺旋运输机运输刨花，其活动底来回摆动，刨花沿摆动斗一端卸料，使刨花横向均匀分布，准确可靠、适用性强，可用于任意宽度的刨花铺装机，现生产线多采用此下料器。

④摆动片均布下料器[图 7-8(d)]　通过摆动片左右摆板来料仓的横向分布，由于摆动运动过程中的速度有变化而导致横向均匀性较差。多用于早期 4 英尺机械铺装机。

⑤皮带运输机摆动均布下料器[图 7-8(e)]　皮带运输机的一端绕着另一端左右摆动，从而通过皮带运输机输送刨花，实现横向均匀布料。工作准确可靠，适用性强，可用于任意宽度的刨花铺装机，现生产线多采用这种均布下料器。

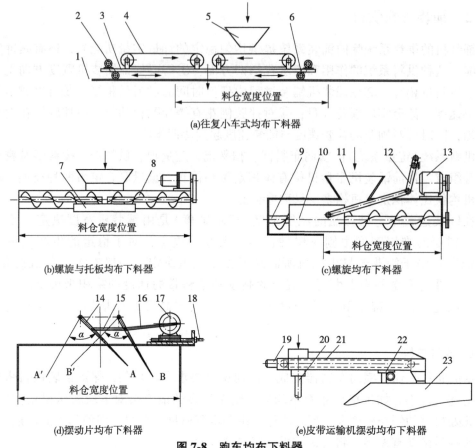

图 7-8 跑车均布下料器

1. 轨道 2. 电动机 3. 跑车车架 4. 皮带运输机 5. 下料斗 6. 行走轮 7. 移动托板 8. 对称螺旋 9. 螺旋 10. 活动底板 11. 下料口 12. 曲柄连杆机构 13. 螺旋驱动电机 14. 摆动片 15、16. 连杆 17. 驱动曲柄 18. 调整丝杆 19. 皮带电机 20. 摆动中心轴 21. 皮带运输机 22. 摆动驱动装置 23. 计量料仓

2. 纵向供料

纵向供料是通过缓冲料仓实现，由扫平装置、定厚装置、出料带及出料辊等构成。纵向供料要求供料均匀，否则将会影响板坯的纵向铺装精度。由于纵向稳定供料的影响因素更多，误差更大，所以实现纵向供料的稳定性对刨花板影响显得更为重要。

（1）扫平装置

由于横向给料是周期性给料，给料如同正弦轨迹供料，势必造成纵向的误差，加之进入铺装机的供料量也存在不稳定性，因此扫平辊即是在料带前移过程中，利用回转料耙或齿辊将料朝后部扫去，实现纵向扫平。

（2）定量装置

定量是通过料带厚度和料带行进速度来确定的，料带厚度和料带行进速度只确定了供料的体积，但由于料带密度的变化将会影响供料的质量，因此，通过检测料带的堆积密度和重量,对供料进行补偿,将有助于提高铺装成型精度。

铺装刨花的计量有容积计量和质量计量两种方法,也可两种方法联合使用。如果含水率不稳定,变化范围大,则会给质量计量或控制的生产线带来影响。如果含水率高于工艺设定值,则会导致刨花实际输送量比理论量少,反之则多;如果刨花形态不稳定,变化范围大,则会给容积计量的生产线带来影响,刨花形态变粗或堆积密度加大,则会导致实际输送量多于理论量。在现代化生产线中,采用了物料含水率和堆积密度的在线自动检测,计算机可以自动补偿,但是存在动作滞后,因此,平衡稳定生产依然非常重要。

①容积计量　容积计量装置的结构种类繁多,如图7-9所示是几种常用的方法。主要由固定挡板、旋转梳、针辊或针带来限定散料通过量。这类装置中采用最多的是旋转梳扫平配合输送带调速来实现容积计量。

图7-9(a)中固定刮料或摆动刮料方法虽然简单,但是一般不适合刨花计量。图7-9(b)是将先扫平的一个稳定的料带供给定量辊,然后通过定量辊上下移动和配合下部调速出料带来调整刨花下料量。定量辊一般不经常调整,只是在供料量发生较大变化时辅助出料带进行出料控制,是刨花板铺装机普遍使用的方法。图7-9(c)虽然简单,但容易出现料带供料不稳定。图7-9(d)(e)(f)结构简单,适合较高料位的供料。

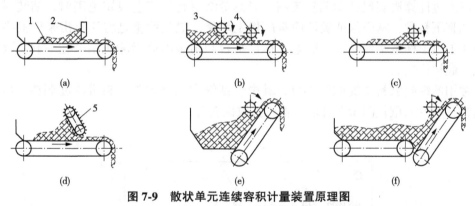

图7-9　散状单元连续容积计量装置原理图
1. 出料带　2. 刮料板　3. 匀料辊　4. 定量辊　5. 出料带

现行的铺装机中,既有质量称量,又有容积计量,以保证铺装出的板坯均匀,质量好。质量称量装置有周期式计量和连续式计量,随着技术进步,周期式计量业已被连续式计量所替代。

②质量计量　质量计量法是采用工业电子称重台或称重滚筒对料仓内料带某点或单位长度、成型板坯带单位长度或整件产品进行计量。料仓内计量和板坯计量由于含水率的影响,所以都只能间接反映毛板需要的刨花数量,料仓内计量为前置控制,数据及时,便于调控,但误差较大;板坯称重,数据稍晚,但在热压前可知板坯重量,所以不会浪费原材料;成品板控制虽然直接反映了成品的刨花需要量,但时间过于滞后,可能会多生产出一些不合格的产品,造成材料浪费。

板坯连续计量有三种方法(图7-10),电子称重平台计量是将整个物料的质量进行称量,称量结果直接反映了物料的质量;电子机械称重是利用了杠杆原理称测了一端的作用力，然后通过计算机自动换算出物料质量，间接测出物料的质量；电子称重滚筒结构简单，但只称测了物料和皮带对滚筒产生的线压力，由于受到皮带张紧力的影响，只能作为监控参考，不能读出物料的质量。此外，还可采用一个称重传感器直接测量对运输皮带某点的质量的动态变化来进行监控。

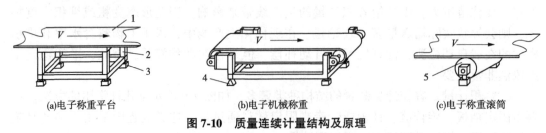

(a)电子称重平台　　　　　(b)电子机械称重　　　　　(c)电子称重滚筒

图 7-10　质量连续计量结构及原理

1. 运输皮带　2. 称重平台　3. 称重传感器　4. 刀　5. 称重滚筒

在散料或板坯通过电子称重工作台上时，物料通过承载器将自身重力传递至称重传感器(压力传感器)，使称重传感器弹性体产生变形，贴附于弹性体的应变计桥路失去平衡，输出与重量数值成正比例的电信号，经线性放大器将信号放大。再经 A/D 转换为数字信号，由仪表的微处理机(CPU)对重量信号进行处理后直接显示重量数据，还可以通过计算机实现自动调整控制。当称量结果超出工艺设定范围时，铺装系统会自动调整下料量，从而保证板坯质量的稳定均衡。成品称重是将压机出来后的半成品立即送上电子称重平台上，一般电子称重平台和出板滚筒运输机结合在一起，滚筒运输机一起被称量。

常用的纵向供料系统如图 7-11，其中包括纵向扫平匀料、料带高度调整、出料速度调整、密度或重量测量及补偿、物料打散供料等。

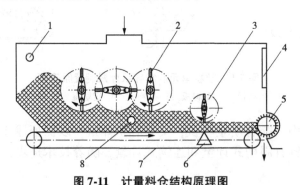

图 7-11　计量料仓结构原理图

1. 满料指示器　2. 匀料耙　3. 定量耙　4. 观察窗　5. 拨料辊
6. 同位素密度测量补偿仪　7. 计量带　8. 缺料指示器

纵向匀料就是在料仓里面形成一个连续等高的料带，保证料仓在任何时候都能稳定出料。匀料耙的作用是对计量料仓内的刨花进行扫平，以避免宽度方向缺料，纵向密度不稳定的问题，以供给定量耙一个厚度稳定的刨花料带。其布置方式有水平布置和倾斜布置两种，水平布置时，为了减小料耙距离，提高扫平效果，通常设计为相邻耙齿互相垂直安装。匀料耙回转半径太小，会造成扫料高度不够，太大，则会扫平效果欠佳，一般回转半径控制在 600~900mm 之间，回转速度为 80~120r/min，耙齿间距以 60~80mm 为佳，并以焊接的方式固定在回转体上。扫平后料高控制在 250~400mm 范围内，料位太高，会造成局部缺料或局部密度差过大，料位太低，料仓尾部余料多，刨花堆积密度就大，密度差也会增大。因此合适的高度对提高料带密度分布的均匀性非常重要。

计量耙是将匀料耙供给的料带再次扫平，以形成一个合适的料带高度配合计量带出料，一般回转半径控制在 500~600mm 之间，回转速度为 80~120r/min，耙齿间距以 30~50mm 为佳，以活动可调的方式固定在回转体上。扫平后料高控制在 120~200mm 范围内。料位太高，则会造成计量带传动太慢；料位太低，则会造成计量带传动太快，合适的料位高度还可以减少由于刨花堆积密度差引起的供料误差。

称重传感器可控制计量带上刨花质量的最大值和最小值，将计量料仓内刨花的堆积高度控制在一定范围内，控制计量料仓内刨花的堆积密度，保证计量带上刨花计量的准确性。

板坯密度检测补偿装置是利用放射性元素"Co"来检测料计量带上某点刨花堆积密度随时间的动态变化，当刨花堆积密度减少时，系统会补偿提高计量带速度，反之则减小计量带速度。

计量带通过主动辊由齿轮减速机驱动，驱动电机可以是直流电机或者变频电机，计量带设计速度一般为 0.2~4.2m/min，可根据生产工艺需要调节。合适的运行速度对保证铺装精度非常重要。

拨料辊安装在计量带主动辊斜上方，两辊轴心连线与计量带运行方向夹角成 45°，拨料辊与计量带间隙 H 控制在 3~5mm。间隙过大，计量带上的施胶刨花不能充分被拨料辊打散；间隙过小，拨料辊则易刮伤计量带或断齿。拨料辊多采用笼式或刺辊式结构，刺辊式拨料辊拨料效果好，采用若干直径 $\phi 6mm$，长度 30~50mm 的圆钢均布焊接在一个直径 $\phi 300~350mm$ 的圆筒表面上。

3. 比例配料

当一个计量料仓需要同时向两个铺装头供料时，就需要一个比例配料装置，并且要求比例准确，才能保证铺装的板坯结构对称，否则容易造成成品板翘曲变形。如图 7-12 所示，这种比例配料系统可以精确调整配料比例，同时还能扩大落料范围，防止物料成堆。驱动电机带动一个可以调节长度的曲柄，即可调节导流板的摆幅，同时电机基座可以移动，以调节导流板的最大摆幅，达到控制前后供料的数量。也可以直接采用固定导流板进行比例配料，但如果供料量太多或供料不稳定，则会导致控制不稳定。

4. 刨花承接及板坯运输

铺装机的铺装和运输带如图 7-13，不管哪一种铺装都是由一个缓慢下降的刨花流和相对于铺装机水平方向匀速移动的承放装置合成，这种相对速度对板坯的纵向铺装精度影响很大。承放装置由铺装带和铺装带的驱动装置等组成，铺装带可为环形钢带、皮带或组合耐高温的碳纤维尼龙网带等。

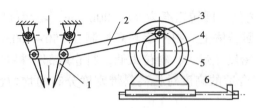

图 7-12 比例配料装置
1. 导流板　2. 曲柄连杆机构　3. 摆幅调整装置
4. 驱动构件　5. 电机　6. 比例调整丝杆

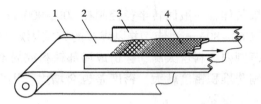

图 7-13 板坯铺装运输示意图
1. 运输皮带轮　2. 板坯输送带
3. 限位挡板　4. 板坯

7.3.3 铺装机

1. 气流式铺装机

气流式铺装机在铺装过程中，借助气流的流速和流量的作用，达到对刨花进行分选和铺装的目的。这类铺装机板坯断面多为渐变结构，由于对刨花分选效果好，可保证表面平整光滑，有利于表面二次加工；这类设备效率高，适于中小规模生产，但动力消耗较高。

如图 7-14 为典型的移动式气流铺装机，施胶后的混合刨花，通过纵向给料皮带，横向布料小车将刨花送入铺装机的缓冲料仓，然后在扫平辊、定量辊、定量带、出料辊的作用下，将刨花均匀稳定地送入铺装室。出料辊将刨花打散，而由分配器将刨花前后分配，以保证上下层刨花比例相等。料仓中有一个缺料和一个满料料位器以控制拌胶机是否拌胶。

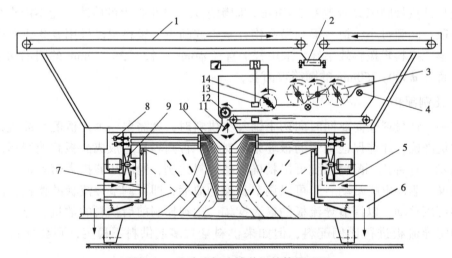

图 7-14 移动式气流铺装机结构原理图
1. 纵向给料带　2. 横向给料车　3. 扫平耙　4. 料位控制器　5. 进气道　6. 负压风道
7. 负压分配调整板　8. 风栅调节阀　9. 风机　10. 风栅　11. 分配器
12. 打散辊　13. 同位素密度检测装置　14. 定量补偿耙

由供料料仓供给的刨花在摆动分配器前后摆动时降落至铺装室的前后气流场中，在气流的作用下对刨花进行分级铺装，最终形成表层细料，芯层粗料的渐变结构板坯。

刨花在吹送过程中，通过二道或三道筛网。第一层网目较大，一般直径为 16~25mm 左右；第二层网目较小，一般直径为 3~7mm 左右，细筛网上装有振动器。铺装板坯宽度可达 2500mm。

这种铺装机的气流场主要依靠风栅保证，如图 7-15，风栅由 20mm×20mm 的方管组合而成，每个风栅共有 13 个吹风口，上下分成两组，可以分别进行风量调节。风栅安装在铺装机铺装室的中部，前后两排风栅交错反向对吹，同一排内的相邻风栅的间距约为 90mm。当刨花落至垂直互相交错排列的两排风口中被气流吹送分选。当板坯某处铺装量过多时，则应将板坯对应位置的风栅的风门开大，反之则关小。一般喷口风速约 1.8~2.8m/s，正常生产时，基本上保持不变，无须调整。当采用不同的树种原料，则须作必要的调整，但调整比较困难。

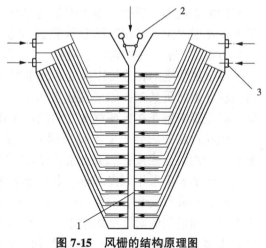

图 7-15 风栅的结构原理图
1. 吹风口 2. 摆动分料器
3. 风栅进气口

板坯的厚度调节可通过调节铺装机和铺装带的相对速度或调节出料带的速度和料仓料位高度来实现。前者是调整铺装速度，下料速度未变；而后者则调整下料速度，铺装速度未变。生产中更换厚度规格时主要调整铺装速度，而下料速度调整较少。这是因为生产不同厚度规格板材时，其热压时间也相应改变，因而铺装速度也需要相应调整。

一般铺装能力为 10~16m³/h。铺装机有固定式和移动式两种，由生产工艺确定。

单层热压机多采用往复运动、间歇铺装的气流铺装机。多层平压和连续平压，通常采用固定式的铺装机。

刨花板表、芯层刨花的比例与板的厚度有关。如板厚为 16mm 时，表层刨花占 40%，芯层刨花占 60%；板厚为 8mm 时，表层刨花占 60%，芯层刨花占 40%。生产的板越薄，其表层刨花的比例也就越大。

2. 机械式铺装机

机械铺装头的形式有抛撒辊式、圆盘辊式(定向铺装)、辐板辊式和辊筛式铺装头。

(1)抛撒式机械铺装机

机械式铺装是利用机械动力抛射或机械分选作用，将刨花按板坯结构要求铺撒在铺装带上。机械动力多使用刷辊、刺辊或光滑辊转动转换为抛撒运动，将刨花抛撒在运行的铺装带上。由于刨花的大小不同，抛撒距离的远近不同，而对刨花起分选作用。辊子的类型、直径、转速以及安装高度均应根据刨花的形态加以选择，否则均会影响铺装效果。

抛撒式铺装机的铺装头是将供料系统提供的横向均匀、纵向稳定的定量"刨花流"均匀地抛撒在铺装带上。

抛撒式铺装头分单抛撒辊式和双抛撒辊式。单抛撒辊式铺装头主要由框架、铺装辊及驱动电机组成，铺装辊的速度变频可调。铺装辊对刨花进行分选，并对下落的刨花产生瞬间冲击，在冲击力的作用下，刨花被加速，并沿着圆周轨迹的切线方向运动；由于粗厚刨花的离心惯性力要比细薄刨花大，且细小刨花与铺装辊辊齿的碰撞机会小，其平均冲击也小。所以，细小刨花射程小，落在距铺装辊较近地方，形成板坯的表层；粗大刨花射程大，落在距铺装辊较远地方，形成板坯的芯层。刨花的分选效果及其铺装能力取决于铺装辊的转速、直径、辊齿排列密度及刨花形态等因素。

调节铺装辊的转速可以改变板坯的铺装效果，如果辊速度太小，刨花分选效果差，铺装板坯表面质量差；如果辊速度太大，易产生较大干扰气流，也会影响刨花分选效果，甚至影响刨花在板坯宽度方向的均匀落料，破坏铺装板坯表面质量。

刨花过度分选会产生不良后果：一是铺装板坯芯层缺少足够的细料，密度过低，影响板的内结合强度；二是过量细薄刨花铺装在表层表面，热压时易产生鼓泡缺陷。一般表层铺装多采用短齿刺辊，芯层铺装多采用长齿刺辊，这样铺装的板坯效果较好。

抛撒辊成对安装的铺装头（图7-16）为两个抛撒式铺装辊在相反方向抛射刨花，形成表细里粗渐变的对称结构板坯，一般用于产量较小的刨花板生产线。如图7-16所示铺装辊多采用刺辊结构，一般直径设计为300mm左右，转速为200～300r/min。刺辊式铺装辊为焊接结构，由芯轴和辊齿组成，芯轴按一定布置规律加工出光孔，并与辊齿配合焊接，焊接后的刺辊应作平衡试验，以保证铺装质量。

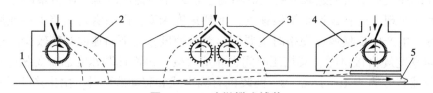

图7-16　三头抛撒式铺装
1. 成型带　2. 下表层铺装室　3. 芯层铺装室　4. 上表层铺装室　5. 板坯

如图7-17所示是一种机械式铺装机的原理图，小料仓的容积能铺2～3块板，要求料位高度为料仓2/3高度，否则铺装不均匀，并为废板；往复下料器移动速度为0.817m/min，用时间继电器在端头停2s，以保证料仓料位两边高于中部。这是为了抵消由于料仓两壁的摩擦而致使边部料位变低，这样以保证到达上扫平辊时，料仓内料

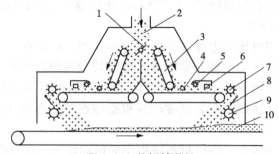

图7-17　单辊铺装机
1. 打散辊　2. 刨花　3. 定量带　4. 抛松辊　5. 均平辊　6. 回送运输机
7. 拨料辊　8. 导流板　9. 铺装辊　10. 板坯带

位是平整的，第一次体积定量都由上扫平辊与上料带之间的距离(可调)及上料带速度来确定下料的速度；第二次体积定量是由下扫平辊和出料带组成，扫平后多余的刨花经回料运输机送回料仓。疏松辊的作用(表层才有芯层没有)是把结团的刨花疏松，提高扫平辊的定量准确度。铺装辊的作用是改变刨花运行轨迹，扩大刨花流通面积，使刨花平铺在铺装带上。拨料辊是作用在控制拌胶刨花下料方向，打散结团刨花，保证均匀供料，如果没有拨料辊，则会出现局部刨花时多时少，甚至刨花结团成块。

如图 7-18 所示为双辊铺装机，对刨花既进行容积计量又进行重量称量。根据铺装机的速度对料仓进行供料。在料仓的下部装有带式秤，对刨花进行称量，并送入铺装头。铺装头要完成短期贮存和松散作用，并以恒速将其排出。刺辊碰到向下落的刨花，便均匀铺撒在成型带上。这类铺装机可以用各种铺装头生产各种结构的刨花板坯。

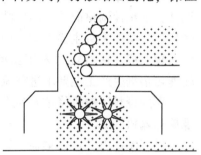

图 7-18 双辊铺装机

(2)筛分式多级铺装机

这是一种近年新开发的多级机械铺装机，它是利用一系列具有粗细不同的紧密分布的菱形凹凸齿的成组机械辊筒(钻石辊，又称菱形辊)对刨花进行机械分选(筛选)，利用凹凸啮合辊齿间的间隙将不同形态尺寸的刨花从小到大依次连续地筛分，而水平气流则将通过铺装辊筛分下来的刨花进行再一次分级，从而形成了表层细料，芯层粗料的渐变结构板坯带。特大刨花、胶团等杂物通过铺装辊分离出来，并经皮带运输机或螺旋运输机排出机外。

① 基本组成　分级式铺装机主要由摆动式均布运输机、拨料辊、拨料耙、定量辊、料仓、计量带、称重传感器、排气系统、钻石铺装辊、剔除废料运输机等部件组成，如图 7-19 所示。

 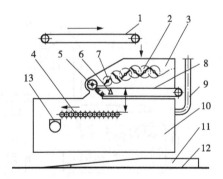

图 7-19 机械铺装系统的基本结构示意图

1. 均布下料器　2. 拨料耙　3. 料仓　4. 铺装辊　5. 拨料辊　6. 称重传感器　7. 定量辊
8. 计量带　9. 负压风管　10. 铺装室　11. 板坯　12. 铺装带　13. 废料回收螺旋

钻石辊直径一般为 60~80mm；菱形纹一般设计有对称或非对称两种形式，菱形纹非对称设计为左旋或右旋，钻石辊左、右旋要相邻布置；钻石辊按菱形纹大小和沟槽深度分为细、中、粗辊，细辊沟槽深度一般小于1mm，中辊沟槽深度一般为2mm左右，粗辊沟槽深度一般为5mm左右；钻石辊表面经镀铬处理，以增加其表面光洁度和耐磨性；钻石辊的设计制造质量直接影响分级式铺装机性能，因此钻石辊材质和制造工艺有严格要求。细辊间隙在0.2~0.5mm范围内调节，中辊间隙在1~2mm范围内调节，粗辊间隙在2~5mm范围内调节。辊间隙一般设计为在辊端轴承座间加垫片或斜块调节，加垫片调整简单，但间隙调整适应性较差；斜块调整较复杂，但间隙调整适应性好。表层铺装头主要由细、中菱形的钻石辊组成；芯层铺装头主要由中、粗菱形的钻石辊组成。钻石辊间采用弧型齿型带传动，平稳、噪音小，由斜齿轮减速机驱动；转速可根据生产工艺要求进行调整，速度为60~120r/min，采用变频调速。

剔除废料运输机将钻石辊分离出来的特大刨花、胶团等杂物，采用皮带运输机或螺旋运输机剔除。

排气系统由气体收集器、管道及调节阀组成。其作用一是保证铺装头下箱体内气流速度达到1~1.3m/s，使通过钻石辊铺装下落的刨花进一步得到分选，提高板坯的铺装效果；二是收集铺装机工作时产生的粉尘，保持生产环境清洁。

②多级筛分式机械铺装机工作过程 以3个铺装头的分级式铺装机为例说明其工作原理，如图7-20所示。经过施胶后的表层刨花通过运输机进入分配器9。分配器上有一电动推杆，可推动分配器内的活门，活门可停在±20°的位置上。刨花料流通过分配器后进入表层摆动运输机8，然后进入到该铺装机的表层计量料仓3。表层摆动运输机由回转驱动台带动，在水平面内左右摆动，使刨花能均匀的散落在表层计量料仓3内。由于分配器内活门的作用，使进入到两个表层摆动运输机的刨花数量不等，一个多，一个少。进料多的一侧计量料仓较快地装满，此时计量皮带1下面的称重模块发出信号，使分配器上的电动推杆推动活门转动，原来进料多的一侧变为少量进料，进料少的一侧则增大进料量，这样使得另一侧的计量料仓被较快的装满，然后电动推杆再作用，如此循环反复。

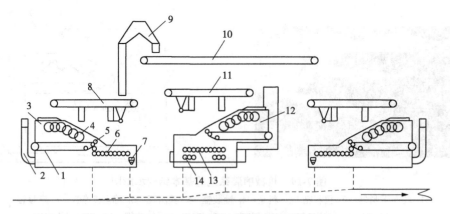

图7-20 分级式机械铺装机原理图

1.计量皮带 2.气流系统 3.表层计量仓 4.匀料辊 5.拨料辊 6.表层铺装辊 7.废料回收螺旋
8.摆动皮带运输布料器 9.分配器 10.皮带运输机 11.摆动皮带运输布料器
12.芯层料仓 13.芯层上铺装辊 14.芯层下铺装辊

经过施胶后的芯层刨花通过侧运输机进入到该铺装机的芯层摆动运输机 11，由中部的回转驱动台带动，在水平面内左右摆动，使得芯层刨花被均匀散落到芯层计量料仓 12 内。该机的芯层计量料仓内设有称重模块，可将进入到料仓内的刨花质量显示出来；同时还设有高低料位限制开关，便于控制进入到料仓内的刨花体积，使料仓内的刨花量保持稳定。

该机的表、芯层计量料仓内都装有匀料耙 4，料仓下方装有计量皮带 1。刨花进入料仓后落在计量皮带上，仓内的料耙不断旋转，将多余的刨花耙向计量仓的后部，使计量带上的刨花保持一定厚度。刨花送到计量带端部时被处于计量带上方的拨料辊 5 打散，并抛入铺装室内落在铺装辊上。

铺装室内设有多个直径相同的处于同一平面的铺装辊（表层铺装辊 6 和芯层铺装辊 13），辊上刻有深度不同的花纹，离计量带近的辊花纹深度小，辊之间间隙也小；而离计量带远的辊则花纹深度大，辊之间间隙也大。进入到铺装室的刨花落在不断向前转动的铺装辊上，形成不断向前行进的刨花流。由于铺装辊的花纹深浅和铺装辊间间隙大小的不同，就使得细、中、粗刨花分别下落。如果板坯芯部粗刨花比例过高时，在热压时会造成胶合不好，影响板坯内结合强度及静曲强度。芯层上铺装辊的中间部分排布的是细辊，使之增加板坯横截面芯层中心处的细料的比例；芯层铺装室还设有下铺装辊 14 共 8 根，两边各 4 根（粗细花纹各 2 根），分别是两根粗花纹辊和两根细花纹辊交错排列，粗细交错排列的下铺装辊使靠近表层的板坯中粗细料混合均匀，以提高成品板强度。

当铺装垫网进入第Ⅰ铺装室（表层铺装室）时，其运行方向与计量带运行方向相同，表层料最细的刨花首先落在垫网上，然后表层料的中、粗刨花先后落在其上方，形成板坯的下表层；当铺装垫网进入到第Ⅱ铺装室（芯层铺装室）后，首先接受的是芯层下铺装辊落下来的芯层料的较细刨花，其次才是芯层料的中、粗刨花，由于芯层铺装头的铺装辊是以铺装室中部为基准对称布置的，当铺装垫网经过第Ⅱ铺装室中部并继续向前行进时，按顺序铺装的是芯层料的粗、中、细刨花，这样就形成了板坯的芯层；当垫网载着铺好了下表层和芯层的板坯进入第Ⅲ铺装室（表层铺装室）时，由于第Ⅲ铺装室和第Ⅰ铺装室成对称布置，铺装垫网先接受下落的表层料的粗、中刨花，然后才接受下落的表层料的细刨花，形成板坯的上表层。这样就在铺装垫网上形成了上下两面为细刨花，中间为粗刨花的渐变结构板坯。

计量带下方的下铺装室与尾部的气流系统 2 配合，使铺装室下方密封有稳定的气流，能对铺装质量的改善起到一定的辅助作用。而一些不能通过铺装辊的大块刨花或其他杂物可通过尾部的出料螺旋 7 排出机外。

通过调节计量带的线速度，改变料耙与计量带之间的距离，调整铺装辊的转速及间隙，并适当调节下方垫网的速度即可改变板坯的厚度，从而达到改变产品规格的目的。根据调整量的大小来选择调整方法，需大量调整时选择调整料耙高度，需一般调整时选择调整计量带速度，需微调时选择调整铺装网带的速度，因为网带速度直接影响压机产能。

由于分级式铺装机的铺装效果是由铺装辊的花纹深度和铺装辊间的间隙决定的，

因此一旦将不同的铺装辊按合理的顺序安装完毕，并调整好各辊间的间隙后，刨花的铺装就处于受控状态。其与抛射式机械铺装和气流式铺装相比，铺装出的板坯渐变结构更加细致合理，板面也更加平整。分级式铺装机铺装出的板坯内结合强度较高，这样就能极大地减少热压时板坯分层的现象，大大提高了压制出来的成品板的质量。在铺装过程中，不能通过铺装辊分选下落的过大刨花、石块、金属、胶团等异物可通过铺装辊后的螺旋运输机排出，最大限度地保护了热压板及钢带，也延长了切割板材设备的寿命。

③分级式铺装机的选配　分级式铺装机的结构种类较多，性能各异，应根据生产工艺需要进行选择。分级式铺装机的铺装头主要有三种形式：单头分级铺装[图7-21(a)]主要用于表层刨花铺装或者多层结构的芯层铺装；均质铺装[图7-21(b)]只用于芯层铺装；双头分级铺装[图7-21(c)]用于芯层铺装或低规模生产线的板坯铺装。铺装头的分级能力受到铺装辊形式和数量限制，一般高产能的铺装线选用多种铺装头组合，以满足铺装产量，并且每种铺装头的分选效果相差甚远，需要科学的选择。

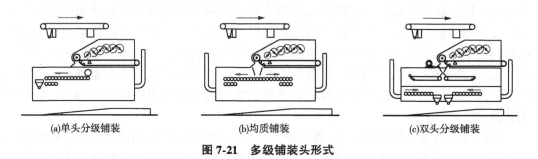

(a)单头分级铺装　　　(b)均质铺装　　　(c)双头分级铺装

图7-21　多级铺装头形式

2组单头分级铺装组合的分级式铺装机，铺装出渐变结构的板坯，用于年产量小于5万m^3的刨花板生产线。铺装头由两层钻石辊组成，上层布置细、中、粗辊；下层布置中、粗辊，数量一般为6根；钻石辊的数量决定铺装机的设计产量。下层钻石辊与上层钻石辊运动方向相反，目的在于保证板坯芯层刨花尺寸基本一致，保证铺装板坯结构的对称性和质量；提供给两铺装头的表芯层施胶刨花比例和数量应一致，即必须保证两分级铺装头结构，调整参数和电机运行速度一致。

2组单级铺装头和一组双头分级铺装头组成的分级式铺装机，铺装出渐变结构的板坯，用于年产量5万~10万m^3的刨花板生产线。表芯层铺装头均由单层钻石辊组成，表层布置细、中钻石辊，芯层布置中、粗钻石辊，钻石辊的数量决定铺装机的设计产量，一般原则是保证最后两个钻石辊无刨花料流为准。如果最后两钻石辊仍有刨花料流，说明钻石辊设计数量少，会使部分刨花因没有得到充分分选直接铺装影响板坯的铺装质量。由于表芯层刨花分开拌胶和铺装，板坯的结构和质量容易控制。芯层的两个铺装头共用一个计量料仓，二次计量带的作用是保证两芯层铺装头得到均匀一致的施胶刨花；剔除废料皮带运输机可有效剔除大刨花、胶团等杂质。

2组单级铺装头和一组均质铺装头组成的分级式铺装机，由2个分级式表层铺装头和1个芯层(机械圆盘辊式或抛撒辊式)铺装头组成，铺装出均匀结构的板坯，用于年产量 5 万~10 万 m³ 刨花板生产线。表层铺装头由单层钻石辊组成，布置细、中钻石辊；芯层铺装头由多只圆盘辊或抛撒辊组成。表芯层刨花分开拌胶和铺装，芯层铺装头采用机械铺装，芯层刨花均匀铺装不分选，铺装出较均质板坯。由于芯层采用机械铺装头，芯层没有剔除废料的皮带运输机，在芯层铺装时，不能有效剔除胶团等杂质。

4 组单级铺装头组成的分级式铺装机，由 4 个分级式铺装头组成，4 铺装头各用单独计量料仓，配套年产量大的生产线。铺装出渐变结构的板坯，用于年产量 10 万~20 万 m³ 刨花板生产线。表芯层铺装头均由单层钻石辊组成，表层铺装头布置细、中钻石辊，芯层铺装头布置中、粗钻石辊。表芯层刨花分开拌胶和铺装，胶斑等杂质能得到有效剔除。

④分级式铺装机的特点　与机械式铺装机和气流式铺装机相比，机械式铺装机应用重力来分选，气流式铺装机应用风力来分选，而分级式铺装机是通过铺装辊的间隙不同来进行强制分选，从而减少了铺装板坯表面出现大片刨花的现象，提高了板面质量，使得贴面质量更好。分级式铺装机具有铺装精度和稳定性较高、噪音低、粉尘排放少、运行成本低、可适应多树种刨花原料铺装等特点。分级式铺装机不同辊区的转速单独可调，生产不同板种时调节简易。

分级式铺装机铺装出的板坯渐变结构明显、压制出的成品板等级高、综合物理性能高，易于砂光、有利于进行二次加工，但是相对于机械式或气流式铺装机价格较贵。

⑤分级式铺装机的技术性能　几种主要国产分级式铺装机的主要技术性能见表 7-3 所列。

表 7-3　几种国产分级式铺装机主要技术性能

项目	技术参数							
生产能力(万 m³/年)	5~10	20~40	5~10	10~20	3~5	5~8	8~10	3	8
铺装头(个)	3	4	3	4	2	2表+1芯	2表+1芯	2	3
板坯结构					渐变结构				
铺装宽度(mm)	2520	2520	1320	1320	1300	1300	1930	1300	2500
料仓宽度(mm)	2520	2520	1320	1320	1300	1300	1930	1300	2520
料仓形式	计量带底	计量带底	计量带底	计量带底	计量料仓	计量料仓	计量料仓	卧式	卧式
计量形式	连续定厚控制				称重			电子称重	
制造商	信阳木工机械有限责任公司				苏福马机械有限公司			昆明人造板机器厂	

注：表头实际为 9 列数据。

钻石辊间间隙调整：细辊间间隙保证在 0.2~0.5mm 范围内，中辊间间隙保证在 1~2mm 范围内，粗辊间间隙保证在 2~5mm 范围内，可根据生产工艺作适当调整。

3. 机械与气流混合式铺装机

施胶刨花进入铺装机料仓，铺装头是两个方向相反的空气循环系统，刨花进入铺装头，气流将刨花往左右两面吹送，细刨花吹到较远处落下，粗刨花就近落下。每个空气循环系统在入口处有风量记录器和风量调节装置。一般风量在 10 000~14 000m³/h，入口处风速 3~5m/s，中间风速 0.5~1.0m/s，可在铺装头内装筛网加以分选。这种设备分选能力很强，板坯表面都是细刨花，芯层全是粗刨花。为了防止芯层过于疏松，可将气流铺装和机械铺装混合使用。一般板坯表层用气流铺装头，芯层用一台或两台分选效果不明显的机械铺装头。如图 7-22 所示为气流铺装头与 1 个分级铺装头组合，可铺装出渐变结构的板坯，用于年产量 5 万~10 万 m³ 刨花板生产线。

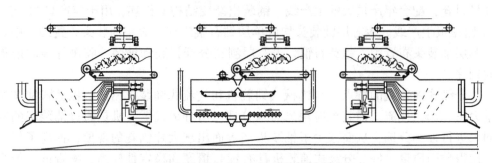

图 7-22　气流铺装和一个分级机械铺装头组合

机械与气流混合式铺装机综合了机械式铺装机和气流式铺装机的优点，可以铺装出表细、中粗的合格板坯。由于表、芯层刨花分开拌胶和铺装，板坯的结构和质量容易控制。可配套大产量刨花板生产线。但机械与气流混合式铺装机占地面积较大，能耗较高。机械与气流混合式铺装机结构种类较多，性能各异，用户应根据生产工艺需要进行选择。以下为几种常见的组合形式。

如图 7-23 所示为气流铺装头与 2 个分级铺装头的组合，可铺装出渐变结构的板坯，用于年产量 10 万~20 万 m³ 刨花板生产线配套。芯层采用两计量料仓和两分级铺装头铺装主要是为提高产量，工作时调整铺装头工作参数一致。

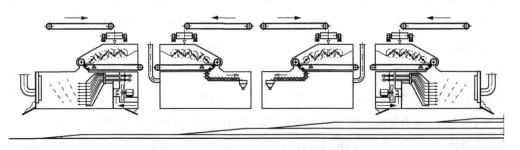

图 7-23　气流铺装和两个分级机械铺装头组合

如图 7-24 所示为气流铺装头与单层圆盘辊或钻石辊组成的联合铺装机。单层圆盘辊或刺辊组成数量由生产线产量决定。一般保证最后铺装辊上无刨花料流为准，如果最后两辊上还有刨花料流，说明铺装辊设计数量少，会使部分刨花没有得到充分分选直接铺装，影响板坯的铺装质量，胶斑等杂质得不到有效剔除。表层为气流铺装头，工作时调整两气流铺装头参数一致。这种铺装机可铺装出渐变结构的板坯，用于年产量 5 万~10 万 m³ 刨花板生产线。

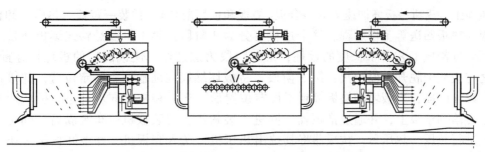

图 7-24 气流铺装头和机械铺装头组合示意图

机械与气流式联合铺装机的技术性能(表 7-4)。

表 7-4 几种机械与气流混合式铺装机技术性能

型号		HBP3725	HP3613/10	HP3613/20
生产能力(万 m^3/年)		5~10	5~10	10~20
铺装头(个)		3	3	4
板坯结构		渐变结构	渐变结构	渐变结构
铺装宽度(mm)		2520	1320	1320
料仓宽度(mm)		2520	2520	1320
料仓形式		计量带底	计量带底	计量带底
计量形式		连续定厚控制	连续定厚控制	连续定厚控制
电机容量(kW)		81.79	81.29	89.45
设备质量		54.5	39.5	49.5
外形尺寸(mm)	长	26 927	26 927	35 849
	宽	6590	5390	5390
	高	7200	7200	7200
制造商		信阳木工机械有限责任公司		

7.4 板坯输送

板坯输送是指将铺装好的板坯送入热压机内的全过程的输送方式。生产中一般采用多条窄皮带组合或单条宽皮带等循环带进行运输。按照板坯送入压机内的形式，板坯输送可分为垫板(热压垫板)输送、托板输送和循环带输送 3 种形式。

7.4.1 垫板输送

垫板输送是指垫板连同板坯一起送入压机内，并参与热压工作的一种形式，用于周期式多层热压，对板坯的强度要求不高。板坯垫板输送一般包含：板坯连续铺装→

板坯预压→裁断→板坯加速运输→合板(垫板和板坯配合)→预装→装板→热压→卸板→分板→垫板回送等工作过程。整个过程可分为4阶段：第1阶段是将连续板坯带进行预压后分割成工艺要求长度的板坯；第2阶段为加速段，使裁割后的板坯快速前进，使之与板坯带脱开一段距离；第3阶段，将板坯继续向前输送到一定位置，并等待合板；第4阶段，当板坯和垫板都到了设定位置后，垫板和板坯同步前进，板坯通过斜输送带落到垫板上，并通过推板器一同进入装板机，待装板机一车装满后一同送入热压机进行热压，热压后，拉板器将其拉出热压机，送入卸板机，并由卸板机一块一块地卸到输送带上。带垫板的刨花板由输送带送经分板器，刨花板被送去继续加工，垫板送到回送输送链，经过冷水冷却并用风力吹干垫板，使垫板温度下降，然后再回到与板坯配合处。这就是从铺装到热压的板坯运输系统。

垫板输送板坯需要有垫板(一般为铝垫板)的循环运输系统，垫板输送系统设备复杂，故障率高，只为我国早期刨花板生产使用，目前只用作湿法纤维板、竹材人造板等松散板坯的输送。

7.4.2 托板输送

托板输送是指托板载着板坯进入压机后，托板返回而板坯留在压机内的一种输送形式，用于周期式多层热压，对板坯强度要求较高。该方式在现代刨花板生产中被广泛采用。托板输送形式的工作过程与垫板输送的过程大致相同，不同之处是托板将板坯送入压机后返回，而板坯被挡在压机内，托板未参与热压工作。

托板输送的优点是热压时没有金属垫板，避免了由于垫板变形和不平所引起的产品厚度误差和压痕，同时省去了垫板回送装置，简化了设备，节省了占地面积，减少动力和能源消耗。采用这种板坯输送方式时，要求胶黏剂的初黏性高，经预压后的板坯必须具有较高的强度。

7.4.3 环形带输送

环形带输送是指板坯通过一条环绕热压机下压板的环形带被送入压机内，环形带周期式运行，环形带参与热压工作的一种板坯输送方式。根据环形带是否通过铺装机可分为连续式和分段式环形带输送，并以连续式居多。根据环形带材料可分为钢带和网带式。

1. 连续式环形带输送

连续式环形带板坯输送是指从板坯成型(刨花铺装)至热压完成在同一环形带上进行，这种装置适合于移动式铺装机和周期式单层热压机生产线，且无须板坯预压。热压过程中，环形带停止运动，板坯停留在压机内，与此同时，铺装机向着背离热压机的方向移动并进行铺装，待铺完一件板坯后，铺装机返回到原来的起始位置，等待下一个周期的铺装，回程距离为环形带一个周期的前进长度。待一个热压周期完成后，压板张开，环形带将下一板坯送入压机内，同时将热压好的毛板送出压机，然后压机闭合，铺装机也开始铺装新的板坯，如图7-25。

这种连续式环形输送带有环形钢带和聚氨酯网带两种。环形钢带的运行由驱动辊带动，由于钢带承受冷热循环的影响，钢带容易变形，且有跑偏现象，从而导致钢带

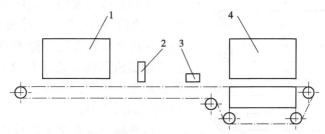

图 7-25 连续式环形带输送板坯示意图
1. 移动式铺装机 2. 板坯分割机 3. 金属探测器 4. 热压机

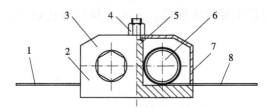

图 7-26 网带链接装置示意图
1. 前网带 2. 下锁紧夹 3. 上锁紧夹 4. 盖板螺母 5. T 形夹
6. 网带张紧杆 7. 盖板 8. 后网带

使用寿命有限，加之钢带昂贵，从而限制了其使用。聚氨酯网带是驱动链条带动 T 型夹而拖动网带，因而不会出现网带跑偏的问题，但是网带长期受高温的作用致使其老化，其使用寿命一般不超过一年。网带装置结构如图 7-26。

2. 分段式循环带输送

分段式循环带板坯输送是指从板坯成型(刨花铺装)至热压完成不在一条环形带上进行，且有一条环形带仅在压板区域内运行，并将送入压机内的板坯输送到设定位置，而前段的板坯输送由其他装置进行输送的一种板坯输送形式。这种装置适合于固定式铺装机和周期式单层热压机、多层热压机及连续式热压机生产线。也可用于固定式铺装机和周期式多层热压机配合。

这种输送装置用于周期式热压时，与固定式铺装机配合，同时需要一个过渡皮带输送机，当铺装好的板坯带被裁断后，加速送入过渡皮带输送机，使后续铺装的板坯得以继续向前输送，而当热压完成后，在过渡皮带和压机内皮带的共同作用下，将过渡板坯送入压机，同时，将压机内的毛板送出压机，如图 7-27。

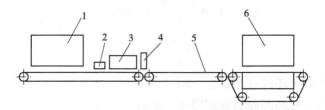

图 7-27 单层压机分段式环形带输送板坯示意图
1. 固定式铺装机 2. 金属探测器 3. 预压机 4. 板坯分割机 5. 过渡带 6. 热压机

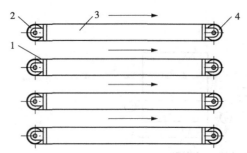

图 7-28　多层压机环形带输送板坯示意图
1. 环形带　2. 从动辊　3. 热压板　4. 主动辊

这种输送装置用于周期式多层热压时，与固定式铺装机配合，当铺装好的板坯带裁断后，加速送入装板机，待装满后，装板机上的皮带运输机和压机内的皮带运输机同步运行，将板坯送入压机，同时，将压机内的毛板送出压机，如图 7-28。

这种输送装置用于连续式热压时，可与固定式铺装机配合，将源源不断铺装成的板坯在多台分段式环形带输送机同步作用下，将板坯送入连续压机内，同时将毛板送出压机。由于连续压机比较长，因此其钢带采用分段式循环带输送。

7.5　板坯处理

7.5.1　板坯预压

预压是指在室温下，将铺装好的松散的板坯压到一定的密实程度。铺装后所形成的刨花板坯结构松散、厚度较大，板坯强度很小，不便于板坯运输，且限制了压机的闭合速度并增大了压机的压板间距，影响了压机的产量和产品的质量。生产上通过预压工序以减小单元间的空隙，增加板坯的密实度来增大板坯的强度和减小板坯的厚度。

板坯预压就是在常温下对板坯加压，使板坯密实，一是可以提高板坯的强度；二是减小了板坯的厚度。可以达到以下效果：①由于板坯强度的提高，可以实现板坯的无垫板运输和快速运输，同时也可以提高压机的闭合速度；②由于板坯厚度的减小，缩小压板之间的间距和油缸的行程，大大降低了压机的闭合时间，并改善了板坯因受热不受压而造成的表层预固化的状况。

刨花板板坯经过预压后，板坯会经过"压缩—回弹"过程。板坯预压后，厚度方向有回弹现象，预压后的板坯比原始厚度减少 2/3～3/4。板坯压缩过程中厚度的变化如图 7-29。

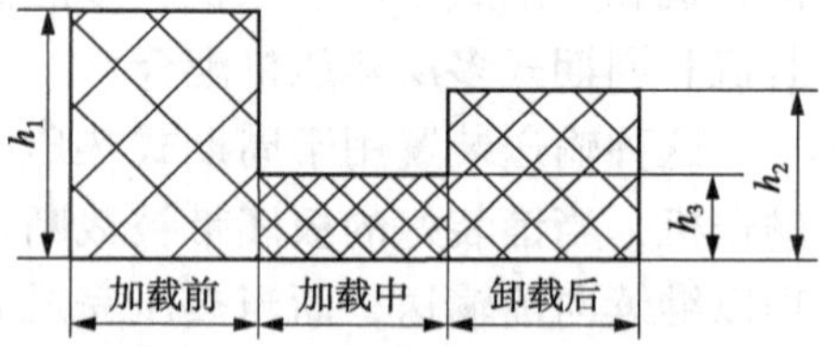

图 7-29　板坯厚度的变化过程

压缩率 C 和回弹率 R 按下式计算：

$$C = \frac{h_1 - h_2}{h_1} \times 100\%$$

$$R = \frac{h_2 - h_3}{h_1} \times 100\%$$

式中：h_1——加载前板坯的成型厚度，mm；
　　　h_2——卸载后板坯回弹后稳定厚度，mm；
　　　h_3——板坯压缩到的最小厚度，mm。

刨花板生产，当采用多层压机无垫板装卸时，板坯必须预压，并且要求预压后的板坯具有一定的初始强度，以保证板坯的传送和装板需要。采用单层压机和连续平压压机时，板坯可不预压，铺装后的板坯直接由网带送入压机。

在冷压机里预压板坯，板坯的压缩程度主要决定于压机的压力。如图7-30所示，单位压力在1.0~1.8MPa以前，板坯压缩程度明显增加，压力超过1.8MPa后，板坯的压缩程度的变化就不大了。预压的单位压力为1.5和3.0MPa时，板坯的厚度

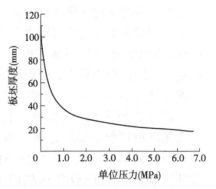

图 7-30　压力与板坯厚度的关系

分别减少61%~62%和68%~69%，板坯的压缩程度分别为260%和320%。生产16mm厚的刨花板，铺装的板坯密度为6.0~6.5g/cm³；用单位压力1.5MPa预压后，板坯密度提高到16.5~17.0g/cm³；用单位压力3.0MPa预压后，板坯密度提高到20.0~20.4g/cm³；预压的时间对板坯最终厚度影响不大，一般预压时间为5~15s。

预压卸载后，板坯厚度有回弹现象，回弹大小与刨花的种类、压力大小和胶种有关。一般回弹率为12%~25%。影响预压效果的因素除预压工艺与设备外，主要还有刨花形态、板坯含水率、施胶量及胶黏剂的特性。

刨花板坯预压有周期式和连续式两类。周期式预压机很少使用。

连续式预压是板坯在受压状态移动时，板坯直接在铺装带上铺装和预压。因此，要求铺装带的速度与铺装速度和预压机的速度相匹配。连续式预压机种类较多，大致可归为两类，即辊式和履带式预压机，但目前履带式预压机由于结构复杂，使用维修困难而不再使用。如图7-31和图7-32所示为辊式连续预压机结构原理。

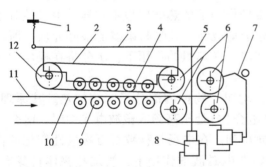

图 7-31　连续辊式预压机结构原理
1. 调节轮　2. 上压带　3. 横梁　4. 上小压辊　5. 活塞杆
6. 大压辊　7. 曲臂　8. 油缸　9. 下小压辊
10. 下压带　11. 成型带　12. 导向辊

图 7-32　刨花板板坯预压机

辊式连续预压机由5对小压辊和2对大压辊组成。上压带形成封闭环，沿着第一对大压辊、5对小压辊的上辊和张紧辊移动。上压带内所有压辊都悬挂在横梁上，横梁两端有调节装置，使横梁升降，梁的前端由调节轮通过丝杠调节上下，梁的后端与液压活塞杆连接，以控制上压带内压，辊对板坯的压力。

下压带沿 2 对大压辊和 5 对小压辊的下辊移动，下压带内压辊都安装在机架或机座上。两对大辊一端装有动力传动齿轮，通过它驱动上、下压带夹着运行。由于几对压辊的间距由前往后逐渐减小，对板坯的压力逐渐加大，板坯压缩量加大。通过最后压辊时，压辊间距最小，受的压力最大，使板坯达到压缩要求。板坯输送带通过预压机的速度为 1~6m/min，压辊的线压力为 200~600N/cm。

履带式预压机（又称高压预压机）有一条循环的塑料表面传送带。通过铺装机到预压机间隔里，预压后的板坯由横截锯截开。预压机的压板在压机的上面或下面，压板分段地绕着端头的辊筒传动，如图 7-33 所示。这种预压机速度可随铺装速度调整。

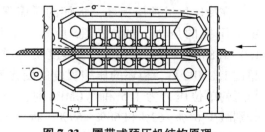

图 7-33 履带式预压机结构原理

7.5.2 板坯预热

为了缩短热压时间，提高热压机的生产率，对热压前板坯预热可以有效地缩短热压时间，提高压机产量，改善成品质量。预热的方法有高频板坯预热、微波板坯预热及蒸汽加热等。

1. 高频微波预热

微波是指频率在 $300 \sim 300 \times 10^3$ MHz 之间的电磁波。用于工业加热的常用频率为 915MHz 和 2450MHz。在电磁场作用下，物料中的极性分子从随机分布状态转为沿电场方向进行取向排列。在微波电磁场作用下，这些取向运动以每秒数十亿次的频率不断变化，造成分子的剧烈运动与碰撞摩擦，从而产生热量。不同介质材料的介电常数和介电损耗角正切值是不同的。在微波电磁场作用下的热效应也不一样。由极性分子所组成的物质，能较好地吸收微波能。水分子呈极性，是吸收微波的最好介质，所以凡含水分子的物质必定因吸收微波能而被加热。在热量的作用下，水分将在板坯中重新分布。

高频、微波加热统称为电磁波加热，均属于物体内部分子摩擦加热。其原理是，当木材、塑料等绝缘体作为被加热物体（电介质）处于高频或微波电场中时，电介质内部具有正负极性的偶极子就会顺电场方向排列。在电场每秒数百万次极性变化的作用下，偶极子产生剧烈运动，摩擦发热。即在电磁波的作用下，被加热物体自身发热。因此，此方法尤其适合大断面尺寸木材制品的快速、均匀加热。

高频加热与微波加热的原理相同，区别在于电磁波的使用频率不同。工业用高频加热的频率通常为 13.56、27、40MHz；微波加热频率为 2450MHz 和 915MHz。另外，加热方式和装置也截然不同。高频加热是将被加热物体放置在 2 张电极板之间，对电极板施加高频电压，通过高频电场加热；微波加热一般是将被加热物体放入金属炉内，通过微波照射加热。

用高频预热，不会引起树脂固化，但可减少热压时间。小幅面压机，热压机本身可以用高频加热，如用大幅面单层压机，在压机外围装配特殊电容器用来发生高频。

用高频预热板坯,使刨花板坯温度上升到 70~80℃,但要掌握大面积电容器的交变磁场比较困难。在高频隧道中将板坯预热到 50℃,有可能使刨花板每毫米厚的热压时间缩短 5s。每平方米刨花板需要高频功率(不包括辐射功率和热功率的损失)为 16kW。

由于高频预热耗能多,经济成本太高,因此,只在少数大规模的生产线上得到了应用。

为了缩短热压时间,也可采用高频装置预热板坯。利用高频预热装置加热预压板坯,使其温度增至 27~71℃,从而使板芯层所需增加为 250~350t/d(板厚 16mm)。如采用高频预热板坯,则产量可达到 500t/d。

板坯预热一般以蒸汽为介质通过平板传热实现,微波预热和高频预热虽然都具有加热均匀快速的优良特性,但由于其耗电量大、生产成本高,所以目前还停留在实验研究阶段,难以应用于规模化生产中。

2. 喷蒸预热

板坯预热系统是在板坯进压机前用热空气和蒸汽混合成湿热气体,直接从上下两面多处穿透板坯进行加热。通过热空气和蒸汽比例的变更精确调节板坯预热温度,使板坯预热后塑化,减小了进入压机后加压的单位压力,也解决了板坯芯层加热慢与表层温差大的难题,不仅提高了近 10% 的生产能力,也提高了板材的产品质量。

板坯喷蒸预热方法是利用热含量高的水蒸气迅速通过板坯而将热量传递给板坯,提高板坯表层芯层的温度,以减小板坯在压机内表层和芯层温度差,提高压机产量和改善产品的质量的有效方法。

辛北尔康普公司 ContiRoll 连续压机改进了板坯在进入压机之前对板坯进行预热。这一技术应用在 OSB 预热方面和 MDF 的生产当中。

在板坯进入热压机之前预热板坯能通过两种不同的方式完成。一种工艺使用电磁波如 HF(高频)或微波;另一种工艺通过气态混合物对板坯预热。通过使用电磁波进行预热有一种优点但是存在两种显著的缺点。优点是这种工艺能被用于加热几乎每种木质板坯(刨花板,OSB,MDF,LVL 等)。其缺点之一是需要耗费昂贵的电能。另外一个缺点是胶水和水相对木头而言能吸收更多电磁场的能量,这有可能带来板坯的不均匀受热。而局部过热则会对胶水带来严重破坏;使用气流的方式进行预热只能在气流能穿入或穿过木质板坯的时候才能进行。以这种方法,热空气,热蒸汽或一种热蒸汽—空气混合物能够被用作热量的载体介质。热空气在穿过较冷的板坯时会释放热量,从而加热板坯。如果蒸汽被使用作为热量的载体介质,板坯只会被在木质刨花或纤维的冰冷表面冷凝后产生的蒸汽加热。在这一过程中,曾用于蒸发水的能量被释放出来。水蒸气冷凝的能量拥有的热量相比热空气来说要高许多倍,使得其能够非常快地加热板坯。

使用气流的方式预热板坯在目前还不能得到广泛的应用。虽然空气广泛存在,但由于空气能携带的热量较少,因而其预热的效率低是其不被采用的主要原因。此外,热空气不能够被均匀地加热。从而温度和湿度发生变化有可能导致严重的技术问题。

如果纯蒸汽能被用于预热木质板坯,板坯将能通过冷凝被加热到最高 100℃。如果要使更大的零件或整个板坯能被加热,就需要足够量的蒸汽穿过板坯。在蒸汽开始作用于板坯处，一个冷凝锋沿着气流的方向穿过板坯，将板坯中的已被加热的部分从还未被加热的部分分出。如果板坯厚度中的大部分被加热，就需要更多的蒸汽作用于板坯，且被加热到100℃的板坯部分也会更大。

使用蒸汽冷凝进行预热的技术的优势在于能够使用蒸汽和空气的混合物，从而避免了使板坯的温度超过期望的预热温度。期望的预热温度能通过调整混合物中的蒸汽量而被精确地设置。

预热温度同蒸汽-空气混合物的凝露温度相同。当混合物被降至蒸汽开始冷凝的温度时，即为凝露温度。在这一温度空气变得湿润且相对湿度达到100%。如果蒸汽-空气混合物同温度低于混合物露点的表面相接触，则在表面上会发生冷凝。这一表面冷凝会随着表面达到同混合物露点相同的温度而很快结束。

在混合了蒸汽和空气之后，可生成只包含露点在0℃和100℃之间的空气混合物。因为露点依赖于蒸汽-空气混合物中蒸汽的数量，板坯应达到的温度能通过露点控制的方式精确设置。如果预热温度/露点温度以这种方式被选择，那么将不会引起对胶水的任何破坏，混合物能被作用于板坯，直到其完全被加热到所期望的预热温度。

由于蒸汽冷凝，木质板坯的湿度随着温度每升高10℃增加大约0.7%。这一湿度的增加在预热的过程中均匀遍布整个板坯，且是能够被计算出来的。因此，在任何时候都不会导致技术故障。

空气-蒸汽混合预热系统具有如下特点：

①快速加热木质板坯至预热温度。

②非常高的能量需要被用来汽化水分，且在冷凝过程中释放，使得水蒸气成为出色的热量及能量来源。对于预热木质板坯来说，仅需要少量的水蒸气/蒸汽-空气混合物并在数秒钟内作用完毕。

③通过系统化及均匀加热到达预热温度。蒸汽-空气混合物中的蒸汽随着温度降到露点之下而开始冷凝。空气中含有越多的蒸汽，露点就越高，从而蒸汽冷凝温度也更高。通过控制蒸汽-空气混合物中蒸汽的数量，木质板坯通过蒸汽冷凝应到达的温度能被简单地设置。

④在到达期望的预热温度之后，蒸汽就不再发生进一步的冷凝。因而对木质板坯的过度加热也就不可能完成。因为蒸汽-空气混合物的温度仅比露点的温度高一点点，且因为整个预热工艺仅需数秒，所以通过板坯的热空气也不会造成板坯的过热。

混合腔是蒸汽-空气系统的主要组成部分。空气和精确量的蒸汽相混合，以达到露点的技术指标。预热温度控制是非常可靠的，允许在很长的时间内维持在稳定的露点。混合气体通过隔热的供应管道，从混合腔输送到预热器，然后在这里通过漏斗和蒸汽喷射板作用于板坯。

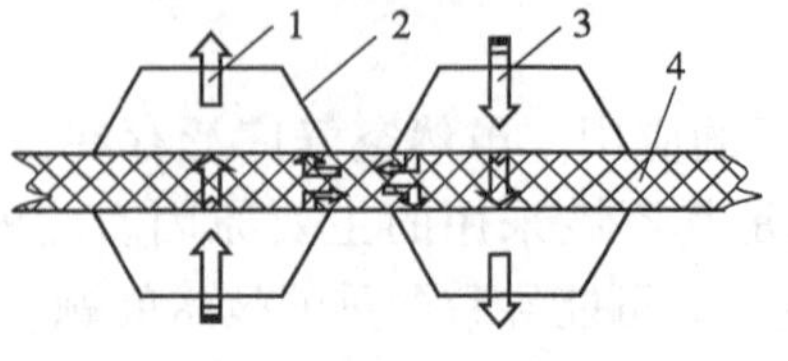

这一原理同OSB中的空气-蒸汽混合预热系统过程相似。如图7-34所示为蒸汽预热系统的侧面示意图，预热器上方和下方的蒸汽面板各自带有循环筛带，可看到预热器的这两个部分各有1.5m长的截面示意图。

图7-34 板坯蒸汽预热原理图
1. 冷介质　2. 密封罩　3. 热介质　4. 板坯

在 OSB 系统中，混合气体从板坯的中心向板坯的边缘流动。这一流向在 MDF 中是不可能实现的，因为 MDF 板坯具有较高阻力。对于混合气体来说想要完全加热 MDF 的唯一方式就是从垂直方向通过板坯。

图 7-35 中显示了蒸汽-空气混合气流在预热器的截面图上如何从上至下垂直穿过 MDF 板坯。如果在混合气体穿过板坯时有压力损耗，将会导致板坯吹风管压力过大并损坏板坯边缘。为了避免吹风管压力过大，在现有的混合物吹风

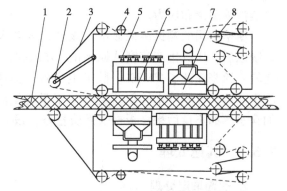

图 7-35 板坯连续预热原理图
1. 板坯　2. 进料角调整装置　3. 同步网带　4. 驱动装置
5. 蒸汽调节阀　6. 喷蒸装置　7. 反抽装置　8. 张紧装置

机旁还使用了抽风机。另一个系统化界面显示了蒸汽-空气混合气流穿过板坯时是以相反的方向，举例来说，从底部到顶部。从而，温度和湿度被保持在尽量低的程度，即使在预热之后，也使板坯能够保持其均匀的密度特性。

在对 MDF 板坯的预热时不可能像 OSB 预热，无法采用均匀气流对不同宽度的所有产品都进行自动预热。因此，MDF 预热器拥有内设的宽度调节装置，允许调整气流的吹入宽度，以及抽出宽度，可根据特别产品的宽度来确定。

安装有空气-蒸汽混合预热器的生产线上能够生产厚度范围在 6～60mm 之间的刨花板，其预热温度在 50℃ 到 75℃ 之间。因为在更低的露点温度，混合物中的空气数量增加使得预热过程变得更低效。因此，预热温度不应该低于 60℃。

为了弥补空气-蒸汽混合预热过程中吸入的湿度，刨花中的水分应该在预热之前通过快速烘干被减少。施胶同样也应适应空气-蒸汽混合预热器的生产状况，特别是对于采用低速进给生产出来的厚板。当使用足够高速进料且适用于更高预热温度的胶水时，在 75℃ 的预热温度下只需要增加极少的胶水消耗。

从使用空气-蒸汽混合系统的刨花板生产经验显示：对于板材厚度在 6mm 以上的情况，通过将温度预热到 60℃ 和 75℃ 之间，平均每升高 1℃ 可获得的产量增长为 0.8%。在某些案例中，平均每升高 1℃ 可获得 1.2% 的产量增长。从 30℃ 到 70℃ 加热板坯所带来的结果相当于将产量增加 30%～50%。

2011 年 4 月，意大利意玛(IMAL)公司为澳大利亚的博格(Borg Industries)公司成功安装了 1 套 DYNASTEAMR 动力喷蒸系统(图 7-36)。意大利意玛公司推出的动力喷蒸系统 DYNASTEAMR 是人造板连续压机生产线的辅助系统，该系统主要用于板坯进入压机前，将蒸汽喷在其上表面和下表面，从而提升压机和板材的多项性能。该系统可以根据压机生产线的生产速度和板材类型，通过 PLC 编程控制器均衡调

图 7-36 板坯预热系统(意玛公司)

整蒸汽喷射量和压力。

博格公司的测试结果显示,该公司 8 英尺连续压机在安装了意玛公司的动力喷蒸系统以后,压机生产速度从原来的 175mm/s(生产 16mm 厚板材)提升至 215mm/s,产能较之原来提高了 22.8%。除了生产效率提高外,板材的剖面密度质量也得到了很大改进。这项专利技术的创新之处在于系统虽然喷射饱和蒸汽,但是并没有导致大量增加含水率的不良后果。板材表面质量好,没有水渍斑痕,也没有其他缺陷。

7.5.3 其他处理

1. 表面增湿处理

板坯表面喷水处理就是在板坯进入压机之前,将雾化后的水喷洒在板坯表面,洒水量一般为 $40 \sim 80 \text{g/m}^2$,可以有效地补充空气干燥季节板坯表面的水分蒸发,同时,增大板坯表面的含水率,可以改善传热速度和减少压机闭合时气流对板坯的破坏。

经过对上海人造板机器厂生产的年产 3 万 m^3 生产线(机械铺装段)上进行试验表明:刨花板板坯喷水量为 $60 \sim 100 \text{g/m}^2$,经增湿处理过的板材预固化层明显减少,减少幅度可达 30% 左右,同时板面更光滑密实,有利于提高砂光质量。增湿处理过的板材预固化层厚度一般在 $0.5 \sim 1 \text{mm}$,而未增湿处理的一般在 $1 \sim 1.5 \text{mm}$。

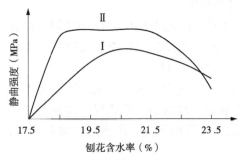

图 7-37 表层刨花含水率与板静曲强度关系
Ⅰ. 表面喷水　Ⅱ. 空气增湿

如图 7-37 所示是采用喷水(Ⅰ)和空气增湿(Ⅱ)处理方法,改变表层刨花含水率,其含水率与板材静曲强度的关系。可见当改变表层刨花含水率时,引起板材的静曲强度改变,当表层刨花含水率为 20% 左右时,板材的静曲强度最大。板坯表面增湿处理方法也对板材的性能有影响。采用板坯表面喷水增湿方法对板材静曲强度的提高效果不如采用表层刨花调湿处理增湿方法对板材静曲强度提高的贡献度大。在其他工艺条件相同的条件下,表层刨花含水率从 12% 提高到 20%,静曲强度提高 3%~15%。此外,所用木材树种的密度越大、刨花的厚度越厚,则含水率对板材强度的影响越大。

表层刨花含水率提高能改善板材强度的原因是水分增加了刨花的塑性。塑性大的刨花可压塑性好,在相同压力条件下增加了刨花间的接触面积,胶合效率高。刨花含水率高时,吸收胶液中水分的能力弱,有利于胶液在刨花表面流动分布,因此有利于提高胶黏剂的胶合效能。在满足板材热压时水分排出效能的前提下(即在限定的热压时间内,卸压时不分层鼓泡),尽可能提高表层刨花含水率,有利于提高板材表层密度。表层和芯层的含水率梯度,应能满足板坯热压工艺要求。

尽管提高含水率,特别是表层原料的含水率,能够产生蒸汽冲击效应,然而过量的含水率也会延长胶黏剂的固化时间,尤其是芯层刨花上胶黏剂的固化时间会延长。板坯含水率不应高于 23%。

2. 板坯裁切

板坯裁切包括裁边和裁断两部分。对于纤维板生产来说，很多板坯由于铺装机侧板的影响而导致板坯边部厚度不均匀，所以预先使板坯的铺装宽度大于板坯热压需要的宽度，待板坯出铺装机后先裁边再预压的工艺。现在由于铺装机质量的提高，可以省去板坯裁边工序。刨花板由于板坯较薄，板坯边部整齐而无需裁边，胶合板板坯组坯后也无需裁边。

经成型后的连续板坯要么先裁断再热压，要么先热压后裁断。横截对于周期式压机生产线来说，板坯必须先裁断后热压，对于连续热压机生产线来说是热压后再裁边分割。对于连续板坯或成品，必须使用连续截断锯来完成。

斜向式横截锯比移动式横截锯结构简单（图 7-38），但是调整时间比较长，造成废品较多，只适合于不需要经常调整成型速度或裁截速度的生产线，但使用数控设备，则有效地解决了此问题。移动式横截锯锯板时要求与板坯同步前进，因此设备比较复杂，且要求精度高，更适合于裁板速度需要经常调整的连续板坯带和产品的裁断，例如连续热压生产线。

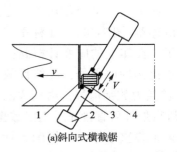
(a) 斜向式横截锯

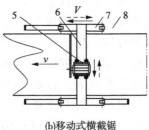
(b) 移动式横截锯

图 7-38　连续横截锯示意图
1. 锯片　2. 支座　3. 轨道斜梁　4. 斜向跑车　5. 横向跑车
6. 轨道横梁　7. 纵向跑车　8. 纵向轨道

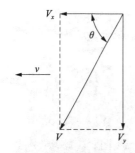

图 7-39　斜向式横截锯横截运行速度与板坯前进速度的关系

对于斜向式横截锯来说，由于板坯是不断运行前进的，如果要裁出直角边，则斜向式横截锯切割工具必须与板坯运动方向成一定倾角。横向切割速度应该与板坯严密配合，即横截的纵向分速度必须等于板坯前进的速度。对于大规模生产线，可平行配置两台斜截锯交叉使用，以满足产量要求。

如图 7-39 所示，对于一台设备来说，横梁斜角是固定而不能调整的，即 θ 为设备厂家设定，可调的参数为横截锯的运行速度 V，如果板坯前进速度为 v，那么

$$v = V_x$$
$$V_x = V\cos\theta$$
$$V = \frac{V_x}{\cos\theta} = \frac{v}{\cos\theta}$$

由公式可知，当板坯速度一定时，θ 越大，V_x 就越小，这对行程开关的冲击较小，一般 θ 不变，只能用横截速度 V_x 来调整。所以横截锯的运行要求无级调速电机才能保证切成直角边。

7.6 板坯的在线监控

1. 板坯密度检测

目前控制刨花板的密度分布通常采用3种手段：①用板坯秤称量铺装带上板坯的平均质量，然后进行人工或自动调节；②在试验室用 DA-X 剖面密度仪对样品进行扫描检测，检测精度很高，适用于对产品最终质量的把关，但指导生产、调整工艺滞后；③由在线剖面密度检测系统 Sten Ograph 对生产线进行自动连续扫描，配合高速计算机及相关软件进行记录和即时显示，指导操作人员及时调整工艺；但由于检测装置昂贵，很难在多层压机生产线上大量推广。

（1）板坯在线称重

主要由承载器、称重显示仪表（简称仪表）、称重传感器（简称传感器）、连接件、限位装置及接线盒等零部件组成，还可以选配打印大屏幕显示器、计算机和稳压电源等外部设备。

图 7-40　桥式称重传感器

被称重物置于承载器台面上，在重力作用下，通过承载器将重力传递至称重传感器（图 7-40），使称重传感器弹性体产生变形，贴附于弹性体上的应变计桥路失去平衡，输出与重量数值成正比例的电信号，经线性放大器将信号放大。再经 A/D 转换为数字信号，由仪表的微处理机（CPU）对重量信号进行处理后直接显示重量数据。配置打印机后，即可打印记录称重数据，如果配置计算机可将计量数据输入计算机管理系统进行综合管理。

利用应变电测原理称重。在称重传感器的弹性体上粘贴有应变计，组成惠斯登电桥。在无负荷时，电桥处于平衡状态，输出为零。当弹性体承受载荷时，各应变计随之产生与载荷成比例的应变，输出电压即可测出外载重量。通过仪表的通讯接口可以与上位机连接。

一般传感器采用惠更斯电桥测量，应用中是几个传感器并在一起，输出信号为几个传感器的平均信号。

（2）密度检测

密度仪是采用 X 射线技术，根据不同板块厚度，横向扫描板块的密度分布；其量程范围为 $400 \sim 1500 \text{kg/m}^3$，测量精度 $\pm 0.5\%$，它可测量板块的平均密度、上下表层的平均密度（或者砂光公差）、上下表层最大密度所在位置、最小芯层密度、最小芯层密度与平均密度之比等，是分析和监测刨花板质量的重要自动化仪表。

利用 X 射线被坯料吸收而衰减的原理在线连续无损伤检测板材密度分布情况，检测数据可为快速、可靠地调整生产工艺参数提供依据，从而保证产品的质量。通常板材由于其用途和规格不同，其密度有所不同。该检测装置可以直接反映板坯的密度分布情况。当密度达不到最低要求时，可通过调整各工序的参数来改变密度分布。

检测和控制板坯的密度,目的是为了控制板子的密度。此装置可安装在铺装机后面,也可以安装在热压机前面。检测板坯的密度,可以通过称量板坯的质量来检测平均密度,也可以通过检测板坯单位面积上的质量来检测。

检测板坯单位面积上的质量,可通过同位素控制装置实现。该装置安装在环绕板坯的框架上,框架横梁的下面装有射线发射源,上面装有射线接收室,发射源和接收室可在垂直于板坯运行方向的横梁上同步移动。当板坯穿越同位素控制装置时,发射源发出的射线一部分被板坯吸收;另一部分进入接收室。板坯吸收射线的量与板坯单位面积的质量成正比。未被板坯吸收的射线进入接收室,形成电离电流,该电流与标准值比较,以检测板坯单位面积的质量是否符合要求。若达不到要求,则同位素控制装置将发出信号,自动调节铺装机,改变下料量,从而改变板坯单位面积的质量,以调整板坯的密度。

如图 7-41 所示为 X 射线密度探测仪。利用该仪器,可以对板坯进行非接触式监测。这种移动式(BWQ)或定点式(BWS)面密度在线检测系统,可安装在铺装机的出口处。当铺装后的纤维经过在线检测传感器时,系统即可连续地显示出板坯面密度的分布情况,并自动反馈调整铺装均匀度,减少因密度不均而导致废板以及砂光、胶黏剂、能源消耗增加和人工浪费,特别适合于年产 5 万 ~ 10 万 m³ 的刨花板生产线。

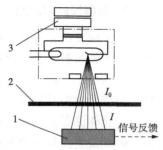

图 7-41 X 射线测量原理

1. 探测器　2. 板坯　3. 发射器

如图 7-41 所示,X 射线发射头和探测头分别安装在被测板坯层的上下侧,从发射头发出的 X 射线穿过纤维层后强度发生衰减,并被探测头检测到。能量强度减少的程度与物料的成分、密度和厚度相关,可由下式进行变量计算:

$$I = I_0 \cdot e^{-\mu \cdot \rho_A}$$

式中:I_0——射线发射强度;

I——穿过纤维层后被探头接收到的射线能量;

ρ_A——面密度;

μ——吸收系数,与所用射线和产品种类相关,只要射线和材料确定,吸收系数基本为常数。

因此,能量的吸收只与面密度相关。基于物理射线测量物体质量的理论,不管选用哪类射线,通过测量 I 和 I_0,均可精确确定被测物体的面密度。经过计算机处理,吸收系数和面密度可以由标定程序自动计算确定,而且大部分系统都允许操作人员现场标定,即使更换物料种类,同样可以进行测量。

根据接收探头收到的信号变化,确定物料面密度的变化,测量单位以 kg/m² 表示。材料不同,需要选用的射线源不同,木质物料可使用 X 球管射线源,其他材料如石膏、水泥等,则要选用穿透力较强的同位素源。

平面重量测量装置是基于 X 射线原理,采用固定且非接触式的 BW4 型平面重量测量装置,可以连续地测量铺装板坯的重量情况,根据铺装密度,为调整铺装工艺参数提供依据。

基于同样原理的移动非接触式的 BWQ2000 型平面重量测量装置，可以连续地在铺装状态下对板坯在整个宽度方向上直接进行测量，板坯的整个剖面可以在预压前或预压后记录下来，测量出的精确平面重量数值以表格形式在监视器上显示，操作者依此来调整，使板坯剖面均匀。该装置现被广泛用于连续式加压生产线中。

2. 含水率检测

新型非接触式的水分测定仪是基于红外线测定的原理，通常安装在干燥设备后或施胶设备后测定刨花或纤维的含水率。新型 IR3000 型水分测定仪可用于生产过程中的刨花和纤维含水率测定；基于微波测定原理的 MWF3000 型水分测定仪，通常也安装在干燥设备后或施胶设备后来测定刨花或纤维的含水率，以便及时调整干燥设备和施胶设备的工艺参数。

3. 金属探测与剔除

为了保证产品质量，不少生产线上除设置了板坯密度检测装置。有的生产线上还装有金属物检测装置，以剔除夹在板坯中的金属物，确保设备安全。当混入板坯的金属物会损伤热压板或连续热压机的钢带，造成重大的经济损失。因此，在板坯进入压机之前应及时将其剔除。

金属探测器是由一个射频发生器和一个射频接受器组成，用于检测板坯中的金属物。射频发生器是一个射频磁场，射频接受器则与之相匹配，形成一个平衡系统。当板坯中夹带着金属物通过探测器时，会破坏二者的平衡。接受器将发出信号，通过控制装置发出警报，或将夹带金属物的板坯直接排除。

此外，还可以在物料经过的路径上，安装永久性磁铁，也可直接剔除金属(铁)杂物。

本章小结

刨花铺装是刨花板生产的一个重要工序，铺装质量直接影响产品的外观、物理力学性能。刨花铺装有气流铺装和机械铺装两种方法，气流铺装机的铺装头可以同时铺装表层和芯层刨花，且刨花的分级效果明显，特别适合表层刨花的铺装；机械铺装机对刨花的分级效果不很明显，一般采用分层铺装，适合于不同生产规模的需要，更适用于芯层刨花的铺装。

刨花铺装应根据产品的结构要求选择铺装方法，同时要保证板坯上层和下层刨花与板坯的中心平面应结构对称，同一厚度层刨花形态要均匀一致，并且应保证板坯的重量满足产品密度的要求。

板坯预压可以减小板坯的厚度和增加板坯的强度，便于板坯的输送和压机的快速闭合，并减小压板的开档和压机的闭合形成。板坯预压的方式一般采用辊式连续式预压机，压力用线压力表示；板坯预热可以有效地缩短热压时间而提高压机产量，也可改善产品断面密度分布而改进产品力学性能；板坯输送一般采用皮带等牵引或直接运输，根据板坯送入压机内的形式可有垫板输送、托板输送和循环带输送。垫板输送已遭淘汰，而托板输送多与固定式铺装机配合用于多层热压，连续式循环带输送多与移动式铺装机配合用于单层热压，分段式循环带多与固定式铺装机配合，用于多层热压和连续热压。

板坯的在线监测包括板坯含水率检测、密度检测和金属探测等。含水率检测时为热压提供依据，防止鼓泡分层，密度检测是为了控制铺装精度和产品密度，金属探测是保证加压设备的安全。

思考题

1. 刨花铺装的工艺要求是什么？怎样检测铺装精度？
2. 铺装机料仓的作用是什么？有什么要求？
3. 简述气流铺装机的基本组成及工作原理，并说明其工艺特点。
4. 简述多级铺装机的基本组成及工作原理，并说明其工艺特点。
5. 板坯预压的目的和作用是什么？预压设备有哪些？
6. 板坯预热的目的和作用是什么？比较不同预热方法的特点。
7. 板坯的输送有几种形式？各有什么特点？
8. 板坯的在线监测包括哪些内容？有什么作用？

第 8 章

热 压

[**本章提要**] 热压是指在一定的温度和压力作用下，将刨花板坯压制成具有一定密度、一定厚度和一定强度刨花板的过程。热压包括有热量传递和水分的移动、刨花软化塑化及胶黏剂固化等，是一个复杂的物理化学过程。前期的所有工作都是为热压做准备，而热压方法、工艺及设备将直接影响产品质量和产量。本章阐述了刨花板的热压三要素的基本作用，分析了板坯的热量传递、水分转移、密实化过程及其关联因素的影响。说明了热压三要素及热压方法对刨花板制造质量的影响及其热压工艺的制订方法，介绍了周期式单层热压和多层热压机、连续辊压和连续平压法相关设备的基本结构及性能特点，以及挤压法的基本原理和特点等，为刨花板的压制提供了理论依据。

热压是指板坯在热压机中，通过温度和压力的作用，将其压制成具有一定密度、一定厚度和一定强度的板材或型材。热压实质就是刨花、胶黏剂和含水率在热力及压力的作用下产生物理化学变化的过程，也是刨花板板坯密实化、稳定化及强化的过程。它是刨花板生产的关键工序，直接影响到产品的质量、等级率和生产线的生产效率等。

8.1 热压基本理论

8.1.1 概述

1. 热压的作用

热压的基本作用包括两方面：一是使胶黏剂固化；二是使板坯压实到要求的厚度。加热使刨花表面的胶层温度升高，加压使板坯中刨花紧密接触，最后胶黏剂充分固化，并将压实后的刨花黏结在一起。

热压包含热压条件、热压对象及热压过程三方面内容。

(1) 热压条件

热压条件包含热压方法、热压设备及热压工艺等。刨花板生产使用的热压方法不同，其热压条件也应作出相应调整。只有合适的工艺条件才能有效地制造出优质的产品。热压条件包括热压温度、热压压力及热压时间等。

(2) 热压对象

热压对象就是板坯，包括刨花、胶黏剂及其水分数量及特性等。主要指刨花的形态、树种种类、板坯结构及板坯厚度，胶黏剂的施加量及特性，水分的含量及分布状况等。

(3)热压过程

指板坯受热受压的过程,涉及到板坯的传热传质、胶黏剂的界面润湿和浸润、化学反应和物理吸附、刨花的压缩流变、弹塑性变形、水热降解、塑化定型等诸多问题,并且会因为胶黏剂的种类、刨花的形态及种类,热压工艺条件及热压方法等热压过程中的诸多因素的不同而发生差异。

在热压过程中,通常用热压三要素(热压温度、热压压力和热压时间)来说明刨花板的热压工艺条件。在生产中必须根据原料种类、生产设备、工艺方法、气候因子等条件,制定合理热压工艺,充分发挥热压机的生产能力。

2. 热压方法分类

刨花板的热压方法很多,可按照板坯的受力方向、运动状态、加热方式等进行分类。

(1)按板坯受力方向

热压方法根据作用于板坯上压力的方向可分为平压法、辊压法和挤压法(图8-1)。

①平压法 加压方向垂直于板面,可分为连续式和周期式热压法,成品板平面强度大,长、宽方向吸水厚度、膨胀小,板的厚度方向变形大。

②辊压法 加压用压辊加压,作用力方向为压辊的径向且垂直于板面,为曲面加压成型的板材,未解决变形问题,成品板类似于平压法生产的板材。

③挤压法 加压压力方向平行于板面,成品板的宽度方向强度较大,厚度方向吸水膨胀变形小,长度方向吸水膨胀大、强度小。

(2)按板坯在热压机的运动状态

根据板坯在热压机的运动状态,可分为周期式热压法和连续式热压法(图8-2)。

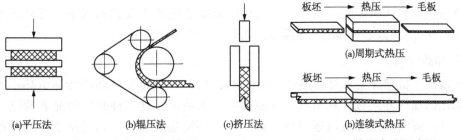

图8-1 热压方法示意图　　图8-2 热压方法示意图

①周期式热压法 指热压包括"装板→压板→卸板"的循环工作过程。它是刨花板生产中普遍使用的加热方法。周期式热压法可分为单层热压法和多层热压法。周期式单层压机很适合无垫板工艺。

②连续式热压法 指板坯带在热压过程中处于运动状态的一种方法。它是目前正在发展和应用的热压方法。连续式热压法又包含有连续式平压法、连续式辊压法和连续式挤压法。其中连续式双钢带热压机是目前大规模刨花板生产普遍采用的一种方法。

(3)按板坯的加热方式

根据加热板坯方式可分为接触加热、高频加热、接触-高频联合加热。

①接触加热　板坯的加热是靠板坯和加热板直接接触，这种方法用得较多。

②高频加热　板坯的加热是由于它处在高频电场下，靠本身内部的介质加热，这种方法很少单独使用。

③接触-高频联合加热　是将上述两种方法组合在一起，目前已有应用。

接触加热因经济性价比高，工业实现难度小而仍然是刨花板热压使用最广、数量最多的热压方法，高频加热因能耗大、成本高而主要用于特殊热压，尤其是适合于板坯传热比较困难的生产，接触-高频联合加热法是以接触加热为主、高频加热为辅的一种板坯加热方式，因设备复杂，投资大，主要用于扩大大规模生产线的生产能力和提高产品质量。

3. 热压机的工作过程

了解热压机的基本结构及工作过程对理解热压温度、压力及热压时间等因素对热压的影响和制订合理的热压工艺非常必要。

周期式热压机的基本组成包括框架、加热系统、加压系统及控制系统四大部分(图 8-3)。热压机工作时，首先将热压机的热压压力及热压温度设置调整好，接着将板坯送入热压机压板间隔层中，然后运行热压机。不带同时闭合装置的热压机压板闭合时，其压板是从下至上依次闭合，压板张开则是从上至下逐渐打开，因此下层受压时间长，上层受压时间短。这类压机不但闭合时间长，而且预固化层也较厚，因此降低产品性能。为了克服这些缺点，刨花板热压机一般装有同时闭合装置，

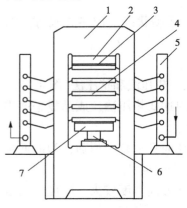

图 8-3　热压机的基本组成
1. 机架　2. 固定横梁　3. 隔热层
4. 热压板　5. 供热系统
6. 液压系统　7. 活动横梁

这种热压机的热压板能同时动作，在压板间隔减小速度不变的前提下，可显著增加油缸的运行速度(可压板间隔数的倍数)，达到同步快速闭合的目的。

4. 加热介质

常规热压机热压是通过加热介质(热能的承载体)的传导将热能传递给热压板。热压机采用的加热介质有饱和蒸汽、高温热水、热油等。这三种介质的显著特点是性能各异，特点鲜明。饱和蒸汽运行压力高，不需要输送设备，但热容量小，余热不便回收利用；高温热水运行压力高，需要输送设备，且热容量大，热能可循环利用；导热油运行压力低，需要输送设备，且热容量大，热能可循环利用。目前，我国大多数新建的刨花板生产线都采用热油作为加热介质，这主要是利用导热油热容量大、运行压力低、设备故障少等显著的优点。

8.1.2　热压温度

1. 温度的作用

热压温度是热压三要素之一，热压温度的高低和稳定直接影响到热压机的产量和热压制品的质量，因此，热压温度的选定非常重要。

热压温度的基本作用主要是为板坯的热质传递、胶黏剂固化和刨花塑化提供热能。其作用表现如下。

(1) 加速胶黏剂固化

因热固性胶黏剂胶合性能好,固化速度快,因而在刨花板生产中一般采用热固性胶黏剂。加热有利于缩短热压时间,提高压机产量,同时还可以改善胶合质量。

(2) 塑化刨花

木材是弹塑性体,温度可以降低木材的弹性,软化木材,并增加其可塑性,减小单元的抗压强度。研究表明,木材在高温高湿的条件下,会产生塑性变形,并转变为永久性变形。如果不对板坯进行加热或加热不足,为了达到要求较高的密度和刨花之间应有的接触面,就需要有较高的压力,板坯还会严重反弹。

(3) 降低胶黏剂的黏性

温度可以降低胶黏剂的黏度,并使胶黏剂在刨花表面产生一定的流动性,有利于润湿刨花,促使胶黏剂在刨花间的转移,提高胶合强度。

(4) 蒸发多余水分

板坯内部的水分可以加快热量传递,但多余的水分如果不能蒸发出来,则会影响胶合质量,甚至引起鼓泡和分层。

在周期式热压机中,热压温度固定不变(特殊工艺除外),每个热压周期热压板都需要将常温板坯进行接触加热,如果冷板坯吸走的热量得不到及时的补充,压板温度将会有所降低,特别是对于热容量低的蒸汽介质加热的热压机更加明显。在连续式热压机中,热压机温度可以分段设定,一般工艺设定温度为前高后低,且只有前段接触冷板坯,而后段都是接触经前段加热的温度相近的热板坯,所以压板温度易于稳定。

2. 板坯的温度特征曲线

(1) 板坯的表层芯层的温度变化曲线

板坯进入热压机内,与热压板直接接触的板坯表层首先受热,然后热量再经表层传递至芯层,这种时空差将会导致板坯内的温度差异。如图 8-4 所示是板坯热压时间与板坯表层和芯层温度的变化关系。根据表层和芯层温度变化特征将总的加压时间分为 5 个区段。

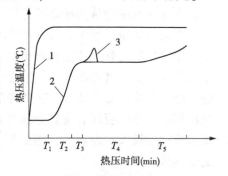

图 8-4 热压时板坯表层芯层温度
时间特征曲线
1. 表层 2. 芯层 3. 过热蒸汽区

T_1 区段——表层急速升温。此时间段内板坯表面温度迅速提高到接近压板的温度,而热量尚未传递到芯层,因而芯层温度尚未提高。

T_2 区段——芯层快速升温。板坯芯层温度开始上升,一直升到水分开始蒸发为止,这段时间温度上升很快。表面水分蒸发产生的蒸汽压力梯度加速了板坯内部的传热。

T_3 区段——芯层缓慢升温,即水分开始蒸发区段。芯层水分开始蒸发,并继续蒸发,直至芯层温度达到水的沸点,这一段温度上升缓慢。如果在 T_4 区段蒸汽不能顺利释放出来,则会形成过热蒸汽区,直至蒸汽压力冲破蒸汽排出阻力而泄压后才恢复正常。对于高含水率、高压缩比的热压过程很容易出现这种状况。

T_4 区段——芯层恒温。芯层温度几乎没有或很少有上升。芯层温度到达了沸点，芯层吸收的热量主要用于水分蒸发所消耗的能量，从而限制了温度的上升。一部分吸着水的蒸汽压力等于内部气压，当蒸汽逸出速度开始超过水分蒸发速度时，气体压力将很正常地达到这个阶段中的最大值。

T_5 区段——芯层继续升温区段。继续加热，芯层温度缓慢上升，高于沸点温度，并接近热压板温度，直至热压结束。由于水分和气流非常少，热传导成为主要的热传递方式，当出现没有水分的情况时，温度曲线就反映为热传导。

在板坯表芯层温度梯度减小的同时，也会形成一个表层含水率低而芯层含水率高的含水率梯度。随着热压的进行，表层热量不断传递给芯层，芯层温度不断上升，则产生的水蒸气从板坯中心层四周排出。在正常热压情况下，表高芯低的温度梯度会减小，而表低芯高的含水率梯度会增加，但是不会出现水分"回流"。这是因为表层的水蒸气分压力始终不会低于芯层的水蒸气分压力。如果芯层水蒸气不能及时排出，芯层水蒸气的压力不断增大，使得芯层温度急速上升，形成"过热蒸汽区"，则有可能导致水分"回流"现象发生。

(2) 板坯断面的温度梯度曲线

由于木材的导热系数低，刨花板板坯自身的传热效率也低，板坯的传热主要依靠板坯内部的水分汽化→冷凝→再汽化→再冷凝的交替转换，通过水热的交互作用和水分的移动将热量不断地传递给板坯的芯层。也就是说，板坯表层的水分因热压板的热能而转化为蒸汽，并由于蒸汽压力的作用而向板坯内层扩散，蒸汽遇到内层温度较低的刨花，在将刨花加热的同时自身冷凝成水，并在后续的蒸汽作用下又会升温汽化，如此不断交替转换而将压板的热能传到板坯的芯层。

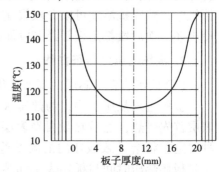

在整个加压过程中，板坯的芯层和表层始终保持一个表层温度高、芯层温度低的温度梯度，且与中心层成近似的抛物线分布。这个在板坯厚度方向的温度分布梯度如图 8-5。这个梯度分布说明靠近热压板的地方的板坯温度接近压板温度，随之会出现温度梯度较大的加热区，然后则是温度梯度较小的受热区。

图 8-5　刨花板横断面温度分布图
（热压 9min 后 20mm 刨花板）

3. 热压温度的确定

热压温度直接影响到板坯的传热，影响到热压机的产量，并且是提高压机产能的低成本方法。但是，如果热压温度过高，则会出现板材的强度、耐水性能降低，预固化层增厚等现象，这主要是由于树脂胶降解、脆化所致。为了提高板面质量，应选择尽可能低的温度，以利于减小制品表面预固化层的厚度。所以热压温度应根据板坯厚度、胶黏剂性能、板坯含水率、对板的断面密度分布及理化性能的要求、原材料树种、热压设备及环境温度等来确定。

(1) 胶黏剂固化对热压温度的要求

通常胶黏剂种类不同，其对固化温度的要求不同。普通脲醛树脂的固化温度在

105~120℃左右，三聚氰胺树脂在 120~130℃，酚醛树脂在 135~145℃，而异氰酸酯树脂胶黏剂则可在 100℃以下。实际生产中，为了提高热压效率而多采用高温热压，以期缩短热压时间，如使用脲醛树脂刨花板的最高热压温度达 210℃。同一种胶黏剂由于其性能不同，对固化温度的要求也有差异，如中低温快速固化酚醛树脂，其热压温度在 105~110℃。

施胶板坯加热时，会使胶黏剂的黏度降低，产生一定程度的流动性。初始流动性可促进刨花相互之间的接触，然后流动性只是短时间的，胶黏剂的黏度在几秒钟之后便开始迅速增长，最后凝胶固化。在黏度减小的初始阶段，胶黏剂的表面张力减小，有利于润湿附近的刨花表面，使胶黏剂从一个表面转移到另一个表面。加热板坯不仅由于蒸发扩散或毛细管作用可以排出水分和胶黏剂中的溶剂，而且还有利于融化添加剂，使之分布在刨花的表面上。

高温对木材或脲醛树脂的破坏很小。尽管木材在 170℃左右的温度下就开始热解，但事实上由于刨花板的热压时间较短，故不会引起木材的热解。但过高的热压温度将会引起板子强度显著下降的热解作用。

(2) 热压方法对温度的影响

周期式热压机由于有装板、卸板和合板等辅助时间，因而存在有板坯在压机内受热不受压或受压很小的一段时间，因而其热压温度低于连续式热压法的热压温度。

在周期式热压机中，压板的温度设定一般固定不变，即压板的温度几乎恒定，板坯表面接触的热源温度也恒定；对于脲醛树脂胶合的刨花板来说，一般单层热压刨花板的热压温度设定为 185~190℃，多层热压机刨花板和纤维板的热压温度设定为 160~165℃，这是兼顾热压设备的工作特性和胶黏剂固化等的需要进行设定的。一般为了提高热压机产能就可以适当提高热压温度，但为了减少预固化层厚度则应适当降低热压温度。在连续平压机中，热压板温度是分段分区设定的，前高后低，且为了避免热压板因热应力损坏，相邻加热区之间温差不可过大。三段温度设定可为 230~215~205℃，高温有利于传热，提高压机产量，但过高的温度将会造成木材的裂解和胶黏剂的脆化、老化等。带冷却段的连续压机将压机总长的 25%~30% 设定为冷却区，其温度约为 80℃，降低了板材内的气体压力，防止鼓泡，并能有效地改善板材质量和提高压机产量。

(3) 厚度对温度的影响

温度设定与板厚关系密切。生产薄板时，由于传热路径短，传热速度快，板材内部温度高，因而采用较低的热压温度，一般可降低热压温度约 5~10℃。生产厚板时，传热路径长，传热问题比较突出，但为了减少预固化层厚度，其热压温度也应比中厚板的热压温度适当降低 5~10℃，生产中一般 12~19mm 板材的热压温度相对较高。

因此，尽管影响热压温度确定的因素很多，但是在确定主要因素后，其他根据热压效果进行适当调节。

8.1.3 热压压力

热压压力是指在热压过程中板坯单位面积所承受的压力，一般用"MPa"表示。实践中通常都是通过监控油缸的油压力来间接地对板坯压力实行控制，因此必须将板坯压力换算成油路压力。当只有板坯承载的前提下，油路压力和板坯压力成正比关系。由于生产上使用厚度规控制厚度和热压机压板的自重影响，在热压中期，油路压力则由板坯和厚度规共同承担。由于压板自重的影响，对于上压式压机，在表压力为零时，由于压板重量依然压在板坯上，故此时板坯压力并不为零，而且不能忽略，这对于板坯最后的排汽显得格外重要。因此，单层大幅面压机是在提升缸的作用下将板坯压力降至接近零，并设置一个短暂的快速排气时间；对于下压式压机，压板的依靠自重张开，当加压油路压力接近零时，板坯压力已经为零。

1. 压力的作用

刨花板板坯由于刨花形态不一，刨花表面不够平整光滑，刨花之间存在间隙，以及刨花较好的弹性及变形等原因，会造成刨花之间不能很好地接触，因此必须对其进行加压。加压的目的和作用是排出板坯内空气，使板坯中刨花之间充分接触，并与胶黏剂紧密结合，形成有效的胶合界面，同时使胶黏剂扩展并部分渗入木材细胞中，为胶合创造必要的条件。

板坯中刨花的接触是形成胶合的必要条件，直接关系到胶合面积的大小和胶合界面的形成。热压压力的大小将影响刨花之间的接触面积、板材的密度、板坯的压缩率、板的厚度和刨花之间胶黏剂的传递能力等，因而压力值大小取决于树种、刨花形态、含水率、胶种和施胶量以及产品的密度等。提高热压压力，尤其是提高热压初期的最高压力，还可以缩短压机闭合时间，使板子表芯层密度梯度增加、静曲强度提高，同时可以促进热量传递。增加压力会使刨花之间间隙变小，胶合面积增加，有利于刨花之间的胶合，但当压力超过木材的抗压强度后，木材会被压溃，反而降低了产品性能。另外，过高的压力将会造成板坯闭合时间太短，表芯层密度梯度过大，致使板材内结合强度下降，而且还会增加液压系统的负荷，增加能耗，造成压板容易变形等。

2. 板坯的压力特征曲线

由于木材是一个弹塑性体，且具有较高的弹性，在一定的压力范围内，刨花可以抵抗外来的压力，并产生弹性回复。但在热压条件下，由于温度和水分的协同作用，刨花的弹性会显著降低，而塑性增加，其变化特性可用板坯的压力特征曲线来描述。

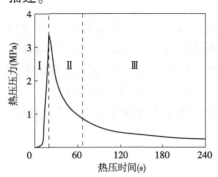

图 8-6 热压板坯的时间压力曲线

Wolcott 等(1990)研究板坯热压压力和板坯密度梯度形成关系时，提出把加压时间曲线分为密实化高弹段、快速松弛段和渐缓松弛段来描述整个板坯的热压过程。如图 8-6 所示为一个典型的压力时间曲线，它是将板坯加压压缩到一定程度后在保持板坯厚度不变的情况下来观察板坯反弹力的变化（油路压力完全由板坯承担）。

（1）密实化高弹段（Ⅰ）

在压机闭合加压开始至达到最高热压压力时

段，初期由于板坯内刨花间隙大和刨花的变形，较低的压力能减少刨花间的大空隙。随着密实化的继续，板坯抵抗外力的强度急剧增加，压力(板坯的反弹力)也急剧升高，随着压力达到最大值，其板坯压缩比也达到最大，板坯反弹力也达到最大。如果板坯密度的增加处于弹性方式，在热压周期的这个阶段，也会因为表芯层刨花形态的差异而形成了密度梯度。如果没有温度的作用，此压力下板坯的压缩比会保持不变。

(2) 快速松弛段(Ⅱ)

当板坯压缩到一定厚度(一定压缩比)之后，外界停止加压，在温度和水分的作用下，刨花软化，板坯的抵抗力快速下降，板坯内部会出现松弛现象。随着热能和水分大量冲向芯层，芯层会随着温度和含水率的提高而快速松弛，表层会在自身的弹性作用下压缩松弛的芯层，从而实现自身的松弛。这种松弛量的叠加就会引起整个板坯的快速松弛。

(3) 渐缓松弛段(Ⅲ)

当板坯压力随时间的变化减小到一个相对恒定值时渐缓松弛开始，此时应力松弛率减小并且变平缓。在这个时期，板坯内刨花受到了温度和含水率的作用，表芯层刨花的塑性继续增加，弹性降低，其内部应力减小，从而出现缓慢的松弛。

根据板坯的压力特征曲线可知，如果闭合压力过大，板坯将会迅速压制到制品的控制厚度，那么芯层的受热塑化的压缩完全取决于表层的反弹特性，这样将会导致芯层密度低、内结合强度低的问题。因此，生产中压机的最大压力不宜太大，应在芯层受热塑化后，利用外力对芯层再进一步加压，以增大芯层刨花的接触。

如图 8-7 所示为周期式热压机的板坯压力特征曲线，其在压力达到最大时保压，并经多次充压后才压至产品厚度。从板坯压力记录同样可以看出，这条曲线依然呈现了板坯的三个阶段特征。只是在板坯达到最高压力后保压，随着板坯表芯层塑性的增加，板坯弹力下降，外界接着加压至最大压力(充压)并保压，经过反复几个周期的反复后，板坯压至控制厚度。这样有利于减小板材的断面密度梯度，增加板材密度的均匀性，也提高了板材的内结合强度。

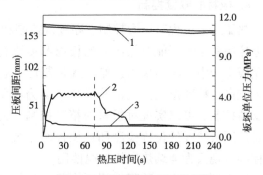

图 8-7 刨花板板坯热压过程

1. 压板温度记录 2. 压力记录 3. 位置记录(板厚度)
(热压温度180℃，成品密度 0.85g/cm³，厚度 17mm，静曲强度 19.2MPa，内结合强度 0.51MPa)

3. 热压压力的确定

热压压力是刨花板热压过程中的一个非常重要的工艺参数。合适的压力可以制造出物理力学性能优越的优质合格的刨花板。由于刨花板的压制过程是板坯厚度减小的过程，在闭合前为最大压力，闭合后的压力则会随着板坯的热质流变特性变化而出现短暂的高弹区、快速松弛区和长时间的缓慢松弛区三个阶段，而工艺控制主要是闭合压力，即最大压力。在设定最高压力时，应考虑诸多因素。

施胶量对木材原料的接触有重要作用。施胶量低时要用较高的压力，才能使界面很好接触。低密度原料应采用较低压力。增加压力，尽管会使刨花之间空隙变小，但也使板材的密度增大。在大多数情况下，板材的密度总是大于所用原料的密度。一旦板材密度超过木材原料密度后，木材中的细胞会受到压缩，如果压力超过木材的抗压强度后，木材就会被压溃，一般压缩比控制在1.3左右。

根据板坯的弹性曲线可知，闭合压力主要对板材剖面密度分布产生很大的影响，为了保证热压质量，即板材的静曲强度、弹性模量、表面结合强度及内结合强度的合理性，需要确保板材的剖面分布合理。所以需要一个合适的闭合压力。闭合压力的大小一般以达到最大压力后，3~5次的反复充压后达到厚度规位置为宜。密度越大，充压次数增加，反之取下限。

刨花板的最高压力一般为2.5~4.0MPa。最高压力应根据板材密度、刨花的树种和形态尺寸、施胶量、热压方法和热压温度等进行设置。

对于周期式单层热压机和连续热压机来说，生产上一般采用低含水率和高闭合速度，以期缩短热压时间和热压周期，提高压机生产率，因为其刨花的弹性大，因而采用较高的热压压力。对于周期式多层热压机，由于周期式压机油缸行程长，闭合时间长，因此，一般采用较高含水率的板坯，较低温度和较低闭合压力(速度)。

总之，对于容易压缩的板坯应采用较低压力，合适的闭合压力有利于提高热压产量和质量，降低生产成本。

4. 板材的厚度控制

热压工艺过程有压力控制、厚度规控制和位置反馈控制三种不同的厚度控制方法。压力控制法由于不能对热压后的板材厚度进行有效控制，致使砂光无法实施，因此在刨花板生产中一般不采用；厚度规控制法尽管不能精确控制板材厚度，但适合于对压板不能进行精准位置控制的热压机，因为简单易行，故为周期式热压机普遍使用。位置反馈控制法可以实现对板材的精准控制，为理想的厚度控制方法，但热压机必须配备对热压板精准的位置检测和加压控制系统，因而设备复杂，且不能对多层热压板进行控制，现只为连续热压机普遍使用。

压力控制法是一种不使用厚度规，且使用设定的工作压力压紧板坯，并在一定时间内完成热压过程，热压压力等于板坯承担的压力，板坯厚度随压力的保持而不断变薄，这种工艺所生产的制品厚度不便控制。

厚度规控制法是将钢制厚度规安装在每块热压板进料方向的两边，其厚度等于产品砂光前的要求厚度。生产上为了避免厚度规过度承担载荷，减少压板变形，可使用电气协同控制装置，只监控保证压板间隔的总距离。厚度规的作用一方面可以控制板材的厚度，使板材厚度控制在一定范围内；另一方面还可阻止先期闭合的点由于油缸的继续加载而变薄，减少厚度偏差。

位置反馈控制是使用压板位置精确控制系统对压板间隔进行控制，通过位置控制系统和液压系统的反馈控制，可使压板间隔控制精度达到0.01mm。这种控制方法是检测系统与加载系统的协同作用。

8.1.4 热压时间

热压时间是刨花板热压的一个过程描述参数，热压时间的确定直接关系到产品的质量和产量。热压温度、热压压力、板坯的热质传递过程及胶黏剂的反应程度等都需要用热压时间进行描述。

1. 热压时间的作用

热压时间是指板坯在压机内受热受压，完成热压作用的有效时间，其他时间为辅助时间，热压时间和辅助时间合称为热压周期。对于周期式压机的热压周期是指从板坯进入压机开始到下一轮板坯进入压机时的一段时间，对于连续压机是指板坯从进入热压机受压开始至脱离压板的一段时间。

热压时间的作用包括：

①要保证胶黏剂固化达到工艺要求，保证产品胶合质量　对于脲醛树脂胶黏剂需要在热压机内完全固化，否则强度会较低，而酚醛树脂胶黏剂可以利用素板的余热继续固化，但其固化温度较高。因此，必须保证胶黏剂的固化。

②板坯厚度反弹少，素板厚度控制在工艺要求范围内　由于刨花是一个弹塑性体，在温度和水分的作用下会产生塑性变形，但如果热压时间不够，板坯则会反弹过多，不但影响了板材的密度，降低了强度，同时也会造成板材超厚，不利于砂光等。

③蒸发多余的水分，使板坯内部蒸汽压降低，保证不鼓泡　板坯受热由于表层的水分移动至芯层，造成芯层含水率高，温度也高，从而产生较高的水蒸气压力，如果这些蒸汽不在压力作用下排出板坯，则可能造成鼓泡。

板坯热压时，无论采用多高的温度和多大的压力，都需要一定的时间，才能保证热量的传导和压力的传递，以获得胶料的固化，制得预定密度和不同密度梯度分布的板材或制品。

2. 热压时间的内涵

(1) 周期式的热压时间

对于周期式热压机，其热压周期包括热压时间和辅助时间两部分，而热压时间又包含着主加压时间和压板闭合时间。

闭合时间指板坯受压后，压力从零开始至最高压力的时间；对于使用厚度规或厚度控制的热压机，闭合时间则指板坯压力从零开始到达全部厚度规受力或达到工艺设计厚度的一段时间。对于一定质量的板坯来说，如果闭合压力高，闭合时间就短。闭合时间也可用闭合速度表述，要提高压机的闭合速度，必须提高高压泵的输油量。在实际生产中想要提高闭合速度，一是提高高压泵的输油量，二是增加高压泵的数量，这两者体现了压机的性能。

热压时间是描述热压过程的一个参数，它是指板坯在热压机内受热又受压的这一段时间，即板坯与热压板接触的时间。主加压时间则是板坯压缩到一定程度或一定压力开始至排汽泄压之前的时间。

一般来说，主加压时间极为重要，因为它对板材的性质，如厚度剖面的密度分布、厚度控制、板面外观质量、胶接的耐久性和预固化等都有显著的影响。除影响板材质量外，闭合时间和主加压时间以及加压工序辅助时间（装板、卸板）、压机升压直到加压中的其他时间间隔都有经济上的意义。缩短加压时间可以提高产量，降低成本。

板坯的热压时间的长短，还与采用甲醛类胶黏剂制造的板材的甲醛释放量大小有关。在其他条件一定的情况下，延长热压时间可适当减少成品板材的甲醛释放量。热压时间不能太短，否则会影响板材的质量。因此，在缩短热压时间时应注意对板材质量的影响。合理的加压时间使胶黏剂固化良好，同时也适宜水分蒸发。

(2) 连续式的热压时间

周期式热压机的温度和压力通过时间过程进行描述，而连续式热压机则通过位置进行描述，由于位置与时间的对应关系，因此其本质特征没有区别。对于连续压机来说，没有装板和卸板等时间，闭合时间和加压时间也没有明显的分界。双钢带连续平压法的热压时间是以调控钢带运行速度来实现的。热压时间的确定与周期式热压法一致，与原材料、胶的性能、成品密度、板坯厚度、压机长度、热压温度以及环境温度等有密切关系。但是连续式热压机无须装板、卸板时间，且热压温度高，所以热压时间短，热压产量高。通常在保证质量的前提下，尽可能提高钢带速度，提高产量。

连续式热压法的热压时间是指板坯进出热压机有效长度段的时间，一般用钢带的速度来衡量。设定一定的钢带速度是为了保证压机的生产能力、热量的传导和压力的传递，使胶黏剂固化，制得符合质量要求的板制品。压机速度可以通过以下公式来计算：

$$V = \frac{L}{p \times (H + \Delta H)} \tag{8-1}$$

式中：V——压机设定速度，m/s；

p——热压系数，s/mm；

L——热压机的有效加压长度，mm；

$H+\Delta H$——设定毛板厚度，mm。

热压系数一般用 1mm 板厚所需热压时间来表示，单位 s/mm。由于连续热压机的热压温度高于周期式单层热压法，因此，刨花板的热压系数适宜为 5.5~6.0s/mm。

连续式热压机的运行速度可以通过同等热压条件下的周期式热压法的加压时间进行换算：

$$V = \frac{L}{T_4} \tag{8-2}$$

3. 热压时间的确定

在刨花板生产中，压机闭合时间和主要加压时间都会影响板材的厚度公差。压机闭合时间较长，且压机温度较高时，卸压后板材的厚度会产生较大的回弹。

如果压机闭合时间过长，由于胶黏剂受热后的缩聚程度加大，即使板坯进一步压缩，也不会提高胶合强度；解除压机的压力，表层的密实化作用因胶黏剂的胶合能效丧失而随之消失，厚度的控制失去作用，结果导致厚度的增加。当采用快速固化树脂胶黏剂和高温时，要精确地控制厚度，则应采取快速升压。如果闭合时间太短，甚至压机压力还没有达到最大值时，热压板和厚度规早已接触，这将会导致板材表芯层密度梯度太大，而内结合强度也会低。

主要加压时间直接影响到板材的胶黏剂的固化质量、水分蒸发和板坯的反弹。主加压时间不足，可能会引起胶黏剂固化不完全，胶合质量差；板坯内部多余的水蒸气未能及时排出，造成板材鼓泡；刨花塑化不当，刨花反弹严重等。反之，则会造成胶黏剂过度固化、板材含水率过低，木材炭化而板面发黄等。

从压机内卸出的板材厚度和厚度规的控制厚度的吻合度对刨花板生产来说是一个很重要的问题。如果反弹严重，将会造成板内和板间的厚度偏差大，增大砂削量和砂削难度。板材的反弹主要与胶黏剂的自身质量、固化质量以及刨花的塑化效果有关。如果采用较长的加压时间或较高的热压温度会使板材的终含水率降低，板材回弹变小。这是因为经压缩的板坯其胶黏剂充分固化，可以保持板材的密实程度。加压时间过长，还会造成板材厚度小于"厚度规"的厚度，这是由于热压板的弯曲和厚度规的压缩变形所致。图8-8证明了这一点，并且还表明，添加了固化剂的胶黏剂在相同的热压时间内，板坯的反弹量减小，并使厚度-加压时间曲线向左移。特劳顿（Troughton）曾用酸水解速率的常数作为判断胶黏剂胶合耐久性的依据，表明胶合耐久性是随固化时间的延长而增加到一定的限度。

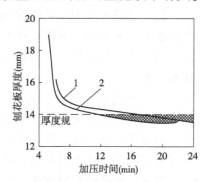

图 8-8　固化剂对板坯压缩的影响
1. 不加固化剂　2. 添加固化剂

4. 缩短热压时间的措施

缩短热压时间的实质就是提高热压机的产能，降低生产成本，增加企业的效益。热压时间的长短应以保证成品板物理力学性能指标达到工艺要求为前提。缩短加压时间，注意不应影响成品质量，而最短加压时间受到胶黏剂的固化、板材的回弹和板材的最终含水率的限制。实践中，应根据工艺特性选择合适的方法来缩短热压时间。有利于缩短加压时间的方法有以下几种：

(1) 加速板坯的传热速度

为了加速板坯传热，可以通过提高热压温度、提高表层含水率（表层加水和表面喷水）、板坯预热和采用高频-接触联合加热等方法。过高的温度会影响刨花板的质量，且会由于刨花板表层含水率过低，在热质平衡处理时，会产生很大的内应力，导致变形。在温度长时间超过170℃时，木材会部分分解，表层变色。

(2) 提高胶黏剂的固化速度，降低胶黏剂的固化温度

增加固化剂用量，可以有效地提高胶黏剂固化速度，但应保证胶黏剂的活性期，以防止胶黏剂产生预固化。采用脲醛树脂胶黏剂制造刨花板时，在增大固化剂用量时，应适当添加固化剂的缓冲剂，或者使用复合型固化剂。其他胶黏剂也应根据胶黏剂特性选择合适的活性剂来加快胶黏剂的固化。

(3) 降低板坯含水率

降低板坯含水率能减少板坯在压机中的排汽时间，有效地缩短热压时间。对于脲

醛树脂胶黏剂刨花板，一般控制表层刨花拌胶后含水率12%~14%，芯层刨花含水率8%~10%，纤维板坯含水率8%~10%，单板干燥后含水率12%。低含水率有利于缩短热压时间，但是含水率过低会增加单元的弹性进而不利于板坯传热。

(4) 板坯预热

板坯预热就是将板坯加热到70℃左右后进入热压机进行热压。预热可以有效地缩短芯层温度达到100℃的时间，便于胶黏剂尽早固化。同时，减小了板坯表芯层的温度梯度和密度梯度以及热压压力。可以提高压机产量和改善产品质量。但这种方法不适合于周期式多层热压机，这是由于板坯在装板机内停留了过长的时间，不但会降低温度，而且也会致使板坯表层含水率降低。

板坯预热可以采用高频预热，这种方法加热速度快，且不会增加板坯水分，但是其耗能大，成本高，因而限制了使用。此外，一种空气-蒸汽的混合气体预热板坯的方法受到了市场的青睐，它是将气体热介质循环喷进板坯，对板坯进行加热，可达到很好的效果。

(5) 高频热压或联合热压

高频热压的板坯受热时间短，温度上升快，胶合质量好，尤其是对厚板的热压胶合，但由于成本问题，使用受到限制。联合热压是将高频加热和压板加热联合起来对板坯进行加热，前期的高频加热，加热效果明显，但设备复杂，实际效果不是很好。

总之，对脲醛胶刨花板，不同规格厚度的板材要注意的关键因素不一样，要注意薄板的回弹，中厚板的终含水率，厚板的胶黏剂固化；对酚醛胶板而言，固化和回弹更为重要。对于产量和投资与压机面积成比例的单层热压机和连续热压机，缩短热压时间对提高经济效益非常必要。而缩短周期式多层热压机的热压时间不及增加压板层数的效益明显。

8.1.5 板坯的热压特性

板坯的热压特性是指板坯在热压过程中的弹性、温度、水分、密度及气体压力的大小及分布等的相关特性。弹性将会影响板坯的热压压力和板材的厚度，温度影响胶黏剂的固化、刨花的塑化和水分的蒸发，水分影响板坯的传热和最终卸板时间，密度分布影响板材的性能，气体压力对板材的加压时间起到决定作用。因此，板坯的热压特性对热压至关重要。

1. 板坯反弹力的变化影响因素

板坯的反弹力是指板坯在热压过程中，给热压机压板的弹力，其影响因素主要有刨花形态、刨花压缩比、板坯含水率、施胶量及热压温度等；以下是将板坯在175℃条件下压缩到一定厚度后保持压板间距不变，研究板坯受热软化后的弹力随时间的变化规律，以及密度及闭合时间对板坯弹力的影响。

(1) 板材密度

如图8-9所示设压机的闭合时间(闭合速度)不变(57s)，其他参数相同，可见板材的密度越大，压缩比越高，其闭合压力越高。这是因为压缩比越大，刨花的压缩变形越大，其弹力也大。也就是说随着密度的增加，刨花在密实化高弹段的弹性增大，快速松弛段和渐缓松弛段的压力也增大，但渐缓松弛段的压力差别减小。

(2) 闭合时间

如图 8-10 所示为闭合时间对闭合最高压力的影响。在压缩比相同的条件下，加快压机的闭合速度，可以看出，随着闭合速度的加快，其密实化高弹段的时间提前，其闭合压力也增大。这是由于随着闭合时间的延长，板坯受热塑化，弹性降低，塑性增加，其闭合压力降低。且由于闭合时间延长，表芯层的密度差减小，即芯层密度增加，也造成板坯在渐缓松弛段内的弹性增加。

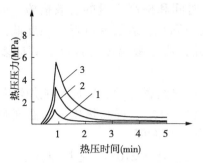

图 8-9　密度对板坯反弹力影响

1. $0.5g/cm^3$　2. $0.65g/cm^3$　3. $0.80g/cm^3$

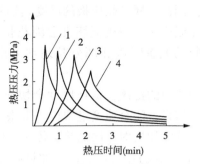

图 8-10　闭合时间对反弹力影响

1. 26s　2. 53s　3. 93s　4. 129s

(3) 板坯含水率

对同一密度的板坯压缩成一定的压缩比所需最大压力会随含水率的增加而降低，这是因为含水率高的木材刨花的塑性比含水率低的刨花塑性好，容易被压缩。如图 8-11(a) 为板坯含水率和板材厚度与最大压力的关系，板坯含水率高，压实板坯所需要的压力低。但过快的闭合速度将会造成表芯层密度梯度大，芯层刨花接触不好，内结合强度低等。

(4) 板坯厚度

板材厚度增加，其最大闭合压力也会随之增大。生产较厚的刨花板需要较大的压力，才能将板坯压到厚度规位置。根据对厚度为 12mm、16mm、20mm 刨花板的实验，将板坯压实到最终厚度所需最大压力约为 3.5~4.0MPa，如图 8-11(b) 所示。厚板坯的芯层受热时间短，刨花塑化差，因而闭合压力大。因此，生产上考虑到板坯的厚度反弹、表芯层的密度梯度和刨花形态比例等诸多因素，一般厚度增加时会适当降低板材的密度。

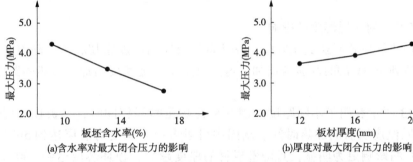

图 8-11　板坯含水率及板材厚度对闭合压力的影响

2. 板坯传热的影响因素

板坯在热压过程中,板坯被"挟持"在上下压板之间,受到了压力和温度的协同作用,尽管木材的导热性能差,不能有效导热,但其可以依靠木材中水分的移动和状态变化的主要作用而将热量从热压板转移到板坯中。影响板坯传热的因素主要有热压温度、热压压力及热压时间、板坯含水率、板坯厚度及单元形态等。

(1)热压温度和压力对芯层温度上升的影响

热压板温度越高,温度梯度越大,热质传递越快,板坯中心层升温到100℃的时间也越短。因此,提高热压板的温度是缩短热压时间和提高产量的有效措施。但是,过高的热压温度又会造成板坯表层刨花胶黏剂提前固化,表层密度低、强度低,甚至会造成木材的大量降解和部分胶黏剂老化,因此,热压板温度的提高受到诸多条件的限制。

热压压力的提高,板坯厚度会快速变薄,传热路程缩短,因此也能加快芯层的热量传递。但是,闭合速度过快也将带来不利影响。总之,提高热压板的温度和增加热压压力,均能加快对芯层的热量传递,也能缩短加压时间。

从图8-12(a)中可以看出,加热温度从175℃上升到210℃,芯层温度达到100℃的时间从180s降为105s。从图8-12(b)可以看出,当热压压力从1.0MPa提高到1.5MPa时,其传热速度也加快。因此得出结论,高温高压同时作用能有效地加速板坯传热。

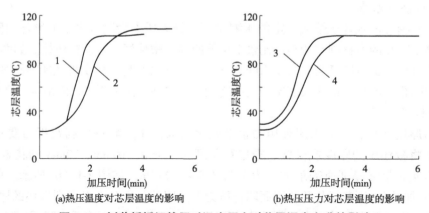

(a)热压温度对芯层温度的影响　　(b)热压压力对芯层温度的影响

图8-12　刨花板板坯热压时温度压力对芯层温度上升的影响

1. 210℃　2. 175℃　3. 1.5MPa　4. 1.0MPa

(2)板坯厚度对芯层温度的影响

接触式加热板坯芯层达到100℃所需时间与板坯的厚度密切相关。随着厚度的增加,其芯层达到100℃的时间显著增加。这主要是由于随厚度增加,传热的路程增加,温度梯度减小。

如图8-13所示表明了不同厚度的刨花板在热压时间相同时,其板坯芯层温度不同,达到相同温度所需的加热时间。从图中可以看出,厚度对芯层达到50℃的影响比达到100℃的影响更为明显,且随着板材的厚度越大,板坯芯层达到100℃所需时间越长。

如图 8-14 所示则表明 3 种不同厚度刨花板的芯层温升曲线的变化规律,板材越薄,其芯层温度上升速率较快,且温度变化早,对于 8mm 厚度的板材,在温度 100℃ 处没有温度相对稳定的一个时间段,因此薄板胶黏剂固化速度很快。而对于 19mm 和 25mm 的板材,当板坯温度上升到约 100℃ 时,其有一时间段温度相对保持稳定,板材越厚,其相对稳定时间越长。

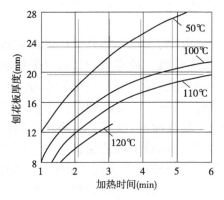

图 8-13　厚度刨花板的加热时间
（热压板温度 150℃）

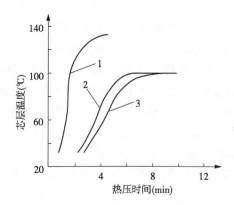

图 8-14　刨花板厚度对芯层升温的影响
1. 板厚 8mm　2. 板厚 19mm　3. 板厚 25mm

(3) 刨花形态和尺寸对芯层温度的影响

刨花尺寸和形状对板坯内热量的传递效果也有影响。细小刨花、锯屑或纤维组成的板坯,要比平铺的大刨花或单板的板坯热量传递速度快得多。因为细料在板坯中有一部分是立着的,沿纤维方向热量传递速度最快。

不同形态和尺寸的刨花影响板坯内水分的移动和升温速度。短平的粒状刨花板坯热传递和水分移动比薄平刨花快。如图 8-15 所示说明了两种不同刨花的板坯中热量和水分传递的相互关系。

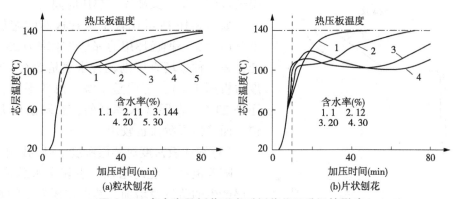

图 8-15　含水率及刨花形态对刨花芯层升温的影响

用粒状刨花时,如果含水率增加,会使板坯芯层温度开始上升的时间稍有缩短,并对芯层保持恒温,水变为蒸汽,从板坯中蒸发出来的这段时间影响大。一旦芯层温度到达沸点,所有的热量都传递到这一部分用来蒸发剩余水分,如有大量水分,需用较长时间蒸发这些水分,然后芯层的温度才能提高。板坯内没有水分时,温度曲线和一般的加热曲线一样。

全部用片状刨花做成的刨花板,水分移动困难。如图8-15所示,这种板坯含水率高时,芯层到达沸点后,水蒸气不容易扩散,局部水蒸气数量增加,压力也增加,使水的沸点提高。随着蒸发过程的进行,可蒸发的水分逐渐减少,局部蒸汽压力逐渐降低,相应水的沸点也降低。温度降到接近100℃时,直到恒温阶段结束,温度又重新上升。

(4) 板坯含水率及其分布的影响

缩短热压周期的一个重要发展是"蒸汽冲击效应"的发现。如果板坯表面含水率比芯层的含水率高,就会出现"蒸汽冲击效应"。为实现蒸汽冲击效应,可以采用表层含水率比芯层含水高的板坯结构,或在热压前,在板坯表面喷洒一定量的水分。采用两种不同含水率的刨花,可以获得两种重要的结果,第一,可提高刨花的塑性,产生较平滑的表面;第二,板坯中有湿度梯度,能产生"蒸汽冲击效应"。当板坯在热压机中受压时,表层的水分迅速转化为蒸汽,冲向板坯较冷和较干的芯层,这种作用有助于加速芯层温度的升高。水蒸气从表层扩散到芯层,会导致由表层到芯层的温度梯度。

虽然板坯表层含水率高,形成的水蒸气数量就多,板坯传热加快,有利于芯层温度快速达到100℃,但含水率过高,则吸收的热能也相应增加,板坯继续升温的难度就增大。适当提高板坯含水率可以提高板坯的传热速度,缩短升温的时间,缩短刨花板的热压周期,提高热压机的生产效率,而且提高板坯含水率还可以减少干燥刨花所需要的能量消耗。所以在合适的板坯含水率范围内,可以适当提高板坯的含水率作为加快传热的措施。

用含水率较低的、均匀的刨花在铺装后,为产生蒸汽冲击效应,可向板坯表面喷水,喷水量$0\sim400g/m^2$,随着喷水量增加,热压时间可以缩短,最多可以缩短一半。喷水量再增加,加热时间又开始增长,这是因为大部分热量要用来蒸发表层过多的水分。喷水量大于$250g/m^2$,板面开始粗糙,而且强度很低。所以选择的喷水量应该既不降低板面质量,又能缩短热压时间。

如图8-16所示比较了两种板芯的芯层温度上升情况。一种板坯用的都是含水率为23%的刨花;另一种板坯表层刨花含水率是58%(表层厚度占板厚1/4),芯层是10%,总的平均含水率还是23%。表层含水率高的,芯层温度升高较快,而且恒温阶段也较短。

(5) 刨花板密度对芯层温度上升的影响

随着板坯密度的增加,板坯含水总量增加,表层产生的蒸汽量增加,芯层需要升温的水量也增加,但蒸汽传递的阻力也会增加。总体说来,密度越大,板坯内部的传热速度越小,且板坯内部的温度差越大。

如图8-17所示为不同密度板坯热压过程中

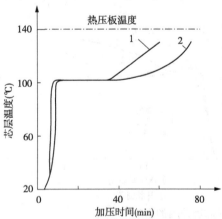

图8-16 表芯层不同含水率刨花芯层升温的影响

1. 表层含水率58%,芯层含水率10%
2. 表芯层含水率23%

表、芯层温度时间曲线。可以看出，密度越大，在100℃时表层温度曲线和芯层温度曲线的距离越大，这也说明密度越大，芯层温度到达100℃的时间越滞后于表层，这样不利于板坯厚度上密度的均匀性和板坯内部胶黏剂固化的同步性。

如图8-18所示为不同密度板子芯层温度和压力关系曲线。随着芯层产生蒸汽后压力的上升，芯层温度还会继续上升，超过100℃到恒温段。恒温段的温度高低与板坯芯层压力的大小有关，因为密度越大，在此阶段的芯层压力也越大，汽化温度也相应提高。板坯的密度越小渗透性越好，气体通过边部逸出越容易，这将阻碍压力的增长，因而导致芯层较低的温度稳定状态。

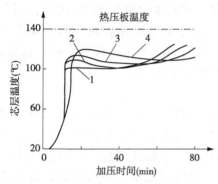

图8-17　刨花板密度对芯层温度变化的影响

1. $0.5g/cm^3$　2. $0.6g/cm^3$
3. $0.7g/cm^3$　4. $0.8g/cm^3$

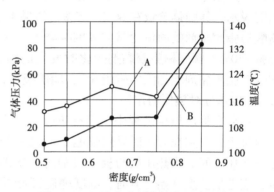

图8-18　不同密度刨花板芯层中心点汽化温度和最高压力的变化规律

A. 汽化温度　B. 最高压力

(6) 施胶量对芯层温度上升的影响

刨花施胶对板坯表层和芯层传热存在不同的影响，其有利于加快芯层刨花升温速度，延缓表层刨花升温速度。这主要是表层胶的吸热造成表层升温慢，而胶黏剂的固化，加快了传热速度。胶黏剂对板坯芯层传热的影响见表8-1。

表8-1　施胶和未施胶的板坯表芯层温度上升到100℃的滞后时间

序号	施胶状况	表层(s)	芯层(s)	滞后时间(s)	备注
1	施胶	49	103	54	$W=8\%$；$\rho=0.55g/cm^3$
	未施胶	41	124	83	
2	施胶	67	164	97	$W=8\%$；$\rho=0.75g/cm^3$
	未施胶	59	173	114	
3	施胶	45	99	54	$W=12\%$；$\rho=0.55g/cm^3$
	未施胶	43	118	75	
4	施胶	64	156	92	$W=12\%$；$\rho=0.75g/cm^3$

从表8-1可以看出：在快速升温段，施加胶黏剂的板坯芯层比未施加胶黏剂的板坯芯层的传热速度快，而施加胶黏剂的表层则比未施加胶黏剂的板坯表层的传热速度慢，且施加胶黏剂后缩短了板坯表、芯层温度的差异。

3. 板坯的水分特性

(1) 板坯含水率的来源

热压前板坯中的水分来自刨花干燥后剩余的水分、刨花施胶时带入的水分和板坯内树脂固化时的缩聚反应产生的水分三部分。刨花干燥后含水率在2%~4%。一般情况下，单层热压法需要采用较低的含水率，而周期式多层热压法会由于闭合时间长，为防止产生过多的预固化层，含水率相对较高。刨花板生产一般采用液态胶黏剂施胶，因此胶黏剂会带有较大一部分水分。此外，为了提高表层刨花含水率，会对表层胶液添加一些水分，再者，固化剂或添加剂中带有一些水分。刨花板生产用脲醛树脂胶黏剂需脱水，其固体含量在60%~65%，如果不脱水，其固体含量在48%~52%，而常用酚醛树脂胶黏剂的固体含量在40%~45%。水性高分子异氰酸酯胶黏剂的固体含量在45%~50%。脲醛树脂胶黏剂固化时发生的缩合反应，将会产生一部分水分。据报道，脲醛树脂胶黏剂增加固体树脂6%，能使板坯含水率增加0.9%。

(2) 水分对热压的作用

水分在板坯热压过程中，既有正效应，也有负效应。热压后板材中的水汽必须有效地排出，否则在卸压时导致鼓泡而形成废板。板坯含水过高，排汽时间长，会显著延长热压时间。当热压板与板坯接触时，随即会产生一个板坯表层高芯层低的温度梯度，当芯层温度开始上升时，温度梯度开始减小。热压过程中，当热量到达板坯芯层时，又会形成一个板坯中心部位温度高而边缘温度低的逐渐减小的温度梯度。实际上木材是热的不良导体，在压力作用下的压缩在一定程度上增加了木材的传导性，但是，对流仍然是刨花板内部热量快速移动的主要因素。对热量快速传递到芯层，含水率比压力的贡献大(M. D. Strickle, 1959)也说明这一点。

压机闭合后板坯表面的水分会迅速突变为蒸汽，表面空气空隙的蒸汽压力相应升高，因此产生从板坯表层到芯层的蒸汽压力梯度，同样，从板坯中心到边缘的蒸汽压力梯度随后产生。正是由于蒸汽压力梯度引起水分以蒸汽的形式向板坯的芯层和边缘蒸发。对流的热传递是受对应的以蒸汽压力梯度为媒介的温度梯度的影响，当板坯表层含水率降低后，其蒸汽量会减小，而水分聚集到芯层并且使芯层的蒸汽量相应地增大，如果芯层的水蒸气不能及时排出板坯，则会造成蒸汽压力梯度不能实现反转，因为温度梯度的抵制无论如何水分不可能向表层流回，水蒸气必须沿着阻力小的方向移动，即沿着向边部的蒸汽压力梯度流动。

板坯含水率及其分布是影响刨花板性能的一个重要工艺参数。水分在板坯热压时具有传递热量和塑化刨花的作用，同时还影响胶黏剂的固化行为。在热压结束压板张开前水分必须有效排出，否则会导致板材分层或鼓泡，甚至放炮，成为废板。

产生分层是由胶黏剂胶合不当引起，其原因的可能有：刨花板的温度过低、固化时间不合适、压力不合适、板坯中胶黏剂含量过少，或是这几种因素共同造成的。有时表现为产生较大的回弹。这时，离开热压机的刨花板厚度要比压紧时刨花板厚得多，在厚度上仍然结合在一起，但是胶合质量很差。

产生鼓泡的原因是刨花板内的蒸汽压力超过了刨花板的平面抗拉强度。鼓泡一般在刨花板中心附近产生，因为那里是刨花板强度最弱的部位。有时在刨花板很多部位会大片鼓泡,其至在刨花板表面能看出凸起。

(3) 板坯含水率的确定

在考虑刨花板板坯含水率和它的分布时,很难提出最佳含水率,要按具体情况去判断。如单独考虑刨花板的加压条件,其最佳含水率是10%~12%。但是,对于单层压机来说,它是靠加压时间短而取得经济效率的,板坯适宜的含水率为7%左右,不同的胶黏剂对刨花含水率有不同的要求。相反,如条件必须规定板坯含水率在某一含水率范围,也可以改进胶黏剂来达到要求。表层和芯层可以用不同含水率的刨花,或是用含水率相同的刨花,但在热压前向表层刨花喷水,表层与芯层含水率不同的好处有两点:一是使表层刨花比较柔软,压出的刨花板板面比较光滑;二是板坯在高温热压时能产生"蒸汽冲击效应"。在表面的水分变为热蒸汽,突然冲向又冷又干的芯层,芯层温度迅速提高,表层温度和芯层温度上升到水分蒸发以前的时间大为缩短。

板坯中的含水率有可以利用的有利方面,也有产生问题的不利方面。含水率较高的板坯便于热压板闭合,刨花板的厚度能更容易地控制。高含水率,特别是表层高含水率,能产生"蒸汽冲击效应"。然而,过量的含水率会延长树脂固化时间,特别在刨花板芯层有这种现象。板坯表层含水率较高,有助于刨花塑化,使刨花板表面平整光滑、坚硬结实。为此,多层热压表层刨花含水率为14%~16%,单层热压表层刨花含水率为12%~14%较为适当。表层含水率高,还有能延滞表层的树脂固化的好处,这样可以减少提前固化的问题。但是,板坯含水率较高,会使芯层的容重较低,内部胶合强度低,可能鼓泡和分层,还容易产生刨花板粘垫板的问题。如果用的是比较容易压缩的刨花,则可以要求含水率略低。板坯含水率较低的好处是一般强度性能较高,特别是平面抗拉强度较高,热压时间较短,不易粘垫板,在断面上容易分布均匀。板坯含水率低会产生的问题是刨花板的吸水性高,木材塑性小,导致刨花板表面粗糙,向板坯芯层热量交换缓慢,在一定压力下闭合时间较长,刨花在板坯中粘不住,需要使用初粘性较好的胶黏剂。

(4) 板坯内蒸汽压力

初含水率高的板坯传热速度快,产生蒸汽多,并随着蒸汽的产生也会导致蒸汽压力的增加,但其克服板坯排汽阻力的排汽能力也增加。如果板坯内蒸汽压力不能及时从板坯内向外排出,则会导致板坯内蒸汽压力快速上升,一旦蒸汽排出,内部蒸汽压力会迅速降低。板坯初含水率对热压中板坯内的蒸汽压力有两方面的影响,一方面随着板坯初含水率的增加,板坯内蒸汽压力上升的速度较快,板坯内的蒸汽压力较大;另一方面板坯内蒸汽压力达到最大值所需的时间较长。

如图8-19所示为不同含水率条件下板坯内蒸汽压力的变化。板坯初含水率由9.7%增加到18.2%,板坯内蒸汽压力的最大值由28.3kPa增加至78.7kPa,板坯内蒸汽压力达到最大值所需的时间由281s增大至461s。

密度高的板材的物质总量大,板坯压缩比大,渗透性差,蒸汽传递的阻力也大,且低密度有利于形成的蒸汽排出板坯,过高的密度将会由于蒸汽不能排出板坯而形成过热蒸汽区,导致蒸汽压猛然增加。因此,一般随着密度增加,蒸汽压加大。

在施加胶黏剂(10%脲醛树脂胶)的情况下,通过对不同密度板坯的内部蒸气压的研究表明(图8-20):芯层温度和压力之间有密切的关系,即芯层温度达到100℃的时间与其芯层压力开始上升前的平衡段的时间几乎相等;板坯密度越大,其芯层的蒸汽压力最高值越大,其时间也长。

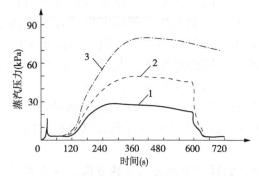

图8-19 不同含水率条件下的板坯内蒸汽压力
1. 初含水率 9.7% 2. 初含水率 13.9%
3. 初含水率 18.2%

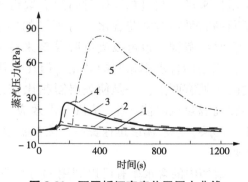

图8-20 不同板坯密度芯层压力曲线
(板坯含水率12%,固体施胶量10%)
1. 密度 $0.5g/cm^3$ 2. 密度 $0.55g/cm^3$
3. 密度 $0.65g/cm^3$ 4. 密度 $0.75g/cm^3$
5. 密度 $0.85g/cm^3$

4. 剖面密度分布

(1)板坯密度变化特征

早在1959年Suchland对木质复合材料板坯热压过程中压缩特性的研究。经分析认为随机铺装的刨花板板坯可以看作一个独立的系统,水平方向上刨花的分布遵从正态分布,随着热压过程的不断进行,刨花单元所产生的压缩应力非常的大,其变化可以近似看作实木横向压缩时应力应变关系的函数。Kunesh(1961)通过试验验证了实木垂直于纹理方向上非弹性行为类似于热压过程中板坯的压缩特性。Harless等(1987)、Wolcott等(1990)通过研究板坯热压过程中的物理变化、化学变化、机械性能等因素之间的交互作用,提出了板坯垂直密度分布机理。

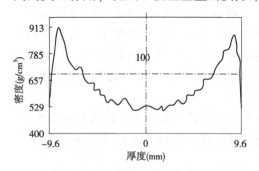

图8-21 典型的垂直密度分布图

刨花板热压过程中,动态瞬间温度和水分状态及它们对木材黏弹性、板坯局部密化影响的结果得到如图8-21表示的垂直(刨花板厚度方向)密度分布图(Winistorfer P M,1996)(刨花自由排列手工铺装的刨花板坯)。它表明高密度的表层和低密度中心层沿板坯的中心层几乎对称。人们常把这种由于刨花板结构及热压工艺造成的表层密度高、芯层密度低的一种分布称之为断面(剖面)密度梯度(VDP)。

造成断面(剖面)密度梯度现象的原因是由于表层刨花首先受热而快速软化,而芯层刨花受热较晚而刨花软化较晚,弹性好,加之表层刨花比较细小、含水率较高、施胶量大，且表层胶黏剂的先期固化等原因，表层刨花在加压初期被高度密实化，因而形成了一个密度高和硬化的表层；待芯层刨花受热软化之时，一般板坯已经压至规定厚度，此时施加给芯层的压力完全来自板坯的内力（弹力），加之芯层刨花较粗，刨花之间存在刨花间隙，因而就会造成表层密度高、芯层密度低的一种呈抛物线分布的密度梯度。

剖面密度梯度的分布可以采用射线测量技术的剖面密度检测仪直接进行检测，这种方法测量简单，使用方便，但由于放射体的保存保管比较繁杂，因而只在大量科研单位使用，对于生产企业可以采用砂光减量法测量剖面密度梯度分布。

(2) 断面密度分布的影响因素与控制方法

在板材平均密度不变的条件下，表层密度增大，芯层密度必然减小，而表芯层密度分布梯度增大，板的刚度和静曲强度就会提高，内结合强度降低，边部握钉力减小。如果密度分布梯度减小，则各项强度性能的变化情况正好相反。这是由于板材抗弯时，其表层承受的弯曲应力最大，而内结合强度取决于板材内部的最薄弱处，即芯层密度减低，削弱了内结合强度。如果芯层密度过低，芯层剪切破坏先于表层破坏，则表层密度的提高并不能增大静曲强度。由此可见，应根据板材的具体使用要求合理调控板材的剖面密度分布，以求获得理想的板材质量。

刨花板剖面密度分布（VDP）形成于热压过程中既是板坯压缩形成胶合强度的过程，也是板坯热质传递改变板坯性能特征的物理化学过程。它是热压温度、压力和水分综合作用的结果。从本质上看，VDP的形成主要取决于板坯的材料及板坯结构、板坯含水率及其分布等板坯特性、压缩比及热压工艺等三个方面。

表层含水率高、表层刨花形态细小、表层刨花比例大，刨花难以压缩、板坯压缩比大（板材密度高）及板材厚度大因素等都将会导致表层密度增加，芯层密度降低，即密度分布的梯度增加，均匀性下降。这都是由于造成了热压初期表层刨花密度增加的原因。

提高热压温度或闭合压力，或缩短闭合时间，将会提高表层刨花的密度而降低芯层刨花的密度，增加密度梯度。这是由于表层刨花先期软化和芯层刨花软化较差的条件下压至板材控制厚度所致。

8.2 热压工艺

热压工艺就是指控制不同时间段的温度和压力来实现热压目的的方法。生产上主要根据设置板材密度和厚度、刨花施胶量、板坯含水率及表芯层刨花比例，控制热压温度、热压压力的过程手段来完成刨花板的压制工作。其目的就是要加速胶黏剂的固化，缩短热压周期，使板的密度大小及分布符合工艺要求，同时使产品具有较高的强度和稳定的尺寸。理想的热压工艺就是在保证产品达到工艺设定要求的前提下追求效益最大化。

周期式热压法会根据板坯在热压过程中的特性变化和热压设备的特点，在不同时间段采用不同的热压压力来控制热压过程，而连续式热压法则会在不同位置采用不同的热压压力来控制热压过程。由于连续热压法的板坯运行位置与热压时间是对应关系，因此，两种热压方法的控制本质相同。

8.2.1 周期式热压工艺控制

周期式热压的工艺特点是采用厚度规控制厚度，热压板温度一次设定，热压板周期式运动，有装板时间、卸板时间和辅助时间较长等特点。因其热压过程比较复杂，影响因素也比较多，故需制定合理的热压工艺。

1. 压力-时间曲线

根据板坯在热压过程中的流变特征对在不同时间段的板坯实施不同的压力控制，这种压力与时间的关系曲线称为热压曲线。热压曲线的制定应根据板坯的压力特征曲线进行设计，合理的热压曲线不但可以满足板坯的热压需要，同时还可以有效地保护热压设备。

对于周期式热压法，通常以加压压力为纵坐标、时间为横坐标建立压力随时间而变化的"压力-时间"关系曲线，即为周期式热压法的"热压曲线"。对于连续平压法，对板坯在不同时候的加压控制则是通过板坯在不同时候对应的压机位置进行加压控制，这种以压力为纵坐标、加压油缸位置为横坐标建立的"压力-位置"关系曲线，即为连续式热压法的"热压曲线"。连续辊压法由于加压油缸数量少，且为通过压辊的线压力对板坯实施加压，原理和连续平压法一样，但压力控制方法比较简单，只需控制几组加压油缸的压力即可。

对于未使用压力控制厚度的热压情况，闭合时间指板坯开始承担压力开始至达到最大压力的时间，闭合时间即为升压时间，主加压时间则指压力达到最大开始至板坯压力泄压至零的时间，如图8-22；对于使用厚度规或位置控制系统控制厚度的热压情况，升压时间指板坯开始承担压力至达到最大压力的时间，闭合时间则指压力达到最大开始至板坯厚度压制厚度规控制厚度的时间，主加压时间则为压制厚度规控制厚度后的开始至板坯压力泄压至零的时间，如图8-23。

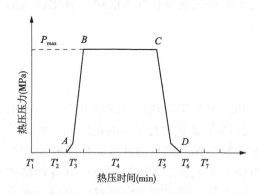
图8-22 不使用厚度规的压力-时间关系

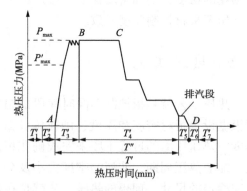
图8-23 使用厚度规的压力-时间关系

在周期式热压中，热压曲线是热压工艺控制的手段，当使用压力控制厚度时，热压压力等于板坯承担的压力，而当使用厚度规控制厚度时，热压压力与板坯承担的压力存在差异，即热压压力由板坯和厚度规共同承担，并为了保护厚度规和热压板，其厚度规承担的载荷不可过大。为此，热压压力应随着板坯的塑化而减小。根据热压过程中的压力随时间变化，说明各时间段压力控制及压机的工作过程，如图 8-24 分析如下：

T_1'——装板时间。在 T_1' 结束时，压机各层都装满板坯，此时板坯尚未受压。

T_2'——合板时间。指压板开始合拢至板坯上表面接触压板之前的这一时间段，板坯未承受来自油缸的压力。在 T_2' 时，板坯上的压力等于零。

T_3'——闭合时间。指板坯从受压开始至压板间距达到毛板厚度位置的时间，含升压时间和充压时间。升压时间指板坯压力从零开始至预定最大压力（P_{max}）为止的时间；充压时间指从板坯压力达到最大后至压板间距达到毛板厚度位置的时间。

T_4'——保压时间。这一阶段是板坯达到最大的密实程度，厚度规始终承担一定的压力，且厚度规未脱离上下压板，该阶段一直延续到胶黏剂固化为止。T_4' 通常是加压过程中最长的一个阶段。

T_5'——降压时间。胶黏剂固化完毕，压机自动减压，直至零为止。此阶段厚度规脱承受的压力为零，板坯有一定的反弹，同时排除内部多余的蒸汽。

T_6'——压机张开时间。指板坯压力到零开始至压板完全张开。在多数情况下，压板在其运动停止前还会下降一段距离。

T_7'——卸板时间。即压制好的板材从压机中卸出的时间。

2. 使用厚度规的热压压力与板坯承担压力

刨花板热压工艺过程是通过控制热压三要素来实现的。对于周期式压机，由于板坯热压时在压机内是固定的，因而，一般热压温度是固定的，因此采用压力-时间曲线来控制；

如图 8-24 所示，采用厚度规控制厚度时，由于在热压过程中，板坯的反弹力会随着刨花的压缩比增加而增大，也会随着刨花的塑化而减小。因此，热压过程中，当板坯压缩比稳定时，板坯的反弹力会减小。如果将热压板与厚度规接触与否进行分段分析。

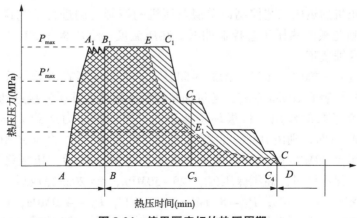

图 8-24 使用厚度规的热压周期

(1) 热压初期（AB 段）

即压板接触厚度规之前，油路压力为板坯的压缩阻力。所有载荷，全部由板坯承担。

(2) 热压中期（BC_4 段）

油路压力由板坯和厚度规共同承担，并随板坯受热力和水分的作用塑性增加，承载力降低，厚度规承受的压力加大。此时，热压板相当于一个弯曲梁受载。在 C_3 时间点，加压压力为 $F_1(C_2C_3)$，而此时板坯的弹力为 $F_2(E_1C_3)$，此时厚度规承担的压力 $F(C_2E_1)$ 则为：

$$F = F_1 - F_2$$

(3) 热压后期（C_4C 段）

降压阶段，由于油路压力减小，刨花板回弹，压板开始脱离厚度规。这时，厚度规承受的压力减小，直至为零。而油路压力，则由刨花板承担。

热压压力由工艺设定，板坯的反弹力却受到温度、含水率、单元特性及压缩比等的影响，在生产过程一般为了保证厚度规的精度和减小压板的损耗，控制成品板的厚度偏差，一般要求在保证板坯厚度不反弹的前提下，厚度规承担的载荷不能过大，特别是对于大幅面的单层热压机。

厚度规的作用不只是控制整体厚度，还可以减小板坯的厚度偏差，因为先期闭合的板坯的过多压力由板坯部分承担，而板坯厚度不变，而未闭合的部位继续加压，板坯厚度慢慢变小，直到达到厚度规位置，从而保证板坯厚度相等。对于单层热压机，厚度规和压板上安装的吹风板配合，保证了厚度规位置干净，从而保证了厚度控制精度，但对于多层热压机来说，厚度规的工作状况非常恶劣。

理想的热压曲线是保证板坯在主加压段无反弹的前提下，厚度规承担的载荷应很小。

现代的新生产线上，不管是单层热压机还是多层热压机，都会采用厚度规和电气协同控制厚度，只要在热压过程中保持厚度规接触指示灯显示接触的前提下，尽量分段减小热压压力，以减小热压板和厚度规的变形。

3. 热压工艺控制

周期式热压机的热压工艺控制以单层热压机的控制为例进行工艺说明。如图 8-25 为 19mm 规格刨花板的热压工艺控制曲线。热压温度：上压板 185℃，下压板 195℃，耐高温石墨尼龙铺装带。

首先板坯进入压机内，压机开始总时间计时，而上压板在自重的作用下快速向下运动，在距离板坯表面 10mm 左右，通过油路控制合板速度并缓慢接触到板坯，然后在两台径向柱塞变量泵的作用下将板坯快速压缩，当油路压力达到 $P_A = 19$MPa（$P_{坯} = 0.14P_{油}+0.03$MPa）时，则由其中一台继续加大至最高压力时（$P_1 = 30$MPa）停止加压，待板坯软化降压至 29MPa 时，进行充压，经过 3~5 次充压后，压板将达到厚度规位置，并开始高压保压计时，高压保压（$P_1 = 29$~30MPa，$t_1 = 20$s）完成后，进行分段降压保压（$P_2 = 12$MPa，$t_2 = 12$s；$P_3 = 8.0$MPa，$t_3 = 12$s；$P_4 = 4.0$MPa，$t_4 = 168$s；$P_5 = 1.0$MPa，$t_5 = 224$s），待板坯保压完成后，通过提升缸使压力接近"零"时进行二次排气

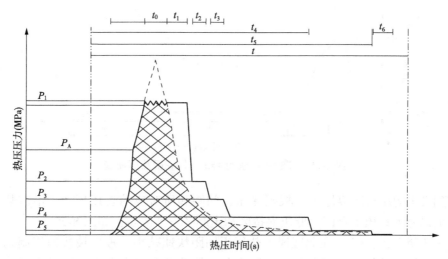

图 8-25　19mm 规格单层热压机的热压曲线

($t_6=15s$)，热压周期约为 $t=244s$。从热压过程的控制可以看出，每一段时间的控制略有区别，高压段（快速松弛段）的时间段是分段计时，而渐缓松弛段则是以总时间段计时。这也说明高压段是以保护压机和厚度规为主要目的，而低压段则是以保证板坯的热压胶合为目的。

8.2.2　连续式平压法热压工艺控制

连续式平压法主要为双钢带连续平压，是一种最符合刨花板热压工艺需要的先进热压方法。板坯在热压过程中可以分段设置压力和温度，尤其是在芯层胶黏剂固化前能继续给板坯施加一个微增量的压力，使芯层刨花进一步密实化，增加剖面密度分布的均匀性。而且不存在板坯"受热不受压"的工艺状态，减少了板材表面预固层的厚度。尤其是生产薄板时，产品表面可无需砂光，降低了消耗。这种热压方法适用于大规模的刨花板生产。

1. 热压分区及压力设定

连续式平压法的压力控制有两种方法，一种是以钢带间距作为压力控制依据，另一种是以压力和钢带间距联合控制。精度极高的压力传感器和油路系统保证钢带预先设定的间隙精度，压板间隙在压机长度方向的不同位置（每一个框架）可进行单独调整，由各个距离传感器反馈到监控系统。

板坯由运输带送到连续平压机的进料口，在上下钢带的夹持下进入压机。进料口角度可调，在每次更换产品规格时，根据需要进行调整。板坯经过进料口时，逐渐压缩，排出空气，但进料口角度的设定以不能破坏板坯结构为原则。进料口的调整非常关键，特别是在生产薄板时，它是影响热压时板坯质量的重要因素之一。

热压板间距是压机实现压力控制的基础。热压板间距在压机长度及宽度方向的不同位置可以单独进行调整。压力大小与板坯的反弹作用有极大的关系，必须保证把板

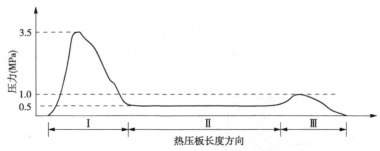

图 8-26　连续平压法的 16mm 刨花板热压曲线

坯压缩到设定的压机距离厚度。根据热压板间距和所对应的热压压力，沿着热压机长度方向可以分为高压闭合区、低压保持区和定厚区三个区段，如图 8-26。

① 高压闭合区（Ⅰ）　在此区段，热压板间距快速减小，板坯被快速压制到一定厚度。由于预压后的板坯比较密实，且弹性大，其反弹作用力也大，所以需要较大的压力载荷，但压板间距的减小速度设定既要保证不破坏板坯结构，又要保证板坯表层形成具有一定密度的硬壳层。另外，此段压力大小还与产品密度、断面密度分布、原材料情况及板坯含水率等有着密切的关系。一般薄板距离比制品出压机时所规定的厚度小 1~2mm，中厚板与制品出压机时所规定的厚度相同或略大 1.15~1.20 倍，目的是尽可能地将板坯内的空气挤出，加快向芯层传热，同时获得高的表层密度，以利于产品后期加工。压力设定通常设在 4.0~4.5MPa。

② 低压保持区（Ⅱ）　由于板坯在第一阶段快速闭合时，受一定温度、压力的协同作用，板坯内产生一定的饱和水蒸气往芯层迁移，为了不让板坯内的蒸汽过分聚集，同时利于向芯层传热，将此段间距缓慢增大，压机距离保持在一定的开度，以便让蒸汽能顺利地从板边逸出。这对改善板的内在性能有着重要的作用。通常此阶段距离是出压机制成品的 1.15~1.20 倍。但是也因此而造成了毛板由中间向边部方向含水率递减，而且边部与其他部位密度梯度分布不一致的情况（图 8-27）。

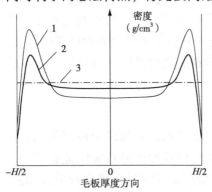

图 8-27　毛板中部与边部密度分布差异
1. 边部密度曲线　2. 中部密度曲线
3. 均密度

热压板间距增大的位置对板的性能有着重要的影响。一般生产厚板时的热压板间距增大位置靠前；生产薄板时的热压板间距增大位置靠后。在生产薄板时的距离控制在出压机制成品的 1.4~1.5 倍；在生产厚板时的距离保持段距离控制的倍数大小对板材的性能有着重要的影响，此阶段压力通常在 0.5MPa 以下。

③ 定厚区（Ⅲ）　在此区段的板坯经过快速闭合和距离保持段后，其厚度与控制要求相差较大，需对厚度进行定厚调整。另外板坯热压完成后，在出压机之前，其内部仍有部分蒸汽，在压机出口前 1~2 个框架距离略微增大一些，让板内的蒸汽在出压机前能顺利逸出，以防止分层、鼓泡。压机定厚段开档通常略小于制品厚度，

根据板厚规格的不同而不同，一般比压机制成品小 0.1~0.5mm，此种变化随产品厚度的增加而增加，目的是便于板材在出压机后经过轻微的反弹和冷却收缩后达到规定的要求。不同区域的距离大小，对制品的内在质量及产品断面密度分布起着至关重要的作用。通常控制在 1.5MPa 以下，在靠近压机出口处，压力逐渐减小至零。

2. 热压温度

温度在热压过程中提高了刨花塑性，为各种化学键的结合创造条件，并使板坯中的水分迅速汽化，有利于胶料固化。但为了避免热压板的热应力变形，相邻的加热区温差不可过大，而且沿着生产线出料方向温度逐区降低。板坯在经过高压区后表芯层的温度差变大，为了强化加热，第二、三加热区的温度也较高，但是板坯表面不宜持续高温，否则将引起表层胶料降解和脆化，影响板坯表面质量。再者板坯表层已经形成高密度层，将不利于热量继续向内传递。最后一加热区的温度尽可能低，因为板坯到此时温度已经足够，如果温度过高素板在出压机后厚度收缩大，表芯层温差大。容易出现翘曲。

连续平压的热压温度，根据设备的条件，可分为三段或四段循环温度，这与压机的加压段、保持段和定厚段的不同功能相一致。通常为第一循环温度至第三或第四循环温度呈递减趋势。现国内通常在 220~180℃，生产较厚板或薄板时，也会超出此范围，高者超过 230℃，低者仅 170℃。

3. 热压时间

连续压机的热压时间是通过调整钢带运行速度来实现的，相同长度的热压机，速度越快，热压时间就越短。而热压时间即热压系数必须满足热压的工艺要求，保证胶黏剂的完全固化，因此，提高压机产量不能通过缩短热压时间来满足，而需要延长压机长度或增加压机宽度来实现，但压机极限运行速度为 2000mm/s。

一定的压机速度设定是为了保证压机的生产能力、热量的传导和压力的传递，以获得胶黏剂的固化，制得符合质量要求的板制品。压机速度可以通过下面的公式来计算：

$$V = \frac{L}{p \times T_h} \tag{8-3}$$

式中：V——压机设定速度，mm/s；

p——热压因子，s/mm，一般为 5.5~6.0s/mm，带冷却段的为 4.5~5.0s/mm；

L——热压机的有效加压长度，mm；

T_h——设定毛板厚度，mm。

4. 凝胶线控制

凝胶线工艺的合理正确设定是保证连续压机高效生产的重要工艺参数，也是衡量刨花板热压质量的重要条件。所有热压工艺参数的设定，均以凝胶线的设定作为基础。由于连续压机中的板坯是连续移动的，在长度方向上无法排汽，蒸汽只能由两侧边排出。通常情况下，凝胶线的工艺设定位置在压机有效热压总长的 60%~65%。理想状态

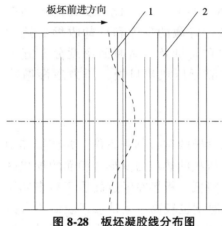

图 8-28 板坯凝胶线分布图
1. 100℃凝胶线 2. 加压位置

是在板坯进入定厚区时实现芯层凝胶线(芯层温度达到100℃),而两侧面的凝胶线略早于中部,如图 8-28 所示。

一般板坯中间部分的凝胶线明显滞后于两侧面,表明板坯中部传热速度比两侧面的传热速度慢。其主要原因是压机中心部位水分排出路径长,因而含水率高,从而延缓了中间部分温度的快速提升,致使凝胶线滞后。当热压(运行)速度过快,中间部分的胶黏剂不能得到充分固化时,中部内结合强度就会明显下降,甚至出现严重分层。因此,连续压机生产刨花板时,应合理设定分区温度梯度、速度、压力、压力梯度、左中右压力偶合系数(偶合系数是指左右两组的单位压力相对于中间组压力的比例数值,一般设定为 0.7~0.95)及控制施胶刨花的含水率,并适当提高预压机的有效工作压力,预压机的线压力一般设定为 150~200N/cm。

5. 连续式平压法的特点

连续式平压法消除了周期式热压法在生产流水线中不协调的中断,并克服了后者存在的压制板材厚度偏差大、原材料和能源消耗高的不足,尤其是双钢带平压式连续加压采用了压板温度分区设置、压力局部可调、压板间距适时可控等先进的热压工艺,因此连续热压法得到了越来越多的应用。与周期式热压法相比,其主要特点如下:

(1) 生产过程连续化、单线产量规模化、压机产能高效化

连续热压法的板坯不断进入压机,板坯热压与板坯铺装同步运行,闭合时间极短,几乎没有辅助时间,且压机幅面大,热压温度高。连续热压法的压板单位面积的产能为单层热压机的 2.5 倍,多层热压机的 3.5 倍,其最高年产量已达 70 万 m³(定向刨花板)。

(2) 热压工艺理想化、产品规格多样化、产品品质优良化

连续压机生产工艺可对板坯进行分段加压、分区加热和冷却,且在胶黏剂固化前对板坯进行定厚加压,板材断面密度分布合理,比强度高(在板材密度减少 4% 时,仍具有与间歇式热压机所压制板材相同的强度)。板材宽度可达 4000mm,长度规格不限,厚度可在 2~40mm 范围内任意调整,尤其是在生产 8mm 以下和 25mm 以上的板材时的品质优势为多层热压机所不具备的。

(3) 原料消耗节约化、能源利用高效化、直接成本低量化

连续热压法的板坯预固化层薄,横向裁边损失小,厚度偏差小,可节约原材料约 10%。在整个热压过程中压板间距基本固定,压板温度波动小,甚至可将冷却段热能进行收集利用,大大减少了能量损耗。直接电耗仅为间歇式热压机的 50%,热耗降低 10%~15%,板材生产成本可降低 15%~20%。

(4)设备投资及维护费用高量化、设备技术精准化,经济效益长远化

连续压机结构复杂,技术含量高,制造难度大,且配品配件多。如进口连续热压机比相同产量的国产多层热压机报价高出 5 倍以上,钢带链毯润滑油的费用高和钢带更换成本也高等,但是由于连续压机的产量高、质量好、设备占地面积小、节省原材料和能源、投入产出比高,所以国外 85% 以上的大型人造板生产线仍采用连续压机。

总之,连续热压法生产过程连续化、热压工艺合理化、设备制造精准化、产品质量优质化、物能消耗清洁化、经济效益长远化。连续平压法从节约能源及减少材料消耗上可降低了生产成本,产品质量稳定、单机产能高、可取得市场优势;但是设备结构复杂、制造难度大、维护保养要求高、一次性投资较大、加热用油的消耗较大等也给设备的运行增大了难度。

8.3 热压设备

热压机是刨花板坯完成热压工艺必须具备的符合刨花板坯热压工艺要求的设备。用于刨花板生产的热压机主要有周期式的大幅面单层热压机和带同时闭合装置的多层热压机、连续式的平压机和辊压机及挤压机等。热压机品种多,结构性能差异大,可根据热压机的结构、原理、性能及用途等进行分类,但各种方法不能孤立存在,而是多种类别同时共存,有机地选择合适的方法组合起来,如图 8-29 所示。

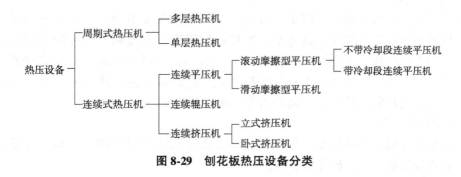

图 8-29 刨花板热压设备分类

8.3.1 周期式热压

周期式热压机的特点是热压温度设定不变,热压压力根据热压工艺要求在热压过程中进行调节控制。用于刨花板生产的常用设备主要有大幅面的单层热压机和带同时闭合装置的多层热压机。单层热压机压板幅面大,闭合行程短,闭合速度快、压板刚性好,一般采用较高的热压温度和热压压力,以及低含水率和固化速度较快的胶黏剂;多层热压机一般配备有同时闭合装置,压板幅面小,闭合行程长,闭合时间也长。

周期式热压机主要适合于中小型刨花板生产企业。但继迪芬巴赫公司生产出 24 层的幅面为 2700mm×520 000mm 刨花板用单层热压机和 20 层的 3800mm×7470mm 的多层热压机年生产能力突破了 22 万 m³ 和 55 万 m³ 后,2005 年秋,辛北尔康普公司为加拿大提供了 12 层的幅面为 3660mm×103 700mm 的定向刨花板多层热压机,年生产能力 70 万 m³,其生产能力与当今世界生产能力最高的连续平压热压机持平。

1. 单层热压机

单层热压机是周期式平压法的一种热压机,其基本结构如图 8-30,包括有基座和机架、工作油缸、提升油缸、热压板和热平衡板、活动横梁和吹风垫板等部件组成。

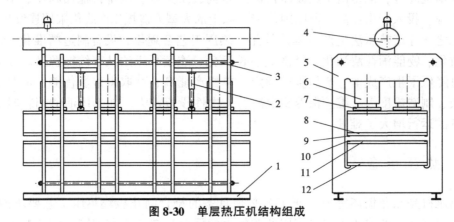

图 8-30 单层热压机结构组成

1. 基座 2. 提升油缸 3. 机架连接螺丝 4. 油箱 5. 框架 6. 工作油缸 7. 漏油槽
8. 上热压板 9. 厚度规 10. 吹风垫板 11. 下热压板 12. 热平衡板

刨花板单层热压机的特点包括以下几方面:

(1) 设备结构特点

结构简单,压板幅面大,横梁刚性好且具有热平衡调节功能,采用上加压式油缸布置,压板闭合采用自吸式注油方法。厚度控制采用厚度规和电气控制相结合;压机行程短,闭合速度快,正常情况下行程约为 100mm;无须预压机,没有同时闭合装置和装卸板装置,板坯输送采用循环带运输形式,且运输带通过热压机,生产过程便于连续化和自动化控制。此外,占地面积大,能源消耗少。

(2) 热压工艺特点

一般采用较高的热压温度、较低的板坯含水率和快速固化的胶黏剂;压板控制精度高,板材厚度偏差小,砂光量也少。

(3) 产品特点

闭合速度快,预固化层薄;采用了两种厚度控制方法,加之厚度规与吹风垫板的联合使用,其成板厚度偏差小,减少了砂光量;热压机幅面大,裁边量减少,提高了原料利用率。

在我国主要拥有年产 1.8 万 m^3、3 万 m^3 和 5 万 m^3 三种生产规模的单层热压机生产线(图 8-31),其生产能力可根据压机幅面大小来进行计算,对于单幅面宽或双幅面宽的单层热压机的年产量可分别按每件板材幅面(1220mm×2440mm)为 6000 万 m^3 和 5000 万 m^3 估算。

单层热压机有固定式和移动式两种形式,一般多采用固定式热压机,与其配合的铺装机也有固定式和移动式两种形式,一种是热压机与移动式(周期式)铺装机匹配,另一种是热压机与固定式(连续式)铺装机匹配。

①单条循环带的单层热压机 单条循环带(钢带或柔性网带)的单层热压机组成的

图 8-31　单层热压机

生产线,它是由移动式铺装机、板坯分割机和热压机组成。单条循环带延伸通过铺装机和热压机,用于板坯铺装、板坯输送和压机出板。热压机热压工作时,铺装机从靠近压机向远离压机方向铺装板坯,铺装完一件板坯后停止铺装,并回到铺装起点,待热压机完成热压工作后,循环带朝出板方向移动一件板的距离,并同时装入板坯和卸出成板,然后铺装机和热压机开始下一周期的热压和铺装工作,如图 8-32。

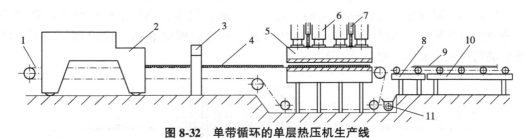

图 8-32　单带循环的单层热压机生产线
1. 铺装带　2. 移动式气流铺装机　3. 板坯分割机　4. 板坯　5. 上压板　6. 加压油缸
7. 提升油缸　8. 过渡滚筒　9. 素板　10. 称重台　11. 回料螺旋运输机

单层热压机由于采用大幅面的热压板生产,因此,为了防止压板变形,因而采用了框架架构的热压板来提高压板的刚性,又为了防止框架的热变形,从而采用了热平衡技术。加热板和热平衡板都可以进行分区段加热,平衡板的温度随压板的温度和气候因子的变化来调整,以确保压板的平面度,如图 8-33。

这种单带的单层热压机生产线必须与移动式铺装机配合,一般是铺装时间稍微大于热压周期,能充分发挥热压机的生产潜能,且调整方便。但在铺装的搭接处容易造成板坯的纵向偏差,影响铺装精度。这种单条运输循环带的生产工艺在目前广泛使用。

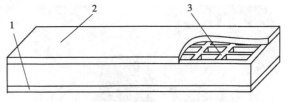

图 8-33　单层压机热压板结构示意图
1. 加热板　2. 热平衡板　3. 平衡板框架

②三条运输带的单层热压机　三条运输带的单层压机组成的生产线是由铺装机、预压机、横截锯、单层压机和三条输送带等组成。由一个固定式铺装机连续铺装成型的板坯通过金属探测器进入到连续预压机进行预压,预压后的板坯经横截锯裁截成一

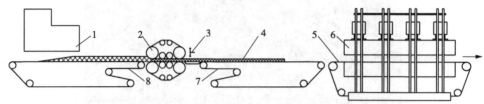

图 8-34　三条运输钢带的单层热压机生产线
1. 铺装机　2. 预压机　3. 横截锯　4. 板坯　5. 压机钢带
6. 单层热压机　7. 板坯加速运输带　8. 铺装钢带

定规格长度的板坯。随后，板坯经过第二条循环带加速前进，再经过第三条循环带送入压机内进行热压，同时将成板送出压机，如图 8-34。

这种多带单层热压机生产线，要求铺装成型速度和压机生产速度同步，且铺装速度只能小于或等于热压速度，一旦缩短热压时间，铺装速度就必须作相应调整，并且同步调整比较困难，和单带的单层热压机生产线相比多了预压机。

③移动式单层热压机　移动式单层热压机生产线由铺装机、横截锯及往复运动单层热压机和连续运动的网带组成。板坯在匀速运动的网带上连续铺装成型，连续板坯带由横截锯按照设定的规格截成板坯，送入热压机。热压机热压工作时将和网带以相同的速度向前移动。当热压完毕，热压机开启，并迅速朝铺装机方向返回，对下一块板坯进行热压，如图 8-35。

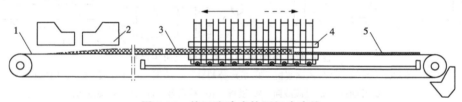

图 8-35　单层移动式热压机生产线
1. 钢带　2. 铺装机　3. 板坯　4. 单层移动式热压机　5. 毛板

这种单层移动式热压机生产线，采用了热压机移而铺装机固定的生产工艺，克服了移动式铺装机存在的铺装精度问题，同时板坯也不需要预压工艺，但是，热压机重量大，移动难度大，不适合大幅面单层压机生产线，因而产量受到了限制。

2. 多层热压机

多层热压机是平压法热压机的一种。其压机组的基本组成为装板机、热压机及卸板机。装板机包括有装板架及其进板装置、升降装置、推板装置；卸板机包括有出板装置、卸板架及其升降装置；热压机包括有基座及机架、加压及加热系统、控制系统等，有的还配备有板坯预装装置，如图 8-36 和图 8-37。

图 8-36　多层热压机

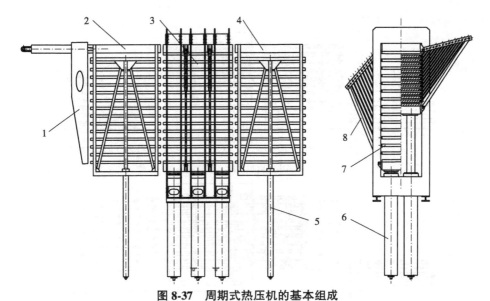

图 8-37 周期式热压机的基本组成
1. 推板架　2. 装板机　3. 热压机　4. 卸板机　5. 提升油缸
6. 加压油缸　7. 热压板　8. 同时闭合装置

多层热压机为我国普遍采用的一种热压方法，是目前应用于刨花板制造最广泛的设备。周期式热压机有纵向进料和横向进料两种方式，而刨花板采用纵向进料方式，热压机机架结构形式有框式结构、柱式结构和板式结构三种，刨花板生产主要为框式结构居多，其次是柱式，而板式仅在试验压机上使用。

刨花板多层热压机的特点包括以下几方面：

①设备结构特点　单位油缸的生产效率高，油缸行程长，压板幅面小，层数多；厚度控制采用厚度规和电气联合控制，设备易于实现连续化和自动化控制，其结构复杂而庞大，需配备装卸板系统及预压机；占地面积小，但能源消耗高。

②热压工艺特点　采用下压式加压方法，油缸行程长，闭合时间长，因而一般采用较低的热压温度和较高的板坯含水率，且胶黏剂的活性也相对降低。以此减少胶黏剂的预固化和板坯预固化层的厚度。

③产品特点　板材厚度范围广，适合中厚板生产；板材厚度偏差大，裁边量也大，因而原料利用率相对较低。

多层热压机工作系统包括装板系统、热压机和卸板系统三大部分。其板坯输送多采用托板输送方式。首先是将装板机首层托架降至与输送机高度匹配的位置，然后依次装入板坯。最后装板机上的推板装置一次性将装板机上的板坯推入压机内，并同时在板坯托板的作用下将压机内的成板推入卸板机的托架上，当托板回拉出压机时，会有一个挡板装置将板坯挡在压机内。在压机开始热压工作时，装板机进入下一周期的装板，卸板机进行卸板。卸板机上的半成品被输送带从下到上依次送出卸板机，然后卸板架升高至出板位置等待下一周期的卸板。如此周而复始的动作，形成连续自动化的生产过程，如图 8-38。

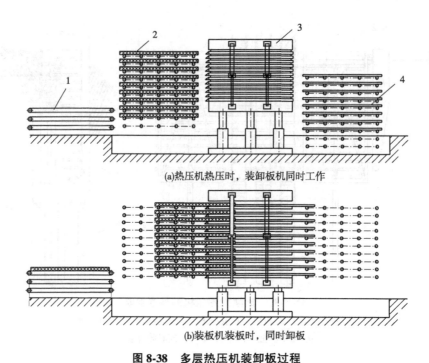

图 8-38 多层热压机装卸板过程
1. 板坯预装机 2. 装板机 3. 热压机 4. 卸板机

多层式热压机组的板坯输送系统还有一种带有垫板的热压方式,但由于这种方式需要复杂的垫板回送系统及垫板容易变形等原因,目前已经不再使用。此外,皮带式装载机可以用于刨花板生产,但不及托板式简单实用。

对于压机层数较多的生产线,往往在装板机前段加设 1~2 台层数为 2~5 层的过渡装板机(也叫预装机),这样既可以解决装卸板时板坯的存放问题,同时也可以减少大重量装板机的运行频率,提高设备精度。

对于刨花板多层热压机,装备有同时闭合装置,不但可以满足压板快速闭合而不冲坏板坯的需要,同时也可以保证不同层高的压板受热时间相近。

同时闭合装置有铰链式、拉杆式、塔轮式等几种类型,其共同特点是刚性连接。拉杆式用得较多,拉杆的补偿器有油缸式、弹簧式和气缸式等。

为了使热压机中各层板坯热压条件一致,在快速合拢时又不冲坏板坯,在刨花板生产中的多层热压机应采用同时闭合装置,如图 8-39 所示。同时闭合装置的一个关键问题是补偿热压板间板坯的厚度变化。这种厚度变化如不补偿,则将在相应热压板的支撑装置中产生应力。这种应力通常可以利用油压装置补偿或弹簧装置补偿使之平衡。

同时闭合装置主要配置在刨花板和纤维板的多层热压机上。配有同时闭合装置的多层热压机,其油缸可以实现快速上升而不至于冲击破坏板坯的结构,减少了预固化层厚度;同时还可以实现所有板坯同时受热受压,使胶黏剂同步固化,缩短了热压时间,提高了压机产量。

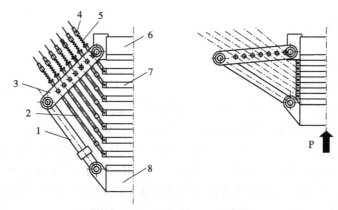

图 8-39 弹簧补偿的同时闭合装置
1. 顶杆 2. 拉杆 3. 摆杆 4. 调节螺母 5. 补偿弹簧 6. 上梁 7. 压板 8. 动梁

对于没有同时闭合装置的多层热压机，由于热压板从下到上逐层闭合，各层间的板坯受热受压时间和状态差异较大且闭合时间长，将会导致板坯预固化层厚，不宜用于刨花板生产。

2. 周期式热压的厚度控制

厚度规是控制各层板材厚度的主要工作原件，一般装在各层热压板的两侧。厚度规的作用包括两方面：一是承担压机多余的压力，使板坯压制到此位置后不再变薄，保证成品的厚度；二是承担压机多余的压力，使先期闭合压板位置的板坯不变薄，让其他尚未闭合的部位继续加压闭合。

目前，国内生产的热压机有以厚度规或四角限位控制装置控制压板间距，厚度规依然起到控制压板间距的主要作用，而限位控制只是反馈信号以控制加压系统的工作，并有指示灯显示压板是否闭合到位。

定位控制装置是在热压机固定横梁与活动横梁之间的四角分别安装 4 套位置控制器。控制器由调节丝杆、放大摆杆、行程开关等组成（图 8-40）。调节时，首先对压机施加一个较小的压力，使压板与厚度规刚好完全接触，然后调节丝杆，使摆杆翘起，摆杆刚好脱离行程开关的顶杆，此时行程开关指示灯刚好为"亮"状态，如果压板未闭合，摆杆总是压住行程开关顶杆，指示灯为"闪"状态，通过丝杆的反复旋转，以保证位置合适。摆杆是放大丝杆相对于行程开关位移的作用。

此定位控制装置特别适合于单层热压机使用，控制精度高，使用效果好，但对于多层热压机，只能保证总间距达到控制要求，不能保证每一层都达到控制要求，再加之厚度规的黏附的粉尘或刨花的影响，所以多层热压机的出品厚度偏差大，砂光量也大。

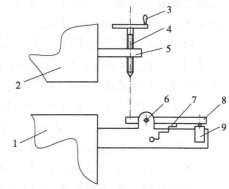

图 8-40 定位控制装置原理图
1. 下横梁 2. 上横梁 3. 手轮 4. 锥头螺杆
5. 螺母 6. 转轴 7. 拉簧
8. 摆杆（行程放大） 9. 行程开关

8.3.2 连续式热压

1. 连续式平压

(1) 连续式平压的发展

连续平压是 20 世纪 60 年代，英国人首先提出了刨花板连续平压热压工艺的设想，于 20 世纪 70 年代首台钢带滚子链型连续平压热压机才在原联邦德国试制成功。早期的连续平压热压机机型有履带式、钢带式等几种。单机年产量一般为 5 万~30 万 m^3，以 10 万~20 万 m^3 居多。平均年产量约 15 万 m^3，最高年产量则达到 75 万 m^3。而北美、欧洲及亚洲的日、韩、泰、印尼、马来西亚等大型刨花板生产线 85%以上均采用连续平压热压机。

随着双钢带连续压机的不断发展，其热压板最大宽度已达 4m，最大长度已超过 77m。用双钢带连续压机生产刨花板，无论在产品质量、产量、制品厚度范围、原材料利用率，还是能耗、生产效率、生产成本、占地面积、企业管理等各方面都优于传统的多层或单层热压机，因此越来越被广泛应用。我国从 20 世纪 90 年代初开始引进双钢带连续压机生产线，一般年产量在 5 万~10 万 m^3 之间。随着生产的发展和对经济效益的重视，在 2006—2010 年间，我国引进投产的 15 万 m^3 及其以上年产量的双钢带连续压机生产线约 30 条，而 2017 年在建和拟建 55 条刨花板生产线，年平均产能约为 18 万 m^3，其中 34 条生产线是连续平压刨花板生产线，占新增总产能的 75%。平均单线年产能 22 万 m^3。

世界生产连续压机的厂家主要有原联邦德国的 Kusters 公司、Bison 公司（后均并入 Metso 公司）、Siempelkamp 公司和 Dieffenbacher 公司，均是国际著名的刨花板设备制造商，全球共有 400 多条连续压机生产线都是由这几家公司提供的。2007 年 Metso 公司将连续平压机业务转让给 Siempelkamp 公司，现在世界上刨花板连续平压机的制造企业主要有德国的 Siempelkamp、Dieffenbacher 公司。

进入 21 世纪以来，我国研制连续平压热压机的步伐加快，在消化吸收国外技术的基础上，上海人造板机械有限公司率先研制出自己的连续平压机。经过几年来的生产实践证明，国产连续平压热压机的性能完全达到了国际的先进水平，截至 2012 年 6 月，上海人造板机械有限公司已签约 26 条生产线，有 14 条线已投产；亚联机械已签约 23 条生产线，有 8 条生产线已投产。

中国客户大部分偏爱小幅面的压机，在单层压机里，单幅压机生产线数量远远超过了双幅压机。8 英尺幅面的连续平压线可以实现 60 万 m^3/年的产能，不存在提高产能的问题。4 英尺幅面的连续平压机，国外企业都将最大的长度设定在 38m，这个长度的连续平压机的产能也就在 12 万~15 万 m^3/年。国产 4 英尺幅面的连续平压机的长度，已经从 45m 提高到 46m，目前已经提高到了 48m。国产连续平压的单线产能突破了 20 万 m^3/年，可以为我国客户提供经济产能的连续平压机了。

各家公司的连续压机在技术上各有特点，如图 8-41。原 Kusters 公司：立柱式结构，短滚柱链毯作为热压板与钢带之间的滚动摩擦副，工艺过程和参数全自动控制；原 Bison 公司：框架式，钢带与热压板之间用油膜传热与润滑，但油膜的建立、密封等技术尚未过关；Siempelkamp 公司：框架式结构，长滚柱链毯作为热压板与钢带之间滚动摩擦副，工艺过程和参数全自动控制；Dieffenbacher 公司：拉杆式，侧向可打开，便

(a) 框架式结构

(b) 拉杆式结构

图 8-41 连续式热压机

于维修和更换热压板，热压板设有耐磨板，可延长热压板寿命，滚柱链毯作为钢带与热压板上耐磨板之间的滚动摩擦副，工艺过程和参数全自动控制。

（2）双钢带连续热压的分类及组成

钢带平压式连续热压机通常采用双钢带，故也称双钢带平压式连续热压机。按输送板坯的钢带与热压板间的摩擦形式，有以滚柱式和滑动式两种类型，如图 8-42 和图 8-43 所示。

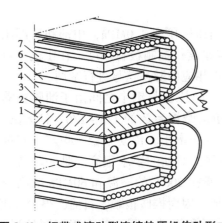

图 8-42 钢带式滚动型连续热压机传动形式
1. 板坯 2. 钢带 3. 棍子链 4. 热压板
5. 隔热垫 6. 油缸 7. 压机框架

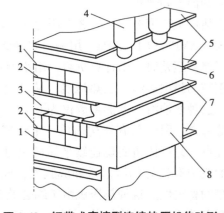

图 8-43 钢带式摩擦型连续热压机传动形式
1. 热油回收 2. 热油 3. 板坯 4. 液压系统
5. 上钢带 6. 上压板 7. 下钢带 8. 下压板

①滑动式双钢带连续热压机 将热油送入热压平板和钢带之间形成油层，从而使钢带在热压平板上的运动为有润滑的滑动。这类连续热压机有德国 Bison 公司制造的 Hydro-Dyn 连续热压机，如图 8-44。这类所占份额很少，但以油膜减磨、加热而独树一帜，其特点是结构简单，零部件少，钢带运行阻力小，噪声低，结构简单，重量轻，价格相对较低。

此型压机的特点是在钢带与热压板之间以油膜相隔，油膜起润滑、减磨、导热和传递压力的作用。该压机设计有润滑油的加热系统，润滑油加热后，被泵送至上、下热压板表面均布的进油口管路。这些热润滑油从垂直于热压板表面的小孔出来后，在

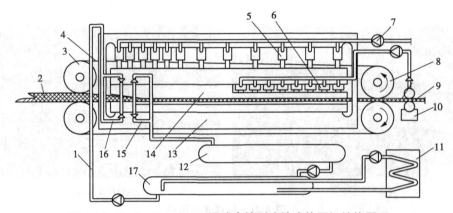

图 8-44　Hydro-Dyn Press 滑动摩擦型连续式热压机结构原理
1. 高温管　2. 板坯　3. 从动辊　4. 钢带　5. 主加压油缸　6. 厚度调整油缸　7. 液压油泵
8. 钢带主动辊　9. 毛板　10. 厚度测定装置　11. 热油锅炉　12. 回油槽　13. 下压板
14. 上压板　15. 排油管　16. 进油管　17. 热交换器

反馈阀作用下，在热压板与钢带之间形成 0.2mm 厚度的均匀油膜。泵入热压板的油不断从压板与钢带间抽回到贮油槽中，加热后再由泵回热到压板与钢带之间，这种定量的热油循环，一方面能保持油膜的稳定形成不致破坏；另一方面也使油膜具有加热板坯所需的温度和热量。

沿热压板长度方向，分 3 个压力区。前端高压区压力 4.0MPa，中部和后部压力区分别为 2.5MPa 和 1.5MPa。用一台自动无触点厚度仪控制板材厚度，在压机出口处监测。当厚度超差时，由计算机给一组小型油缸以相应的脉冲信号进行微调。

钢带油膜型连续平压热压机，从理论上讲，热压板与钢带之间由于油膜相隔而无接触。这种稀油滑动摩擦系数仅为 0.001，是滚动摩擦系数的 1/3~1/6。且无滚子链、托辊等部件，因而具有结构简单、重量轻、运行功率小、传动平稳、噪声小和价格便宜等优点。此型压机实现连续平压的关键是油膜，对油的要求很高，是一种特殊专用油。油既要有良好的润滑性和成膜性，同时又要在 200℃ 的高温和 60MPa 的高压下保持油膜的稳定性。这种热压机由于综合效益不佳，因而推广很难，目前已很少采用。

②滚动式双钢带连续热压设备　在热压平板和钢带之间，装有很多圆柱形小辊，从而使钢带在热压平板上滚动运动摩擦，通常称这种压机为滚柱式双钢带连续热压机。其主要由板坯进给部分、板坯加热加压和保压定厚部分、成品板出板部分和运输传动部分等组成，如图 8-45 所示。

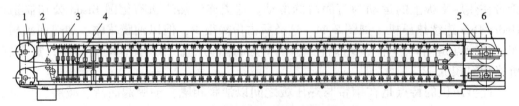

图 8-45　滚柱式连续压机结构示意图
1. 钢带从动轮　2. 链毯　3. 钢带　4. 油缸　5. 钢带主动轮　6. 钢带张紧装置

a. 进给部分：主要有进给传动轴、钢带被动辊（回转辊）、进给头调节机构等组成。进给部分既要将板坯大量且快速压缩，并在压缩过程中要有利于板坯中大量气体的逸出，而不至于破坏板坯的铺装结构，同时还要考虑适合不同铺装厚度的板坯能顺利进入压机。因此进给部分的进入角度必须能按板坯不同厚度进行合理调节。

b. 加热加压和保压定尺部分：主要有独立的带有加压油缸的框架单元和带隔热层的热压板等组成。油缸产生的压力直接加到热压板上，通过辊柱（链毯）、钢带传到板坯上。每个单元的加压油缸是单独控制的，其压力和行程根据工艺要求的热压板间距来调整。加热介质直接进入热压板，通过链毯、钢带传到板坯上。

热压板纵向按工艺要求分区加热，通过加热加压和保压定尺来满足板材的生产工艺。热压板长度决定双钢带连续压机的产量。热压板由柔性且耐磨的特定材料制作，其目的是保证板坯的加压工艺曲线合理以及取得板坯横向的确定密度和厚度，并且必须保证链毯在其上长期运行而不被破坏。

c. 成品板出板部分：其作用是将从热压机出来的成品板输送到运输机上，同时出板部分又是驱动钢带的动力所在，动力大小一般根据双钢带连续压机的年产量而定。

d. 运输传动部分：主要由钢带、钢带主动辊（钢带驱动辊）、链毯及链毯带动链和链条导向等组成。运输传动部分在板坯加热加压成为成品板过程中起到传递压力、传递热量和运输板坯的作用。需要指出的是上、下钢带和链毯带动链的相对速度必须保证稳定，否则会导致钢带跑偏，严重时会损坏钢带及链毯。

(3) 连续平压机的结构原理

连续平压热压机的机架是承受压力的主要部件，用于支承油缸、热压板、滚子链及隔热垫等各个基本部件。连续平压机的机架有框架式、立柱式和拉杆式机架，而板式结构机架不便于设备维护使用，因而很少应用。连续平压机的框架式机架和周期式单层热压机的机架结构原理接近，而立柱式连续平压机机架的工作原理和框架式相近，只是框架式的单个压机机架是由一个整体钢板加工而成，立柱式的机架是由上下横梁通过立柱连接固定，而组合式（活动式）机架的上下横梁是通过一个活动拉杆连接（图 8-46）。

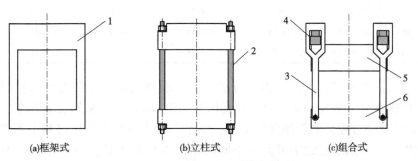

图 8-46　连续平压机的机架形式

1. 整体框架　2. 立柱　3. 拉杆　4. 加压油缸　5. 顶梁　6. 底梁

框架式连续平压机工作时，两条循环钢带紧贴着链毯分别环绕压机上下压板运行。压机本体由多组框架组成，框架由高强度的钢梁支承，下热压板固定在框架下支承面上，上热压板通过多组油缸固定在机架上支承面上，并可上下运动传递压力和热量。压机本体前后各连接有一组钢带驱动辊和钢带回转辊，钢带在驱动辊的驱动下，带动链毯在热压板上作纯滚动。经预压后的板坯由运输机送入带有进入角的压机进料口，板坯在钢带带动下进入压机。钢带带动板坯继续运行并传递压力和热量。

拉杆式机架连续平压机，由于其采用了组合式框架（图 8-47），加压油缸安装在一个与底板梁销接的拉杆上面，加压时加压油缸对顶板梁进行加压，而顶板梁直接对上压板加压。也可通过一个固定在底板梁上的调节油缸进行加压，以调节压板之间的间距。顶板梁和上压板之间的调节油缸可调整压板的间距差异。这种压机的油缸的纵向布置为变间距布置，带调节油缸的机架数量只占总机架的数量的四分之一，且为定厚段的机架，其他机架不带横向调节油缸。

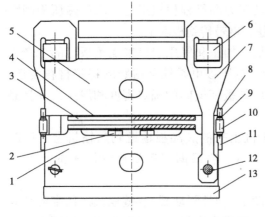

图 8-47　双钢带连续平压机加压原理图
1. 底板梁　2. 横向调整油缸　3. 热压板　4. 隔热板
5. 顶板梁　6. 加压油缸　7. 加压连杆　8. 上支座
9. 支撑垫　10. 纵向调节油缸　11. 下支座
12. 拉杆销轴　13. 底座

双钢带连续热压机的产量与热压机的长度和宽度息息相关，相同工艺条件下，压机越长，板坯运行速度越快，但是必须在压机运行速度允许范围内。由此可见，连续压机的板材产量仅和成品板单位厚度的加压时间有关，而与所生产的成品板厚度无关。另外，连续压机加压长度即热压板长度与钢带运行速度和板材产量有关，当钢带运行速度一定时（根据现有技术，钢带运行速度最大一般为 2000mm/s），板材产量越大，热压板长度越长。连续式平压机的基本参数见表 8-2。

表 8-2　ContiPlus 连续热压机生产线基本参数

名称		设计产量	压机长度	压机速度	产品范围	毛板宽度	密度范围
单位		m³/d	m	mm/s	mm	mm	kg/m³
指标	MDF	400~700	32.2~48.8	≤1200	3~25	≤1300	650~890
	PB	500~800	28.9~38.9	≤1000	6~35	≤1300	650~780

连续平压机的特点：①热压温度分段设置，前高后低；②压力分区控制，满足板坯压缩、传热和水分蒸发的工艺要求；③压板间距（板坯厚度采用位置控制，可适时调控）可调、可读和可控，素板厚度精度高，偏差小；④板坯在热压过程中不停移动，实现连续化生产；⑤热压过程中可调节不同时机的板坯压缩比，可对板坯的断面密度分布进行调控；⑥几乎没有辅助时间，加热加压几乎同时进行，且板坯幅面大，含水率控制要求严格。

2. 连续式辊压

连续式辊压机是刨花板薄板生产的一种设备（图 8-48），产品厚度一般为 2~10mm。刨花板的密度一般在 0.55~0.75g/cm³，由于其采用曲面成型，因此不宜生产厚板，否则会出现成品弯曲折断。

连续辊压式压机是由原德国 Bison 公司设计生产，现已在国内有多家厂家生产，如图 8-48。如图 8-49 所示为连续辊压法的生产工艺流程示意图。辊压机由钢带、加热辊、加热压力辊、导向辊、张紧辊等主要部件组成。加热辊筒表

图 8-48 连续辊压机

面由 6~8mm 厚的钢板制成，并用电渣焊进行加固，这种生产线的布置特点是热压成品返回原料出口段，其目的是为了避免板材的反向弯曲。但国产生产线大多采用热压成品顺向输送，虽然导致板材反向弯曲，但方便了设备的布置设计。连续辊压工艺生产线，生产板宽为 1300~2600mm、板厚在 1.6~12mm。该生产线由成型机、预压机、纵向裁边机、磁选装置、高频预热装置、辊压机及输送装置等部分组成。其工艺特点是板坯成型、预压、热压、冷却等工序运行速度完全同步。

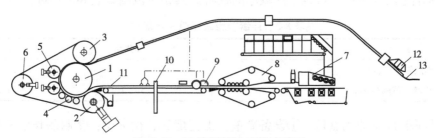

图 8-49 连续辊压法工艺流程图

1. 主加热辊 2. 主加压辊 3. 驱动辊 4. 密度辊 5. 加压辊 6. 张紧辊 7. 铺装机
8. 预压机 9. 板坯纵向切割机 10. 金属探测器 11. 板坯 12. 冷却箱 13. 成品板

经过铺装和预压的板坯，由钢带运输至加压辊和主加热辊之间，在此处被迅速压缩和加热，在钢带和加热辊筒的带动下，板坯一边前进一边被连续加热、压缩，直至固化成型为板带。张紧力约为 0.2MPa。

加压系统由 1 个主加压辊、3 个密度辊、2 个压力辊组成，其中主加压辊内和压力辊内均有热油循环通道，其结构和主加热辊相似。每个辊子均可自由转动，在各自的液压缸的推动下，压向主加热辊，实现对板坯的加热与加压。上下压力辊轴承座与机架之间设有机械限位装置，用于控制热压后板带的厚度。密度辊是为增加压制板的密度而设置的，根据工艺要求，需要压制密度较高的板材时使用。

加热系统用油作介质加热到 180~220℃，热油在辊内侧焊着的管道内循环。主热压辊的加热方式与压辊相同。热压辊表面的温度约 180℃，压辊对板坯的线压力为 2700N/cm。加压板坯的两面不得有温度差异，如果板坯两面的温度不等，会造成薄板

向一面翘曲。刨花干燥后含水率为3%~4%，施胶后含水率为9%~10%，树脂及其他添加剂占全部物料的5%~12%。

由于生产的板厚度不同，张紧度也不同。主加热辊与主加压辊之间的间隙要调整到比成品厚度小0.5mm。钢带运转到压辊时，压辊对板继续加压，防止板坯回弹，并对板的厚度作最后调整。

板坯通过压辊后，板材中的树脂胶黏剂已基本固化。这时钢带的张力仍对板材施加压力，经热压的板带通过驱动辊送出热压系统，从铺装机上方越过。这时板的温度为110℃。钢带的张紧度是通过调节转向张紧辊的液压缸改变的。由控制台进行调节。当板厚度要改变时才调节张紧度，液压缸可控制压辊对板坯施加压力。对于主加热压辊，要特别注意保护辊的表面，因为辊表面直接与板坯接触。因此，加压辊表面上即使有极小的凹陷，也会影响板材表面质量。多套清扫刷辊分别对钢带和各个辊筒进行清扫，防止板屑粘在钢带和辊筒上，以保护辊筒和钢带。另外，每套刷辊上配有吸尘装置，以便及时吸走清扫下来的板屑和灰尘，减少空气污染。

钢带是本机的关键部件，它起着运输、传动和加压等多种作用，要求具有优良的抗拉、耐磨、耐热、防蚀、抗疲劳等多种性能。钢带厚1.5mm，表面硬度(HB)为280，强度为1400MPa。

主加热辊筒直径不同决定了压机的产量和制板厚度规格，直径越大，弯曲半径越大，其板坯弯曲变形小，可以生产较厚的板材。其相应范围如表8-3所列。

表8-3 连续辊压式压机生产规格

项　目	产品规格		
加热辊直径(m)	3	4	5
毛板厚度范围(mm)	2.5~6.0	2.5~10.0	2.5~12.0

这类成套设备的优点是：①设备简单、工艺配套、投资少；②制品长度不受限制，适合于生产薄板；③板材厚度偏差小，砂光量少，对表面结合强度要求不高时也可不砂光；④制板的同时可以进行贴纸、贴薄膜等表面加工；⑤原料消耗小，经济效益好。

辊压式生产的其他工序和平压式基本相同，但要求刨花的形态细小，目的是使产品密度高、强度大。产品通常不需要砂光。

3. 连续式挤压

挤压法连续热压机是生产刨花板的一种连续压机。与平压法生产的平压板相比，挤压法的加压方式不同，它是沿着长度方向进行加压，且没有铺装机，刨花与板面呈垂直状态分布。挤压法生产的刨花板有实心板和空心板之分，空心板又有板材和型材之分。

挤压机有立式和卧式之分。立式挤压机能生产空心碎料板，如图8-50所示。在挤压法生产中，制备碎料刨花最常用的方法是将木材加工的下脚料用鼓式削片机削成木片，再用锤式再碎机或双股轮再碎机将大木片再碎成细小的碎料，一般呈杆状。如果原料中的宽平刨花增多，则单位密度和碎料的流动性减小，碎料板的强度会下降，锯屑经筛选后可作为挤压法刨花板的原料，但产品的横向弯曲强度较低。废料刨花是挤压法生产的一种好原料，这种刨花制成的碎料板其物理力学性能并不低于特制刨花制

(a)等孔径板材(25~50mm)　　(b)变孔径板材
(c)侧边三角形靠模加压成型　(d)侧边矩形靠模加压成型　(e)侧边半圆形靠模加压成型

图 8-50　各种类型的空心碎料板横断面示意图

成的刨花板。利用废料刨花可以简化刨花的制备程序，而且废料刨花的最初含水率较低，有利于生产。

这种挤压法生产的板材要比平压法生产的板材的纵向静曲强度低。因此，挤压法生产的板材常用单板贴面。另外，挤压机生产能力不高，所以挤压法的应用受到一定限制。挤压碎料板可以用作家具制造、室内装修、建筑门板、台面、广告牌等。空心板特别适用于制造房屋预制件和门。

挤压法生产在确定施胶量时，必须注意到未饰面的挤压碎料板不能作为结构材料使用。施胶量加大，未饰面挤压碎料板的静曲强度也增大。如密度 $0.6kg/m^3$，施胶量 6%时，其强度为 1.0MPa；施胶量为 8%时，强度为 1.2MPa；施胶量为 10%时，强度为 1.4MPa。用 0.8mm 刨切薄木贴面，饰面后碎料板则完全消除了这种差别。其强度决定于饰面层的强度和胶贴质量。因此，合理的施胶量(6%~12%)能确保碎料板最低的运输强度的施胶量(5%~6%)需求。

(1)立式挤压

①立式挤压机的原理结构　立式挤压机的结构原理如图 8-51 和图 8-52 所示，其主要组成部分有热压板、传动机构、带动冲头、铺装槽(碎料刨花流)和出板口等装置。施胶后的定量碎料刨花流入挤压机入口，在传动机构带动冲头的作用下，挤压成碎料板。齿轮一般由曲柄连杆装置带动，主要部分是装着两个飞轮的曲轴，在曲轴的两端装有偏心轴。曲轴由两根连杆带动。冲头可以更换。冲头和加热槽壁的位置可通过楔形导向装置调整。楔形导向装置的反向移动(由调节螺丝调节)使冲头做平面移动。冲头是生铁做的，厚度较相应的垫条小 2mm。

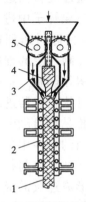 

图 8-51　立式挤压机结构原理图　　　　图 8-52　立式挤压机
1. 碎料板　2. 热压板　3. 刨花流
4. 冲头　5. 齿轮齿条传动装置

生产不同厚度碎料板时,用不同厚度的垫板控制热压板的间距。热压板厚 45mm 时,热压温度 180℃±5℃,其传热介质沿水平和垂直管道循环。为了减少热压板的磨损,在其表面铺厚 4mm 的镀铬板。生产空心碎料板时,在铺装槽内插入装管子的装置,管子的直径和数量由产品结构决定。

②生产工艺　图 8-53 所示为立式挤压法碎料板生产工艺流程。

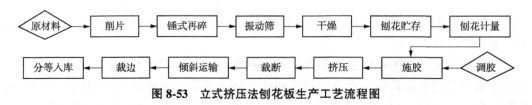

图 8-53　立式挤压法刨花板生产工艺流程图

这种生产工艺为全自动控制,每班仅需 3 人。挤压机可以生产宽 1.4m、长 3.66m 的碎料板或空心板。板材最厚可达 40mm。原料由输送机送入削片机削片,生产的大木片由气流输送到车间屋顶上的旋风分离器,从旋风分离器排去空气,接着进行木片筛选。粗大木片利用重力进给送到锤式再碎机。较细的湿碎料刨花由风机吹送到旋风分离器,再输送到另一分选筛,将合格碎料刨花从除去的碎屑和粉尘中分离出来。整个工艺过程包括:干燥机进料装置、辊筒式干燥机、气流输送装置、旋风分离器、料仓、进给旋风分离器、气流进给装置、计量装置、拌胶装置、进料斗、挤压机。拌胶碎料刨花利用挤压机的冲头挤压成型。生产 30mm 厚的板材,每分钟的挤压速度为 610mm。固化成型后的连续板带垂直向下离开挤压机,利用直接位于挤压机下面的自动横截锯截成一定规格长度。倾斜输送机带动板材旋转 90°摆到水平位置,放下板材并平堆在堆板台上。倾斜输送机复位(恢复到原始垂直位置),准备接收下一块板材。整个接收、截断、堆板操作实现了全自动化控制。

(2)卧式挤压

如图 8-54 所示为卧式挤压机原理,冲头作水平运动,其特点是热压段和出料段成水平状态。卧式挤压机生产工艺系统是利用工厂废料,通过废料输送带送到锤式再碎机中,再碎后由气流输送到顶部的收集器中,在此落入三层筛子中进行分选,筛出大于 6.4mm 以上的不合格碎料,由气流输送回再碎机,合格碎料送到料仓待用。小于 1.6mm 的碎料落入细料分选筛,从细料中分选出尘屑,控制一定的细料量送到同一碎料料仓中。如果细料出现过剩,则一部分可以送到锅炉房作燃料。料仓中的合格碎料由螺旋输送机送至气流输送装置,由此送到收集器。碎料从收集器进入质量计量的料箱中自动计量,然后落入转鼓型周期式拌胶机中。液态胶黏剂自动喷入碎料中,拌胶周期结束,施胶碎料落入位于挤压机进料端往复冲头上面的料斗中。在冲头每次返回行程时,施胶碎料借助拨料器和重力进给落入冲程室内。冲头向前行程时,将碎料在挤压机热压板间向前推进。在冲头的重复作用下,逐渐形成连续的板带,并推向挤压机的出口端,由自动横截锯截成预定长度的板材。锯截后的板材自动堆垛。

挤压机产量可以通过调节冲头的往复频率来实现。热压过程分为三段,即上下压板做成三段。第一段(第一热压板)初期固化;第二段(第二热压板)为排汽段,胶黏剂

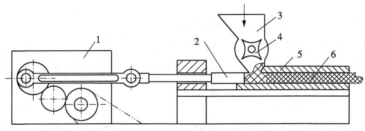

图 8-54 卧式挤压机结构原理图
1. 传动机构 2. 冲头 3. 料斗 4. 拨料器 5. 热压板 6. 板坯

进一步固化交联；第三段（第三热压板）为定型段，胶黏剂继续固化交联形成胶合力。卧式挤压机生产 16~20mm 厚碎料板时，热压板的温度依次为 165~175℃、160℃、160℃，冲程为 152mm，冲程次数为 70~120 次/min（无级变速），拨料器转数为 100r/min。

8.3.3 特种热压

普通热压机都是采用接触式热板传热，板坯断面温度呈梯度分布，致使板坯芯层温度滞后于表层温度，板坯越厚滞后程度越大。接触式热板传热压机压制板材的厚度有一个限度，为了加速热量向板坯芯层传递以缩短热压时间，可采用喷蒸的方法。压制特厚型板材或特殊板坯，可采用高频或微波加热，也可将热板接触式传热与高频加热结合，可压制 100mm 左右的板材。压制非平行表面板材时，可采用真空加压方式。以下重点介绍高频热压和蒸汽热压。

1. 高频热压

高频加热属于高频介质加热。它是被加热物质（板坯）在高频电场（电压 1~20kV，频率 10~15MHz）的作用下，通过板坯内部的介质材料自身产生热量来加热板坯。高频加热的过程，实质上是将电能转化为热能的过程。

常规的接触传导加热，由于存在导热阻力，板坯内必然产生较大的温差和不同的含水率分布（图 8-55），采用高频介质加热，可以从根本上改变这种状态。

微波加热法利用电磁波加热板材，可以有效解决板坯表层芯层的温度梯度影响带来的诸多问题，但能耗高、成本高，生产上运用受到了很大的限制。

(1) 高频加热原理

介质材料即性能介于导体及绝缘材料之间，是由许多一端带正电和一端带负电的偶极分子所组成的。正常情况下，分子的排列是毫无规则的，如将介质材料置于直流电场中，加上电压，内部偶极分子，就会重新排列，变成定向的极化分子。如将电场方向对换一下，则偶极分子排列方向也随着旋转 180°。当介质置于高频电场时，分子方向将变换 100 万次以上，在快速摆动的过程中，分子在释放能量的同时产生摩擦和高速碰撞作用，并都以热能的形式表现出来，使介质内部温度快速上升而不受厚度的影响。

如图 8-56 所示是高频加热的原理图。高频加热的机理要求板坯中的介质材料均由

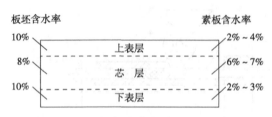

图 8-55 板坯接触加热前后含水率对比

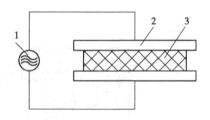

图 8-56 高频加热原理示意图
1. 高频发生器 2. 极板 3. 板坯

极性分子组成,当板坯在电场的作用下,极性分子将定向排列。当施加一高频交变电压时,极性分子将随电场方向的改变而不断变化排列方向,每秒钟达数百万次甚至千万次,在这样急剧的变化中,分子间剧烈摩擦并由此而产生大量热能,使板坯温度上升,加热自身。在高频电场的作用下,小分子介质材料的整个分子都在转动,而大分子只是扭转。

高频加热效果与电压、频率及损耗因数有关。损耗因数即介质材料的物理性能,它表明了介质材料被高频加热的难易程度。损耗因数大,高频加热效果好。不同材种的木材损耗因数不同。胶黏剂的损耗因数大于木材,因此高频加热时,胶层加热比木材快。水的损耗因数大于木材,故含水率高的木材高频加热效果好。但是,大量水分会吸收太多的热量,将使胶黏剂的固化受到影响。为此,一般认为板坯含水率以 8%~13%为好。电压升高、频率增大,高频加热效果提高。在生产中一般不调频率,而是通过电压来改变高频发生器的工作状况,这样调整方便。

(2) 高频加热的特点

①板坯受热均匀,加热速度快 高频加热板坯使板坯表芯层同时受热升温,厚度方向受热均匀;加热速度快、加热速度与被加热材料的导热系数无关;温度容易控制。通电后板坯内外同时迅速加热,不存在热量传导过程。断电后加热立即停止。

②板坯内含水率均匀一致,板变形小 有选择性加热。含水率高的地方产生的热量较多,含水率低的地方产生的热量较少,能使含水率不均匀的板坯可取得均匀的含水率和趋于一致的温度,胶黏剂的固化速度趋于一致,成品的变形较小。

③可根据不同材料的特点,选择频率,做到经济地使用能量。

④能提高产品质量和产量 运用高频加热工艺,板坯内外温度同步上升,且上升迅速,板坯芯层的胶黏剂能在预定的热压时间内完全固化,从而提高胶合质量。由于板坯芯层的温度上升的很快,从而缩短了热压时间,提高了生产率。采用高频加热,热压时间仅为热板接触式加热的 1/3~1/2。板坯越厚,高频加热的效果越明显。

高频加热也有许多缺点,如电能消耗大,而且只有 50%的电能做有用功。高频系统的屏蔽要好,否则将使无线电和电视受到高频电场的干扰。还要有许多安全措施以保护人和元器件。

接触式传热压机,当压制厚度大的板材时,芯层达到胶黏剂固化温度需要的时间长,表层受热过强,而不适合压制厚度过大的板材。对于板坯传热效率低,板材厚度大,或为提高压机产能,可以采用高频、微波等辅助加热与接触加热为主的联合加热方法，因为高频与微波是内外同时加热，能有效解决温度梯度和芯层升温速度问题。

(3) 高频加热在刨花板生产中的应用

高频热压是指在热压时，运用高频加热技术，将板坯压制成板材。仅有高频电场转化的热能而没有其他加热措施。

如集成板材制造所用的高频拼板机是利用高频加热，采用二维加压方法，将板条拼接成板材。这种拼板机可使用三聚氰胺-尿素共缩合树脂，与室温固化型API树脂相比，既可提高生产效率，又极大地降低了胶黏剂的使用成本。

在刨花板生产中，一般不单独采用高频热压的方法，原因是单独采用高频热压时，由于压板是凉的，板坯表面与冷的压板接触而影响了温度的升高，使得板坯表面的胶黏剂固化所需的热量不足。同时，在热压过程中板坯内产生的热量移向压板，水蒸气凝结于较凉的压板表面，使板坯表层又湿又软，影响了板面质量和板材的静曲强度。压板表面也会因此而生锈，使板材表面上出现斑点。另外，高频加热电能消耗大，且只有50%电能用于加热介质，这也限制了高频热压在刨花板生产中单独应用。

2. 喷蒸热压

喷蒸热压是指在热压过程中从板坯表层垂直向内部喷射蒸汽，利用板坯的渗透性使蒸汽直接加热整个板坯，高温饱和蒸汽会在瞬间到达板坯的各个角落，受板坯厚度的影响较小，从而大大缩短加热时间。

通过对杨木大片刨花板板坯的喷蒸真空热压的内部温度分布研究表明：平行于热压板的板坯中心平面内的温度分布比较均匀，沿板坯厚度方向的各点的温度分布差异较大，喷蒸真空热压过程中，板坯内部的温度上升速率比传统热压快得多。由于热传递机理不同，喷蒸热压的刨花板密度分布比传统的热压刨花板密度均匀。

运用蒸汽喷蒸技术的热压机具有较特殊的结构，即热压机的压板表面上钻有直径为2~3mm且按一定规律排列的蒸汽喷射孔。为防止细小纤维和刨花堵塞蒸汽喷射孔，压板上垫有防腐蚀、防氧化的金属网垫。网垫的边部用橡皮圈密封，以防止蒸汽泄漏。当压机闭合且板坯被压缩后，通过压板上的喷射孔向板坯内喷射具有一定温度和压力的水蒸气，水蒸气从板坯表面冲向芯层，对板坯加热，使板坯整体温度迅速提高，促使胶黏剂快速固化，以提高热压机的生产效率(图8-57和图8-58)。

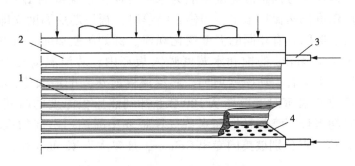

图8-57 喷蒸热压法原理示意图

1. 板坯 2. 喷蒸热压板 3. 蒸汽入口 4. 喷蒸孔

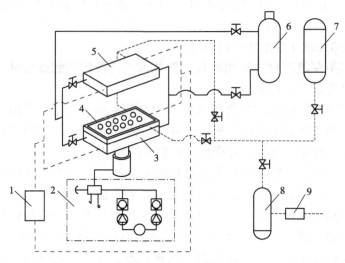

图 8-58 喷蒸热压系统图

1. 冷却系统 2. 液压系统 3、5. 复合热压板 4. 侧边喷蒸规
6. 热油系统 7. 蒸汽发生器 8. 真空罐 9. 真空泵组

喷蒸热压机生产刨花板的生产工艺方法可以单面喷射蒸汽，也可以双面喷射蒸汽，双面同时喷射蒸汽的效果更好。蒸汽压力根据胶种确定，目前，生产中多采用脲醛树脂胶，蒸汽压力通常为 0.4~0.6MPa，相应的温度为 140℃ 左右。

喷蒸热压法有无封边过热蒸汽喷射系统、自封边喷蒸热压系统和外部密封系统等方法。自封边喷蒸热压系统是将一个窄而薄的金属框架固定在上压板周围，当压机闭合后与金属框架接触的周边板坯密度要远高于其他部位板坯。这部分高密度的板坯形成一个有效的密闭空间，这时再向板坯内喷射饱和水蒸气，从而有效地解决了蒸汽大量损失的问题。如果板坯边部不具有密封能力，那么蒸汽就会从板坯四周逃逸，即使长时间的喷蒸也不会使板坯的温度超过板坯内蒸汽压力对应的温度，甚至会带走热压板热量。

影响喷蒸热压法的影响因素受到板坯厚度、密度、含水率等很多因素的影响。研究表明：喷蒸热压时，进入板坯的饱和水蒸气在板坯内的扩散速度是热平板传热速度的数十倍，但厚度方向扩散速度一般为水平方向扩散速度的 1/10 左右。当继续喷蒸，板子芯层温度仍然保持恒定，当停止喷蒸时，板坯芯层温度立即下降到 100℃ 左右，不同的喷蒸时间具有相同的温度变化规律。例如压制 20mm 和 40mm 厚的刨花板，一旦将压力为 0.4MPa 的饱和水蒸气喷入板坯内，芯层温度马上升到 100℃ 以上，几乎无差别。但随着板坯厚度增加，芯层温度所达到的最大值（即蒸汽温度）的时间将变长，而停止喷蒸时，板坯从 100℃ 上升到热压板温度的时间也将变长。另外，不管喷蒸时间多长，喷蒸时饱和水蒸气在板坯中凝缩所引起的板坯含水率增加均在 10% 以下，这一点分别被美国专家 Geimer，加拿大专家 Shen 和日本学者 Hata 等所证实。

喷蒸热压时，芯层温度的上升同板坯原来的含水率高低基本无关。这说明大部分喷入的蒸汽并没有同板坯中的水分发生作用，而是通过板坯内间隙由表及里扩散。但是一旦停止蒸汽喷入，板坯温度就会下降到100℃左右然后开始上升，其上升速率和板坯原来含水率密切相关，即高含水率的板坯上升速率要比绝干板坯要小，其原因是，热压板供应的热能此时大部分消耗在板坯内水分的蒸发上面了，所以采用喷蒸热压工艺时，一般对板坯的初含水率要求低一些。

喷蒸热压时，板坯芯层温度的高低同板坯的密度直接相关。高密度的板坯比低密度的板坯温度要高，即密度增加，芯层温度提高。这是由于随着密度的升高，板坯内的空隙也就是蒸汽流通的主要通道变窄了，即板内水蒸气扩散的阻力增加了，换句话讲，蒸汽从板坯边部流出的阻力增加了，因此当蒸汽供应充分时，板坯内的蒸汽出入需要在更高的压力下才能平衡，所以芯层温度就达到一个更高的数值。如日本 Hata 试验所得数据，当用压力为 0.62MPa 蒸汽喷入密度分别为 $0.4g/cm^3$ 和 $0.6g/cm^3$ 的板坯，其板坯内层蒸汽的实际压力则分别为 0.4MPa 和 0.55MPa。

用喷蒸热压工艺所制造出的板子在其厚度方向上，密度分布比常规热压方法要均匀。如图 8-59 所示是 20mm 厚刨花板用两种压制方法所得出的密度分布曲线。板子中心层与表层之间密度看不到很大差异，而常规方法所得板子密度分布均呈 U 字形，表、芯层差异很大。在生产密度高的板子时，差异更为明显。这主要是喷蒸热压时水蒸气为热量传递介质，在热压初始时，板坯表芯层刨花均被软化，从而形成比较均匀的密度分布。喷蒸法所得到的板子密度均匀，所以其内结合强度也明显提高，据试验，密度为 $0.6g/cm^3$，板厚为 20mm 的刨花板两种方法的内结合强度相差近 50%。

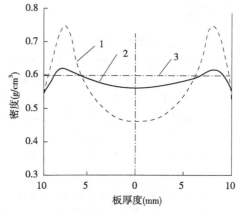

图 8-59　喷蒸热压的断面密度分布
1. 接触式加热　2. 喷蒸热压　3. 平均密度

另外，喷蒸法所生产的板子，其握钉力也有所提高，尤其是侧面握钉力增加显著，这点对家具制造特别有利。板子的尺寸稳定性也有所提高。但板材的静曲强度比常规工艺稍许降低，但均能达到有关标准要求。

喷蒸热压法与常规热压法相比，喷蒸热压技术有如下特点：

①采用蒸汽喷蒸热压技术，热压时间大大减少，仅为常规热压方法（接触加热）的 1/5~1/4，能有效地缩短热压周期，提高生产效率。

②采用喷蒸热压工艺，成品密度梯度小，结构均匀合理，产品质量高，性能好。

③喷蒸热压工艺属于直接加热法，热效率高，能量损失少，其热量消耗仅为常规热压工艺方法的 30% 左右。

④采用喷蒸热压工艺，后段采用抽真空处理，可达到有效降低板坯中的游离甲醛释放量，更趋符合产品绿色环保要求。

⑤常规热压法压制厚板时产品质量难以保证，且生产效率也低，而喷蒸热压法制板，成品厚度范围大，可达 8~100mm，压制厚板时的优越性更为突出。

本章小结

　　刨花板热压是将刨花板坯压制成一定厚度、密度和强度的产品的一个复杂的物理化学过程，它是刨花板生产的非常重要的关键工序之一，直接影响产品质量、产量及生产成本。热压温度促使板坯温度升高，表层水分向芯层转移，软化刨花，降低胶黏剂黏度，并使胶黏剂固化；热压压力促使刨花充分接触，密实板坯和增加胶合面积以保证产品的厚度、密度和强度；热压时间是保证热压目的和要求的充分实现；热压三要素是保证热压质量的关键因子，彼此相互影响，共同作用，制定合理的热压工艺对刨花板生产具有重大作用。原料种类、刨花形态和刨花含水率、板坯结构、产品厚度和密度、胶黏剂属性、热压方法及热压设备性能都直接影响到热压效果。

　　刨花板热压设备主要有周期式和连续式热压机两大类。周期式单层和多层热压机都广泛用于刨花板生产；连续平压法是目前大规模刨花板生产首选的热压设备，连续式挤压法主要用于厚板的生产，连续式辊压法主要用于薄板的生产。

　　热压机的热介质主要有蒸汽、高温热水和导热油，三种热介质特点鲜明，但导热油由于工作压力较低，设备运行率高，而被现代工厂广泛使用。

思考题

1. 热压的目的和要求是什么？
2. 什么是热压三要素？它们的作用分别是什么？
3. 简要分析热压板坯的温度-时间曲线的特征。
4. 简要分析周期式热压法的压力-时间曲线的特征。
5. 简要分析连续式热压法的压力-位置-时间曲线的特征。
6. 如何制定刨花板的热压工艺？
7. 简要分析刨花板剖面密度分布形成的原因，并提出改善措施。
8. 简述缩短刨花板热压时间的措施。
9. 简要分析刨花板热压时的板坯含水率和温度变化特征。
10. 刨花板的热压方法有哪些？
11. 分析讨论连续平压法的生产特点及发展趋势。
12. 阐述刨花板单层热压机、多层热压机及连续热压机的设备特点。

第 9 章
后期处理与加工

[**本章提要**] 后期处理与加工是刨花板生产的后期工序,是将热压后的板材(毛板)进行湿热平衡处理、尺寸规格化和表面砂光处理等,使产品符合出厂要求的过程,包括有冷却、裁边、砂光及降醛处理等工序。本章阐述了刨花板后期处理与加工的目的和要求,分析了相关的技术理论,介绍了相关的工艺技术及设备等,以及刨花板成品的贮存与运输要求。

从压机生产出来的刨花板素板已经具有了基本稳定的含水率、密度、强度等物理机械性能,但由于素板内部存在因内高外低的温度梯度和外低内高的含水率梯度引起的内应力,加之素板表面粗糙、表层预固化及强度低、厚度偏差大及厚度精度低、长宽方向也存在边部强度低及尺寸不规整等问题,因而需要对素板进行湿热平衡处理及机械加工等处理,以满足刨花板的使用要求。

素板处理与加工包括冷却、裁边分割、中间贮存、砂光分等及后续的除醛等工序。这些工序对刨花板消除内应力、稳定尺寸、提高胶合质量、改善外观性能起着非常重要的作用。

9.1 冷却与调质处理

9.1.1 冷却处理

刨花板冷却是指采用专用的冷却装置,在预定时间内,将从热压机中卸出的板材冷却至70℃以下。冷却的目的在于减小板材表芯层的温度梯度和含水率梯度,缓解及消除板内的残余内应力,使板材内部的温度与所置大气环境温湿度渐渐趋于平衡,最大限度地避免板材翘曲变形,且平衡稳定。此外,冷却还有利于降低板材的游离甲醛含量。

从热压机中卸出素板内部存在有温度和含水率的不平衡,一般表层温度在150~190℃,芯层温度在105~130℃;表层含水率在2%~4%,刨花板芯层含水率在10%~13%。这种表层温度高于芯层温度、表层含水率低于芯层含水率的非稳定状态势必导致板材内部存在内应力,通过冷却工序可以让素板内部快速达到一定的平衡。否则,会因后段工序致使板材上表面由于热量散发快、水分移动多而造成板材的翘曲变形。另外,过高的残余温度还会引起表面色泽加深甚至引起胶层老化和木材降解,影响板材的力学性能。素板进行冷却处理,可以使上述问题得到缓解。

工业化生产中，纤维板和刨花板的冷却一般采用翻板冷却架进行冷却（图9-1），其冷却方式有自然冷却和强制冷却两种，且多为强制冷却。

散置冷却是使用轮式翻板冷却运输机，亦称扇形冷却机、星形冷却架。使板材有足够的时间散置在大气中，最终实现板材表芯层温湿度的平衡，稳定板材尺寸和性能。散置冷却一般采用自然降温，在炎热的夏季，特别是以脲醛树脂胶黏剂生产高密度纤维板时，为防止板材热降解老化，可采用风机辅助强制降温。轮式翻板冷却运输机多用于刨花板生产，轮式翻板冷却运输机的主体结构为可转动360℃的摇臂扇架，前后有滚台运输机，每输送一块板材，扇架转动$(360/n)°$，即转一格（n为圆周方向等分的扇架个数，而每转一格，就有一块板完成冷却被运送到出料滚台运输机上），如图9-1所示。

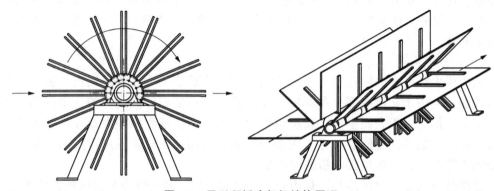

图9-1　星形翻板冷却架结构原理

强制冷却一般是对从压机出来的板材进行抽风的负压冷却方式，也有采用强制吹风的正压冷却方式，但后者影响了车间的工作环境。自然冷却是对压机出来的板材采用自然降温的方法，这种方法冷却较慢，生产率低。堆放冷却一般用于酚醛树脂胶合的板材。其基本做法是板材离开热压机后，立即进行堆垛，然后任其自然冷却降温。这种方法尽管最终可以达到降低温度和平衡含水率的目的，对采用酚醛树脂类后固化时间长的胶黏剂制造的板材来说，可以促进胶黏剂进一步固化。但是，处理时间过长，过高的温度和湿度作用有可能使固化后的胶层降解老化，致使胶接强度降低，导致板面色变，甚至引起板材自燃。目前，一些采用酚醛树脂及三聚氰胺-尿素共缩合树脂胶黏剂制造刨花板的厂家，仍使用堆放冷却。而使用脲醛树脂胶黏剂制造刨花板的生产厂家，基本上都不采用堆放冷却。

板材是否实施冷却处理对板材的力学性能和尺寸稳定性有重要影响。如图9-2所示是未经冷却和经过冷却处理的两种刨花板的堆垛内部温度变化情况，从图9-2中可见经52h堆垛后，未经冷却处理的板材内部温度由

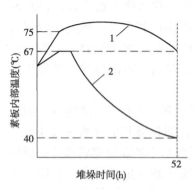

图9-2　冷却及堆垛对素板内部温度的影响

1. 未经冷却素板　2. 经冷却的素板

75℃升至85℃,再降至67℃,而经过冷却处理的板材内部温度缓升至67℃后持续下降至40℃。未经冷却处理板材板面颜色加深,内接强度下降了1/3,翘曲变形严重,而经过冷却处理的板材却没有出现上述现象。

冷却处理还可以降低刨花板的游离甲醛含量。热压后的板材内部空气压力常常高于大气压力,借助压力差和可能采取的强制通风,可以使板材内外之间的空气流动,板材内部呈游离状的甲醛可以散发到大气中。

9.1.2 调质处理

冷却后的刨花板含水率比较低,置于大气中时会吸收大气中的水分,直至板材含水率与大气湿度相平衡。由于板材内部结构不均匀,吸湿量不均衡,有可能导致板材翘曲变形。冷却后的板材还存在较大的内应力,也需要放置释放内应力并使其达到平衡。调质处理的目的是均衡板材含水率使其达到平衡、释放板材的内应力,从而稳定板材尺寸和板材力学性能。

自然堆放主要用于脲醛树脂胶黏剂制造的板材。它是将冷却后的板材堆垛,放置在保持一定温度的储存区内。初始板材表层含水率为2%~3%,芯层含水率为6%~7%,堆放2~3d后,板内三维方向的水分可以得到均匀分布,并与大气中的湿度相平衡。对于使用酚醛树脂胶黏剂生产的板材,将经热压的板材冷却后,可以在两面喷水,然后再将板材堆垛,放置2~3d,由此促进板材内水分均匀分布。

处理室调质主要用于酚醛树脂胶黏剂的产品。将冷却后的板材放入温度为70~80℃、相对湿度为75%~90%的循环空气处理室内,一般持续5~6h(处理时间随着板材厚度增加而延长),处理终了时板材的含水率达到7%~8%,如果要使吸入板内的水分实现均匀分布,尚需持续2~3d。

进行调质处理时,应控制好板材的堆垛。要保持平整叠放、四角整齐,顶部放一平整的重块,以防止上部板材变形。做自然堆放调质处理时,储存区要避免日光照射、过分的通风和潮湿等。

9.2 裁边分割

9.2.1 技术要求

各种经热压后的刨花板素板的长宽尺寸都比成品板材规定的长宽尺寸大以供裁边时裁切,超出部分被称为裁边余量。通常胶合板的裁边余量为50~60mm,纤维板和刨花板的裁边余量为25~40mm。

裁边分割的目的是去除板材周边的疏松部分,并使板材长宽尺寸、四角垂直度及边缘不直度符合规定的要求。

裁边分割时必须保证板材长宽对边平行,四角呈直角。国家标准中对胶合板、纤维板和刨花板的裁边质量要求如表9-1所列。裁边后的板材边部应平直密实,不允许出现松边、裂边、塌边、缺角或焦边现象。

表 9-1 刨花板裁边质量要求

指标	胶合板	纤维板	刨花板
长宽偏差(mm)	≤+5	≤+3	≤+5
边缘不直度(mm/mm)	0	1/1000	1/1000
两对角线长度之差(mm)	<3~6	<6	≤5~6
翘曲度(mm)	<0.5~2	<0.5~1.5	≤0.5~1.0

影响裁边分割质量的因素主要有切割工具的质量及参数，进料速度及进料方式，板材种类及质量等。选择合适的切割工具及控制裁切速度是生产上提高切割质量的有效办法。

9.2.2 切割刀具

裁边质量的优劣与切割刀具的选择密切相关。除了必须保持刀具锋利外，更多的则是要选择合理的刀具材料和刀刃参数。

切削刀具包括无齿刀具和有齿刀具两大类。

1. 无齿切割

无齿刀具有割刀和滚刀两种，主要用于湿法纤维板生产，也可以用于干法薄板的裁边，其切割厚度对象为厚度小于 6mm 的薄板。无齿切割的优点在于无粉屑，无噪声及功率低，但切边不如有齿切割密实，并且切割板材的厚度也受到一定限制。双滚刀裁边机结构原理如图 9-3 所示。

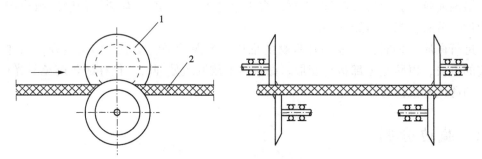

图 9-3 双轴滚刀裁边原理结构
1. 滚刀　2. 硬质纤维板

2. 有齿切割

有齿刀具主要是指圆锯片，分为单锯片和组合锯片两种类型。单锯片仅具有切割功能；组合锯片除可切割齐边外，还具有将切割边条再度打碎回用的功能。打碎装置为打碎锯片，如图 9-4 所示。

组合锯片主要用于板材长度和宽度方向的裁边，裁边边条被再加工成碎料后，通常送往能源车间作燃料，也可以送入原料料仓再用于制板。

有齿锯片根据所切割的对象不同，如板种、板材密度和厚度、纵向或横向切割、

(a)带铣刀的裁边粉碎锯

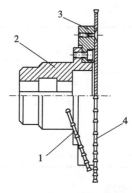
(b)裁边粉碎组合锯

图 9-4　组合锯片结构
1. 粉碎锯片　2. 锯座　3. 锯盘　4. 锯片

胶黏剂及板材组成结构等，采用不同的直径、齿形及齿数。为了保证锯路整齐、锯边光滑以及保持锯齿有尽可能长的工作寿命，通常在锯齿上镶有硬质合金。

圆锯片的齿形应选用混合型齿形结构，如图 9-5 和图 9-6 所示。目前大多数工厂采用硬质合金圆锯片，针对不同的切割对象，圆锯片齿形结构参数见表 9-2。

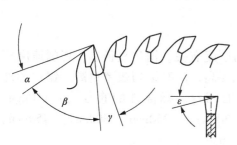

图 9-5　锯片基本参数图

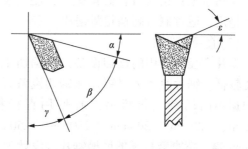

图 9-6　合金圆锯片混合锯齿结构及主要参数

3. 锯片的选择

（1）硬质合金种类的选择

硬质合金常用的种类有钨钴类（代号 YG）、钨钛类（代号 YT）。由于钨钴类的硬质合金抗冲击性较好，在木材加工行业中使用更为广泛。木材加工中常用的型号为 YG8～YG15（YG 后面的数字表示钴含量的百分数），钴含量增加，合金的抗冲击韧性和抗弯强度有所提高，但硬度和耐磨性却有所下降，要根据实际情况加以选用。刨花板锯片的选择见表 9-2。

表 9-2　刨花板常用硬质合金圆锯片齿形参数

参数名称	符号	产品种类		
		胶合板及细木工板	刨花板	中密度纤维板
前角	γ(°)	10~20	20	10

(续)

参数名称	符号	产品种类		
		胶合板及细木工板	刨花板	中密度纤维板
后角	$\alpha(°)$	15	15	15
后齿面斜磨角	$\varepsilon(°)$	10~15	10	15
楔角	$\beta(°)$	55~65	55	65
锯片直径	$D(mm)$	250~350	300~400	300~400
锯齿数量	$Z(个)$	40~96	50~72	60~108

(2) 基体的选择

①65Mn 弹簧钢弹性及塑性好，材料经济，热处理淬透性好，其受热温度低，易变形，可用于切削要求不高的锯片。

②碳素工具钢含碳高导热率高，但在 200~250℃ 温度时其硬度和耐磨性急剧下降，热处理变形大，淬透性差，回火时间长易开裂。为刀具制造经济材料如 T8A、T10A、T12A 等。

③合金工具钢与碳素工具钢相比，耐热性，耐磨性好，处理性能较好，耐热变形温度在 300~400℃，适宜制造高档合金圆锯片。

④高速工具钢具有良好淬透性，硬度及刚性强，耐热变形少，属超高强度钢，热塑性稳定，适宜制造高档超薄锯片。

(3) 直径的选择

锯片直径与所用的锯切设备以及锯切工件的厚度有关。锯片直径小，切削速度相对比较低；锯片直径大对锯片和锯切设备要求就要高，同时锯切效率也高。锯片的外径根据不同的圆锯机机型选择使用直径相符的锯片。标准件的直径有：110mm、150mm、180mm、200mm、230mm、250mm、300mm、350mm、400mm、450mm、500mm 等，精密裁板锯的底槽锯片多设计为 120mm。

(4) 齿数的选择

锯齿的齿数，一般来说齿数越多，在单位时间内切削的刃口越多，切削性能越好，但切削齿数多需用硬质合金数量多，锯片的价格就高，但锯齿过密，齿间的容屑量变小，容易引起锯片发热；另外锯齿过多，当进给量配合不当，每齿的削量很少，会加剧刃口与工件的摩擦，影响刀刃的使用寿命。通常齿间距在 15~25mm，应根据锯切的材料选择合理的齿数。

(5) 厚度的选择

锯片的厚度理论上越薄越好，锯缝实际上是一种消耗。合金锯片基体的材料和制造锯片的工艺决定了锯片的厚度，厚度过薄，锯片工作时容易晃动，影响切削的效果。选择锯片厚度时应从锯片工作的稳定性以及锯切的材料去考虑。有些特殊用途的材料要求的厚度也是特定的，应该按设备要求使用，如开槽锯片、划线锯片等。

(6) 齿形的选择

根据锯齿前面在基面上的投影形状不同，锯齿可分成内凹，锥形和近似梯形齿(图9-7)。

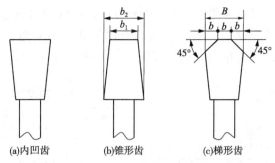

图 9-7 不同的前齿面形状

内凹齿应用最广泛，绝大多数合金锯片采用这种前齿面形状。前角可以根据被加工材料的性质在 -5°~30° 范围内选择。

内凹锯齿又可根据前、后齿面的斜磨不同分为 3 种：

①前、后面直磨齿　主要用于木材锯切，亦可用于干燥木材的再锯和板条锯切。

②前、后面斜磨齿　跟普通斜磨齿的圆锯片一样。相邻两只锯齿交替斜磨前、后面。前斜角 $\varepsilon_\gamma = 5°$，后斜角 $\varepsilon_\alpha = 10°$。锯切胶合板，单板和层积塑料板时锯切质量好。

③前面直磨、后面斜磨齿　它是一种后面交错双向斜磨齿，再一种是后面单向斜磨齿。后面单向斜磨齿又可分为左手锯片齿和右手锯片齿。

另外单向斜磨后面的锯齿还可用在要求加工质量良好的刨花板生产中。

单面斜磨后面的锯齿锯边时，锯齿尖角所在的锯身平面紧靠板体，以保证板边的锯切质量。

(7) 锯齿角度的选择

锯齿部分的角度参数比较复杂，也最为专业，而正确选择锯片的角度参数是决定锯切质量的关键。最主要的角度参数是前角、后角、楔角。前角主要影响锯切木屑所消耗的力。前角越大锯齿切削锐度越好、锯切越轻便、推料越省力。一般被加工材料材质较软时，选较大的前角，反之则选较小的前角。锯齿的角度就是锯齿在切削时的位置。锯齿的角度影响着切削的性能效果。对切削影响最大的是前角 γ、后角 α、楔角 β。前角 γ 是锯齿的切入角，前角越大切削越快，前角一般为 10°~15°。后角是锯齿与已加工表面之间的夹角，其作用是防止锯齿与已加工表面发生摩擦，后角越大则摩擦越小，加工的产品越光洁。硬质合金锯片的后角一般取值 15°。楔角是由前角和后角派生出来的。但楔角不能过小，它起着保持锯齿的强度、散热性、耐用度的作用。前角 γ、后角 α、楔角 β 三者之和等于 90°。

(8) 孔径的选择

孔径是相对简单的参数，主要是根据设备的要求选择，但为了保持锯片的稳定性，250mm 以上的锯片最好选用孔径较大的设备。

由于锯片主要的材料由钨钢组成，所以也称为钨钢锯片。硬质合金锯片包含合金刀头的种类、基体的材质、直径、齿数、厚度、齿形、角度、孔径等多个参数，这些参数决定着锯片的加工能力和切削性能。选择锯片时要根据锯切材料的种类、厚度、锯切的速度、锯切的方向、送料速度、锯路宽度等因素的需要正确选用锯片。

刨花板锯割装置布置有如图 9-8 所示两种方法，这两种布置方法都为刨花板锯割普遍使用。此外，为了减少锯片切割造成成品板边角缺损的问题，常使用前后布置两把锯片的方法进行切割，首先在出料边线锯割一条浅槽，然后主锯片再进行锯割。

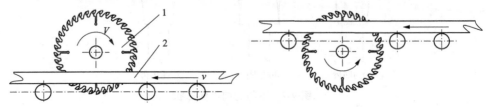

图 9-8　锯切的相对位置
1. 锯片　2. 刨花板

9.2.3　裁边设备

裁边机按功能和结构分类如表 9-3 所列。在实际生产中，裁边机的配置分为三种，即纵横联合裁边机、裁边-剖分联合裁边机和纵向固定齐边移动式剖分机组。进料方式主要有压轮进料、履带进料和机械推进式进料三种，如图 9-9。

表 9-3　裁边机的种类及特点

分类方法	进料形式	特　点
按进料方式	纵向裁边	传送长度长，机器宽度窄，用于裁切毛边板长度方向的两条边
	横向裁边	传送长度较短，机器宽度较大，用于裁切毛边板宽度方向的两条边
按进料机构	履带式	履带式进料机构，进料平稳，夹紧力大，齐边精度较高
	压轮式	进料机构由压辊组和托辊组组成，夹紧力不如履带式均匀，要求有较高的加工和安装精度
	机械推进式	这种进料方式进料平稳，精度高，只适合于横向裁边（有基准边的裁边）
	跑车运输式	这种进料方式进料平稳，精度高，但是不能连续进料，适合于各种裁边

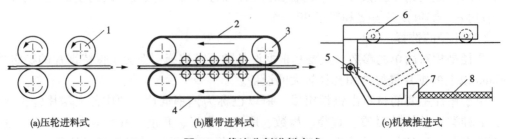

(a)压轮进料式　(b)履带进料式　(c)机械推进式

图 9-9　裁边分割进料方式
1. 压轮　2. 皮带　3. 主动轮　4. 履带　5. 转轴　6. 行走轮　7. 推料掌　8. 素板

(1) 纵横联合裁边机

是由纵向裁边机、横向裁边机和运输机布置成直角的联合裁边机。这种布置方式主要用于单块 1.3m×2.5m 幅面板材的纵横裁边，如图 9-10 所示。

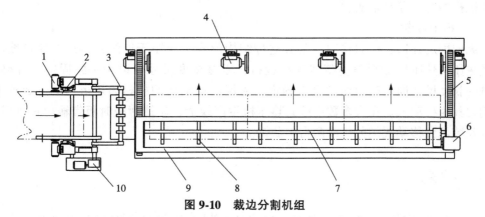

图 9-10 裁边分割机组

1. 裁边锯 2. 纵向进料机构 3. 辅助出料辊 4. 分割锯 5. 行走齿条 6. 横向行走动力
7. 传动轴 8. 推板器 9. 横向进料车 10. 纵向进料动力

(2) 裁边分割联合裁边机

目前刨花板生产中，常常采用特殊幅面的压机，如板宽为 2.44m 或板长度成 1.22m 倍数的超长或超宽压机。在所有单层压机和少数多层压机中均会出现这种情况，即裁边与整板剖分是同时进行的。生产中常用裁边-剖分联合裁边机的主要技术参数如表 9-4 所列。

表 9-4 裁边-剖分联合裁边机的主要技术参数

参 数	BC1112 型 纵向齐边机	BC2124/2 型 横向齐边机	BC2124/3 型 横向齐边机
锯板(长×宽)(mm)	宽 1220	2440×1220 2 张	2440×1220 3 张
规格(厚度)(mm)	2~40	2~40	2~40
进料速度(m/min)	2.23(辊筒)	10.05(推板)	10.05(推板)
锯轴电动机功率(kW)	5.5	5.5	5.5
进料电动机功率(kW)	3	1.5	1.5
锯片直径(mm)	350		
破碎刀数	12	每组 6 把	每组 6 把
打碎宽度(mm)	50	50	50
外形尺寸(长×宽×高)(mm)	1000×2480×1649	4000×6630×2118	9890×4225×2250
质量(t)	1.91	5.04	5.90

若使用1.3~17.3m的超长单层压机，裁边时一次可剖分7块1.22m×2.44m幅面的板材。使用2.6m宽幅压机时，也需要借助裁边-剖分联合裁边机将大幅面毛边板分割成标准幅面的板材。根据供需协议，如果需要生产非标准幅面的板材，亦可通过调整剖分机构的有关参数来实现。

(3) 板带裁断

纵向固定齐边、横向移动式剖分这种结构形式主要用于连续式热压机生产线。连续式热压机热压后的板材呈带状连续运行，板材宽度尺寸可以用一组固定锯片确定，板材的长度尺寸通过横向切割机来确定。为保证切割后的板材为矩形，剖分装置采用切割刀具为移动式。在大多数连续式热压机生产线上，制造薄板时板带输出速度较快，通常安装两台移动式剖分机或两台斜截锯。

9.3 砂光

刨花板表面砂光是对热压定型后的成品（素板）进行厚度方向上的加工，其目的是砂去由于热压工艺过程所造成的刨花板表层密度低、强度低的预固化层，并保证产品的厚度公差和偏差符合使用要求，同时提高产品的表面光洁度，满足后续加工需要。

影响刨花板砂光产量和质量的设备因素主要有砂光机砂光头的组数、砂光机的制造质量、砂光机的结构及砂带的质量等；工艺因素有总的砂削量及砂削量的分配、砂带型号的选配、砂光机的调整质量等。刨花板砂光前一般需要中间贮存72h，以消除素板内由于热压过程造成的含水率和温度的不均匀，以保证砂光后成品的尺寸稳定性。此外，过高的素板温度也会直接影响到砂带的使用寿命。

宽带式砂光机磨削量幅度大，磨削成品厚度误差小，磨削表面质量好，生产效率高（进料速度可高达90m/min），而且砂带寿命长、装卸简便，为刨花板广泛使用。

9.3.1 磨削机理

1. 磨削的基本形式

刨花板磨削都是采用砂带磨削，砂削方式大多采用闭式砂带磨削大类中的接触辊式和压垫式两种形式，如图9-11。

砂带磨削的基本形式：

①接触辊式 砂带通过接触辊与工件接触进行磨削，它与工件的接触形式为线接触，砂削轨迹为弧面，一般用于刨花板的粗砂和精砂。

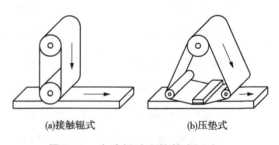

图9-11 人造板砂光的基本形式

②压垫式 磨削时砂带通过压磨板与工件接触，压垫起加压作用，一般用于平面加工，可增大接触面积，提高磨削效率和工件几何精度，特别是平面度。因为刨花板

砂削的目的是提高板的表面平整度。该种磨削在压磨板与砂带之间设计有一层具有弹性的填充材料和耐磨衬垫(羊毛粘+石墨垫)。

2. 磨削的特点

磨削与一般的切削加工一样，是以磨粒作为刀具切削木材的。磨屑的形成也要经历弹塑性变形的过程，也有力和热的产生。其具有以下特点：

①磨粒每一切刃相当一把基本切刀，其中大多数磨粒是以负前角和小后角进行切削，切削刃具有 $8\sim14\mu m$ 的圆弧半径，故磨削时刀刃对加工表面产生刮削、挤压作用，使磨削区木材发生强烈的变形。

②磨粒的刀刃在磨具上排列很不规则，因此，各个磨粒的切削情况不尽相同，因而生成的切屑形状很不规则。

③磨削时，由于磨粒切削刃较钝，磨削速度高，切屑变形大，切削刃对木材加工表面的刻压、摩擦剧烈，所以导致了磨削区大量发热，温度很高。而木材本身导热性能较差，故加工表面会被烧焦。磨具本身也会较快变钝。在宽带砂光机中，采用压缩空气内冷或在砂辊表面开螺旋槽。当砂辊高速转动时，利用空气流通冷却。

④磨削过程的能量消耗大。磨削时，因切屑厚度甚小，切削速度高，滑移摩擦严重，致使加工表面和切屑的变形大。这种特征表现在动力方面，就是磨削一定质量的切屑所消耗的能量比铣削下同样质量的切屑所消耗的能量要大得多。

3. 砂带的磨损机理

作为磨具的砂带在正常情况下有三种磨损的基本形式：粘盖、脱落和磨钝。粘盖和脱落两种形式往往是由于砂带选择和使用不当引起的，或者是加工的材料特别软和砂带黏结剂质量太差造成的；变钝则贯穿于整个磨削过程中。

砂带磨损基本上可分为初期快速磨损阶段和稳定磨损阶段。一般砂带在经过初期快速磨损之后，直至使用寿命终结，砂带一直处于稳定磨损阶段。一条新的砂带在用于精磨和抛光时，都要进行适当处理，让砂带在正式加工之前人为地使之度过初期快速磨损阶段。

9.3.2 刨花板砂光的作用及要求

砂光是对刨花板素板进行磨削加工处理，是提高刨花板厚度精度、平整度、光洁度及去除表面杂物等普遍采用的方法。刨花板表面砂光的目的是去除强度低的预固化层；控制板材的厚度精度，减小厚度偏差；改善板材表面粗糙度等。

普通多层压机所压制板材的厚度公差约为 $1\sim3mm$(含预留砂光余量)，厚度偏差在 $1\sim2mm$；单层压机所压制的板材其厚度公差约为 $1\sim2mm$，厚度偏差约为 $0.5\sim1.5mm$。连续热压机由于采用了精确的厚度控制热压工艺，其厚度公差及偏差都很小，一般小于 $0.5mm$。这样的厚度公差及偏差范围不适于二次加工的贴面处理工艺要求，因此必须进行砂光处理。

砂光余量因板种、板厚、所用砂光方式的不同而异。不同的热压机生产的板材也会形成不同的砂光余量要求。刨花板砂光余量一般为 $0.5\sim1.5mm$。

表 9-5　三种热压机生产的不同厚度刨花板的砂光余量(双面)和砂光损失

产品规格 (mm)	周期式多层热压机			周期式单层热压机			钢带式连续热压机		
	素板设计厚度(mm)	砂光余量(mm)	砂光损失(%)	素板设计厚度(mm)	砂光余量(mm)	砂光损失(%)	素板设计厚度(mm)	砂光余量(mm)	砂光损失(%)
6	7.0	1.0	16.7	6.8	0.8	13.3	6.5	0.5	8.3
13	14.2	1.2	9.2	14.0	1.0	7.7	13.6	0.6	4.6
19	20.4	1.4	7.4	20.3	1.3	6.8	19.6	0.6	3.2
30	31.5	1.5	5.0	31.4	1.4	4.7	30.8	0.8	2.7
算术平均			9.58			8.12			4.7

表9-5给出了多层压机、单层压机、钢带式连续热压机三种不同形式热压机制造刨花板的薄板、中板和厚板的砂光余量。可以看出，钢带式连续热压机生产的板材厚度公差和表面预固化层最小，所要求的砂光余量也最小。

砂带分为布质砂带和纸质砂带两种，是用特殊的方法将金刚石砂粒黏结在基材上而做成的一种磨削材料，砂带用目数来表示其砂削特性。砂削按其加工要求及作用可分为粗砂、细砂和精砂 3 种。各种砂带的选择要根据砂削量、板材的加工性、进料速度及砂光要求进行选择。一般粗砂作为定厚砂光，砂削量大，一般为 $40^{\#} \sim 60^{\#}$ 砂带；细砂是在粗砂的基础上进行，以消除粗砂留下的缺陷及提高板材的厚度精度，一般用 $80^{\#} \sim 100^{\#}$ 砂带；精砂是改善板材的表面光洁度，一般用 $90^{\#} \sim 120^{\#}$ 砂带。

9.3.3　砂光机的类型和组成

砂光机的类型很多，形式多样，但刨花板砂光机大都选择宽带式多头双面砂光机。

宽带式砂光机的最大特点是砂削工作面为套在辊筒上的封闭循环砂带，工作面积增加，散热条件改善，进料速度可提高到 90m/min，砂削量可超过 0.5mm。宽带式砂光机以生产率高，机床操作简便，砂带更换方便，砂削质量好等优点而被广泛采用。

宽带式砂光机一般成组配套使用，如早期用一台单机架砂板材的上表面，另一台单机架砂板材的下表面，中间用运输机将其联合在一起。现在生产中，通常将上下两个砂带同时装在一台机床上做成双面宽带砂光机，可一次同时完成板材上下两个表面的砂光。

1. 砂光机的类型

(1) 按砂削的形式分类

刨花板砂光机可以分为接触辊式和压垫式。其中按照接触辊的硬度又可以分为软辊和硬辊 2 种形式；按照压垫的结构形式，又可分为整体压垫、气囊压垫和分段压垫 3 种形式；按照砂架的布置形式，分为单面上砂架、单面下砂架和上下双面对砂式等 3 种形式；按照砂光机砂架的数量，可以分为单砂架、双砂架和多砂架等形式；按照砂架相对于工件的磨削方向，分为纵向磨削和纵横磨削 2 种形式；按照砂光机的组合形式，可以分为单机和多台砂光机组成的砂光机组或砂光生产线。

(2) 根据砂削作用分类

根据砂削作用，刨花板砂光机机头有三种形式，即粗砂头、组合砂头和精砂头（图9-12）。

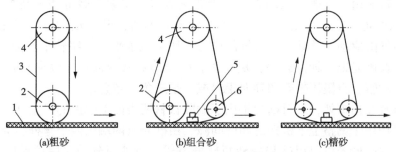

图 9-12　宽带砂光机砂光头的基本形式

1. 工件　2. 主动轮　3. 砂光带　4. 从动轮　5. 压磨块　6. 导向轮

(3) 按砂架的数量分类

根据砂光需要，依据这些砂光机头又可组合成双砂架、四砂架、六砂架及八砂架双面砂光机。

2. 砂光机的组成

普遍使用的宽带式四砂架双面砂光机的结构原理如图9-13和图9-14，主要由机架、传动机构、进给机构、砂带架、刷尘辊、调整机构及除尘系统等组成。

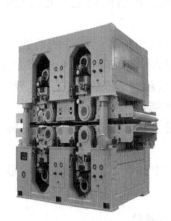 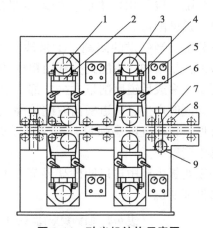

图 9-13　四砂架双面砂光机　　　　图 9-14　砂光机结构示意图

1. 精砂组　2. 张紧气缸　3. 粗砂组　4. 摆动气缸　5. 压力表
6. 锁紧装置　7. 升降及调整装置　8. 进料辊　9. 调整手轮

机架为钢板焊接结构，分上机架和下机架两部分。借助丝杆调节系统可以升降上机架而改变上下砂带之间的间隙，以适应不同厚度板材的砂光。

传动机构靠直流电动机通过三角带带动8组蜗轮传动副，然后再带动安装于机架上的8个包覆有橡胶层的进料辊筒。进给速度可在0~30m/min无级调速，在每个进料辊筒的正上方的上机架上安装有 8 个直径与进给辊相同的压紧辊,但不包覆橡胶层,二者组成进料机构。

砂带架为砂削机构,由四个砂架组成,前两个为粗砂架,后两个为精细组合砂架,上下对称布置。

上粗砂带架由主动辊、从动辊、砂带张紧装置、支架和砂带调偏装置等组成。主动辊由 110kW 电动机经平皮带直接带动,使砂带回转,砂光辊的位置可用手轮微调。张紧装置由气缸驱动,从动辊在气缸的推力作用下在水平面上绕轴中点前后频繁偏摆,以使砂光带在砂光辊上轴向游动,从而防止砂带跑偏及板面产生纵向沟痕。精砂架由主动辊、从动辊、石墨压带架和导向辊组成,呈三角形布置。

刷尘辊装在出板处,一对刷尘辊用于刷除板材两表面上残留的粉尘。

调整机构用于调整上下机架之间的间隙,由砂光机两端的四个丝杆组成。

四砂架双面砂光机由粗砂和精砂两部分组成。粗砂部分是采用接触轮式砂光,而精砂部分是由接触轮式和压磨板式组合砂光。压磨板与砂带之间采用羊毛粘作为弹性的填充材料,采用石墨垫作为耐磨垫。砂带在运行过程中会自由偏摆,以改善磨削质量。工件通过下运输辊和上压辊进行推进,工件上下定位也是依靠运输辊和支撑挡板进行的。上压辊为橡胶轮,下运输辊为刚性轮。

砂削量的分配对砂光产量质量及砂带使用寿命影响极大,正确地选择砂带和分配砂削量至关紧要。一般分配原则是:①充分利用粗、精、细砂带特点,适量分配磨削量,一般精磨,细磨的磨削量可以确定,粗砂视实际情况而定;②精砂量,细砂量不能太小,必须能去除上一道砂痕;③在达到最佳磨削表面的同时使电能、砂带消耗最少。

磨削量分配一般采用倒推法。先确定最后一道磨削量,然后确定上一道磨削量,最后确定第一道磨削量。

磨削量分配不当引发的问题:①粗砂磨削量太小,会增加精砂、细砂的负担,使精、细砂带消耗量增加,不能充分利用粗砂功能,进给速度有所下降,影响生产效率;②前道磨削量太多或后道磨削量太少,都会引起密集横向波纹(实际是前道横向波纹未消除,后道又同时产生,两道横向波纹重叠),表面光洁度降低。

由此可见,正确分配磨削量,不仅可以提高板面质量,而且可以节省砂带,降低能耗,提高生产效率。

以下是刨花板生产中进口四砂架砂光机和纤维板生产国产八砂架砂光机的砂削量分配,参见表 9-6。

表 9-6 四砂架双面砂光机砂削量的分配及参数

参数	刨花板			纤维板		
	粗砂	精砂	定厚砂	粗砂	细砂	精砂
砂带粒度(号)	40	80 或 120	40	80	120	180
双面砂光量(mm)	1~2	0.2~0.4	1~2	0.2~0.4	0.1~0.2	0.1~0.2
砂光后厚度余量(mm)	+0.4	0	+0.4~+0.6	+0.2	+0.1	0
砂光电机电流(A)	Max160	80~95				

（续）

参数	刨花板			纤维板		
	粗砂	精砂	定厚砂	粗砂	细砂	精砂
砂光形式	接触轮式	压磨板式				
粗精砂削比例（%）	70~80	30~20				
电机功率（kW）	160	90	90	90	55	45

3. 宽带砂光机的组合及应用

宽带砂光机配置灵活，可根据需求任意组合、配置成多头砂光组合，可以满足各种产能和质量的需求。砂光头的组合配置必须根据产品特点、砂光产量和质量进行选择配置，目前刨花板的组合砂光配置主要有以下 4 种，如图 9-15。

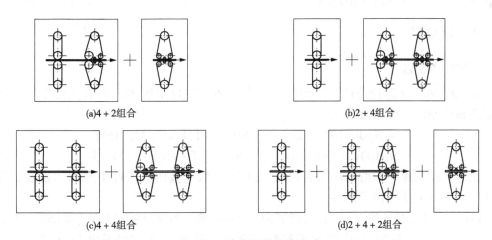

图 9-15　砂光机的组合形式

① "4+2 组合"　采用了粗砂，定厚和精磨及细磨组合；
② "2+4 组合"　采用了粗砂，定厚和精磨及细磨组合；
③ "4+4 组合"　第 1 对进行粗磨，第 2 对进行定厚，第 3 对精磨，第 4 对细磨；
④ "2+4+2 组合"　第 1 对进行粗磨，第 2 对进行定厚，第 3 对精磨，第 4 对细磨。

9.3.4　产品分等

刨花板的表面质量分等检验是在砂光后进行，分等方法有人工分等和人工机械分等两种方法。人工分等方法是完全利用人力将砂光后的产品一件件地对产品上下表面质量进行检验，其劳动强度大，工作烦琐；人工机械分等是利用砂光机砂光后的运输滚筒，辅以一台或多台翻板架及分等台对砂光板进行上下表面质量分等检验，其检验速度快，但容易造成检测人员视觉疲劳。

在刨花板生产中，由于原料质量、操作工艺水平和设备精度等种种因素的影响，制造出的刨花板不仅有等级差别，而且还有合格与不合格之分，因此，要求对成品板材要进行分等和质量检验。

刨花板分等的主要依据是外观质量。国家标准对每个等级的刨花板的外观质量都作了相应的规定。在砂光以后,要由掌握国家标准、技术熟练的工人完成此项任务。在分等时,根据外观质量(即板面存在的缺陷情况)逐张进行检查,评出等级,并分类堆放。

成品分等以后,必须通过成品检验来确定分等的有效性。合格的产品有等级之分,不合格的产品无等级。

9.4 除醛处理

在刨花板生产中,当使用氨基树脂作为胶黏剂制造刨花板时,除了使用低甲醛释放的胶黏剂和采取合理的工艺措施之外,还可以对成品板材进行后处理,降低其游离甲醛释放量,满足特殊使用要求。常用方法有使用氨气和尿素溶液处理,也有使用甲醛捕捉剂处理,还可以采用热处理等。

9.4.1 氨处理

1. FD—EX 法

比利时 Verkor 工程公司了解到纤维素在气体中的化学规律,采取了使用气态氨处理刨花板的办法,根据方程式:

$$6CH_2O + 4NH_3 = C_6H_{12}N_4 + 6H_2O + 81(kcal)3339.15kJ$$
$$6CH_2O(气) + 4NH_3 = C_6H_{12}N_4 + 6H_2O + 81(kcal)745kJ \tag{1}$$

此时,刨花板中的游离甲醛便转化成中性的六甲基四胺。这个原理的发展,为工业使用 FD—EX 法提供了条件。

FD—EX 法的操作原理,是以纤维素内气体的吸收—解吸过程的规律为基础的。制成的刨花板从三个彼此隔开的毒气散播室通过。室的结构形式可与现场情况相适应(图 9-16)。

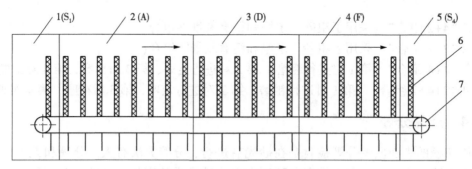

图 9-16 FD—EX 氨处理工艺室
1. 输入口 2. 吸收室 3. 解吸室 4. 固定室 5. 输出口 6. 处理板材 7. 链条运输机

FD—EX 室可按板的流向设置,也可接在砂光机或是板的仓库之后,应在分板锯之前。

FD—EX 室的工作原理如下。刨花板从输入口 S_1 进入吸收室 A,在此板的各面受恒定浓度的氨气作用。随着接触时间的增加,氨气在刨花板内的分布也就比较均匀(图 9-17)。然后,刨花板进入解吸室 D。在此 NH_3 从刨花板表面散发出来。接着板进入固定室 F。在此 NH_3 不是根据方程式(1)处理,而是借助蚁酸($HCOOH$)或类似的反应气体而制约。然后构成盐(氨基甲酸盐)。

$$NH_3 + HCOOH \rightarrow HCOONH \tag{2}$$

从室出口 S_4 输出的刨花板,是无臭的,达到减少甲醛含量的要求值。

①吸收作用　刨花板的纤维素结构如图 9-17 吸收氨气。研究了刨花板中吸收 NH_3 的单位接触时间与刨花板的原材料、密度、表面性能、含水率和温度的关系。对于 19mm 厚的木质刨花板来说,要快速渗透 NH_3,板的最佳温度约为 33℃。

②解吸作用　板通过控制通风,一部分游离 NH_3 便从板表层排掉。通过降低 NH_3 的浓度与延长接触时间,即可显著达到此目的。如图 9-18 所示说明了不同结构刨花板的处理效果。

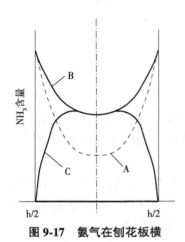

图 9-17　氨气在刨花板横断面上的分布

A. t_1 后　B. t_2 后　C. 固定处理后

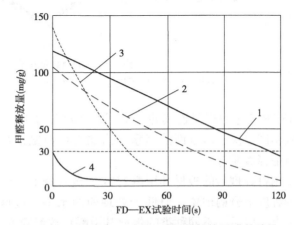

图 9-18　用 FD—EX 法处理刨花板的甲醛释放量的变化(引自 Verker 公司)

1. 刨花板,厚度 20mm,容重 $0.6g/cm^3$,处理后贮存 14 个月(下同)
2. 表面砂光刨花板,厚度 20mm,容重 $0.6g/cm^3$　3. 表面砂光刨花板,厚度 20mm,容重 $0.4g/cm^3$　4. 刨花板,厚度 6mm,容重 $0.75g/cm^3$

③固定作用　通过"固定"过程,即可避免 NH_3 散发并长期储备在板内。

在固定室内根据方程式(2),刨花板内存在的化合氨,不会通过甲醛转化为稳定盐。稳定盐对刨花板的质量和表面性能无副作用。在盐内存在的 NH_3 是最优越的长期仓库,以使较晚的游离甲醛中和。此外,这一处理过程可使板的 pH 值大约从 3.5 提高到 6.5。这一效果可减少胶料进一步水解的可能性。

FD—FX 室的运转速度应与生产要求相适应。在 A、D、F 三个间隔之间的体积与时间的比例,可随着生产要求而变化。废气(NH_3 $HCOOH$)量通过气体洗涤器而减少。在刨花板厂内,此种废气可另作使用。FD—EX 室系从中央控制台进行检控。

FD—EX 法的费用,比采用新胶种配方减少甲醛释放量低。经处理的刨花板,具有较高的物理力学性能。

2. RYAB 工艺

RYAB 工艺是一种利用气态氨处理板材,以降低刨花板甲醛释放量的一种方法,如

图 9-19 所示。在被处理板材上方配置有半合罩,在板材的下部也配置一个丰合罩,氨或氨—空气混合气体由入口进入板材上部,用真空泵在板材下部抽真空,真空度为 10 000~60 000Pa。借助真空作用,氨或氨—空气混合气体为刨花板所吸收,未被吸收的氨在抽真空时被吸走。在持续一定时间后,处理后的板材被送出处理室,下一块待处理板材进入处理室中。

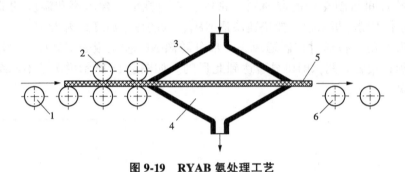

图 9-19　RYAB 氨处理工艺
1. 进板运输机　2. 压料辊　3. 上罩　4. 下箱　5. 板材　6. 出板运输机

RYAB 工艺可以是连续的,也可以是间歇的。经 RYAB 处理后的板材其甲醛释放量降低的幅度取决于多方面的因素,诸如板材与氨接触的时间、板材的密度和处理前板材的甲醛释放量等。

采用氨处理后的板材其甲醛释放量显著降低,经历一段时间以后,其甲醛释放量有某种程度上升的现象,但低于处理前的水平,这是回升滞后现象。经处理后的板材贮存 3 个月以后,不同种类的板材其甲醛释放量降低率在 57%~71%。

9.4.2　尿素溶液处理

将尿素溶液喷洒在板材表面,可以降低板材的甲醛释放量。具体操作方法是在板材堆放前,处于温热状态,将尿素溶液喷洒到板面上。尿素溶液处理可使板材的甲醛释放量降低 30%~50%。

尿素的作用,一是可以与甲醛发生化学反应;二是在水溶液下分解,尤其在酸性条件下形成铵离子,铵离子可以与甲醛发生化学反应生成六次甲基四胺。尿素溶液的配制:将 100g 尿素溶于 10L 水中,每平方米板面喷洒 400g 尿素水溶液。

也有采用铵盐化合物溶液对板材进行喷洒处理降低板材甲醛释放量。通过处理可以使板材(穿孔法)的甲醛释放量从 25~30g/100g 降低到 5~10g/100g。

9.4.3　热处理

将刨花板放入热处理室内进行热处理,可以显著降低其甲醛释放量。热处理温度(120~170℃)和热处理时间(0~90min)对刨花板的甲醛释放量影响很大,随着热处理温度升高和热处理时间的延长,板材的甲醛释放量明显减少。热处理温度为 140℃、热处理时间为 40min 时,板材的甲醛释放量(穿孔比色法)从 26.53mg/100g 降至 5.76mg/100g,即 E_2 级刨花板变为 E_1 级刨花板。并且在试验条件范围内,刨花板的物理力学性能基本保持不变，内结合强度还略有改善。环境的相对湿度对刨花板的甲醛释放量也有很大影响，空气相对湿度越大，板材的甲醛释放量越多。

9.5 板材运输

刨花板成品和半成品的运输方式主要有有轨运输和无轨运输两大类。无轨运输主要采用叉车进行，其叉车有前叉和侧叉两种，又以前叉为主。有轨运输主要有升降式移动运输车和摆渡式运输车两种，都实现了计算机自动控制。

9.5.1 叉车运输

叉车是一种工业搬运车辆（图9-20），是指对成件托盘货物进行装卸、堆垛和短距离运输作业的各种轮式搬运车辆，被广泛应用于刨花板的成品或半成品的搬运。

叉车通常可以分为三大类：内燃叉车、电动叉车和仓储叉车。而内燃叉车又分为普通内燃叉车、重型叉车、集装箱叉车和侧面叉车。

刨花板企业普遍采用的为普通内燃机叉车。一般采用柴油发动机作为动力，载荷能力 3.5~4.0t，作业通道宽度一般为 3.5~5.0m。

侧面叉车在刨花板企业很少使用，一般用于多幅面板材的搬运。其采用柴油发动机作为动力，承载能力 8.0~10.0t。在不转弯的情况下，具有直接从侧面叉取货物的能力，因此主要用来叉取长条形的货物，如木条、钢筋等。

图 9-20　普通叉车

9.5.2 轨道车运输

轨道运输车的搬运方法在大型的进口生产线上主要用于半成品运输并得到了广泛应用，主要有移动车式和摆渡车式两种（图9-21），运输系统都实现了自动化生产管理。摆渡车设备相对简单，运输板材规格大，但不能将成沓板材进行堆叠和间插放置，车间空间利用率低。移动车不但可以叠放，还可以间插放置，但设备相对复杂。

摆渡车式成品运输设备，它是在摆渡车上装有一个可以在摆渡车和车间运输轨道上移动的运输车，运输车横向移动，而过渡车则是纵向移动。当成叠的毛板放在运输车上，运输车横向移动至过渡车上，过渡车纵向移动到某一轨道位置时，运输车上的液压装置将成品板提升一些高度，然后运输车横向移动至某一位置，液压装置下降，并将板放在架空的托架上，然后运输车返回到过渡车上，如此完成了一次搬运任务。这种运输设备可以将热压堆积后的毛板运输到中间贮存区，然后再从中间贮存区运输到砂光机上。摆渡车的装板堆垛高度约为1500~1800mm。

(a)摆渡车　　　　　　　　　　　　　(b)移动车

图 9-21　轨道输送

移动车式运输设备，这种车可以在车间布置的横纵轨道上移动。工作时，移动运输移动至经裁边堆积成沓的板材位置，然后移动车在纵向或横向轨道上移动，并将板材输送到指定位置。另外移动车上的升降装置可以将板材提升到不同高度，从而可以实现板材堆垛。移动车的装板堆垛高度约为 1200~1500mm。

9.6　分等入库

9.6.1　检验分等

刨花板出厂前应从外观性能、物理力学性能两方面进行检验，功能刨花板还需检验其功能性指标，只有全部性能指标均符合标准要求才能定为合格品，不合格产品不许出厂销售。经检验后的合格产品应打包入库贮存，包装上应显著注明生产厂家、生产地址、生产日期，以及产品名称、类别及执行标准等。

刨花板的检验应根据相关标准按抽样检验方法进行相应检测，但砂光板的表面质量则要求对产品的两个表面进行逐一检测，不应该有漏砂、表面粗刨花、崩边缺角、砂光波浪纹等缺陷。全检有人工和专门机器两种方法翻板，小规模生产线则在砂光系统的翻板台进行翻板。

9.6.2　入库贮存

刨花板的成品入库贮存堆放一般采用叉车堆放，每叠高度为 800~1000mm，每叠之间用 100mm 高的木方或成叠组合的废板条隔开，便于叉车搬运，4~5 叠堆为一垛，然后按便于叉车运输的方向按行列堆码整齐。每垛前后之间的距离约为 100mm，数垛成为一行。每行左右之间的距离约为 200~300mm。一定数量的行列之间要留有约 3000~5000mm 的通道，便于叉车运输，以保证出厂装车运输和消防需要。

本章小结

刨花板的后期处理与加工是对热压后的毛板进行相应的处理及加工，使之符合出厂要求。冷却处理是通过冷却降温的办法，使板材内部的水分和温度逐渐趋于平衡，以消除其内应力，稳定尺寸，防止变形，同时可以防止脲醛树脂降解老化；裁边是使毛板平面形状尺寸符合规定要求，且无缺角崩边，并裁去密度低和强度低的周边部分；砂光是使毛板厚度尺寸符合规定要求，且板面平整光滑、厚度偏差小、无预固化层。

冷却处理主要采用翻板冷却架进行自然或强制的散置冷却方法进行快速降温，冷却架的大小受生产规模的影响，一般要求满足标准板有 30min 以上的冷却时间；裁边有单件裁边和集中裁边两种方法，单件裁边的纵横联合裁边设备与周期式压机匹配，而移动式截断设备与连续式压机匹配，集中裁边一般为二次裁边，主要用于大规模生产线进行高精度加工；刨花板砂光设备一般采用多砂架的宽带式双面砂光机，生产规模越大，砂架数量越多，合适的砂光量分配有利于提高砂光质量和产量。中小型刨花板生产线常以叉车作为运输和装载设备，叉车有正叉和侧叉两种，现代大规模生产线常采用轨道车运输，并实现了智能自动化控制。

思考题

1. 刨花板后期处理与加工包括哪些内容？
2. 刨花板冷却处理的目的和要求是什么？常用的设备有哪些？
3. 刨花板裁边的目的和要求是什么？常用的设备有哪些？各有什么特点？
4. 刨花板裁边锯有哪些？如何选择？
5. 砂光有哪些形式？各有什么特点？
6. 刨花板砂光的目的和要求是什么？常用的设备有哪些？各有什么特点？
7. 中间贮存的目的和要求是什么？
8. 刨花板运输设备有哪些？各有什么特点？

第 10 章 特殊结构刨花板（选讲）

[**本章提要**] 特殊刨花板是指除普通刨花板以外的刨花板，特殊性主要表现为刨花形态、板坯结构、产品性能及其相对应的工艺设备的显著差别。主要产品有定向结构刨花板、华夫刨花板、均质刨花板及模压制品等。本章阐述了以上几种特殊刨花板产品的结构及性能特点，并对其工艺流程及工艺要求等进行了说明，重点介绍了定向结构刨花板的刨花干燥、施胶及铺装方法及设备。

特殊结构刨花板指除了普通刨花板以外的其他木材刨花板。主要产品类别有定向结构刨花板、华夫刨花板和均质刨花板等。这些刨花板与普通刨花板的本质区别就是刨花形态的不同。刨花形态的区别表现为板坯结构和铺装方法的差异，也会由于刨花形态的区别导致使用场所的不同而要求胶黏剂的种类不同。

10.1 定向结构刨花板

10.1.1 概述

定向结构刨花板（OSB）自 1964 年在加拿大问世以来得到了广泛的应用和不断的发展，且产量持续稳定增长。北美 1999 年 OSB 的消费量首次超过胶合板，占结构板材消费量的 52%，2015 年的定向刨花板产量占世界总产量的 77%。在欧洲 OSB 用于建筑业占 75%，包装业 20%、装修和家具制造 5%。1991 年，首条引进的 OSB 生产线落户南京，开启了我国 OSB 生产的先河。1995 年首条国产设备生产线在福建建瓯建成。2010 年湖北宝源木业建成了年产 22 万 m^3 的 OSB 生产线，翻开了亚洲 OSB 发展史上新的一页，同时，也标志着我国 OSB 生产走上了规模化道路。2016 年中国定向刨花板产量为 91 万 m^3，2017—2018 年将新建定向刨花板生产线 4 条，总产能 107 万 m^3/年。

定向结构刨花板不但物理力学性能优于普通结构的刨花板，而且耗胶量小，用途广泛。随着刨片、剥皮设备、干燥技术、连续式压机以及拌胶系统等工艺技术的不断改进，OSB 的可用原料范围也不断扩大，纸浆材、劣质材、加工剩余物，甚至树冠材，都可用于 OSB 的生产。随着研究与开发的深入，OSB 在混凝土模板、建筑绝缘板、工字梁、木龙骨、包装材料、托盘、家具框架、搁板和镶板等许多领域得到应用。

1. 定向刨花板的分类

定向结构刨花板是指通过特殊的定向铺装设备，使刨花按其长度方向平行排列且可分层铺装的刨花板。其目的就是减小构成单元无序交叠造成的间隙，并增大有效的胶合面积，提高板材的强度和改善其尺寸稳定性。

定向结构板的板型可分为单层结构、三层结构、多层结构和表面细化结构几种类型，如图 10-1 所示。

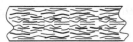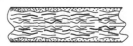

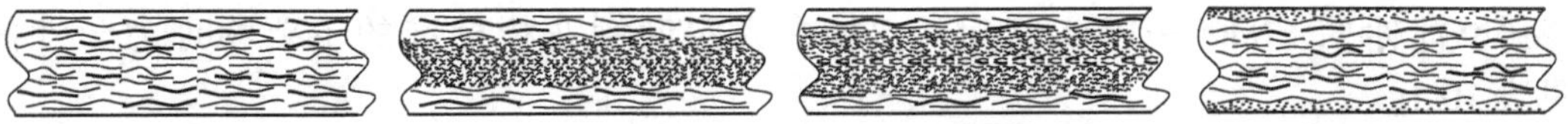

(a)单层结构　　(b)三层结构　　(c)多层结构　　(d)表层细化结构

图 10-1　定向刨花板结构类型示意图

定向结构板的板型是根据铺装机类型和铺装头的数量确定的。定向成型有两种方式，即机械定向和静电定向，而刨花定向以机械定向为主，主要是因为其结构简单，对刨花大小适应性强。

①单层结构定向刨花板　窄长刨花在板材中呈纵向排列，形成单一方向定向的单层结构定向刨花板。这种板材的纵、横方向的静曲强度差值很大。

②三层结构定向刨花板　在板材的表层，窄长刨花呈纵向排列；而在板材的芯层，窄长刨花呈横向排列；形成的是三层结构的定向刨花板。板材纵横向静曲强度比例随表芯层刨花质量比例的变化而变化。

③多层结构定向刨花板　在板材中，各层窄长刨花相互呈一定角度排列，形成多层结构的定向刨花板。板材纵横向静曲强度比例随相互各层刨花的质量比和刨花定向角的变化而变化。

此外，定向结构人造板也可实行部分定向与不定向相结合的结构。表层定向、芯层随意铺装刨花板在板材的表层，窄长薄平刨花呈纵向排列，而在板材的芯层，普通刨花随意排列。这种板材的纵向强度高于横向，成本相对较低。芯层定向、表层随意铺装的刨花板，在板材的表层，普通细刨花随意排列，而在板材的芯层，窄长刨花呈纵向排列。这种板材的成本较低，表面质量较好，便于装饰。

2. 定向刨花板的性能特点及要求

定向刨花板产品由于其长条的刨花形态、定向的铺装方法、性能优越的胶黏剂等特殊工艺特征，因而其产品具有优越的性能，主要表现如下：

(1)力学性能优于普通刨花板

定向结构刨花板由于刨花形态好、质量高及刨花采用定向的平行排列，刨花交错搭接的少，刨花间间隙小，但比表面积也小，从而刨花接触状态好，胶合质量好，因而力学性能优于普通刨花板。其静曲强度为普通刨花板的 1.5~2 倍，内结合强度不低于普通刨花板，握钉力为普通刨花板的 1.5~2 倍。如果适当增大施胶量，其力学性能还可显著提高。

(2)平面方向吸水膨胀率小，但厚度方向膨胀率高于普通人造板

由于刨花的纵横牵制，所以板材平面方向膨胀率小。但是由于刨花形态大，压

制胶合时刨花压缩变形大，且板材吸水通道阻力小，故其吸水厚度膨胀高于普通刨花板。

(3) 耐久性及耐候性能好

由于定向刨花板的特殊使用要求，因此一般定向刨花板采用酚醛树脂和异氰酸酯等耐水性能好的胶黏剂生产制造，因此，板材耐水性、耐久性及耐候性能好，一般可以直接应用在室外。

我国定向刨花板标准是中华人民共和国林业行业标准 LY/T 1580—2010，该标准是参照欧洲标准 EN300—1994 制定的。加拿大定向刨花板标准的主要物理力学性能见表 10-1。

表 10-1 加拿大定向刨花板标准的主要物理力学性能

	参数		单位	R-1	O-1	O-2
第一组	静曲强度	纵向	MPa	≥17.2	≥23.4	≥29.0
		横向	MPa	≥17.2	≥9.6	≥12.4
	弹性模量	纵向	MPa	≥3100	≥4500	≥5500
		横向	MPa	≥3100	≥1300	≥1500
	内结合强度		MPa		≥0.345	
	沸水点2h后静曲强度	纵向	MPa	≥8.6	≥11.7	≥14.5
		横向	MPa	≥8.6	≥4.8	≥6.2
第二组	24h吸水厚度膨胀率	$t<12.7mm$	%		≤15	
		$t≥12.7mm$	%		≤10	
	线性膨胀率（绝干—饱和）	纵向	%	≥0.40	≥0.35	≥0.35
		横向	%	≥0.40	≥0.50	≥0.50
	侧面握钉力	纵向	N	≥70t	≥70t	≥70t
		横向	N	≥70t	≥70t	≥70t

注：此表为加拿大定向刨花板标准(CSA 0437.0—1993)—OSB 物理力学性能内容，其中：①R(Random)代表刨花随意铺装；O(Oriented)代表刨花定向铺装，即表层纵向排列，芯层横向排列或随意排列。其中：R-1 为非定向铺装板，O-1 为定向一级板，O-2 为定向二级板。②t 为板材名义厚度(mm)。

3. 定向刨花板的用途

由于定向刨花板具有良好的性能，广泛应用于包装业、建筑业、交通运输业等，主要替代厚胶合板和结构用实木使用。在包装材料中，定向刨花板主要用于制作包装箱、托盘等；在建筑业中，定向刨花板主要用于墙面、屋面及楼面覆板、混凝土模板等；在家具制造中用于制作各种托架、结构板等。定向刨花板以其优良的使用性能和适宜的价格为越来越多的人所接受。

(1) 包装运输材料

定向结构刨花板替代原木用作出口包装材料，可以免去原木必须经过熏蒸处理并由检验检疫部门出具检验合格证明的麻烦，简化了手续。国外有用38mm厚的定向刨花板进行三聚氰胺贴面后，直接用于集装箱底板。目前定向刨花板已经成为发达国家木质包装的主要材料。

(2) 建筑建材的应用

在北美洲和欧洲，定向刨花板主要应用领域就是建筑行业，北美地区88%的定向刨花板用作木结构住宅的屋顶、楼板、内外墙等，代替传统的木材和结构胶合板。而在我国还没有得到充分的发展，这也一定程度上抑制了定向刨花板的生产和应用。

定向刨花板在建筑方面的另一个重要用途是用于水泥模板。通过调整生产工艺和进行相应的后期加工，如使用防水型胶黏剂，对板材进行封边和贴面处理等，可以满足水泥模板的要求，并且具有密度轻(相比于竹质胶合板模板)、成本低等优点。

(3) 家具和装修材料的应用

普通刨花板制作板式家具已有较长的历史。定向刨花板与普通刨花板相比，其静曲强度和弹性模量均较高，解决了普通刨花板由于强度和刚度较差所带来的挠曲变形的问题，保证了家具的功能和美观。定向刨花板可用于家具的受力构件，也可用于图书馆托架、超高货架及卫生间内防水板材等。

在家庭装修上，特别是大开间房的间隔、挡墙、橱柜制作上，定向刨花板将比剪切强度和抗冲击强度较低的细木工板、握螺钉力较差的普通刨花板和价高的胶合板更优越。

10.1.2 定向结构刨花板工艺特点

1. 基本生产工艺流程

定向结构刨花板通过专用设备加工成为长40~70mm，宽5~20mm，厚0.3~0.7mm的刨片，是经干燥、施胶和专用设备将表芯层刨片纵横、交错定向铺装后经热压成型的一种结构人造板。OSB保留了天然木材的一切优点，消除了天然木材各向异性及横向强度低、易干裂的缺点，具有抗弯强度高、线膨胀系数小、稳定性好、握钉力强、耗胶量低、价格适中、原料来源广等特点。

定向结构刨花板与普通刨花板的制造方法相差很大，主要表现在刨花制备、干燥和铺装三方面。其生产工艺流程如图10-2所示。

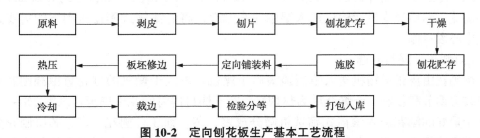

图10-2 定向刨花板生产基本工艺流程

2. 生产工艺要求

定向结构刨花板生产分为：原料准备、刨花制备、刨花干燥与分选、调胶与施胶、铺装与热压、毛板处理等工段。下面以年产 22 万 m³ 的三层结构定向刨花板的工艺要求进行说明，其工艺流程如图 10-3 所示。

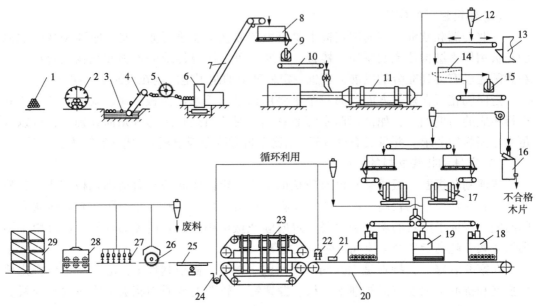

图 10-3 定向刨花板生产工艺流程

1. 小径木　2. 滚筒剥皮机　3. 清洗水池　4. 链式出木机　5. 截断锯　6. 刨片机　7. 特种皮带运输机　8. 刨花料仓　9. 再碎机　10. 皮带运输机　11. 滚筒干燥机　12. 旋风分离器　13. 消防应急仓　14. 筛选机　15. 再碎机　16. 风选机　17. 滚筒拌胶机　18. 表层定向铺装头　19. 芯层定向铺装头　20. 钢带　21. 金属探测器　22. 板坯截断锯　23. 连续热压机　24. 回料螺旋机　25. 电子称重台及翻板冷却机　26. 裁边锯　27. 分割锯　28. 砂光机　29. 定向刨花板

(1) 木材原料堆场

原料堆放时应确保有良好的通风排水条件，并应特别注意防霉防腐。为了保证刨花质量，应尽量保证原料径级在 12~16cm，其中径级在 6~8cm 的原料不应超过 30%，含水率应为 40%~60%，否则应作相应(浸泡、加湿或干燥)处理。

(2) 刨花制备

原木经过长材刨片机加工成长约 100~120mm、宽约 14~20mm、厚约 0.65mm 的窄长平刨花，然后经皮带运输机送入湿刨花仓贮存。将经滚筒式剥皮机剥下的树皮送入热能中心废料棚。

(3) 刨花干燥与分选

湿刨花由皮带运输机送入单通道滚筒干燥机。进入干燥机的刨花量由湿刨花仓的出料装置调节和控制。干燥介质为热烟气，在干燥机内将刨花干燥至含水率 2%~4%。

干燥好的刨花送入滚筒式筛选机筛分成表、芯、细 3 种刨花，表、芯层刨花分别由皮带运输机送入表、芯层干刨花仓，细刨花用再摇筛筛选，上层料仍用作定向刨花板芯层料,下层过细料送往热能中心做燃料。

气流分选在定向刨花板生产中比普通刨花板显得更为重要,它可以将不适合生产定向刨花板的超厚和超大刨花及木块及残留树皮分离出去。

(4)调胶与施胶工段

定向刨花板根据用途的不同可采用三聚氰胺尿素酚醛树脂胶(MUPF)、三聚氰胺改性脲醛树脂胶(MUF)、异氰酸酯胶(PMDI)或酚醛树脂胶(PF)进行生产,其用量也因其使用要求而异,PMDI的施加量一般为3%左右,MUPF的施加量通常为6%~7%。为提高板材的防水、阻燃、防腐等性能,应依产品使用要求添加适量的防水剂、防火剂或防腐剂。

拌胶一般采用滚筒拌胶机,滚筒拌胶机的优点是对刨花形态破坏较小,缺点是拌胶机体积大,对喷胶雾化效果要求比较严格。干刨花施胶后进入铺装料仓(刨花堆积密度一般为 $70\sim85kg/m^3$),然后进入铺装工序。

芯、表层刨花分别经计量皮带在线计量后连续均匀地进入滚筒式芯、表层拌胶机。与此同时,原胶以及各种添加剂按芯、表层刨花量的一定比例分别计量进入位于芯、表层拌胶机前的混合器,充分混合后喷入拌胶机。在拌胶机中通过摩擦而使胶液均匀地分布在刨花表面。防水剂乳液、固化剂溶液等的制备在调胶间进行。

(5)铺装与热压

铺装机是定向刨花板生产中的重要设备,定向铺装的效果直接影响板材的质量,一般采用3个铺装头或2个铺装头的铺装机进行铺装。

施胶刨花由定向铺装机在板坯运输机上铺撒成连续板坯带。板坯带经称重、金屑探测和齐边,合格的板坯进入连续式热压机压制成毛板带。不合格的板坯送入废坯剔除料斗,可利用的刨花直接回收作为芯层刨花使用,夹有金属的废刨花被送往热能中心作为燃料。

该铺装机由2个表层刨花计量仓、1个芯层刨花计量仓和与之配套的2个表层铺装头、1个芯层铺装头及2个芯表层刨花压平辊、3个芯表层刨花磁鼓组成。芯、表层铺装头分别带有数根定向辊和抛料辊,使铺装的板坯形成三层结构,即使两个互相平行的上下表层刨花呈纵向排列、芯层刨花呈横向定向,从而使板子获得稳定的结构和足够的纵、横向强度。OSB纵、横两个方向的强度比是通过调节刨花铺装的定向角度和表芯层刨花的用量来实现的。

热压机可采用连续式压机和网带传送单层压机,一般不采用小幅面多层热压机。连续平压热压机以热油为热介质,热压的温度、压力和运行速度按事先给定的数据由自动控制系统控制。

(6)毛板处理

压制好的连续毛板带经纵向齐边和双对角锯横向截断成大幅面板,经过测厚和称重,不合格废板剔除出生产线,合格板进入冷却翻板机冷却到一定温度后进入裁板锯锯割成规定幅面的成品板,然后由堆垛机堆垛。成品板经检验、分等、包装后由叉车送往成品库贮存或外销。

此外,2004年4月在美国J. M. Huber公司建成了年产55万 m^3 的定向刨花板生产线(Broken Bow 生产线),该线由辛北尔康普集团提供,其中包括 8 英尺幅宽、长度 60.3m 的年产量超过 55 万 m^3 的连续压机,以及刨片振动筛分机、板坯预加热系统,配置了 2 台大型单通道滚筒干燥机。

板坯预加热系统在板坯进压机前用热空气和蒸汽混合直接从上面和下面加热板坯。板坯预加热可以提高压机的生产能力。通过调节热空气和蒸汽的比例可以精确地设定板坯的温度。同时,板坯预加热后产生塑化,可以减小进入压机后加压所需的单位压力。另外预加热后板坯含水率增加可以降低成品板的吸水厚度膨胀率,提高成品板的质量。

中间贮存系统既作为定向刨花板的"养生区",又是生产线的产品中转区。后处理生产线包括砂光线、规格锯线。仓储管理系统使操作工可以通过砂光线控制系统或规格锯控制系统直接取出板垛。

进入规格锯的板可以来自中间贮存系统或砂光线,也可以直接来自大板堆垛处。由于一次锯切的板堆最大高度可达 260mm,所以生产能力大大提高。锯的电机功率约达 75kW。

3. 影响定向刨花板的主要因素

定向刨花板是以软阔叶材、速生材、间伐材等为原料,经过刨片、干燥、施胶、定向铺装和热压等工序压制而成的一种结构性刨花板。由于刨花基本保留了木材天然特性,具有良好的物理力学性能,它具有抗弯强度高、膨胀系数小、握钉力强、耗胶量低等特点。

定向刨花板胶黏剂主要采用酚醛树脂和异氰酸酯,也可以采用脲醛树脂胶黏剂,施胶量小于普通刨花板,一般为 6%~7%。

采用松木 30%和云杉 70%的混合树种制造定向结构刨花板,刨花形态为刨花长度 100mm、宽度 10mm、厚度 1mm,干刨花含水率为 6%;胶黏剂为异氰酸酯(MDI,CE 5043),用胶量分别为 3%、6%和 12%,防水剂施加 1%石蜡(相对于绝干刨花重量);板子密度为 0.50、0.60、0.70g/cm^3,厚度为 19mm(单层结构),板子幅面为 1000mm×500mm,刨花的定向系数统计值约为 78%;热压温度 200℃,时间 0.5min/mm,板面压力:2.5MPa(密度 0.5~0.6g/cm^3 时),4MPa(密度 0.7g/cm^3 时)(指热压期间的最大值)。在以上条件下进行了试验表明(图 10-4 和图 10-5)。

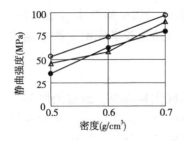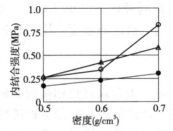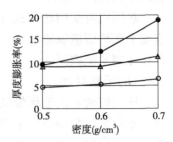

图 10-4 密度对定向刨花板性能的影响
●施胶量 3%　△施胶量 6%　○施胶量 12%

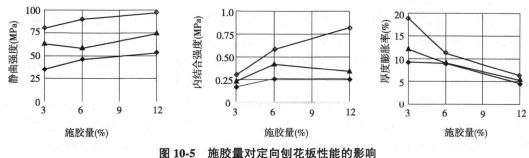

图 10-5　施胶量对定向刨花板性能的影响

◆密度 0.5g/cm³　▲密度 0.6g/cm³　◇密度 0.7g/cm³

随着密度增加，力学强度提高，吸水厚度膨胀率也增大，其静曲强度显著高于普通刨花板和纤维板；随着施胶量增加，内结合强度增加显著，而静曲强度增加不明显，但吸水厚度膨胀率显著降低。

10.1.3　定向铺装原理

1. 机械定向

刨花的机械定向方式是将一定几何形状的刨花，按其长度方向排列，构成刨花定向排列的板坯。定向铺装头是铺装机的关键部分。定向结构板的力学性能，尤其是板的长度和宽度方向强度的比值主要取决于定向铺装头。在机械定向方法中纵向常用的是圆盘式、链板式、栅格式和插片式，横向主要用滑板式、星形和圆筒式，有时也采用组合式定向铺装头。

（1）圆盘式定向头

圆盘式定向头是由一系列带圆盘的长轴组成，如图 10-6 所示。长轴上的圆盘之间的距离可调整，这样可使大小刨花进行分级，使大尺寸、大片刨花定向铺装在表面。在调整铺装头时，尽量使定向头的第一排圆盘接近铺装面，最末一排和第一排之间的倾角是非常重要的，原则上也应尽量靠近铺装面。相互平行排列的一系列转轴，安装在一个框架上，框架两端可通过升降机构调整做上下运动，以便铺装不同厚度板坯和定向铺装角。每根转轴上配置有一定数量的圆盘，按一定间距安装。各轴上的圆盘相互交错，形成一个圆盘筛网。每根转轴上的圆盘间距不同，从刨花落入的前端到铺装的后端，圆盘间距由小到大，逐渐变化。所有转轴向一个方向转动，但最后一个转轴反向转动。当刨花从分配辊落下时，随圆盘的转动而向前运动，因各转轴上圆盘间距疏密不同，小刨花在圆盘的梳理作用下，先落在铺装带上呈定向铺装；随着圆盘间距增大，后落下和定向铺装的刨花也逐渐增大。这种铺装机铺装的板坯，芯层为细小刨花，表层为大刨花。

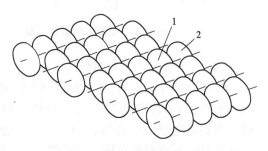

图 10-6　多圆盘定向铺装原理

1. 转动圆盘　2. 固定圆盘

(2) 插片式定向头

通过调整运动插片架摆动频率和往复距离、动插片在固定插上的距离，可调整大片刨花的定向效果，如图 10-7 所示。差动齿形插片定向装置主要由两组齿形插片组成，一组为定插片，一组为动插片。在电机和曲柄连杆机构的带动下，动插片来回摆动，扯动刨花并使其沿插片长度方向落下，铺成定向结构的板坯。

齿形插片来回移动频率为 150 次/min，移动距离由刨花长度和齿形插片之间距离确定，可通过调节曲柄长度来改变。一般当刨花长 50mm，插片间距为 30mm 时，插片移动距离为 40mm；如刨花长为 70mm，插片间距仍为 30mm 时，插片移动距离为 60mm。

链条式定向和插片式定向类似，如图 10-8 所示。不过链条不是往复摆动，而是向一个方向运动，缺点是链条中粉尘严重影响其正常运转。

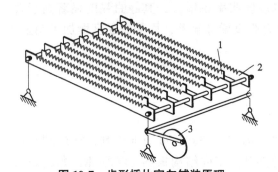

图 10-7　齿形插片定向铺装原理
1. 固定齿形插片　2. 移动齿形插片　3. 驱动装置

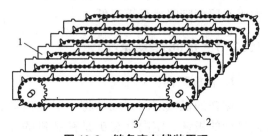

图 10-8　链条定向铺装原理
1. 固定板　2. 双排链轮　3. 链条

(3) 星形定向铺装头

星形(幅板式)定向和圆筒式定向铺装原理如图 10-9 和图 10-10 所示，在一个小直径圆筒上安装上十多条导板，当刨花掉在星形定向头中时，刨花自动在导板中躺下而定向，然后随星形定向头的转动使刨花掉落到铺装流水线上。

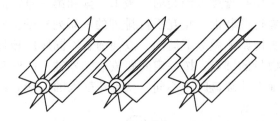

图 10-9　星形定向铺装原理

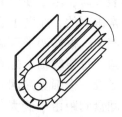

图 10-10　圆筒式定向铺装原理

(4) 曲面滑板式定向铺装头

拌胶刨花经计量后，均匀地送到曲面流料板的上端，流料板向板坯前进方向弯曲，进入流料板上端的细长刨花呈不规格排列，刨花向下滑动过程中经过流料板弯曲部位时，为获得稳定平衡必然转向，其长度方向与流料板曲面轴线平行，从而定向排列，并从流料板下端滑落在板坯运输带上，如图 10-11 所示。流料板下端与运输带的距离要适当，以满足板坯厚度要求和不影响原定向效果为宜。

(5) 栅格式定向铺装

栅格式定向铺装装置由针辊、循环运动的铺装栅和立柱升降机构等构成（图10-12）。来自供料机构的刨花由针辊均匀分散地落到栅格内，随着栅格的运动，呈横向排列在经前一个铺装头铺成的纵向排列的刨花层上。由升降机构使铺装栅升降，可实现铺装厚度和铺装角的调整。铺装栅的运行速度要稍低于板坯运输带的运行速度。

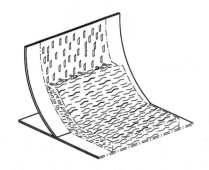

图 10-11 曲面滑板式定向铺装原理

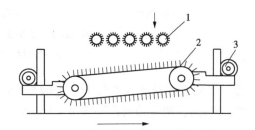

图 10-12 栅格式定向铺装原理
1. 针辊 2. 铺装栅格 3. 升降机构

2. 刨花静电定向铺装

刨花静电定向是利用高压静电场的极化定向特性，当刨花通过高压电场的正负极时，因极化而有规律的排列，从而达到定向铺装。影响刨花定向效果的因素有电场强度和电场频率。电场强度越大，定向效果就越好；一般电场频率(50~60Hz)均可用于刨花的定向，但木材的介电常数随电场频率的提高而降低，所以频率不宜太高；刨花的几何形状，薄长的较短厚的刨花易于定向，如长宽比超过25∶1，定向效果最佳；刨花的导电性能，刨花的极化性能随材料介电常数的提高而增加。

木材的含水率与导电性能成正比，与定向效果成正比。静电定向正负极板间的间隔一般为刨花长度的一倍。刨花质量、大小和形状、供料速度和数量、刨花在电场中的停留时间等，对定向过程均有很大的影响。

这类设备主要由料仓、主电极板、辅助电极、分压器和铺装运输带等组成，如图10-13所示。刨花由料仓进入电场，经电极作用极化而定向。为了提高刨花在电极间的定向程度，装有由分压器供电的辅助电极。经定向后的刨花，在铺装运输带上形成板坯带。电极电压在正常频率下为50~150kV。采用交流电时，刨花含水率为20%；采用直流电时，其含水率要降低10%。

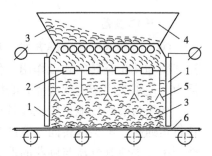

图 10-13 静电定向铺装原理
1. 主电极 2. 分压器 3. 刨花 4. 料仓
5. 辅助电极 6. 运输带

静电定向所使用的装置，目前有三种形式，如图10-14所示：①电极板置于板坯的上方；②电极板同时设置在板坯的上下方；③电极板置于板坯的下方。

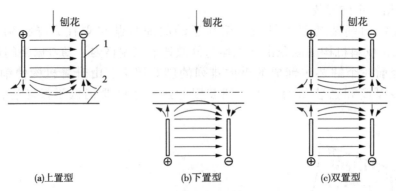

图 10-14 静电定向的 3 种形式
1. 电极板　2. 铺装带

静电定向装置技术参数如下：电极板间距 100mm、电极板间电压为 0~40kV、电极板高度 400mm、铺装箱升降高度 0~200mm、运输皮带速度 0~6m/min、可控硅自动控制高压硅整流器输出电压 0~60kV、可控硅自动控制高压硅整流器输出电流 25mA。

电场强度在 0~4kV·cm 之间，定向效果随着电场强度的增加而改善。电场强度为 4kV·cm 时，定向效果最好，平均定向角可达 17°左右；木质刨花含水率为 10%~15% 时，定向效果最好。如果刨花含水率过高，反而影响定向效果。施胶刨花只要总的含水率保持在 10%~15% 范围内，对静电定向效果没有明显的影响；当刨花呈自由落体状进入静电场后，即开始产生极化和转向的动作。研究发现刨花在静电场中呈"Z"字形的轨迹进行移动和下落，同时考虑到刨花实现完全定向需要持续一定的时间，因此保持一定的极板高度。通常控制在 45cm 以内，当然应尽可能地缩短极板下端至板坯表面的距离，因为此距离严重影响刨花的定向效果。

10.1.4 定向结构刨花板专用设备

1. 干燥设备

OSB 生产的刨花干燥方式，最好选择单通道转筒式干燥机，借助于转筒较低的气流速度和转筒旋转的联合作用，使长大刨花形成螺旋式轨迹向前运动。低速气流产生浮力，使刨花间产生软碰撞和摩擦，能确保长大刨花不易破碎。

如果为节约场地采用三套筒干燥机，应增大套筒间转向处的空间尺寸，使长大刨花行走通畅，不会因转向气流产生的强大涡流使刨花剧烈碰撞而破碎；三套筒的设计选型中，要使其气流与刨花的混合比浓度低于普通刨花板的干燥机，减少刨花间摩擦与碰撞。

单通道干燥机是定向刨花板生产的关键设备，一般多采用高温（250~300℃）干燥介质，单通道干燥机主体主要由前端、进料口、密封、转筒组件、后端、齿轮传动部分、托轮组件、挡轮组件等组成（参见第 4 章）。在转筒前段均布螺旋状的抄板，用以使湿刨花能在转筒内均匀分布，且随着转筒的旋转前进。转筒内其他部分的整个长向均匀分布有直抄板，转筒转动时抄板将刨花抄起又洒下，使刨花与热空气的接触表面

表 10-2　单滚筒干燥机技术参数

型号	直径(m)	长度(m)	产量(kg/h) 总重	产量(kg/h) 绝干	含水率(%) 入口	含水率(%) 出口	温度(℃) 入口	温度(℃) 出口
Masisa/Brasil TT6.0×32OSB(2×)	6.0	32	30 000	20 000	150	2.0	460	120
Norbord/Belgium TT6.0×32OSB	6.0	32	30 000	22 000	140	3.0	480	120
Kronospan/Czech Rep. TT6.0×35OSB	6.6	35	37 400	31 700	120	2.0	520	130
Bolderaja/Lettland TT7.0×35OSB	7.0	35	37 400	31 700	100	2.0	500	120

面积增加以提高干燥速率,并促进刨花前进。国外大产量的定向刨花板滚筒干燥机性能参数见表 10-2。

2. 长大刨花的贮存和运输

OSB 的生产过程中,由于换刀和维修等要求,刨花在中间过程中,需经贮存。OSB 生产的长大刨花贮存必须保证较小比例的刨花破损率。人造板的贮存料仓,按结构形状分为立式料仓和卧式料仓。立式料仓高度高,下面的刨花被压得太重,容易破损,不适宜于 OSB 生产应用。OSB 生产线宜选用高度不高的卧式料仓。卧式料仓的排料形式宜采用活底的皮带输送式排料,不能采用推拉油缸拨料器排料。运输方式不能采用螺旋运输机,干刨花还不能采用气力输送方式输送刨花。

3. 施胶设备

OSB 的长大刨花比表面积小,大约为普通刨花板刨花的 1/10,刨花形状大而薄,流动性能差。OSB 施胶方式宜采用中空滚筒式拌胶机,滚筒的速度要小于刨花的临界速度。采用无气雾化方式喷胶最好,筒内无多余气流。若采用压缩空气雾化时,要注意拌胶机的密封,吸气装置要加在拌胶机出口,避免雾化胶被空气带走。

拌胶系统主要由供胶系统、气流配流系统、滚筒驱动装置、机械密封装置、针辊驱动装置等几大部分组成。掉入滚筒下部的刨花在滚筒内壁随提升板一起转动,提升到一定高度后,刨花掉下,形成稳定的"刨花帘",经雾化后的胶液直接喷射在刨花表面,星形辊可以使刨花分散。喷嘴位置和星形辊的高度位置可调,如图 10-15 所示。

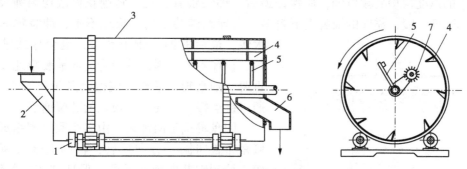

图 10-15　滚筒式拌胶机结构原理
1. 主动轮　2. 进料口　3. 滚筒　4. 提料板　5. 喷胶管　6. 出料口　7. 抛散辊

4. 定向铺装机

通常采用盘式定向装置对与设备方向相同的表层刨花进行纵向定向，即通过旋转盘把物料送到铺装皮带，而采用袖珍辊对刨花进行横向定向。根据不同生产线的生产能力，可安装两个纵向的定向装置，一个或两个横向的定向装置。还可利用铺装机将细小刨花进行板的芯层铺装，以此在不减少板的强度条件下，提高原材料的利用率。

OSB 生产的定向铺装形式，纵向定向铺装一般有静电定向、错齿板定向、圆片盘定向方式。静电定向要求高且投资昂贵，错齿板定向易碎刨花。通常采用的圆片盘定向具有结构简单，刨花破损少等特点[图 10-16(a)]。横向定向一般有静电定向、旋转叶片(幅板式)定向和履带板式定向方式，通常采用旋转叶片定向[图 10-16(b)]。每一层的定向铺装头要控制其刨花下落高度，不要使定向后的刨花在下落过程中产生漂移，一是改变了板坯横向密度均匀性，二是改变了定向率。

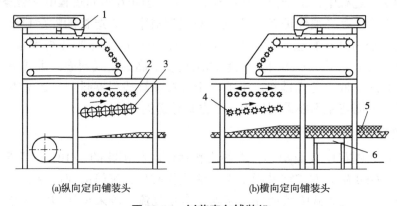

(a)纵向定向铺装头　　(b)横向定向铺装头

图 10-16　刨花定向铺装机

1. 摆动式横向布料机　2. 铺装头　3. 圆盘纵向定向装置
4. 旋转叶片横向定向装置　5. 板坯　6. 电子称重台

(1) 圆盘辊式定向机械分级铺装

圆盘辊式铺装头一般由多个圆盘铺装辊组成，铺装辊对称布置并向两个方向旋转，铺装辊的速度快慢变频可调，应保证最后一铺装辊有刨花并将刨花松散均匀铺装。铺装辊的速度太慢，靠前的铺装辊下料多，会导致铺装不匀、板坯不平；铺装辊的速度太快，最后的铺装辊下料多，也会导致铺装不匀、板坯不平，因此选择合适的铺装辊速度非常重要。圆盘辊由芯轴、定位套及齿形圆盘组成，通过键连接。主要用于板坯的芯层铺装。

圆盘辊式定向铺装头由多个圆盘辊组成，小倾角布置向同一方向旋转，辊的上部安装计量辊，控制刨花向前运动量，保证刨花均匀铺装，如图 10-17 所示。圆盘辊由芯轴、定位套及齿形

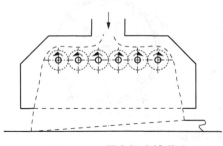

图 10-17　圆盘辊式铺装头

圆盘组成,通过键连接,保证圆盘齿处在同一直线位置。定向齿形圆盘直径450mm左右,相邻两辊齿形圆盘重叠并交错布置。圆盘辊的转速快慢变频可调,应保证最后一铺装辊(圆盘辊)有刨花并将刨花松散均匀铺装。圆盘辊式定向铺装头主要用于定向刨花板的刨花纵向铺装。

(2)辐板辊式定向机械分级铺装

辐板辊式铺装头由多个辐板辊组成,小倾角布置向同一方向旋转,辐板辊的上部安装计量辊,控制刨花向前运动量,使刨花横向进入辐板形成的沟槽中,保证刨花均匀铺装,如图10-18所示。辐板辊下侧可安装挡料板,保证刨花横向铺装状态不变。主要用于定向刨花板的刨花横向铺装。

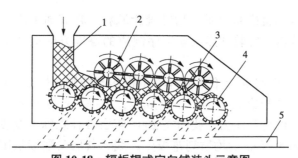

图10-18 辐板辊式定向铺装头示意图
1. 刨花 2. 计量辊 3. 挡料板 4. 铺装辊 5. 板坯

机械铺装头结构简单,制造成本低,使用、调整、维修方便,一般均为多个铺装头组合使用,板坯铺装质量一般,特别是铺装时分选出来的特大尺寸刨花、胶团及石块等杂物不能剔除,影响刨花板质量甚至会损坏设备。

抛射式机械铺装机利用机械装置将"刨花流"松散,并改变其运动轨迹,按一定规律铺装在板坯运输机或垫板上。其主要用于铺装渐变结构的板坯,少数用于铺装3层结构的刨花板板坯。

5. 热压机

根据我国目前的原料供应现状和运输状态,我国的OSB生产线生产能力应该在年产3万~8万 m³,以年产5万 m³的产能最佳。辛伯康普的压机是多层压机,重型框架结构,热压板的厚度为160mm,液压操作,最高加热温度为240℃。

压机的程序由微处理器控制,板的厚度由电子厚度控制装置调节。在调节不同厚度过程中,压机无需停机。板的尺寸*有80′×16′、8′×24′和9′×24′。现在又有12′×24′,日生产能力可达到1200m³,这一尺寸在北美较为普遍。如果采用16层压机,板的尺寸可为8′×24′;如果采用12层压机,板的尺寸可为12′×24′,日生产能力为1600m³。除了多层压机以外,辛伯康普公司还提供两种专用的蒸汽注入式压机,用于生产厚的非定向的工程材以及芯层为非定向的刨花板、两表面为纤维板的三层板(Triboard)。辛伯康普公司称其连续压机完全可以用于定向刨花板的生产,其压机长度可达

---

* 以英尺计,1英尺(′)= 12英寸(″),英尺单位为foot(ft),英寸单位为inches(in)。

到48m，完全可以满足大规模定向刨花板的生产。

为了克服使用连续压机的一些潜在问题，辛伯康普公司现在采用3mm厚的钢带以防止因板坯铺装不均匀或胶团引起的损坏。但更为重要的是辛伯康普公司开发了对板坯连续有效的预加热系统，使加热系数达到7.5m/s（使用酚醛胶），这样连续压机在生产能力以及经济效益上与多层压机相比更具有竞争力。

10.2 均质刨花板

10.2.1 概述

均质刨花板是以木材或非木质植物纤维为原料，将其加工成一定尺寸和形状的刨花，再通过干燥、施胶、铺装和热压等工序制成的厚度方向上结构均匀、表面细致的一种刨花板。

均质刨花板是20世纪90年代初最早在欧洲出现的刨花板新板种，是在普通刨花板基础上发展起来的刨花板家族中的一个新成员，目前，已在丹麦、芬兰和瑞典等几个欧洲国家形成了一定的生产能力。我国在2001年由吉林森林工业股份有限公司投资建成了国内第一条年产5万m^3的均质刨花板生产线，其后又陆续从国外引进了三条大型均质刨花板生产线，同时也有部分刨花板企业在原有生产线的基础上经过技术改造生产出了均质刨花板产品。另外，随着农作物秸秆人造板制造技术日益成熟，利用农作物秸秆制造均质刨花板也已成为人造板工业一个新的热点。

均质刨花板的力学性能优于普通刨花板，接近于中密度纤维板。它可以用于高档家具、强化木地板的制作等。均质刨花板可以进行各种型面加工，也可进行封边处理，这使得它的用途非常广泛。生产均质刨花板比生产中密度纤维板的原料来源广，而且原料消耗、能源消耗、生产成本均低于中密度纤维板，这使得均质刨花板颇具生命力和广阔的市场发展前景。

10.2.2 均质刨花板与普通刨花板的比较

1. 产品结构

普通刨花板一般以渐变结构为主，芯层刨花比较粗大，结构比较疏松，表层与芯层的密度差异较大，板材的整体结构不均匀，内结合强度较低，握钉力较差，型面加工质量差，这些都限制了普通刨花板的应用范围及产品档次。均质刨花板较好地克服了普通刨花板的这些弱点，通过对刨花制备工艺和铺装工艺的改进，降低了芯层刨花的厚度，减小了表层与芯层的密度差异，使表芯层的分层不明显，板面和板边质地更加细密，整个板材结构比较均匀，板材的再加工性能优越。

2. 生产工艺特点

均质刨花板的生产过程基本上与普通刨花板相同，但工艺有所区别。二者的主要区别在以下两方面：

①刨花制备工艺　均质刨花板对刨花形态和均匀性的要求高于普通刨花板。因此，

要选用合理的设备和技术参数,减小刨花厚度,使刨花细化和均匀化。

②铺装工艺 为保证均质刨花板厚度方向上的结构均匀性,板坯铺装时不分级不分层,应选用新型铺装机,如排辊式铺装机。调整相应的工艺参数,使刨花在铺装过程中不分层,保证板材厚度方向上结构的均匀一致。

3. 物理力学性能

均质刨花板密度稍高、结构密实,板的力学性能尤其是表面和侧面再加工性能以及握螺钉力指标均明显优于普通刨花板(表10-3)。

表10-3 均质刨花板与普通刨花板及中密度纤维板的性能对比

性能指标	普通刨花板 (A类一等品)	木质均质 刨花板	麦秸均质 刨花板	中密度纤维板 (特级)
密度(kg/cm^3)	0.50~0.85	0.65~0.85	0.70~0.80	0.70~0.80
静曲强度(MPa)	≥15.0	≥20	≥20	19.6~29.4
内结合强度(MPa)	≥0.35	0.6~0.8	≥0.6	0.49~0.62
垂直板面握螺钉力(N)	≥1100	≥1300	≥1300	1250~1450
吸水厚度膨胀率(%)	≤8	≤5	2~5	≤12

均质刨花板的力学性能基本接近中密度纤维板,其弯曲强度、内结合强度及握螺钉力较普通刨花板均有所提高,吸水厚度膨胀率则有所降低,使得用均质刨花板制作的家具较之用普通刨花板制作的家具更加坚固牢靠,经久耐用。用均质刨花板作为基材生产的强化复合地板,其性能可以和中密度纤维板为基材的产品相媲美。

4. 加工性能

与普通刨花板相比,均质刨花板的剖面密度分布更均匀,边部密实,结构细腻,因而板材的型面加工性能得到了较大提高。它可以像中密度纤维板一样,不仅可以进行各种贴面与封边处理,而且可以对其板面和板边进行各种型面加工,使家具造型更加富于变化,板材装饰效果更加多彩多姿。

10.2.3 均质刨花板的生产工艺

1. 均质刨花板生产工艺流程

均质刨花板的生产可以通过改进现有的普通刨花板生产工艺来实现。其生产工艺流程如图10-19所示。

2. 均质刨花板生产工艺要求

①原料 生产均质刨花板的原料来源广泛,除以原木、小径材、枝丫材及胶合板车间的加工剩余物等作为原料外,也可用非木材植物(如麦秸、稻草、棉秆、蔗渣等作为均质刨花板的生产原料。近年来,各种非木质原料在刨花板生产中的成功应用证明,非木质原料用于生产均质刨花板时,其性能与木质均质刨花板相当,甚至有些指标还优于木质均质刨花板。

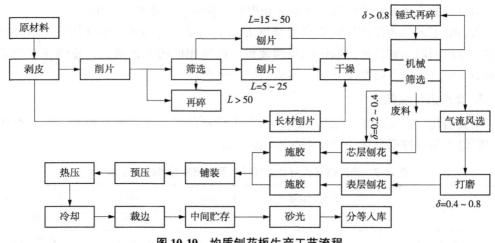

图 10-19 均质刨花板生产工艺流程

②刨花制备　生产均质刨花板对木片和刨花的要求比普通刨花板高，要求生产出来的刨花要均匀，所以对备料工段要求很高。一般可以采用削片-刨片工艺、长材刨片机刨片-再碎工艺或两种方案的组合工艺来制备刨花。具体备料工艺路线如图 10-19 所示，其中 L 为刨花长度(mm)，δ 为刨花厚度(mm)。

对木片的要求与普通刨花板相同，可配备规格 BX2113 以上的大型鼓式削片机。但均质刨花板对刨花尺寸的均匀性要求较高，因此，为了确保进入环式刨片机的木片规格均匀，必须对木片进行筛分分级且采用高性能的木片筛。普通刨花板生产要求刨花的平均厚度为 0.6~0.8mm，而均质刨花板则要求刨花的平均厚度为 0.3~0.4mm。需要对环式刨片机进行相应调整，即需调节伸刀量、径向间隙、刀门间隙等技术参数。此外，为了保证刨花厚度的均匀性，对刨花的筛分设备也提出了较高的要求，目前国内现有的均质刨花板生产线多采用国外进口的分级筛。

生产木质均质刨花板也可以使用长材刨片机生产的"长材刨花"，长材刨花厚度小且均匀，属于优质刨花。但长度和宽度比较大，须经锤式再碎机进一步加工后才能作为均质刨花板的原料。

③刨花干燥　生产均质刨花板对刨花干燥要求与生产普通刨花板基本相同。现有的转子式刨花干燥机可以满足工艺要求。但干燥后刨花的含水率要求控制在 1.0%~1.5%，减少热压时的排汽困难。选择干燥机应从产能和节能两个方面考虑，生产干刨花的能力应满足生产线对干燥刨花的需求量。

④刨花分选　刨花筛选机应有三层筛网，可依据尺寸将刨花分成四种类型。生产均质刨花板时建议采用以下网孔直径的筛网——上网 4.0mm，中网 1.2mm，下网 0.3mm。大于上网孔径的刨花经打磨后返回筛选机重新筛分；通过上网而未通过中网的刨花送入气流分选机，经过二次分选，将厚度不合格的刨花送入打磨机再碎，合格刨花进入芯层刨花料仓；通过中网而未通过下网的刨花送入表层刨花料仓；通过下网的木粉排出生产线，送入能源工厂燃烧。除了传统的网筛之外，还可以选用目前较为先进的排辊式分级筛。

⑤刨花施胶　施胶设备与普通刨花板生产相同,可在环式拌胶机中进行,但由于刨花形态变小,比表面积加大,因此需要适当调整施胶量。生产普通木质刨花板时通常脲醛树脂胶的施胶量为表层刨花11%、芯层刨花8.5%,而均质刨花板的施胶量表层刨花应增加到12%、芯层刨花增加到10%左右。施胶量准确数值应视生产实际而定。对于秸秆原料,若采用异氰酸酯胶,其施胶量表层为6%左右、芯层为4.5%~5%。

⑥板坯铺装　生产均质刨花板要求板坯的芯层不出现渐变结构或分层结构,因此板坯铺装机的结构应相应有所变化,单纯的气流铺装机不能达到均质刨花板的结构要求,需要更换新型的铺装机,如分级式机械铺装机就具有良好的铺装效果。此外,刨花细化后,均质刨花板的密度比普通刨花板有所增加,因此对表、芯层刨花的需要量发生了变化,铺装料仓的下料量和铺装料仓计量带的工作速度应相应调整。

⑦热压　压制木质均质刨花板可以采用与普通刨花板相同的热压温度,但热压时间要相对延长,因为均质板的密度相对较高,板坯内空隙少,热压时蒸汽排出相对困难,为防止出现鼓泡、分层和爆板等现象,热压时间应适当延长。而采用装备柔性热压板的新一代单层压机或连续式平压机则能有效缩短热压周期,有利于提高生产能力。

采用异氰酸酯胶制造的秸秆均质板,其热压温度为150~170℃,最高压力为2.5~3.0MPa,热压时间为0.5~0.8min/mm。热压时,必须注意脱模问题。

⑧后期处理　热压后的板材经过冷却、裁边和砂光,经检验合格后包装入库。

10.3　华夫结构刨花板

10.3.1　概述

华夫板又称大片刨花板,它是由长度和宽度基本接近的方形大片刨花经干燥、拌胶、铺装和热压而制成的一种结构板材(图10-20)。1961年9月美国Wizewood有限公司采用俄勒冈州立大学克拉柯博士(James D. A. Clarke)的专利技术,建成了世界上第一家华夫板厂,并于当年试车投产。华夫板按其结构可分成三类:标准华夫板(WB)、表层定向华夫板(WBP)和定向华夫板(OWB),它们的特点见表10-4。但由于制造华夫板需要方形的大片刨花,对原料要求较高,且有些速生树种制得的大片刨花在干燥时容易发生卷曲,造成施胶不匀,影响产品质量,因此自20世纪80年代后该产品逐渐被定向刨花板(OSB)所替代。

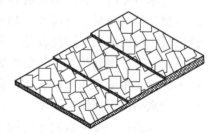

图10-20　标准华夫板示意图

表10-4　华夫板的种类与特点

种　类	特　点
标准华夫板(WB)	单层或三层结构,均用方形大片刨花制造。单层结构用尺寸均匀的大片刨花随意铺装。三层结构其表层用尺寸较大的大片刨花,芯层用尺寸较小的大片刨花,均采用随意铺装

(续)

种类	特 点
表层定向华夫板（WBP）	三层结构：芯层用方形大片刨花，随意铺装；表层用窄长大刨花，沿板长方向定向铺装
定向华夫板（OWB）	三层结构：表芯层均采用窄长大刨花，表层大刨花沿板长定向铺装，芯层沿板宽方向定向铺装

10.3.2 生产工艺

1. 工艺流程

以标准华夫板为例，其生产工艺流程如图 10-21 所示。

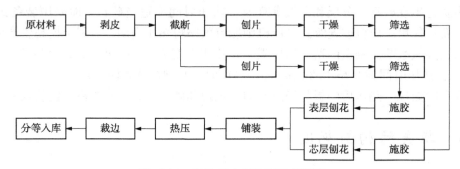

图 10-21 标准华夫板生产工艺流程

2. 工艺要求

（1）原材料要求

①木材原料　制造华夫板的木材原料一般采用小径级速生树种木材或者人工林的间伐材，如马尾松、落叶松、樟子松、杉木、桦木、桉木以及杨木等。这些树种生长速度快，密度偏低，强度较差，一般不适合直接作为结构材使用，却是生产华夫板的好原料。为了得到符合工艺要求的大片刨花，木材原料的径级应在 50mm 以上。冰冻材或木材含水率低于 60% 时，生产前须置于 40~60℃ 温水池中浸泡，进行融冰处理或提高其含水率以保证刨片质量。

②胶黏剂　华夫板属于结构工程类木质复合材料，需要选用耐水性和耐久（候）性好的胶黏剂，如酚醛树脂和异氰酸酯树脂胶黏剂。生产中一般采用酚醛树脂胶黏剂，有粉状和液态两种。国外华夫板生产中粉状和液态两种酚醛树脂均有采用，以粉状胶居多。国内企业则多采用液态酚醛树脂。

③添加剂　为提高华夫板的防水性能，生产中需要加入一定量的防水剂。石蜡是木质复合材料生产中最常用的防水剂，使用时将石蜡乳化制成石蜡乳液，在施胶的同时喷施于大片刨花的表面。石蜡的添加量约为绝干刨花质量的 0.5%~1.5%。需要时，还可在刨花中加入阻燃剂、防霉剂和防腐剂，以提高华夫板的防火、防霉和耐

腐性能。

(2)工艺控制要求

生产华夫板关键的工序是大片刨花的制备，工业化生产中通常采用刨片机直接将小径级原木加工成长和宽约 40~70mm、厚 0.3~0.5mm 的方形宽平刨花。刨片机分为鼓式和盘式两种类型，盘式刨片机制得的刨片厚度均匀、规格整齐，质量好。为保证华夫板的质量，原木在刨片之前需先剥皮。大片刨花制备以后的工序主要包括干燥、筛选、施胶、板坯铺装、热压、裁边、锯割等。

刨片机制得的大片刨花经滚筒式干燥机进行干燥，表层刨花干燥至终含水率为 3%~5%，芯层刨花干燥至终含水率为 2%~3%。干燥后的表芯层大片刨花经筛选机去除细小的碎料后分别进行拌胶，根据需要，表、芯层刨花可以施加同一种胶黏剂，也可以采用不同的胶黏剂（如芯层用异氰酸酯胶，表层用酚醛树脂胶）。酚醛树脂施胶量为 3%~5%，异氰酸酯施胶量为 2%~3%。铺装好的板坯被送入热压机中进行热压，热压温度为 180~210℃，热压时间每毫米板厚约 24s。热压后的毛边板用裁边锯进行齐边，然后锯割成一定规格。成品板规格一般为 1220mm×2440mm 或者 2440mm×4880mm。通常情况下华夫板不需要砂光，对于后期需要贴面的华夫板则必须进行砂光处理。

10.3.3 产品特点和性能

华夫板具有质量轻、强度高的特点，与定向刨花板相类似。华夫板的主要物理力学性能见表 10-5。

表 10-5　华夫板的主要物理力学性能

参数		单位	标准华夫板（WB）	表层定向华夫板（WBP）	定向华夫板（OWB）
厚度		mm	10	10	11
密度		kg/m³	650	650	650
静曲强度	纵向	MPa	24	50	54
	横向	MPa	24	18	18
弹性模量	纵向	MPa	3600	6000	8000
	横向	MPa	3600	1500	2000
内结合强度		MPa	0.5	0.5	0.5
线膨胀率	纵向	%	0.15	0.10	0.08
	横向	%	0.15	0.15	0.12

注：摘自《木材工业实用大全·刨花板卷》，中国林业出版社，1998。

10.3.4 用途

华夫板具有较好的物理力学性能，可以替代结构胶合板使用。在建筑上主要用作屋面板、墙板和地板衬板，表面覆膜后可作为建筑模板等。

10.4 模压刨花板

10.4.1 概述

模压成型是把刨花或木粉等施胶后，经铺装成型、模压制成各种形状的部件或制品。通常采用的模压技术是压机和模具相互独立的方法，可进行一次表面装饰，工艺上比较灵活，适应性强，同时原料利用率高，产品专用性好等。模压制品种类繁多，不同制品使用性能各异，因而模压工艺也不完全相同。其不同于普通的刨花板产品，主要的特点是可以利用模具制造出各种形状的异形产品，同时还可在模压过程中同时进行表面装饰。产品品种多样，已广泛应用于人们的日常生活中，如图10-22所示。

1. 模压制品的种类

模压刨花制品品种繁多，目前市场上出现的刨花模压产品已达近千种，它们在原料、胶黏剂、添加剂、生产工艺、表面装饰等方面都不尽相同。关于刨花模压制品，目前国内外还没有统一的分类方法。最常见的是按产品用途进行分类。

图 10-22 模压刨花板托盘

一般按照产品的用途，可把刨花模压制品分成日常生活用品、工业运输及配件用品和房屋建筑用品等三大类。

①日常生活用品类模压刨花制品　主要有方台面、圆台面、凳椅座、背、橱柜门扇，抽屉，厨房用具，露天桌椅，卫生间用具，各种餐盘和软垫家具的骨架部分等。

②工业用品及工业配件类　包括工业运输用品及工业配件。

包装类模压刨花制品：主要有托盘、包装箱和底盘等。

工业配件模压刨花制品：如音响、电视机壳、汽车和机车内衬、装潢部件、方向盘、鞋楦和浮雕工艺品等。

③建筑用品类　主要有异型构件、覆盖板、天花板、裙板、踢脚线、窗帘盒、散热罩、挂镜线、阳台板、楼梯扶手、门和门框、窗台、墙板等。

2. 模压刨花板制品的特点

模压刨花制品是刨花板的一个特殊品种，它具有如下特点：

①可以根据产品的使用要求来设计其外形和截面，并用专门设计制造的模具一次压制成具有各种花纹图案和表面装饰效果的产品。

②模压刨花制品的正面和背面常有不同的外形轮廓，各边的外形也往往不相同。

③模压刨花制品的用胶量比普通刨花板高，施胶量一般为 10%～20%。

④模压刨花制品采用的刨花规格应根据产品类别及产品性能要求选择合适的刨花形态。一般日用品的刨花为能通过 8 目、留于 32 目筛网上的刨花。

⑤模压制品无须关于厚度方向的结构对称，这主要是由于板材的异形牵制了产品

的变形和翘曲。

⑥由于铺装和加压等工艺问题将会造成板材立面或斜面的密度和强度相对较低。

10.4.2 模压刨花制品的制造工艺

1. 工艺流程

在模压刨花制品的生产中，刨花制备、干燥和分选等工序基本与普通刨花板生产相同。自刨花拌胶工序开始，与普通刨花板的生产便有较大区别。如图10-23所示为模压制品生产的基本工艺流程。

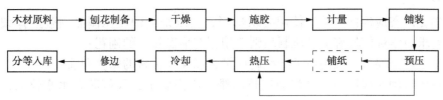

图10-23 模压刨花板基本工艺流程

2. 工艺要求

刨花模压制品所用原料，以中等密度（$0.3 \sim 0.5 \text{g/cm}^3$）的针叶材和阔叶材为佳。含树脂多的树种不易脱模；不饰面的制品，以浅色木材为好；考虑到胶黏剂的固化，树种应与胶黏剂的固化特性相适应。

不同制品对刨花形态要求不同，如建筑和家具类制品要求刨花长度5~25mm，托盘为30~150mm，其他一般采用刨片及棒状刨花，规格为6~40目、厚度0.3~0.5mm为佳，木屑含量小于4%。形状复杂或壁薄的制品应采用细刨花（60~100目）。从产品力学性能考虑，颗粒状最差。刨花含水率一般在2%~4%。

模压制品常用热固性树脂胶黏剂，一般室内制品使用脲醛树脂，潮湿环境使用三聚氰胺-尿素共缩合树脂，室外多用酚醛树脂。施胶量可在4%~20%，通常在10%~15%，增大施胶量可提高强度、表面硬度，降低制品的吸水厚度膨胀率。对于形状复杂、边缘密实、表面硬度光滑的制品，可采用较大施胶量。胶黏剂要有一定的初黏性，以保证预压成型后的板坯有一定的支撑强度，防止运输过程中被损坏。

铺模是保证刨花模压制品质量的重要环节，铺装质量直接影响到制品的质量，这是因为模压制品断面形状是不规整的，所以铺模时应注意：①刨花不应有结团现象，力求均匀；②根据制品的要求，有的要求局部密度高，铺装要相应满足要求；③直接铺装热压模时，在保证铺装质量的前提下，铺装速度要快，以防止部分胶黏剂的预固化。

铺装后预压，可使毛坯具有一定的强度、易脱模、易运输以及热压装模等。一次饰面制品大多先预压成毛坯后再热压。有些形状较复杂的制品，则分解成几个部件分别预压，然后在热压模中组坯构成一体。对于局部有加强和高密度要求的制品，利用预压可简化工艺。预压压力一般为3.0~5.0MPa，随制品密度、施胶量、树种和刨花形态而异。预压时也可进行预热，这样可以缩短热压周期，但不能引起胶黏剂的固化。

热压是制品成型和保证应有性能的重要环节。热压工艺随产品而异，不饰面制品为一段操作，一次饰面制品需要两段操作，即闭合、保压、卸压、排气铺纸，再次闭合、保压、卸压。一般热压压力为3.0~6.0MPa，热压温度为160~190℃，热压时间与制品厚度、胶黏剂种类、固化剂种类、含水率等因素有关，一般为12~16s/mm。正确掌握闭合时间很重要。热压后的制品，一般要经过砂磨飞边、热定型、色泽控制、成品抛光等后处理。

3. 工艺特点

模压刨花板与常规刨花板生产的工艺技术路线基本相同，但具体实施起来却存在很多差异。

①刨花形态应根据产品的使用要求选择，要求饰面的模压制品一般选择细小的刨花、而要求力学性能较好的模压制品则选用刨花形态较大的刨花；

②铺装前需要对施胶刨花进行准确计量，以保证板材的密度和强度；

③热压时刨花板坯一般排汽会比较困难，因而要求施胶刨花含水率较低，一般不要超过9%；

④同一条生产线需要生产不同厚度、形状及品种的刨花，因此要求生产线具有一定的灵活度，以适用不同生产的需要，尤其是备料段对刨花形态的适用性。

10.4.3　模压设备

模压生产线的前端工序，包括刨花制造、干燥、分选和贮存均与普通刨花板相同，可以根据工艺要求和生产规模选用刨花板生产的通用设备。从拌胶后起，模压制品生产所用的设备均为专业设备。模压生产的专业设备主要包括周期式拌胶机、模具和铺模装置、预压机、热压机等。这些设备共同的特点是间歇式生产。

由于铺模、预压和热压都是间歇式生产，故模压生产线多选用周期式拌胶机。拌胶机的选择应根据刨花形态尺寸及刨花施加要求进行选择，应尽量保证施胶均匀和刨花形态的完整。

刨花板模压的模具和压机是相对独立的，一般一种压机可以满足很多种模具的生产需要，一般一种产品的造型就会有一套专门的模具，且模具的设计制造应符合产品的成型工艺需要和模具的制造特点。一般模具分预压模和热压模。模具应便于原料和饰面材料的铺装、压制，热压时能顺利排除加热产生的蒸汽，并便于产品的脱模；同时模具形状必须保证产品形状，保证各部分密度均匀，以免产生变形。一般预压模采用优质钢，热压模采用高强抗酸的不锈钢。模具设计时必须认真考虑刨花的比容率(指松散的拌胶刨花与模压制成品的体积比)、刨花的流动性、预压回弹率、热压收缩率以及坯料的含水率和挥发物的含量等问题。

一般预压模具多为上压式垂直加压模具。预压后毛坯的形状接近于成品，一般用冷压方法；要求有足够的铺装空间，便于人工或机械进行一次或多次铺装，采用不溢料结构。为了适应刨花比容率大、流动性差的特点和保证毛坯密度均匀，一般都设置弹性活动件，在压制过程中可逐步补偿毛坯厚度方向不相等的压制成型，保持毛坯上表面为水平铺装面。

一般热压模具多采用溢料结构，有凹模（阴模）、凸模（阳模）、导向、加热、排气、留料脱模等装置。模具表面光洁，有一定的脱模斜度和导向装置。

本章小结

特殊刨花板的主要品种有均质刨花板、定向结构刨花板、华夫板及模压制品等，其中定向结构刨花板和华夫刨花板为结构型（承载型）刨花板。定向结构刨花板是采用长条形刨花进行定向铺装后压制而成，因而其具有纵横强度可调、强度较高等特征，而华夫板是采用长度和宽度都较大的刨花压制而成，其替代结构用胶合板使用。但华夫板已逐渐被定向刨花板所取代。结构型刨花板如果采用异氰酸酯或酚醛树脂等耐水性较好的胶黏剂，才可广泛应用于房屋建筑的墙板、地板等；均质刨花板是在普通刨花板工艺技术基础上发展起来的新型刨花板，是采用细小刨花压制而成，其具有结构均匀密实，表面质量良好等特征，可用作家具及地板用材。

定向刨花板的刨花制造对原料要求较高，且需使用包括刨花制造、施胶、干燥及铺装等专用设备，以保证刨花形态符合生产工艺要求。常用设备包括：环式长材和短材刨片机以及专门生产芯层的普通刨花板的对应设备，滚筒喷胶机、滚筒干燥机、定向铺装机等。均质刨花板的设备和工艺与普通刨花板相近，只需要对其相关设备进行相应的调整即可。

思考题

1. 结构型刨花板对原材料有什么要求？其刨花形态特征是什么？
2. 什么是定向结构刨花板、华夫刨花板和均质刨花板？
3. 定向刨花板的结构有哪些集中形式？各有什么特点？
4. 刨花定向的方法有哪些？各有什么特点？
5. 简述圆盘定向的原理。
6. 简要分析定向结构刨花板、均质刨花板及华夫刨花板的生产工艺特点。
7. 定向刨花板的生产专用设备有哪些？
8. 简述均质刨花板的结构特征和产品性能特点。
9. 简要分析特殊刨花板的发展前景。

第 11 章
无机胶凝刨花板（选讲）

[**本章提要**]　无机胶凝刨花板是以木材（或非木材植物）为原料制成刨花（碎料），以无机胶凝材料为黏合剂，经加压定形的刨花板产品。无机胶凝刨花板具有原料来源广泛、生产工艺简单等特点，具有许多诸如不燃、抗冻、耐腐和无游离甲醛释放等优点。本章阐述了无机胶凝材料的种类及性能，分析了水泥刨花板和石膏刨花板的胶结机理，并说明了其生产工艺及产品性能特点，介绍了矿渣刨花板、粉煤灰刨花板和菱苦土刨花板的基本特性。

无机胶凝材料按照硬化条件可分为水硬性和非水硬性两种。水硬性胶凝材料指在拌水后既能在空气中又能在水中硬化的材料，如水泥。非水硬性胶凝材料不能在水中硬化，只能在空气中硬化，故称为气硬性胶凝材料，如石灰、石膏等。

无机胶凝刨花板是以无机材料为胶黏剂，采用较简单的生产工艺而制造的产品。目前，水泥刨花板和石膏刨花板已在许多国家付诸于工业化生产。

无机胶凝刨花板具有不燃、抗冻、耐腐和无游离甲醛散发等优点。与传统的木质人造板生产工艺相比，无机胶凝人造板有下列特点：

①无机胶凝剂原料来源广泛　水泥、石膏、矿渣和粉煤灰等无机胶凝材料在我国资源丰富，产区分布也广泛，且价格便宜。

②生产工艺过程相对简单　无机胶凝刨花板生产过程与木质刨花板相似，除矿渣刨花板外，一般不需要干燥工序。而冷压法可省掉庞大的加热系统，但需配备养护系统。

③对木材原料有专门要求　因为无机胶凝剂浆料多为碱性，碱能使半纤维素发生水解而形成糖，对无机胶凝材料的凝固硬化产生阻凝作用，因此，要选用影响阻凝小的树种，也可以通过对木材原料进行热水抽提和化学抽提来消除阻凝影响。当前生产中使用氯化钙、硫酸铝作为促凝剂，效果良好，但氯化钙含有氯离子，对金属设备具有腐蚀性，而硫酸铝成本相对较高，都不是理想的促凝剂。

11.1　水泥刨花板

水泥刨花板起源于荷兰，最早由瑞士的 Durisol 公司在 20 世纪 30 年代率先制造出水泥刨花板，此后经不断发展和完善，形成了半干法工艺生产水泥刨花板。而我国对水泥刨花板的研究始于 20 世纪 70 年代初。目前为止，全世界共有近 50 条水泥刨花板生产线，主要分布在俄罗斯等地，其次是日本、美国、法国、德国、匈牙利、马来西亚、土耳其、墨西哥和中国等地，年产量达140万 m^3。

目前水泥刨花板的生产工艺主要有传统的半干法和热压快固法。传统的半干法工艺生产水泥刨花板由于要确保刨花板的强度，需长时间夹紧固定和养护至板坯有足够强度搬运，这造成夹紧装置和成型垫板需求大，占地面积大，生产效率低，限制了生产的发展。国内外很多学者进行了快速固化水泥刨花板的研究，以达到缩短生产周期的目的。

11.1.1 水泥

1. 水泥的分类和组成成分

凡细磨成粉末状，加入适量水后，可成为塑性浆体，既能在空气中硬化，又能在水中硬化，并能将砂、石等材料牢固地胶结在一起的水硬性胶凝材料，通称为水泥。水泥有硅酸盐水泥、普通硅酸盐水泥、矿渣硅酸盐水泥、火山灰质硅酸盐水泥、粉煤灰硅酸盐水泥、复合硅酸盐水泥、中热硅酸盐水泥、低热矿渣硅酸盐水泥、快硬硅酸盐水泥、抗硫酸盐硅酸盐水泥、白色硅酸盐水泥、道路硅酸盐水泥、砌筑水泥、油井水泥、石膏矿渣水泥等。其分类方法还有很多，按用途及性能分为通用水泥、专用水泥和特性水泥；水泥按其主要水硬性物质名称分为硅酸盐水泥（即国外通称的波特兰水泥）、铝酸盐水泥、硫铝酸盐水泥、铁铝酸盐水泥、氟铝酸盐水泥、磷酸盐水泥；水泥按主要技术特性分为快硬和特快硬两类、中热和低热两类、中抗硫酸盐腐蚀和高抗硫酸盐腐蚀两类、膨胀和自应力两类、耐高温性以水泥中氧化铝含量分级等。

2. 水泥胶凝原理

硅酸盐水泥的化学成分：硅酸三钙（$3CaO \cdot SiO_2$，简式 C_3S），硅酸二钙（$2CaO \cdot SiO_2$，简式 C_2S），铝酸三钙（$3CaO \cdot Al_2O_3$，简式 C_3A），铁铝酸四钙（$4CaO \cdot Al_2O_3 \cdot Fe_2O_3$，简式 C_4AF）。

水泥的凝结和硬化过程如下：

①$3CaO \cdot SiO_2 + H_2O \rightarrow CaO \cdot SiO_2 \cdot YH_2O$（凝胶）$+ Ca(OH)_2$

②$2CaO \cdot SiO_2 + H_2O \rightarrow CaO \cdot SiO_2 \cdot YH_2O$（凝胶）$+ Ca(OH)_2$

③$3CaO \cdot Al_2O_3 + 6H_2O \rightarrow 3CaO \cdot Al_2O_3 \cdot 6H_2O$（水化铝酸钙，不稳定）

$3CaO \cdot Al_2O_3 + 3CaSO_4 \cdot 2H_2O + 26H_2O \rightarrow 3CaO \cdot Al_2O_3 \cdot 3CaSO_4 \cdot 32H_2O$（钙矾石，三硫型水化铝酸钙）

$3CaO \cdot Al_2O_3 \cdot 3CaSO_4 \cdot 32H_2O + 2[3CaO \cdot Al_2O_3] + 4H_2O \rightarrow$
$3[3CaO \cdot Al_2O_3 \cdot CaSO_4 \cdot 12H_2O]$（单硫型水化铝酸钙）

④$4CaO \cdot Al_2O_3 \cdot Fe_2O_3 + 7H_2O \rightarrow 3CaO \cdot Al_2O_3 \cdot 6H_2O + CaO \cdot Fe_2O_3 \cdot H_2O$

水泥速凝是指水泥的一种不正常的早期固化或过早变硬现象。

3. 水泥的性能指标

水泥主要技术指标：

①比重与密度　普通水泥比重为3.1，密度通常采用3.1g/cm³。
②细度　指水泥颗粒的粗细程度。颗粒越细，硬化得越快，早期强度也越高。
③凝结时间　水泥加水搅拌到开始凝结所需的时间称初凝时间。从加水搅拌到凝结完成所需的时间称终凝时间。硅酸盐水泥初凝时间不少于45min，终凝时间不多于6.5h。实际上初凝时间在1~3h，而终凝为4~6h。水泥凝结时间的测定由专门凝结时间测定仪进行。
④强度　水泥强度应符合国家标准。
⑤体积安定性　指水泥在硬化过程中体积变化的均匀性。水泥中含杂质较多，会产生不均匀变形。
⑥水化热　水泥与水作用会产生放热反应，在水泥硬化过程中，不断放出的热量称为水化热。
⑦标准稠度　指水泥净浆对标准试杆的沉入具有一定阻力时的稠度。

4. 水泥发泡

水泥发泡按生产方式不同可分为物理发泡和化学发泡。

水泥物理发泡是将发泡剂通过机械设备制备成泡沫，再将泡沫加入到由水泥基胶凝材料、集料、掺合料、外加剂和水制成的料浆中，经混合搅拌、浇注成型、养护而成的保温板材（以下简称发泡水泥保温板）。

水泥化学发泡是将发泡剂加入由水泥基胶凝材料、集料、掺合料、外加剂和水制成的料浆中，经混合搅拌、浇注，使其在模具中通过化学反应而使浆体内部产生封闭气孔，经养护、切割而成的保温板材。

11.1.2　水泥刨花板

1. 水泥刨花板的发展和性能

水泥刨花板是以木材刨花为原料，以水泥为胶凝剂，添加其他化学助剂，经混合搅拌、成型、加压和养护而制成的一种人造板。水泥刨花板属于细粒复合材料类别，它是将刨花颗粒均匀地分散于水泥中形成的一种复合材料。我国自20世纪70年代中期开始进行水泥刨花板的研究和小批量生产与应用。近年来，由于建筑业的高速发展和国产大型自动化生产线设备的成功开发，水泥刨化板产品的生产和应用进入了一个新的发展时期。

水泥刨花板具有良好的物理力学性能、防水防火性能和加工性能，是一种综合性能优良的新型墙体材料和装饰装修材料，可广泛用作各种建筑物的天棚吊顶板、非承重内隔墙板、地面板、屋面板、外墙板以及岗亭、售货亭、活动房等临时设施的围护材料，还是制造高级防静电地板的最佳基材。其功能特点如下：

（1）原料质量及其稳定性

所用水泥应是符合GB 175—1992标准的早强型硅酸盐水泥，如525R、425R。所用木材的小头直径$D \geqslant 6cm$，50%以上需剥皮，并经二个月以上的露天堆存，以使材质稳定（如用棉杆等植物纤维，则应不含泥沙等杂质、不霉烂变质）。

(2) 化学助剂的种类与用量

所选用的化学助剂应能消除木质刨花(或植物纤维)浸出液对水泥的不利影响并改善水泥浆体与有机纤维之间的界面黏结,其用量应适中,以便于计量和控制。

(3) 铺装机结构和工艺参数的确定

铺装出的料层在整体上应保持厚薄均匀一致,底层、芯层和面层的物料组成应符合产品强度性能、装饰性能等多方面的要求。

(4) 物料压缩比与压机工作参数的选择

根据原料配比和产品质量及规格要求,选择合理的压缩比和压机工作参数。

(5) 蒸汽养护制度的确定

蒸汽养护应使板坯在保压状态下促进内部水泥的加速凝固硬化,以获得足够的早期强度。

2. 水泥刨花板构成机理

(1) 水泥的硬化特性

水泥中主要成分为硅酸钙等,当用一定量的水与其发生作用后,二者进行水化反应,产生水泥浆体系统放热、凝固和机械强度增长等一系列现象。随着水化作用的持续进行,水泥浆体逐渐减小并失去流动性,可塑性越来越小。这一过程称为凝结过程。通常把凝结过程分为初凝和终凝两个阶段,初凝阶段表示水泥浆体开始失去可塑性并凝聚成块但尚不具有机械强度的过程;终凝阶段表示水泥浆体进一步失去可塑性,产生机械强度并可抵抗外加载荷的过程。达到终凝阶段以后,水化作用仍在继续进行,水分进一步被吸收,凝聚体机械强度进一步被提高,结构被固定下来,这一阶段称为硬化过程。木材刨花、水泥和水混合后,同样发生如上所述的变化。用放热温度-时间曲线可以说明水泥刨花板的硬化过程(图11-1)。在该曲线中,把整个硬化过程分为起始期、诱导期、加速期和衰退期几个阶段。

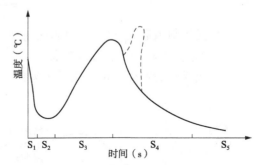

图 11-1 放热温度-时间曲线

S_1:起始期 发生在水泥与水混合初期,反应相对较快,但持续的时间比较短,一般仅有 4~5min。

S_2:诱导期 发生在水化反应开始后 1.5~2.0h 内,反应速度比较缓慢,浆体开始失去流动性和部分可塑性,水泥的初凝阶段起于诱导期末。

S_3:加速期 在这一阶段浆体有较多的化学生成物,完全失去可塑性,达到一定的强度。水泥的终凝阶段起于加速期初。

S_4、S_5:衰退期 水泥浆体趋于硬化。

水化反应的情况可以通过测定水化热来进行研究。水泥在水化过程中放出的热称为水泥的水化热。水化放热量和放热速度决定于水泥的矿物成分,水泥细度,水泥中所掺的混合材料和外加剂的品种、数量。水泥水化热通常用国家标准规定的方法进行测定。

(2) 刨花与水泥相容性的检测

取 200 目的干木粉 20~40g，按水泥与木粉 100∶15 质量比称取水泥，加入一部分水(水∶0.25)混合。然后将三者混合物倒入塑料杯中，将塑料杯置于大口保温瓶中，在杯四周填充保温材料，把测温元件插入混合物中。每隔 20~30min 观察和记录温度变化，直到达到最高温度为止，记下达到的最高温度值及到达的时间。最后用同样的方法测定纯水泥和水混合物的水化热，记下最高水化温度值和所需的时间。

通过以上试验，可以得出韦氏控制系数 I_w 和莫氏控制系数 I_M：

$$I_w = \frac{\theta - \theta_s}{\theta_s} \times 100 \tag{11-1}$$

式中：θ——水泥、水、木材三种混合物达到最高水化温度所需时间，h；

θ_s——水泥、水混合物到达最高水化温度所需时间，h。

韦氏控制系数 I_w 越小，说明木材对水泥水化的抑制越小，即该树种与水泥的相容性越好，适用于做水泥刨花板原料。

$$I_M = \frac{t-t'}{t} \cdot \frac{T-T'}{T} \cdot \frac{S-S'}{S} \times 100 \tag{11-2}$$

式中：t，t'——分别为水泥和水，水泥、木材加水两种混合物所达到的最高水化温度，℃；

T，T'——分别为水泥加水，水泥、木材加水两种混合物到达最高水化温度所需的时间，h。

$$S = \frac{t}{t'}; \quad S' = \frac{T}{T'}$$

莫氏控制系数 I_M 越小，说明该树种与水泥的相容性好，适于制作水泥刨花板。

(3) 水泥刨花的水化反应特征

水化反应的特征也可以用最大温差和到达时间来分析(图 11-2)。

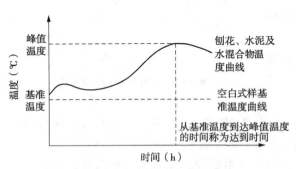

图 11-2 水化温度曲线特征值

木材与水泥混合物和纯水泥的水化反应特性是完全不同的。添加了木刨花后，会阻碍系统水化反应的进行。具体表现在到达时间的延长和最大温差的降低。究其原因，是因为木材中的糖类抽提物以及半纤维素而生成的糖类物质对水化反应产生了副作用。

通过添加化学助剂可以使有些本来不适合制作水泥刨花板的树种有可能用于制板，同样用测定水化热和计算韦氏控制系数、莫氏控制系数来评价。一般认为，添加化学助剂后，最高水化温度至少要达到 50℃，达到 60℃ 最佳。

树种参与制造水泥刨花板，受多种因素影响，考察木材与水泥相容性的最终标准是测定水泥刨花板的性能。

用于制造水泥刨花板的水泥应满足凝固时间短、水化热大、早期温度高等要求，一般多用硅酸盐水泥，标号应不低于425。

国内外众多研究表明，水泥刨花板的各项性能受到木材树种（包括非木质材料）及其理化性质、刨花的尺寸与几何形态、水泥标号、外加剂、增强体、木、水、水泥的比例、加工工艺、机械设备等影响。

3. 水泥刨花板生产工艺

水泥刨花板一般采用冷压法，采用此法所需的加压时间长，为改善这一状况，发明了二氧化碳注入法，实现缩短加压时间的目的。也有用热压法生产水泥刨花板的试验报道，但在工业生产上主要采用冷压法。

(1) 水泥刨花板冷压生产工艺

水泥刨花板生产工艺流程如图11-3所示。

①备料　备料分两个步骤，第一步为原料树种选择，要通过试验，挑选与水泥相容性好的树种，对于相容性不太好的树种，可考虑添加化学助剂进行改性。经过试验，可选用杨木、落叶松等树种，原料需经剥皮。第二步为刨花制备，原料的类型不同，制取的工艺各不相同。如果是小径级原木，采用先刨片再打磨工艺；若是枝丫材或加工剩余物，采用先削片再环式刨片工艺；若是工艺刨花，采用锤式再碎工艺。制取的刨花经过筛选后使用，分为表层用的细刨花和芯层用的粗刨花，刨花的尺寸如下：长度20mm左右，宽度4~8mm，厚度0.2~0.4mm。制备好的刨花被送入料仓备用。在生产水泥刨花板时，刨花不需要干燥。刨花制备所用的设备与木质刨花板制备所用的刨花制备设备基本相似。

②搅拌　搅拌工序一般为周期式加工，在搅拌时按照一定的比例加入五种材料：合格刨花、填料、水泥、化学助剂和水。

填料可以是经振动筛出的细料与锯屑。用量不超过合格刨花用量的1/3。水泥可以是硅酸盐水泥，也可以为矿渣水泥。化学助剂的作用是克服木材中有些成分对水泥的阻凝作用，促进水泥早强快凝，三氯化磷、硫酸钙、氯化钙、氟化钠和二乙醇胺等均可作化学助剂使用。一般水泥刨花板生产，水泥占60%~70%，刨花（含填料）占20%~30%，另含适量的化学助剂。搅拌后的浆料输入计量料仓，再送入铺装机。

③铺装　水泥刨花板的铺装与普通木质刨花板基本相同，有气流式和机械式两种，小规模生产用两个铺装头，较大规模生产有三个铺装头。两台气流式铺装机铺装表层，一台机械式铺装机铺装芯层，得到表层细中间粗的渐变结构板坯。刨花被直接铺在钢垫板上，钢垫板两端彼此相搭，为避免粘板，钢垫板表面涂有脱模剂。水泥刨花板采用成垛加压，加压之前，用堆板机将板坯和垫板逐张整齐地堆放在横悬车上，一次堆垛20~60张，然后，将堆满板坯的横悬车推入压机内。

④加压　板坯在一个特制的压机中加压，成堆的板坯连同垫板被拖入压机后，压机启动下落，压机上部是横悬车的上横板，板坯被压缩到一定厚度后，使上横板与压机脱开并与横悬车的下横板锁紧，然后卸压，将横悬车拉出压机，此时板坯上的压力为2.5~3.5MPa。一般压机闭合速度200mm/s，加压速度25mm/s，加压时间15min。

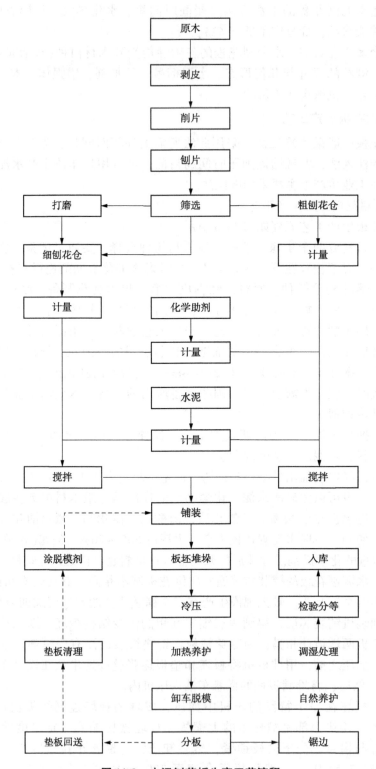

图 11-3　水泥刨花板生产工艺流程

⑤加热养护 将装有板坯的横悬车推入养护室,进行养护,温度70~90℃,时间8~14h,一般加热养护后,可达到50%的最终湿度。

⑥后期加工 完成加热养护的板坯连同横悬车被推入压机,卸下保压杠杆,用真空吸盘装置将毛板与垫板分离,完成纵横锯边,再在室温下堆垛自然养护14d,达到80%的最终强度。

如果对板子作调湿处理,将板子含水率调至当地平衡含水率,借此可提高强度和尺寸稳定性。最后,根据有关标准对板材进行检验、分等、包装及入库。

(2)水泥刨花板快速固化生产方法

现有的冷压法水泥刨花板生产工艺加热养护时间太长,限制了生产能力。现已发明了一种快速固化法,可以解决上述问题。

①快速固化原理 加压时,经管道和压板上的小孔喷入较高压力的CO_2气体,与硅酸盐水泥水化生成的氢氧化钙发生下述反应,生成碳酸钙:

$$Ca(OH)_2 + CO_2 + H_2O = CaCO_3 + H_2O$$

在封闭条件下,大量的CO_2气体喷入板坯,温度可升至100℃以上,水化反应强烈,固化速度加快。几分钟内,板坯可达一定强度。这就是快速固化的原理。

②快速固化工艺 快速固化工艺与常规工艺相比,仅在于加压工艺不同。新工艺是逐张加压,CO_2气体从板坯一侧喷入,再从另一侧压板的小孔返回,一些未参加反应的CO_2气体可回收。加压时间仅需4~6min,卸压后的板子仍需自然养护10~14d,二氧化碳的吸收量约为水泥重量的8%~10%,每生产$1m^3$水泥刨花板约用$70kgCO_2$。

4. 影响水泥刨花板生产的因素

水泥刨花板与木质刨花板尽管所用原料不同,但影响产品性能的有些因素是相似的,比如产品密度、刨花形状、铺装结构及加压要素等,本节不再作重复介绍。对水泥刨花板来说,影响工艺条件的个性因素主要有四点。

(1)木材原料含糖量

木材中的糖分会影响水泥的凝固,所以要求选用含糖量很低的树种,比如云杉、冷杉、圆柏和杨木,以及含糖量较低的树种,如南柳杉、柳、红松、栎木、桦木等。不宜选用落叶松等。木材的含糖量还与树干部位(心材高于边材,枝丫材高于树干材)、采伐季节(春伐材高于冬伐材)、运输方式(陆运陆存材高于水运水存材)和贮存时间(短贮材高于长贮材)等因素有关。在工艺上可以通过一系列措施来降低木材的含糖量,比如延长贮存时间,采用水运水存,进行蒸煮处理,提高水泥用量和施加化学助剂等。

(2)灰木比

水泥与刨花的用量比称为灰木比。增加水泥的用量,可以提高水泥刨花板的耐候性、阻燃性、降低吸水厚度及线性膨胀率。但却会导致板材的力学强度下降,有必要根据板材的使用场所来确定板材的灰木比。一般说来,室外用板材,灰木比可取2.3~3.0,板材密度可取1200~1300kg/m^3;室内用板材,灰木比可取1.5~2.0,板材密度可取1000~1700kg/m^3。表11-1给出了灰木比与板材性能的关系。

表 11-1 水泥刨花板密度、灰木比与板材静曲强度的关系

密度(kg/m³)	静曲强度(MPa)					
	灰木比					
	1.0	1.5	1.8	2.0	2.3	2.5
900	5.5	5.3	4.9	4.4	4.0	—
1000		8.6	6.6	5.9	6.3	—
1100	11.8	11.2	9.3	8.7	8.9	—
1200	—	—	—	11.1	—	10.2

注：试验条件——树种：桦木；水泥：525 号普通硅酸盐水泥；板厚：12mm；水灰比：0.55；养护条：75；表中为 28d 的静曲强度。

(3) 水木比

水木比即水与刨花的用量比。水木比过大，在搅拌时易结团，铺装时很难将物料均匀地散开，加压时甚至挤出水分，很可能降低板材的质量。如果水木比过小，水泥不能全部黏附于湿刨花表面，搅拌不匀，铺装时水泥会飞失，也会影响板材质量。最低用水量必须保证水化所需的水分，保证均匀搅拌和铺装，最大用水量必须保证加压时不会榨出水分。经大量的试验对比，合适的水木比与灰木比有一定关系（表 11-2）。

表 11-2 合适的水木比与灰木比关系

水木比	灰木比	水木比	灰木比
1	1.5	1.6~1.8	3
1.1~1.6	2~2.5	1.8~2.0	4

(4) 养护处理

养护处理与板材性能关系极大。加热养护必须把握住温度控制。高温养护可提高早期强度，缩短养护时间，但有碍于后期强度增加。低温养护虽可保证最终湿度，但养护时间过长。要根据木材树种、水泥标号、灰木比以及化学助剂类型及用量来确定加热养护温度及时间。在进行恒温恒湿处理时，仍必须严格选择好处理温度值。

5. 水泥刨花板的性能

水泥刨花板是一种建筑材料，不少国家都颁布了专门的检验标准。检测的指标比木质刨花板多。应符合我国建材行业标准 JC411—1991《水泥木屑板》的有关指标。

规格：3100mm×1250mm×(8~40)mm

密度：1200~1350kg/m³

静曲强度：8.0~13.0MPa

内结合强度：0.30~0.40N/mm²

含水率：≤12%

不燃性：按 GB 8624—1988 达到 B1 级

11.2 石膏刨花板

11.2.1 石膏的种类

天然二水石膏($CaSO_4 \cdot 2H_2O$)又称为生石膏,经过煅烧、磨细可得 β 型半水石膏($CaSO_4 \cdot 1/2H_2O$),即建筑石膏,又称熟石膏、灰泥。若煅烧温度为190℃可得模型石膏,其细度和白度均比建筑石膏高。若将生石膏在400~500℃或高于800℃下煅烧,即得地板石膏,其凝结、硬化较慢,但硬化后强度、耐磨性和耐水性均较普通建筑石膏更好。

生产石膏制品时,α 型半水石膏比 β 型需水量少,制品有较高的密实度和强度。通常用蒸压釜在饱和蒸汽介质中蒸炼而成的是 α 型半水石膏,也称高强石膏;用炒锅或回转窑敞开装置煅炼而成的是 β 型半水石膏,也称建筑石膏。

石膏是生产石膏胶凝材料和石膏建筑制品的主要原料,也是硅酸盐水泥的缓凝剂。石膏经600~800℃煅烧后,加入少量石灰等催化剂共同磨细,可以得到硬石膏胶结料(也称金氏胶结料);经900~1000℃煅烧并磨细,可以得到高温煅烧石膏。用这两种石膏制得的制品,强度高于建筑石膏制品,而且硬石膏胶结料有较好的隔热性,高温煅烧石膏有较好的耐磨性和抗水性。

建筑中使用最多的石膏品种是建筑石膏,其次是模型石膏,此外,还有高强度石膏、无水石膏水泥和地板石膏。

生产石膏的原料主要是天然二水石膏,又称软石膏或生石膏,是含两个结晶水的硫酸钙。天然二水石膏可制造各种性质的石膏。生产石膏的主要工序是加热与磨细。由于加热温度和方式不同,可生产不同性质的石膏。

(1) 建筑石膏

建筑石膏是将天然二水石膏等原料在107~170℃的温度下煅烧成熟石膏再经磨细而成的白色粉状物。其主要成分为 β 型半水石膏。建筑石膏不宜用于室外工程和65℃以上的高温工程。总之,建筑石膏可用于室内粉刷,制作装饰制品、多孔石膏制品和石膏板等。

(2) 模型石膏

煅烧二水石膏生成的熟石膏,若其中杂质含量少,SKI 较白粉磨较细的称为模型石膏。它比建筑石膏凝结快,强度高。主要用于制作模型、雕塑、装饰花饰等。

(3) 高强度石膏

将二水石膏放在压蒸锅内,在1.3大气压(124℃)下蒸炼生成 α 型半水石膏,磨细后就是高强度石膏。这种石膏硬化后具有较高的密实度和强度。高强度石膏适用于强度要求高的抹灰工程、装饰制品和石膏板。掺入防水剂后,其制品可用于湿度较高的环境中。也可加入有机溶液中配成黏结剂使用。

(4) 无水石膏水泥

将天然二水石膏加热至400~750℃时,石膏将完全失去水分,成为不溶性硬石膏,将其与适量激发剂混合磨细后即为无水石膏水泥。无水石膏水泥适宜于室内使用，主要用以制作石膏板或其他制品，也可用作室内抹灰。

(5) 地板石膏

如果将天然二水石膏在 800℃ 以上煅烧，使部分硫酸钙分解出氧化钙，磨细后的产品称为高温煅烧石膏，也称地板石膏。地板石膏硬化后有较高的强度和耐磨性，抗水性也好，所以主要用作石膏地板，用于室内地面装饰。

11.2.2 石膏刨花板

石膏刨花板是以石膏作为胶黏剂，以木材刨花作为基体材料制成的一种板材，在世界上已有较长的生产历史。石膏刨花板作为一种建筑材料得到广泛的应用，被列为新型墙体材料。

早期的石膏刨花板是用湿法工艺生产的，即要掺和大量的水，使石膏和木刨花呈絮状。该方法生产周期长，消耗热量多。德国的科学家获得了用半干法生产石膏刨花板的专利，并在工业生产上得到推广，把石膏刨花板的生产技术水平推进了一大步。

1. 石膏刨花板构成机理

石膏刨花板是由石膏与木质刨花在其他化学材料参与下形成的化合体。制造石膏刨花板作为原料的建筑石膏主体成分为半水石膏($CaSO_4 \cdot 1/2H_2O$)，它是由石膏矿石[主体成分为二水石膏($CaSO_4 \cdot 2H_2O$)]经焙烧而来的，或用生产磷酸和磷所产生的废石膏煅烧而来。石膏矿石根据熔化温度和熔化时间不同而划分为：半水石膏、Ⅲ型无水石膏($CaSO_4 Ⅲ$)和Ⅱ型无水石膏($CaSO_4 Ⅱ$)。其中只有半水石膏才适于生产石膏刨花板。为了保证石膏刨花板的质量，用于制板的建筑石膏中半水石膏含量不得低于 75%。

石膏矿石经煅烧转化为半水石膏的反应方程式如下：

$$CaSO_4 \cdot 2H_2O \xrightarrow{207 \sim 170℃} CaSO_4 \cdot 1/2H_2O + 1 1/2H_2O$$

石膏刨花板的制造原理是基于半水石膏与水发生作用产生凝结和硬化。建筑石膏加水掺和后，很快引起化学反应：

$$CaSO_4 \cdot 1/2H_2O + 1 1/2H_2O = CaSO_4 \cdot 2H_2O$$

上述反应使半水石膏变成二水石膏。半水石膏加水后首先溶解，由于二水石膏的溶解度高于半水石膏的溶解度，导致一部分二水石膏不断地从饱和溶液中析出，形成胶体微粒，二水石膏的析出，破坏了原先半水石膏的平衡溶解度，引起半水石膏的再溶解和二水石膏的再析出，二水石膏胶体微粒逐步转变为晶体，石膏因此失去塑性。随着水分蒸发，胶体增加，石膏逐步硬化，形成足够的强度。石膏在木质刨花中起到了一种胶黏剂的作用，木质刨花也提供了增加石膏强度和韧性的功能。为了优化工艺条件，一般在石膏刨花板中，还加入促凝剂或缓凝剂。

科学地控制好石膏的水化速度是非常重要的，过快或过慢将引起不良后果，可以借助差热分析仪确定水化时间。

2. 石膏刨花板组成材料

生产石膏刨花板所用的材料有三大类，即植物纤维原料、石膏原料及化学添加剂。

(1) 植物纤维

同制造普通刨花板一样，植物纤维原料（包括木材原料和非木材纤维原料）是主体原料。一般说来，用于制造石膏刨花板的木材原料材种应满足以下要求：密度较低，强度较高，树皮含量和木材中抽提物含量较低。工业生产中多用针叶材或软阔叶材。竹材、农作物秸秆等也可以用来生产石膏刨花板，但所采取的工艺条件应与采用木材原料时有所区别。

(2) 石膏

从绝对用量讲，石膏在石膏刨花板原料总量中占大部分。石膏刨花板制造所用的石膏主要为建筑石膏，可在市场上购买。为了保证获得良好的工艺特性和产品性能，石膏必须满足一定的质量要求，熟石膏的成分含量为：半水石膏含量≥70%，二水石膏含量<1%，结晶水含量为5%~6%，pH值为6~8，无水石膏Ⅲ≤10%，无水石膏Ⅱ≤3%，石膏粉细度≥0.2mm。

(3) 化学添加剂

化学添加剂的作用在于调节石膏的水化速度，受木材原料和石膏原料本身特性的影响，水化速度常有波动。为了防止石膏过早水化而影响板材强度，必须加入缓凝剂，常用的有硼酸、亚硫酸盐酒精废液、柠檬酸等。为了防止半水石膏浆体水化过慢，影响产量，应加入促凝剂，常用的有氯化钠、氟化钠、硫酸钠等。掌握合适的化学剂添加量，是合理把握水化速度的关键。为了保证有足够的工艺操作时间和获得理想的板材强度，一般在加水后约30min半水石膏初凝为佳。

3. 石膏刨花板生产工艺

石膏刨花板生产工艺过程如图11-4所示。

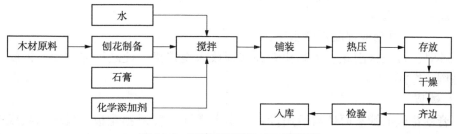

图11-4 石膏刨花板生产工艺流程

(1) 原料制备

根据工艺要求选用合适的木材原料。如果原料为小径级的原木，应尽可能剥皮；如果原料为枝丫材，无法剥皮，应在削片或刨片后将树皮筛除。木材原料含水率应保持在50%左右，进厂原料应按树种分开堆放，排水通风无碍，防止腐烂霉变。

木刨花的制备是关系到板材性能的重要因素，刨花形态以薄片状为佳，厚度以0.2mm为宜。刨花制备设备与普通刨花板生产相同。如果原料为小径级原木，宜采用刨片机。如果原料为枝丫材或加工剩余物，宜采用削片机和环式刨片机。为了清除木材中可能影响石膏水化的抽提物，常用浸渍法对木材进行抽提处理。

(2)搅拌

搅拌时,按照下列配比将刨花、石膏、水和化学添加剂混合在一起:

木膏比——绝干刨花与石膏粉的质量比,一般为 0.25~0.40;

水膏比——水与石膏粉的质量比,一般为 0.35~0.45;

化学添加剂与石膏粉的质量比——视木材材种、石膏品种、化学药剂品种而异。

各种原料用量按公式计算。

一块板需要的石膏粉:

$$G_{石膏} = \frac{G_{板}}{1+m_1+m_2} \quad (\text{kg}) \tag{11-3}$$

式中:$G_{板}$——一块石膏板的绝干质量,kg;

m_1——木膏比;

m_2——因水化增加的质量比,一般取 $m_2 = 0.16$。

一块板需要的绝干刨花量:

$$G_{干} = G_{石} \cdot m_1 \quad (\text{kg}) \tag{11-4}$$

一块板需要的湿刨花量:

$$G_{湿} = G_{干} \cdot (1+W) \quad (\text{kg}) \tag{11-5}$$

式中:W——刨花含水率,%。

一块板需要的化学药剂量:

$$G_{化} = G_{石} \cdot m_3 \quad (\text{kg})$$

式中:m_3——化学添加剂(缓凝剂或促凝剂)与石膏粉的质量比,%。

用水量:

$$G_{水} = G_{石} \cdot m_4 - G_{干} \cdot W - G_{石} \cdot m_3 \cdot C \tag{11-6}$$

式中:m_4——水膏比;

C——缓凝剂或促凝剂含水率,%。

搅拌时,首先将刨花、水和化学添加剂放入搅拌机,使之搅拌均匀,再放入石膏粉,并继续搅拌。

(3)铺装

石膏刨花板的铺装原理与所用设备基本上类同于普通刨花板。板坯的组成结构分单层、多层、渐变和定向等。其中,单层或多层结构一般采用机械式铺装头,渐变结构一般采用机械式铺装头或气流式铺装头,定向结构一般采用圆盘式或插片式定向铺装头。

石膏刨花板坯铺装通常有周期式铺装和连续式铺装之分。为了获得稳定的产品密度,保证原料稳定的投入量是至关重要的。一般说来,铺装用料多用料斗秤或皮带秤计量,也可以用体积计量。

$$G = \frac{L \times B \times 0.1D \times R}{1000}\left(1 + \frac{100+KW}{100+KW+HG} \times \frac{WG-KW}{100}\right) \tag{11-7}$$

式中:L——板坯长度,cm;

B——板坯铺装宽度,一般取 1270cm;

D——板坯厚度,mm;
R——板子的密度,取 1.2g/cm³;
WG——水膏比,%;
KW——结晶水,%;
HG——木膏比,%。

工业化生产中多采用连续式铺装,板坯被铺在由头层相搭接的垫板组成的运输带上,借助加速段,使连续板坯带分开,并进行承重,合格者由堆板机堆垛,每垛 20～80 张。不合格的板坯由专门装置送回铺装工段回用。垫板通常为 4mm 厚的不锈钢板,铺装前必须打扫干净并涂刷脱模剂,防止粘板,一般用废机油或钻孔冷却乳液。

(4)加压

石膏凝固的反应过程是放热反应,故石膏刨花板坯加压采用冷压方式,这就决定了加压设备可大大简化。石膏刨花板加压主要应控制好两个因素:①加压压力,一般取 1.5～3.0MPa;②加压时间,从理论上讲,石膏刨花板坯加压时间需 2～3h。为了提高压机生产率,一般把板坯加压时间分为在压机内加压和在压机外加压两部分。压机外加压系当压机对板坯施加一定作用力后,用特殊装置夹紧板坯垛,使之保持一定压力,然后拉出压机,保压 2～3h。应当注意,加压必须发生在石膏初凝之前。否则,会出现预固化现象。

石膏刨花板加压压机与普通刨花板压机差异较大。多为大开档单层压机(图 11-5),由于板坯是成垛送入压机后再借助夹紧框架加压的,故板垛必须保持有足够的厚度,方能保证满足板子厚度要求的前提下,达到所要求的加压压力。板垛压缩后厚度必须与夹紧架的厚度相符,如果二者不相符,可用补偿垫板来调整。不同厚度的板材对应不同厚度的补偿垫板(表 11-3)。

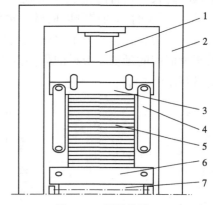

图 11-5 压机结构
1. 活塞油缸 2. 框架 3. 上夹紧架 4. 拉杆
5. 板垛 6. 下夹紧架 7. 滚筒运输机

表 11-3 板坯堆积数量与补偿垫板厚度

板厚(mm)	板坯堆积数量(张)	板垛高度(mm)	补偿垫板厚度(mm)
8	80	960	0
10	68	952	8
12	60	960	0
15	50	950	10
18	43	946	14
22	37	960	0
28	30	960	0

注:垫板厚度为 4mm。

(5) 堆垛

在压机外保压的板坯持续 2~3h 后，达到了石膏水化终点，需进行拆垛。拆垛需在压机上进行。首先，将板坯再次推入压机，通过加压打开框架。夹紧装置松开后，将板坯拖出压机，用分板器把垫板和石膏刨花板分开。

(6) 干燥

加压时石膏刨花板的初含水率为 30%，完成水化过程后的石膏刨花板含水率为 15% 左右。但石膏刨花板的天然平衡含水率为 1%~3%。因此，拆垛后的石膏刨花板必须进行干燥。石膏刨花板干燥时，应当严格控制干燥温度和干燥时间。工业化生产中，一般采用类似于单板干燥机的连续式干燥装置。该装置分预热段、干燥段和冷却段。

①预热段　此段可快速提高板材的温度，使板材内外的温度趋于一致，造成内高外低的含水率梯度，有利于板材蒸发水分。预热段温度为 160~180℃。

②干燥段　此段可蒸发大量水分，需消耗大量热能，使干燥介质温度有所下降，干燥段越长，板材的传送速度越快，干燥机生产能力越大。干燥段温度一般为 120~140℃。干燥时间的控制以板材含水率达到要求为度，不宜将板材置于高温条件下时间过长，因为这会造成板中水化生成物的结晶水分解而降低板材的性能。试验表明，随着干燥时间的延长，板材的静曲强度和内结合强度有所下降，而吸水厚度膨胀率有所上升（图 11-6）。

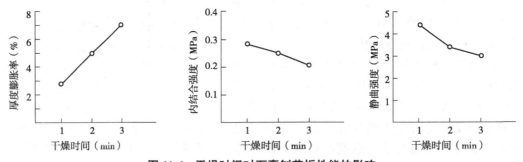

图 11-6　干燥时间对石膏刨花板性能的影响

③冷却段　此段可降低干燥介质与大气的温度差，防止板材进入大气中产生变形。冷却段温度为 70~80℃。

(7) 裁边与砂光

干燥后的石膏刨花板需进行裁边而最终成为幅面为 1220mm×2440mm 的成品板，裁边时可以用普通双圆锯片的纵横锯边机，或带分割锯片的联合裁边机组。圆锯片锯齿通常镶有硬质合金。要保证锯路通直，边部平齐，无塌边、无缺角缺陷，长度尺寸应符合有关标准规定的要求。裁边后的成品板需进行砂光，以提高板材的表面质量，有利于后续的二次加工。砂光多采用定厚砂光机。

4. 影响石膏刨花板生产的因素

(1) 树种

不同树种，水抽提物成分和含量均不相同，达到水化终点所需的时间不一样

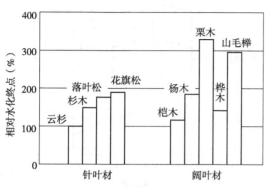

图 11-7 树种对石膏刨花板水化终点的影响　　图 11-8 树种对石膏刨花板静曲强度的影响

(图 11-7),所得的板材静曲强度也不尽相同。一般说来,阔叶材树种及含树皮的木刨花达到水化终点所需时间相对较长(图 11-8)。

(2)刨花形态

随着刨花厚度增加,石膏刨花板的静曲强度增加,见表 11-4。

表 11-4　刨花厚度与板材强度的关系

项目名称	刨花厚度(mm)			
	0.15	0.20	0.30	0.40
板密度(kg/m³)	1150	1140	1080	1140
静曲强度(MPa)	7.7	7.8	6.3	5.9
静曲弹性模量(MPa)	2300	2830	2880	2860
剪切强度(MPa)	1.46	1.64	1.43	2.30

刨花形态对石膏刨花板的抗弯强度有显著的影响。用粗刨花时与细刨花比较,由于粗刨花的表面几何形状比细刨花小,因而在木石膏比相同的条件下,粗刨花的包覆效果好,因而粗刨花的板材强度高于细刨花制成的板材。

(3)原料配比

建筑石膏是脆性材料,抗弯(或抗拉)强度低。在建筑石膏中掺入木刨花后能改善建筑石膏的脆性,并大大提高抗弯强度。但木刨花的掺量对石膏刨花板的性能有很大的影响,一般说来,石膏刨花板的静曲强度随着木膏比增加而提高,达到一定的数值后再下降。随着木膏比的提高,板材的密度随之降低,而抗弯强度与平面抗拉强度则随之提高。且随着木膏比的提高,板材的吸水厚度膨胀率也随之增大。这是由于木刨花的掺量增加,木刨花吸水后膨胀增大,致使板材吸水厚度膨胀值增加的原因。但是,刨花掺量过低,板材耐火性虽高,但容重增大,抗弯强度低;刨花掺量过高,容重虽低,但当石膏用量不足以包裹刨花表面时,反而会降低强度,尤其是耐火性差。因此,必须根据不同的用途,适宜地选择木膏比。从试验结果表明,石膏刨花板的木膏比以 0.20~0.35 为佳。木膏比、水膏比对石膏刨花板静曲强度的影响如图 11-9。

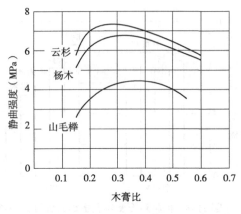
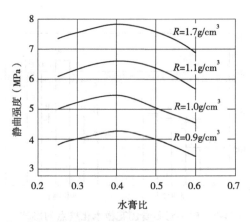

图 11-9　木膏比、树种及密度对石膏刨花板静曲强度的影响

水膏比影响半水石膏结晶过程和结晶形状，建筑石膏进行化学反应的用水量仅为 18.6%，而木刨花还要吸湿部分水。当用水量低时，建筑石膏得不到化学反应所需的水，由于建筑石膏化学反应不完全，会使板材强度降低，当用水量高时，混合物结团，不但铺装困难，铺装均匀性差，而且留在硬固石膏孔隙中的多余水分经干燥蒸发后，使石膏制品中含有较多的孔隙，同样会降低板材的强度。因此，水膏比对石膏刨花板的性能有重要影响。当木膏比与制板工艺参数固定的情况下，板材达到最高强度都有一个最佳的水膏比值，低于或超过此值都会降低强度。对不同木膏比的石膏刨花板必须选用适宜的水膏比。

原料混合后如果放置时间过长，半水石膏即开始水化，如不及时加压，就可能形成松散的石膏结晶，后续再行加压，有可能使结晶受到破坏，造成板材强度下降，如图 11-10 所示。

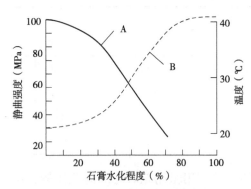

图 11-10　原料混合后的放置时间与石膏板性能的关系
A. 静曲强度曲线　B. 温度曲线

(4) 成型压力对石膏刨花板性能的影响

成型压力对石膏刨花板的性能有较大的影响，采用木膏比 0.2，水膏比 0.3，缓凝剂 A 添加量为 0.05%，在不同成型压力下压制荷木石膏刨花板板材，其结果见表 11-5。

表 11-5　压力对石膏刨花板性能的影响

压力 (MPa)	板材性能				
	含水率 (%)	容重 (g/cm³)	吸水厚度膨胀率 (%)	静曲强度 (MPa)	内结合强度 (MPa)
1.5	2.2	1.20	1.29	6.3	0.3
2.0	2.2	1.22	0.93	6.7	0.38
2.5	3.0	1.25	0.88	7.2	0.39
3.0	2.1	1.30	0.78	7.1	0.42

从表 11-5 结果可看出，在其余工艺参数相同的情况下，随着成型压力的提高，石膏刨花板的容重随之增大，抗弯强度与平面抗拉强度也随之增大，而吸水厚度膨胀率则随之减小。这是由于随着成型压力的加大，板材的密实度提高的原因。

5. 石膏刨花板的性能

石膏刨花板应依据有关标准进行质量检验。表 11-6 所列为德国工业标准(DIN)石膏刨花板的主要检测内容。

表 11-6　石膏刨花板物理力学性能(DIN)

项目名称	单位	指标	项目名称	单位	指标
密度	kg/m³	1.00~1.20	吸湿线膨胀率(20t)(相对湿度30%~85%)	%	0.06~0.08
含水率	%	2~3	热传导率	%	0.18~0.35
静曲强度	MPa	6.0~10.0	水蒸气辐射阻力系数	W/(m·K)	16.0~18.0
静曲弹性模量	MPa	2800~4200	2h 吸水厚度膨胀率	%	0.2~1.5
平面抗拉强度	MPa	0.50~0.70	24h 吸水厚度膨胀率	%	1.6~2.2
表面结合强度	MPa	0.60~1.00			

11.3　其他无机胶黏刨花板

11.3.1　矿渣刨花板

矿渣是炼铁过程中产生的废渣，高炉冶炼生铁时，为了控制温度，常加入石灰石和白云石作熔剂，在高温下分解后，得到密度为 1.5~2.2g/cm³ 的液渣浮在铁水上面，成分为氧化铁、氧化钙、硫酸钙、硅酸铁与硅酸钙，定期从排渣口排出，冷却后成为矿渣。其主要成分由玻璃质组成，表现出凝胶性能，矿渣中所含的玻璃质越多，矿渣的活性越高。由于检测玻璃质含量比较困难，一般用测量矿渣化学成分计算 F 值和 K 值的方法来评价矿渣的活性程度。

$$F = \frac{CaO + MgO + Al_2O_3}{SiO_2} \tag{11-8}$$

$$K = \frac{CaO + MgO + Al_2O_3}{SiO_2 + MnO} \tag{11-9}$$

如 $F>1$，即可作为矿渣刨花板的原料；如 $K>1.6$，说明矿渣的活性较好。

(1) 矿渣刨花板生产特点

矿渣刨花板生产过程与水泥刨花板生产过程相似，特点有两条：

①用于生产矿渣刨花板的木刨花需经干燥，而生产水泥刨花板不需干燥。

②水泥刨花板一般用冷压，而矿渣刨花板一般用热压。

矿渣刨花板生产过程如下：从炼铁厂取回矿渣，用 5mm 筛网进行粗筛，过筛后的矿渣送入盘磨机，粗磨至1mm左右，再送入球磨机精磨，并用振动筛分选出合适的粉末。

木刨花用类似于普通刨花板刨花的制备方法获得，干燥后含水率为3%~5%。接着把矿渣、刨花、水、活性剂（水玻璃或NaOH）在搅拌机内充分混合，再进行铺装、热压、裁边、砂光等工序，便可得到最终产品。

(2) 矿渣刨花板的性能

在生产矿渣刨花板时，必须重视影响工艺条件和板材性能的有关因素，包括：矿渣粒径、用水量、原料配比、活性剂用量等。

矿渣刨花板的性能与水泥刨花板相似（表11-7）。

表11-7 矿渣刨花板的物理力学性能

项目名称	单位	数值	项目名称	单位	数值
密度	kg/m³	1200~1400	平面抗拉强度	MPa	0.3~0.6
静曲强度	MPa	10~14	吸水厚度膨胀率	%	1~3
弹性模量	MPa	4000~5000			

11.3.2 粉煤灰刨花板

粉煤灰是煤炭燃烧过程中产生的一种废料，每燃烧1t煤，产生150~160kg粉煤灰，目前我国火力发电厂每年要产生数量可观的粉煤灰，大约为8000万~10 000万t，粉煤灰已给环境造成危害。

粉煤灰主要由硅、铝和钙的氧化物组成，还含有少量镁、铁、钠和钾的氧化物。不同产地的煤和不同燃烧条件下产生的粉煤灰化学成分有很大的区别。粉煤灰刨花板是借助于粉煤灰的胶黏特性，添加一定量的水、刨花和添加剂，在一定温度压力下，发生水化、凝结和固化而获得的一种板材。粉煤灰刨花板的结合机理与矿渣刨花板相类似。

粉煤灰刨花板的生产过程与水泥刨花板基本上类似，包括原料准备（粉煤灰和木材刨花）、搅拌、铺装、热压、养护、裁边和砂光等。为改善板材的性能，一般在生产粉煤灰刨花板时，需添加一定量的水泥。

影响粉煤灰刨花板性能的因素主要包括：粉煤灰的特性、原料配比、热压温度、添加剂种类及用量等。

粉煤灰刨花板主要作为墙体材料，实验室制造的粉煤灰刨花板性能见表11-8。

表11-8 粉煤灰刨花板的性能

项目名称	单位	数值	项目名称	单位	数值
静曲强度	MPa	11.95	厚度膨胀率	%	3.78
弹性模量	MPa	3686	密度	kg/cm³	1.180
平面抗拉强度	MPa	1.03	含水率	%	10.07

11.3.3　菱苦土板

菱苦土板是用菱苦土和植物纤维混合经固化而制成的一种板材,具有防火、保温和价格低等优点,是一种合适的建筑材料,可用作墙板、天花板等。菱苦土板在50年代比较流行,后来生产逐步萎缩。最近,菱苦土板生产呈上升趋势。

菱苦土是白色或浅黄白的粉末,主要成分为氧化镁,含量不低于75%。菱苦土通常用铝化镁调和,能有效地提高固化速度和强度。菱苦土板的主要成分为菱苦土、木材原料(木纤维、木屑、木刨花和木丝等)、添加剂等。生产过程与水泥刨花板相似,一般为冷压。

本章小结

无机胶凝刨花板,即是利用无机胶凝材料(水泥或石膏等)的胶结作用,将一定比例木材(或非木材植物)刨花与无机胶凝材料均匀混合,再经冷压或热压制成的刨花板。和有机胶凝(胶合)的刨花板相比,其具有生产工艺简单、无甲醛污染,不燃、抗冻、耐腐和无游离甲醛释放等特点,但其对原材料有一定选择性。

无机胶凝刨花板可分两大类,一类是有以水硬性胶凝材料胶结的刨花板,其具有对水较好的稳定性,如水泥刨花板矿渣刨花板、粉煤灰刨花板和菱苦土刨花板等;另一类是以气硬性胶凝材料胶结的刨花板,其对水的适用性很差,只能在干燥环境下使用,如石膏刨花板。

水泥可分为通用水泥、专用水泥及特性水泥3大类,水泥主要技术指标包括有容重、细度、凝结时间、强度、体积安定性、水化热、标准稠度性能指标,不同的水泥的性能差异很大,其对水泥刨花板的生产工艺和产品性能影响很大。

作为制造石膏刨花板原料的建筑石膏[主体成分为半水石膏($CaSO_4 \cdot 1/2H_2O$)],它是由石膏矿石[主体成分为二水石膏($CaSO_4 \cdot 2H_2O$)]经焙烧而来的,或用生产磷酸和磷所产生的废石膏煅烧而来。

此外,无机胶黏刨花板可采用冷压或热压工艺,但由于水泥的凝结时间较长,生产上一般采用锁模氧护的方法以提高加压设备的产量。

思考题

1. 什么是无机胶凝刨花板?产品有什么特点?
2. 无机胶凝材料有几大类?有什么特点?
3. 水泥如何分类?其性能指标有哪些?
4. 影响水泥刨花板生产的工艺因素有哪些?
5. 影响石膏刨花板生产的工艺因素有哪些?
6. 绘制水泥刨花板和石膏刨花板的生产工艺流程,并简要说明其作用。

第 12 章
非木材植物刨花板（选讲）

[本章提要] 非木材植物刨花板是指采用除木材以外的其他植物纤维材料为原料制造的刨花板，其产品可为普通刨花板、特殊刨花板及无机胶凝刨花板等。这类原料和木材相比，具有形态多样，性能差异大，且多为空心材料的特点，因此其与木材刨花板存在有生产工艺设备及性能方面的较大差异。由于这些原料来源广、产量高、经济性好，可以部分替代紧缺的木材资源制造刨花板，因而受到广泛的重视。本章阐述了非木材植物刨花板的定义、分类以及原料特性，说明了发展非木材植物刨花板的重要性，主要介绍了蔗渣刨花板、麦秸（稻草）刨花板、棉秆刨花板及麻屑刨花板生产工艺和产品性能。

12.1 非木材植物刨花板的性能与发展

12.1.1 非木材植物刨花板的发展

20世纪初国外已开始利用非木材植物原料制造人造板，比利时在 1948 年就建立了第一条以亚麻秆为原料的刨花板生产线，其产量 1973 年达到 93 万 m^3；英国于 20 世纪 40 年代中期开始用稻麦秆制造纸面稻草板；美国于 1920 年将蔗渣用于硬质绝缘板生产，美国于 1963 年建成一家日产 100m^3 的蔗渣碎料板生产线；80 年代初，由菲律宾采用加拿大的技术建成世界上第一座稻壳板厂。

我国非木材植物原料生产人造板发展从 20 世纪 50 年代末的蔗渣利用开始，到 80 年代的竹材人造板的快速发展，再到 20 世纪末的对农作物秸秆的利用的高度重视。自 20 世纪 80 年代即开始大范围开发研究，对不同种类的非木质原料都做过相应的开发研究，如甘蔗渣、亚麻屑、棉秆、烟秆、麻秆、稻草、麦草、玉米秸、高粱秸、芦苇、龙须草、紫荆格兰等。迄今为止，已开发 10 多种非木质人造板品种，且大多为刨花板产品。这主要是非木材植物纤维原料的纤维含量相对较少，薄壁组织较多，组织结构不均匀等特点，不利于制造纤维板和其他类人造板。而自 80 年代以来我国竹材人造板、沙生灌木人造板以及部分农业剩余物秸秆人造板已经逐步形成了比较成熟的产业化生产技术，并在较大范围得到推广，取得了显著的社会效益和经济效益。

总体说来，非木材植物刨花板是刨花板发展的一个重要方向，也是非木材植物资源合理利用的一个重要途径。从生产规模来看，目前我国刨花板生产仍然以木材原料（小径材、枝丫材或木材加工剩余物）为主。近年来，虽然随着木材原料的短缺，麦秸、稻草、竹材等非木材植物碎料刨花板越来越多，但其产量不大，约占刨花板总量的

1%。从刨花板功能来看，普通刨花板产品仍然是主体，防潮、阻燃等功能性刨花板产品的比例还很低，仅有少数厂家生产。从产品质量来看，亚麻屑和甘蔗渣刨花板的产品质量均能够达到国家标准的要求，因此其产品能够满足特定区域内的市场要求。麦秸、稻草刨花板目前在国内已有生产。

12.1.2 非木材植物刨花板的种类与性能

非木材植物刨花板与普通木材刨花板的主要区别表现在原料自身属性、刨花形态、备料工艺及产品性能上。尤其是刨花形态上，非木材植物刨花板的刨花形态表现为碎料特征，没有固定的形态，且表面没有光滑平整的特征，即使是竹材，也多为碎料形式使用和制造刨花板。

麦秸、稻草刨花板需要采用异氰酸酯作为胶黏剂，由于成本较高而限制了其发展，但随着市场对产品的无醛化要求，因此，麦秸、稻草刨花板在市场上将以无醛人造板与普通木材刨花板和中密度纤维板展开竞争。由于麦秸、稻草原料的特点，其壁厚基本一致，加工出来的碎料的厚度均匀，因此，生产出的板材剖面密度均匀，组织结构致密，其再加工性能远远优于普通的刨花板，接近木材中密度纤维板。

非木材植物刨花(碎料)板的种类及产品性能见表12-1。

表12-1 各类非木材植物刨花板的类别及性能

参数	密度 (g/cm³)	含水率 (%)	静曲强度 (MPa)	内结合强度 (MPa)	吸水厚度 膨胀率(%)	握螺钉力 (N)
B类木质刨花板	0.5~0.85	5~11	≥18.0	≥0.40	≤8.0	≥1100
竹材刨花板	0.9~1.0	6~12	28.0	0.68	1.42	1740
稻壳板	0.75~0.83	5~7	10.3~13.0	0.45	6.8	—
麻屑板	0.68~0.77	10	16.0~22.0	>0.40	5~8	—
花生壳板	0.85	7~9	18.0	0.50	7~8	—
烟秆碎料板	0.74	4.5	20.5	0.52	9.96	—
棉秆刨花板	0.75	6.0	18.21	1.16	5.67	—
桑条刨花板	0.74	5.0	20.4	0.85	7.5	1657
稻草碎料板	0.85	4.8	13.48	0.14	36.5	—
玉米秆板	0.5~0.7	9±4	18.0	0.3~0.5	<7	—
蔗渣刨花板	0.77	9±4	27.1	0.55	7.5	1790
葵花秆板	0.7	6.0	19.4	0.54	5.5	—
麦秸板	0.89	7.94	23.0	0.40	6.63	1350
芦苇碎料板	0.88	5.8	20.3	0.32	4.1	—
无胶蔗渣板	0.8~0.85	4~8	19.0	0.4~0.5	<8	—

12.2 非木材植物纤维原料

12.2.1 原料的种类与分布

非木材植物人造板原料分类方法较多，按植物生长期可分为一年生植物纤维、二年生植物纤维和多年生植物纤维原料；按原料来源可分为农作物类纤维和野生植物纤维原料；按原料在植物组织中所在的部位和作用可分为茎秆、枝丫、果壳及藤类原料等。

常见植物纤维的种类见表12-2。

表12-2 植物纤维的种类

植物类别	植物名称
杆 类	棉秆、高粱秆、玉米秆、麻秆、葵花秆、烟秆、芦苇、剑麻秆、麦秆、稻草、竹材等
壳 类	稻壳、花生壳、椰子壳、菜子壳、核桃壳、茶壳、葵花子壳、果壳、棕树壳等
废渣类	蔗渣、栲胶渣、甜菜渣、麻屑、纺织加工废纤维等
藤草类	黄交藤、葡萄藤、柠条、龙髯草、芨芨草、芳草、席草、芒草等

非木材植物纤维原料的共性一是量大面广，不受区域的制约；其二是植物纤维大多为一年生植物；其三是植物纤维原料价格低；其四是大多季节性比较强，收割期短。而现状利用量不大，因此，非木材植物纤维作为人造板的生产原料是提高其利用价值的有效途径。

1. 竹材

我国竹类资源丰富，无论是竹子的种类、面积、蓄积量还是年采伐量均居世界之首。据统计，全国共有竹类植物40多属500余种，竹林面积720万hm^2，其中纯竹林420万hm^2，主要分布在福建、江西、浙江、湖南、广东和四川6省。全国大致可分为三大竹区：一为黄河、长江之间的散生竹区，主要竹种有刚竹、淡竹、桂竹、金刚竹等；二为长江、南岭一带散生型和丛生型混合竹区，竹种以毛竹为主，也有散生型刚竹、水竹、桂竹和混合型苦竹、箬竹及丛生型慈竹、硬头黄、凤凰竹等；三为华南一带丛生型竹区，主要竹种有撑篙竹、青皮竹、麻竹、粉单竹、硬头黄和茶秆竹等。竹类植物生长速度快、产量高、代木性好，由于木材资源日益紧缺，竹类资源日益受到重视，人工竹林面积迅速扩大，每年以逾6万hm^2的速度增长。同时，每年全国产竹约1800万t，竹笋约170万t，年产毛竹5亿多根，相当于1000万m^3的木材，竹业年产值200亿元。我国对竹的科学研究、生产和开发利用也已具有国际领先水平，已研制出多种竹制产品，如竹制家具、竹人造板、竹地板、竹编织物、竹筷、竹席、竹牙签等。竹材人造板是我国非木材植物人造板的重要品种之一，已经形成相当规模的产业。

2. 藤材

藤类是世界植物资源和森林资源的重要组成部分，具有生产周期短、经济价值高、特殊观赏文化价值、易实现可持续经营等显著特点，已成为仅次于木材和竹材的重要非木材植物资源之一。我国藤类资源天然分布有3属40种21个变种，约占全世界总属数的23.1%，已知种数的6.7%。我国主要商品藤年产量约为4000~6000t，以海南和云南为主要产区。目前，主要藤产品为家具等编织品，其他有手杖、登山杖、马球棒、棒球及曲棍球棒、伞柄等。另外多种藤果和藤梢富含营养，为优质热带水果和森林蔬菜，还可萃取"麒麟血竭"药品等。

3. 芦苇

芦苇是根茎型的禾本科高大草本植物，营养繁殖力强，具有较高的经济价值，可用于造纸、编织、药材等，营养生长期粗蛋白含量在禾本科类植物中居于上等，是优良的饲草；叶、茎、花序、根亦可入药；同时也是优质的造纸原料，在我国造纸工业中居重要的地位；也可作为刨花板、纤维板的原料。我国每年大约生产芦苇200万t，约占世界总产量的6%，主要分布在湖南、湖北、江苏、河北、辽宁、黑龙江和新疆等地。国内曾尝试用芦苇制造人造板，但遇到的问题与麦秸和稻草等同样是因其表面富含生物蜡和硅而不适于与醛类胶黏剂胶接。

4. 农作物秸秆类

农作物秸秆作为人造板的生产原料，由于原料的形态特征差异，因而生产工艺也有不同。目前只有以蔗渣原料生产纤维板和刨花板的工艺比较成熟，产品性能较好，其他秸秆原料还处在研究推广之中。我国农作物秸秆年产量见表12-3。

表12-3 主要农植物纤维产量

名称	稻壳	稻草	麦秸	棉秆	蔗渣	麻秆	烟秆	花生壳
产量(万t)	3561.8	14247	9858	2256	800	130	240	222.1

注：①稻壳的得率按稻谷重量的20%计算；②稻草的重量按稻谷重量的80%计算；③棉秆的重量按棉花重量的6倍计算。

(1) 稻草

稻为一年生禾本科植物，是世界重要的粮食作物。世界每年产稻44 982.7万t；我国每年稻产量约为17 218.4万t，占世界稻产量的38.3%。但目前对它的利用却十分不理想，除在部分地区用作造纸(制造包装纸、普通文化纸、草纸板等)、种植食用菌等外，大部分作为废物直接燃烧，不但造成了资源的巨大浪费，还给环境带来了污染。国内已经研究用稻草作为人造板的原料及墙体材料。

(2) 麦秸

我国麦秸资源年产量达1亿t左右，主要分布在北方，但大部分未得到合理利用，造成了资源的极大浪费。国外已经开发多条麦秸人造板生产线，国内也开发研究多年。采用异氰酸酯胶黏剂制造人造板不但解决了麦秸对醛类胶黏剂难胶接问题，并且板材具有防水性，在生产工艺上还能在高含水率范围内胶合，不用施加石蜡防水剂，产品无甲醛和游离酚等污染环境问题。但是，目前异氰酸酯胶黏剂价格较贵，并且以生产的一类防水板材与普通的室内型人造板竞争普通板材市场，影响产品的市场竞争力，需要开辟其适宜的应用领域。

(3) 麻秆

麻是禾本科一年生草本植物。目前，我国麻产量占世界总产量的80%以上，黄河、长江和珠江流域都有栽培，其产量以四川、湖北等省为最多。麻每年可收割2~3次，其亚麻屑是非常好的人造板原料。因为亚麻屑是亚麻原料厂的下脚料，集中量大，原料供给方便，所以在我国北方和新疆等地建设了多条亚麻屑人造板生产线。

(4) 棉秆

我国每年约有4000万t棉秆，其中约85%作为燃料消耗，大量的棉秆资源未被充分利用。棉秆中纤维素含量高，是很好的造纸和人造板的原料。各国都在研究棉秆制板技术，国内外也都建立了棉秆碎料板生产线。但是，用棉秆制造人造板的关键技术是棉秆皮和棉桃问题，也就是如何将棉秆加工成适于制造人造板胶合单元是制约棉秆人造板发展的瓶颈技术问题。

(5) 玉米秆或玉米秸秆

玉米在世界粮食生产中的产量居第3位。玉米秸秆资源丰富，可作为酿酒、生产人造板和造纸的原料。全世界每年玉米秸的产量超过7.9亿t，其中我国约为1.2亿t，仅次于美国居世界第2位。但目前玉米秸除了极少一部分被用作牛羊等畜类饲料外，绝大部分被废弃。国内在20世纪80年代就尝试使用玉米秸制造人造板，但是，除了玉米秸表面富含生物蜡和硅外，还存在髓心和叶子的处理和利用问题，如能将其韧皮单独分离出来，是非常好的人造板原料。

(6) 甘蔗渣

蔗渣是甘蔗在压榨制糖过程中所产生的剩余物。若压榨1t甘蔗，大约可获得蔗糖120kg、湿蔗渣270kg。蔗渣是优良的非木材植物纤维原料，可直接用来作燃料，或作制浆造纸、纤维板和刨花板原料，还可用作饲料或栽培食用菌，制取纤维素、糠醛、乙酰丙酸、木糖醇等化学产品。我国甘蔗渣人造板技术成熟，发展良好。

(7) 高粱秆

在世界的谷物粮食中，高粱排在小麦、稻谷、玉米和大麦之后，位居第五。我国高粱种植面积较大的地区有辽宁、河北、山东等，种植面积在66.67万~132万hm^2，其次是吉林、黑龙江、山西等省高粱年产量在600万t左右，为世界第三位。高粱秆纤维的平均长度和直径之比与一般木材的比值相当，表皮坚硬且轻，容易得到笔直的秆茎。原料丰富，价格低廉，适宜重量轻、强度大的板材，与木材人造板比较，具有绝热、保温、隔音、防水、轻便、坚固耐用等优点，应用领域广泛。素板与贴面一次热压成型，省去贴面生产线的设备。

总之，非木材植物纤维原料是适合制造人造板的优质原料，具有巨大的开发潜力，用其制造人造板，特别是刨花板的关键技术问题是如何将其加工成适于胶接工艺技术要求的刨花(碎料)。由于非木材植物的特性，其加工性能与木材原料区别较大，直接借用木材原料的备料技术不能满足其生产工艺的要求，而专用的备料设备有待进一步开发研究,从而制约了非木材植物刨花板的发展。

12.2.2 原料的构造及成分特性

非木材植物原料在生物结构、纤维细胞含量与形态、化学组成等方面均与木材原料有一定差别。非木材植物纤维原料多为一年生植物,生长期短,木质化程度低。与木材相比,其原料在宏观与微观构造、物理力学性能和化学特性等方面都具有其自身的特殊性。

(1) 组织结构与纤维细胞含量

非木材植物原料大多为禾本科植物,其茎秆有明显的节和节间,节间有实心的如玉米、高粱、甘蔗等;也有空心的,如稻草、麦秸、竹等。茎节在生产中往往造成不利影响,如竹类节的性能与节间不一样,加工与热压中不易使板材各部密度与厚度一致。此外,节间的空心使材料占空系数增大,堆集密度变小,压缩率提高,也影响到板材的生产和质量。

禾本科植物的横切面上可见到三种组织:表皮组织、基本薄壁组织和维管组织,其中表皮组织中细胞的角质化或矿质化可保护植物本体,防止水分过分蒸发和病菌侵入。但是,表皮的这种性质也给人造板施胶带来不利影响,使原料的湿润性变差,不易吸附胶液。此外,表皮中高含量的 SiO_2,使表面变得较硬,内外硬度的不一致,给原料的制浆带来困难。

针叶材的非纤维细胞含量最少,仅 1.5%~1.8%,而纤维细胞含量高达 98%~98.5%。阔叶材的非纤维细胞含量多于针叶材,但较非木材植物原料少得多。非木材植物原料中,竹类的非纤维细胞含量较少,而玉米秆的含量最高,达 60% 以上。非纤维细胞在生产中也称杂细胞。杂细胞含量较高,使非木材植物原料性能变差,板材的强度较差,吸水性提高,而且制成浆料后的滤水性也不好,造成脱水困难,给工艺上造成一些问题。因此,在生产中应尽可能应用杂细胞含量低的原料,或当原料杂细胞含量较高时,掺用一些木材原料或纤维细胞含量较高的原料。

(2) 纤维形态

纤维形态影响板材的物理力学性能,特别是对强度影响较大。如稻草的纤维细短,胞腔窄,强度较差。麦秆的纤维较稻草长,纤维含量高,相同工艺条件下的同类产品质量优于稻草。芦苇纤维细而短,细胞壁厚,胞腔狭窄,纤维呈棒状,但杂细胞含量较高,约占 35%,故板材强度也不高。蔗渣纤维的胞腔大,纤维扁平,具有长而宽的形态,是非木材植物原料中很好的原料。其中蔗渣、竹材、棉秆等是较好的原料。

与木材相比,纤维的平均长度除竹材与剑麻头外,非木材植物原料一般较针叶材短,但较某些阔叶材长。纤维的平均宽度,非木材植物原料一般较木材小。

纤维的平均壁厚,非木材植物原料类似于阔叶材,低于针叶材,针叶材由于纤维长而壁厚,生产的板材质量一般较高。但由于板材的强度不完全依赖于原料纤维的自身强度,也依赖于纤维之间的交织结合强度,少数阔叶材及非木材植物原料生产的板材也有不少高于针叶材板材的例子。因此根据原料的特征,掌握合适的工艺是很重要的。

(3) 化学组成

原料的化学组成是判断原料质量优劣的主要参数之一。纤维素是构成植物细胞的主要成分，一般纤维素含量高的，细胞壁较厚，纤维的抗拉强度大。原料的纤维素含量越高，制成的板材性能越好。木质素是芳香族高分子化合物，是细胞间的黏结物，在造纸中需要除去。但在人造板生产中，要利用其热塑融合黏结纤维的作用，含量较高为好。

半纤维素的主要成分是聚戊糖，高温下易分解，其含量高时会增加产品吸水率，增加板材热压时粘板的可能性。从部分非木材植物原料的分析，其化学组成有如下一些特点：

①纤维素含量　蔗渣、棉秆、芦苇和龙须草接近或等于针叶材，高于含量低的一些阔叶材，但稻草、麦秸、玉米秆、高粱秆含量偏低，故生产板材时以前几种非木材植物原料为好。

②木质素含量　除竹类与针叶材差不多外，大多数都比较低，接近于阔叶材的低值，这不利于人造板的生产。一般认为，木质素含量高可提高板材的强度与耐水性。

③聚戊糖含量　非木材植物原料比针叶材高得多，相当于阔叶材的高值，这也不利于板材的耐水性。

④水抽提物含量　非木材植物原料普遍比木材含量高，尤其以稻草、麦草、玉米秆为最高，这将会降低板材的性能，导致纤维板生产中的废水污染加重和热压时的热压板的黏结问题增加。

⑤灰分含量　非木材植物原料均高于木材原料，其中稻草尤为突出，且草叶、草穗又远高于茎秆。灰分中的二氧化硅含量很高，说明非木材植物原料的表皮角质化或矿物化较强，表皮硬度高而湿润性差，在生产中也是不利因素。

一般来说，在相同工艺条件下，非木材植物原料生产的人造板强度与耐水性均不如木材原料生产的人造板材。不过，人造板的用途很广，非木材植物人造板没有必要追求达到木材人造板的标准。此外，通过一系列工艺手段，如纤维专门处理、改变压制工艺、二次加工等，也可提高非木材植物人造板的各项性能，使之在许多场合完全可以代替木材人造板。

12.2.3　非木材植物纤维原料的应用特点

非木材植物纤维原料在来源、收获季节、运输、物理化学性能等方面均有自身的特殊性。因此作为人造板生产的原料，既具有自身的一些优点，也存在一些不利因素，在应用非木材植物原料时，应充分了解这一点。

(1) 非木材植物原料应用中具有的优点

①原料来源广泛。多为农作物下脚料或工业废渣及野生植物，有些甚至是难处理的废物。因此，原料价格较低，这样可降低人造板生产的成本。

②原料单一，对稳定产品质量有利，生产工艺易于控制。木材采伐剩余物及灌杂木，树种变化大，纤维形态与化学成分相差较大，混杂在一起生产，常造成产品质量的起伏变化。这样，工艺上常需要采取措施进行控制，实际生产中困难较大。非木材

植物原料的利用一般比较单一，集中利用的品种不会很多，在固定的工艺条件下，板材的质量比较稳定。

③非木材植物原料的备料工段所用设备比较简单，如芦苇、棉秆、稻麦秆等只要简单地切断，不需要削片机。蔗渣、稻壳、花生壳本身已是碎片或碎屑状态，甚至不用破碎。

④非木材植物原料生产人造板的动力消耗较木材原料少。由于备料阶段较简单，省掉了动力消耗很大的削片设备。在纤维分离中，由于非木材植物原料的细胞壁较薄，聚戊糖含量和水抽提物含量高，遇水易膨胀和降解，原料易于软化，纤维分离也较木材容易，动力消耗相应下降许多。此外，非木材植物原料结构一般比较松散，干燥容易，故干燥消耗的能量也较木材原料低。

(2) 非木材植物原料应用中的不利因素

①非木材植物原料的收获季节性很强，为了保证常年生产，工厂需贮存 8~9 个月的原料。非木材植物原料体积一般蓬松，占用地面与空间很大，因此给贮存场地占用面积带来较大困难。

②非木材植物质地松散，在收集与运输上很不方便。因此，在选择工厂厂址时需慎重，否则原料成本会因运输量增大而大大提高，一般收集半径不应超过 100~200km。

③非木材植物原料所含糖类、淀粉及其他易分解的物质较木材高，易于虫蚀或产生霉变和腐烂。因此，贮存中必须采取一些办法，如高密度打包贮存、切段堆积贮存、干燥后贮存、喷洒药剂贮存等。这就增加了生产的工序与成本。

④非木材植物原料含杂物多，蔗渣含有 20% 以上的蔗髓，棉秆有残花和泥沙，芦苇有苇髓和叶梢，稻壳则有米坯等。这些对产品质量均有影响，因此在生产前均应将其分离，如蔗渣需经除髓，稻壳需经碾磨，无形中增加了设备与工序。

⑤在非木材植物人造板生产中，还存在一些问题，至今还在研究解决。例如，棉秆皮韧性大，在输送中常缠绕于设备上，造成堵塞或起火；原料结构松散，制浆中进料不易，造成反喷或效率低；原料易于水解，湿法生产中废水污染较木材原料严重，成型中浆料脱水困难；稻壳板硬度高，对刀具磨损十分严重等。

12.2.4 非木材植物纤维原料的贮存运输

非木材植物原料的贮存是非木材植物人造板生产的关键环节，保存质量既影响产品的质量，也关系到生产成本问题。非木材植物原料堆垛时必须注意保持原料的含水率在 10%~15%。含水率过高，会引起腐烂发热，甚至导致原料自燃。还必须充分考虑防火问题。此外，在堆垛中部顺风向留出通风洞，以防止霉烂。

甘蔗渣原料是刨花板和纤维板生产中使用较好的非木材植物纤维原料，其贮存方法有散堆贮存和打包贮存。由于蔗渣包三维尺寸相差不大，生产中常采用如图 12-1(a) 所示堆垛方法。对于长捆的原材料，则可采用如图 12-1(b) 所示方法堆垛。如芦苇捆、棉秆捆、烟秆捆等。

J. Lois 和 R. suǎrez 对湿打包原渣、湿打包除髓渣和预干后的除髓渣贮存方法进行了比较研究，发现在这 3 种贮存方法的贮存时间对温度分布、湿度特性、粒度和形态、化学成分以及在水和氢氧化钠溶液中的溶解度、酒精—苯抽提物等影响。研究表明：

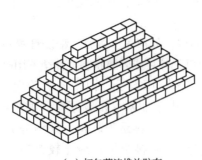 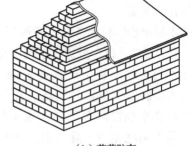

(a) 打包蔗渣堆放贮存　　　　　　　　(b) 芦苇贮存

图 12-1　非木材植物纤维原料贮存示意图

贮存前期，蔗渣内部温度和湿度变化显著，后期相对缓慢，这种温度的变化也说明了微生物活动的强烈性；贮存期纤维的损失严重，其数值超过了20%；纤维素和戊聚糖含量减少，而木素含量则无明显变化，热水可溶物随时间有明显减少趋势，除髓对贮存变化影响不明显。窦正远和郑志彤等对甘蔗渣湿法散堆贮存的试验研究，研究表明：湿法堆存，由于蔗渣堆内部与外界空气有一定隔离，湿度和密度大，堆积密实，有抑制好氧菌生长的作用，因此，蔗渣纤维保鲜度高，蔗渣白度下降少，纤维强度损伤少，有利降低蒸煮用碱，提高浆料得率、白度和纸张强度；湿堆垛蔗渣前几个月内部温度普遍低于半干打包堆，湿堆中部与底部蔗渣水分维持在61%～73%，消除自燃的可能性，湿法堆垛可有效地避免火灾的发生。甘蔗渣在半干除髓后，先经水洗浸润，溶解除去大部分残糖和水抽出物后，再采取泵送或高度机械化的湿法堆垛，即使不加任何防腐剂也能取得较好的贮存效果。并还可以节省人工70%以上及降低打包堆垛成本。

12.3　非木材植物刨花板的生产工艺特点

木材原料与非木材植物原料并没有本质上的区别，只是化学组成和组织结构上有一些差别，而且差别主要是在量的多少或大小上。因此，非木材植物人造板的生产工艺与设备基本上是套用木材人造板的生产工艺及设备，并根据原料性能上的差别作一些相应的调整，如非木材纤维板与碎料板的生产均是如此。

对一些比较特殊的原料，如稻壳、竹材、蔗渣，则增设了特殊的加工工序。此外，与木材原料生产的板材差别较大的产品，如纸面稻草板，在工艺与设备上则更有其特殊性。

1. 与木材刨花板生产工艺的共同点

（1）备料

非木材植物原料中，有些原料如棉秆、麻秆等，其表皮韧性大，不易切断，易形成麻一样的纤维束，在风送中缠绕在风机叶片上或干燥管道中，容易引起摩擦而起火或堵塞。此外，蓬松的原料在旋风分离及料仓下料中也易引起堵塞。因此，需要采取以下工艺和设备的改革措施：

①收集与贮存　生产非木材植物纤维板的原料以茎秆为多,如棉秆、麻秆、高粱秆、稻麦秆、芦苇。这些原料体积庞大,容重小,收集时一般须压紧打包,以提高车船运输量,减少贮存面积。

贮存一般采用堆垛方式,水分不能过高,如稻麦秆、芦苇堆垛时水分不能超过15%,否则需干燥后堆垛。

②切断与筛选　非木材植物原料一般不需削片,只需将原料切断或打碎,以便适合热磨前预热蒸煮的长度要求。

切料设备有两种,均是造纸工业的切断机械。一种是三刀式切草机,利用安装在长筒形刀辊上的飞刀和机架上的底刀,在飞刀旋转时的剪切作用下将原料切断;另一种是刀盘式切苇机,飞刀盘是一铸钢圆盘,上装飞刀,飞刀旋转时,飞刀与底刀的剪切使原料被切断。

据实验,刀盘式切苇机对非木材植物原料切断效果较好。

非木材植物原料易破碎,碎屑及不合格原料多,筛选需要加强,筛选设备常用振动式平筛。根据生产经验,圆形摆动筛的筛选效果较好。

蔗渣不需切断,但需经除髓后再进行制浆。

①改制旋风分离器,将筒体直径、进料口与出料口直径加大;

②将风送管直径加大,尽量避免弯头与拐角,减少挂纤的可能性;

③增设专门的外皮筛选装置,或在普通外皮筛选中设法除去外皮;

④提高切断效率,保持飞刀锋利,采用更有效的切断机械;

⑤将气力输送装置设计为吸入式或负压式,使韧性外皮不通过风机,避免风叶的打碎与缠绕;

⑥采用立式料仓,增设辅助下料或强制下料装置;

⑦采用强制进料方式或机械式输送。

(2)干燥与拌胶

非木材植物原料质地松、空隙多,较木材原料易于干燥,一般能耗较少,但因体积膨大,常需加大干燥机滚筒直径,增大料容体积。此外,可采用适合于松散细碎原料的干燥机如振动流化床式干燥机。

拌胶的均匀对非木材植物原料既重要又较困难;孔隙多的非木材植物原料很易于吸收胶液,按重量比施胶,相同比例时非木材植物碎料比木材碎料体积大得多,表面积也高得多。因此,采用喷胶和高速搅拌是必要的。比较新式的气流管道施胶适合于非木材植物原料,因为它质轻,易于悬浮于气流之中。

(3)铺装与热压

铺装形式要根据非木材植物原料具体情况确定,非木材植物原料碎料常用气流铺装,如稻壳、蔗渣碎料、棉秆碎料以气流铺装为好。

非木材植物碎料板的板坯厚度大,因此,预压设备的开档大。预压压力不需要很大,因非木材植物碎料较木材碎料易于压缩。

热压参数与原料特性、胶料、板坯含水率等有关。非木材植物原料种类杂,热压曲线与参数各异,将在各章中分别讨论。

非木材植物人造板所用热压设备与木材人造板所用热压设备相同,有多层压机,也有单层压机。加热介质形式多为蒸汽,近年来以油作导热介质的设备逐渐增多。

2. 特殊的工艺与设备

非木材植物原料中有几种特殊的原料,需经特殊处理,才能制造出合格的板材,以下各章将有较详细的介绍,本章介绍的特殊工艺与设备如下:

(1) 几种特殊的工艺与设备

① 蔗渣的除髓　髓是蔗渣中的杂细胞,其含量达30%~50%,对板材质量及加工工艺影响很大,尤其是板材的吸水率,因此,必须除去或部分除去蔗渣中的髓。除髓有专用的除髓机,产量大而且效率高。

② 稻壳的碾磨　稻壳有含硅较多的表层,具有疏水性而使胶液不易黏附,此外还有一些杂质附于稻壳表面,因此需经专用的碾磨机,使其挤压摩擦而除去表层物质及一些杂质。

③ 花生壳的碾压　花生壳外形特殊,空腔体积大,但质地又脆,如经粉碎则粉末过多,故需经专用机械进行碾压。

④ 玉米秆(高粱秆)的除芯　高粱秆与玉米秆表层坚硬,芯层是海绵状松软物质,强度低、吸水性强,要部分除芯才能制造出质量好的板材。目前玉米秆的专用除芯机还没有,有待于研究开发。

⑤ 棉(麻)秆的除皮　棉秆与麻秆的表层有一层不易切断的丝状物,它本身切断后有可能提高制品的质量。但是,这层未切断的丝状物常缠绕在生产线的输送设备上,引起摩擦起火、堵塞,只有除去才能保证正常生产,因此,需要专用的除皮设备。

(2) 纸面稻草板生产工艺及设备

纸面稻草板的生产工艺接近于挤压法碎料板生产工艺,采用长度较大的稻草秆,经梳理、横向进料后,由撞锤冲击挤压铺装成型并连续热压,具有一定特点,其设备中的梳理机、喂料装置等也比较特殊。

12.4　非木材植物刨花板的制造

12.4.1　竹材碎料板

1. 原料特性

竹材碎料板根据竹材原料的来源及形态特征,除了可以制造成普通的竹碎料板外,还可以将竹材加工成竹片,制造特殊刨花板,如大片竹刨花板或定向刨花板等。

普通竹材碎料板主要利用小径杂竹或竹制品下脚料经破碎后加工而成。由于竹的种类和下脚料的来源、材性、形态结构等情况不同,生产出的板材性能差别也较大,一般与木材刨花板性能接近,应用方面也相类似。竹材碎料板对原料的竹种、径级、竹龄、几何尺寸无严格要求,甚至竹青、竹黄、竹节、竹枝都可以作原料。因此,原料来源广泛,且竹材利用率高是其优点。竹碎料的原料有三大类型:小径杂竹、竹材采伐剩余物和竹材加工剩余物。

2. 生产工艺

竹材碎料板的制造工艺与木材刨花板的制造工艺技术及设备技术相近，对于直径较小的竹材或采伐剩余物采用切断和捶碎的备料工艺，而加工剩余物则采用筛选，通过筛网的刨花则视为合格，直接使用，没通过的刨花或竹片需再碎后使用，其他工艺设备与普通木材刨花板的相同。

竹大片碎料板是以一种特制竹碎料为单元的新型板材。它的基本特点在于：①采用纵向径面取材法获得其单元材料，这样最大程度地防止因竹材缺乏横向细胞而造成的竹碎料的后续破碎，竹青与竹黄被置于竹大片碎料（或刨花）的两侧而避免了对胶合性能的影响，提高了竹材的利用率。同时，也避开了纹理交错严重的竹节弦面而使带节径面刨花有可能保持应有的厚度偏差和表面粗糙度。此外，采用这种碎料可使不同壁厚、不同竹种、不同部位（从根到梢）的竹竿均可得到充分而合理的利用。②竹大片碎料板以长约60mm，宽3~40mm，厚约0.55mm的竹大片碎料为单元原料，有可能最大限度地保持和发挥竹材的纵向抗弯性能，使得主要依靠大片碎料本身刚度和强度的竹大片碎料板有条件满足工程结构用材的要求。从表12-4中可以看出，竹大片碎料板的各项性能比较优良，如果采用酚醛树脂胶，其性能应当达到某些工程结构用材的要求。

竹材定向碎料板是一种正在研究开发的新型板材。由于竹子中绝大多数纤维是纵向排列，竹子的纵向强度和横向强度之比要大于一般木材。采用竹子制造定向碎料板，可以大大提高板材在定向方向的强度，即制造竹定向碎料板可以更充分地利用竹材纵向强度大的优势。从已研制出的板材性能看，有着十分广泛的应用前景。

竹材碎料板的竹材利用率可达90%以上，且可利用大量的小径杂竹。但竹材碎料板的生产工艺需加以完善，尤其是竹材碎料板的防霉、防虫问题尚需研究解决。

我国目前已开发出几种不同单元结构的竹材碎料板，分别为普通竹碎料板、竹丝碎料板、竹大片碎料板和定向竹碎料板，其基本性能见表12-4。

表12-4 几种竹材碎料板的性能特点

种类	碎料形态特征	施胶量（%）	密度（g/cm³）	静曲强度（MPa）	平面抗拉强度（MPa）	吸水厚度膨胀率（%）
普通竹材碎料板	粉碎杂竹或竹下脚料	8~12	0.7~0.9	25.0~32.0	0.4~0.9	<15
竹丝碎料板	竹制品下脚料	14	0.83	29.2	0.84	3.5
竹丝碎料板	竹片竹丝	14	0.81	22.4	0.62	4.3
竹大片碎料板	竹大片径向刨花	10	0.73	≥35.0	≥0.45	≤18
定向竹碎料板	长形径向刨花	9	0.75	60~75 // 30~35 ⊥	>0.4	<4

12.4.2 蔗渣碎料板

1. 原料特性

蔗渣碎料板是利用糖厂的榨糖的剩余物（蔗渣）作为生产原料，原料比较集中，便于收购，含水率低，形态细小，并且打包成捆，因此可以节约大量的备料工段的刨花制备和刨花干燥所需的能源消耗。但需要去除原料中的长纤维和大量的薄壁细胞，否则薄壁细胞会影响材料的力学强度，而长纤维影响铺装。同时原料中含有大量的糖分，需要施加防霉剂，否则影响板材的使用，也会造成热压时黏住热压板。蔗渣中蔗皮和维管束占总量的60%~65%，蔗髓占35%~40%。蔗髓是薄壁细胞，为海绵状物质，柔软、质轻、吸水性强、膨胀率大、强度低。

蔗渣是刨花板制造的一种较好的原料，其化学成分与一般木材很相似，见表12-5。

表 12-5 蔗渣和木材的化学成分　　　　　　　　　　　　%

化学成分	蔗 渣	山毛榉	松 木
纤维素	46	45	42
木质素	23	23	29
戊糖和己聚糖	25	22	22
其他成分	6	10	7

2. 生产工艺

（1）原料与贮存

从糖厂出来的蔗渣含水率达100%，含有2%~3%的糖，贮存过程中易发酵，使纤维素和木素损失，且纤维质量下降。同时需要确保6~9个月的非收割期的原料贮存量。

蔗渣贮存有两种方法：第一种方法是采用发酵法贮存，在制造蔗渣板以前将蔗髓除去。这种贮存方法简便，但蔗渣质量降低，颜色变深，纤维受到一定程度破坏，使板强度受到影响。第二种方法是打包贮存。在糖厂将蔗渣中的蔗髓除去，并进行预干燥，使蔗渣含水率降至20%~30%。对干燥后的蔗渣压紧打包，再运至蔗渣板厂贮存备用。这种方法对蔗渣发酵有阻止作用，且能降低运输费用，是一些新建厂普遍采用的方法。

（2）蔗渣除髓

蔗渣除髓有两种方法：一种是干法除髓，先进行预干燥，使其含水率达20%~30%，然后除去蔗髓；另一种是湿法除髓，直接对糖厂出来的蔗渣除髓。

蔗渣除髓采用的是除髓机。除髓机类似于锤式再碎机，有立式和卧式两种（图12-2）。卧式除髓机筛孔易堵，除髓效果较差。立式除髓机效果较好。蔗渣在除髓机中受到冲击臂作用被扩散，蔗髓从筛孔中穿过，经蔗髓出口排出。纤维不能穿过筛孔，从蔗渣出口排出。

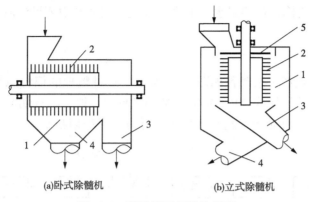

(a)卧式除髓机　　(b)立式除髓机

图 12-2　蔗渣除髓机结构原理

1. 筛板　2. 飞锤　3. 蔗渣出口　4. 蔗髓出口　5. 分料器

(3)生产工艺流程

如图 12-3 所示为蔗渣碎料板的生产工艺流程。在糖厂除髓后的蔗渣用打包机压紧打包，运到蔗渣板厂后再用散包机将其拆散打碎备用。由于除髓时蔗渣已破碎，因此，不需要进行破碎加工，只需要进行干燥和分选即可，对于个别过粗渣可再碎。

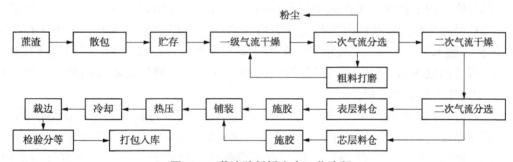

图 12-3　蔗渣碎料板生产工艺流程

蔗渣碎料板的其他工序基本同于木材刨花板，蔗渣碎料板的施胶量 8%左右。由于蔗渣导热性差，热压时间较长，其热压温度为 150℃左右，热压时间为 1.0~1.2min/mm 厚板。

蔗渣刨花板是一种质量很好的人造板，其物理力学性能可以和针叶材刨花板相媲美，比阔叶材板性能优越。

12.4.3　棉秆碎料板

1. 棉秆特性

棉秆碎料板的原料为去掉枝叶和棉桃的棉花茎秆部分。棉秆由三部分组成：木质部分占 72%，髓心占 2%，皮层占 26%。棉秆的木质部分是其主体部分，其化学成分及含量接近于阔叶材。棉秆的密度小(0.30g/cm³)、强度低(仅为木材的 50%左右)、吸湿膨胀率大(17.6%~21.6%)、pH 高于木材。棉秆的皮层为韧皮纤维，其纤维长、韧性强、重量轻，加工后成麻状纤维，相互间附着力强，易结团。这些特征给棉秆破碎、输送、干燥、拌胶和铺装等工序带来了困难。另外，棉秆皮层的吸湿率比木质部高

70%，它的存在会使棉秆板的耐水性下降。因此，在生产中要设法除去棉秆皮层是棉秆碎料板生产的关键问题。

2. 生产工艺

棉秆碎料板的生产工艺流程如图12-4所示。经过整理的棉秆原料运到工厂的贮料场，先用切草机将棉秆切成20～40mm长的圆柱形棉秆段。棉秆切断时的含水率应控制在15%以下，因为棉秆越干则越脆，含水率低可以提高切断率。

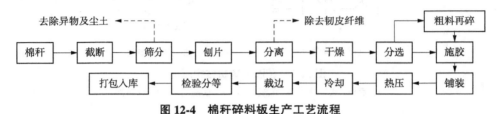

图12-4　棉秆碎料板生产工艺流程

将棉秆段送入筛分工序，筛去杂质和尘土。刨片工序选用一般的环式刨片机即可，为了提高合格碎料得率，在刨片前最好对原料进行加湿处理，使其含水率达到20%～25%。通过专用的碎料分离设备，将韧皮纤维和木质部分离开，木质部送入料仓备用。

棉秆碎料的干燥可以在普通干燥机内进行，由于棉秆的燃点低，干燥温度要低一些。施胶是在连续式拌胶机内进行的，脲醛树脂胶的施加量为10%左右，由于棉秆的pH值比一般木材高，因此，要适当的多加一些固化剂，且要在热压时适当的延长热压时间，以确保胶黏剂完全固化。棉秆的吸湿膨胀率大，要增加防水剂用量，一般施加1.2%～1.5%的石蜡防水剂。

棉秆碎料板生产过程中的铺装、热压、冷却及裁边等工序同木材刨花板基本相同。热压温度为170～190℃，单位压力2.2～3.4MPa，热压时间15～20s/mm厚板。

棉秆碎料板生产存在的问题，是棉皮和棉桃的去除问题，目前尚未很好地解决，导致许多以棉秆为原料生产碎料板的工厂改为以木材为原料生产木质刨花板。

棉秆碎料板的性能与木材刨花板差不多，能达到刨花板国家标准要求，其性能详见表12-1。

12.4.4　稻草、麦秸碎料板

稻草和麦秸均为一年生的禾本科植物，高约1m，秆直径3～5mm，表面光滑。其作为碎料板生产原材料具有资源广、空心、表层带有蜡质层的特点，不适合采用醛类胶黏剂，因此生产成本较高。

稻草(麦秸)刨花板的生产工艺流程如图12-5所示。

由于稻草和麦秸的特殊表面特性，采用脲醛树脂和酚醛树脂等胶黏剂生产的稻草和麦秸刨花板性能均不理想。近年来国内外使用异氰酸酯胶黏剂制造稻草和麦秸刨花板，其物理力学性能可相当于木质刨花板，且属于防水类板材。使用异氰酸酯胶黏剂可以明显提高稻草刨花板的物理力学性能，内结合强度高达0.56MPa，同时具有无甲醛释放，耐水和耐老化性能好，对原料含水率要求较宽等优点。

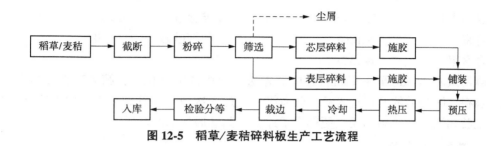

图 12-5 稻草/麦秸碎料板生产工艺流程

异氰酸酯胶黏剂之所以能克服硅和蜡质的影响而较好地应用于秸秆人造板消费之中是因为它具有分子量小反应活性高等特点使得异氰酸酯胶黏剂易于与农作物秸秆表面之间产生扩散与渗透进而产生化学反应。同时原料中的水分还会进一步促使反应的进行最终导致牢固的化学胶接。异氰酸酯胶黏剂不仅对麦秸、稻草等农作物秸秆有良好的胶接性能，而且具有无游离甲醛等有害气体释放、耐水性和耐老化性能优异、施胶量少、热压周期短等特点。但异氰酸酯胶黏剂除价格高外，还需在板坯和热压板之间需要脱膜层，增加了工艺的复杂性。

我国已颁布了麦(稻)秸秆刨花板国家标准(GB/T 21723—2008)。稻草刨花板和麦秸刨花板的性能比木材刨花板差一些。

12.4.5 麻屑碎料板

生产麻屑板的原料主要是亚麻屑，是亚麻原料厂加工亚麻时所产生的剩余物。亚麻是一年生非木材植物，全国播种总面积约 66.7 万 hm^2，麻秆产量达 30 万 t 以上，亚麻屑资源很丰富。

麻屑碎料板的生产工艺流程如图 12-6 所示。

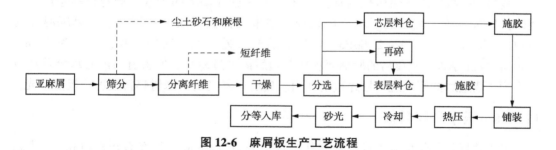

图 12-6 麻屑板生产工艺流程

1. 原料准备

亚麻屑多为矩形颗粒状碎料，一般长为 2~7mm，宽 0.3~1.5mm，厚 0.05~1.5mm。亚麻根部的绝干密度为 0.43g/cm^3，秆部的绝干密度为 0.40g/cm^3，梢部的绝干密度为 0.36g/cm^3；亚麻屑的堆积密度为 0.105g/cm^3；含水率 10%~15%；亚麻秆的 pH 值为 5.0~5.4，由于加工时亚麻秆在 32~35℃ 的温水中浸泡了 40~60h，因此，其 pH 值为 6.5~7.0。亚麻屑表面光滑平整，无须切削加工，但必须除去尘土、砂石和短纤维料。用于制碎料板的麻屑原料要求如下：

麻屑含量	75%~80%	短纤维含量	≤5%
麻根	≤10%	尘土和细砂石	≤12%
含水率	≤15%		

麻屑从麻屑库运至主车间料仓中，先送入滚筒式筛分机内，筛去砂石和尘土，并除去麻根。筛分后的麻屑进入纤维分离机。经过一次或二次纤维分离，除去短麻纤维，以防施胶和铺装时碎料结团，便得到了适合于制麻屑板的净麻屑。

2. 麻屑干燥和分选

采用滚筒式干燥机或转子式干燥机，将净麻屑干燥到含水率为2%~3%，干燥温度一般为140~170℃。由于进入干燥机的亚麻屑含水率较低，因此，亚麻屑干燥时要注意防火。再利用风选机将净麻屑分成表、芯层原料，为了得到足够的表层麻屑，要利用再碎机将一部分芯层料加工成表层料。

3. 拌胶

表、芯层麻屑分别进入表、芯层拌胶机内，与一定量的树脂胶混合，通过搅拌机的高速搅拌达到均匀。亚麻屑的施胶量大于木材刨花板和中密度纤维板，胶黏剂加入量平均为12%左右。为保证麻屑碎料板有较高的防水能力和尺寸稳定性，通常要多加防水材料，防水剂的加入量一般为1.0%~1.5%。麻屑施胶时加入的是脲醛树脂胶、固化剂和石蜡乳液防水剂的混合液。

4. 板坯铺装

麻屑板生产过程中的板坯铺装基本同于木材刨花板，一般采用气流铺装机铺装，将施胶麻屑铺成一定规格的渐变结构板坯。

5. 热压

铺装好的板坯送入热压机内加温加压，这一过程基本同于木材刨花板的生产。麻屑碎料板的热压工艺有别于木材刨花板，多采用低温低压的热压工艺。热压温度为147℃，热压压力为1.8~2.2MPa。麻屑的透气性差，热压时间较长，一般为0.38~0.40min/mm 厚板。热压后的麻屑碎料板裁边后需经过冷却，使板材内部的水分及热应力平衡。裁边后的废板边可打碎重新利用。最后用砂光机对麻屑碎料板进行板面砂光。

12.4.6 玉米秸碎料板

玉米秸秆是一年生禾本科植物茎秆，直径为20~45mm，长度为0.8~3m。玉米秸秆的纤维平均长度为1.0~1.5mm，平均宽度10~20μm，纤维细胞含量仅为20.8%，均低于木材。玉米秸秆的纤维素和木素含量低于木材，而半纤维素含量较高，灰分大。玉米秸秆的密度小，质地软，且含有柔软质轻、体积膨大的髓心。玉米秸秆表皮的密度为$0.27g/cm^3$，而其髓心部分密度更低，其气干密度仅有$0.091g/cm^3$。玉米秸秆髓心质轻体大，基本无强度，吸水性强。因此，应设法除去髓心，以减少耗胶量，提高产品的力学性能和尺寸稳定性。玉米秸秆的半纤维素含量较高，在贮存时应注意防霉。

目前玉米秸秆利用的比例很小。约1.1t玉米秸秆可制成$1m^3$碎料板，发展玉米秆碎料板有良好的前景。

如图 12-7 所示为玉米秆碎料板的生产工艺流程。玉米秸秆切断可采用价格较便宜的秸秆切断机，粉碎可采用环式刨片机或筛环式打磨机。制得的玉米秸秆碎料经普通刨花干燥机干燥即可。通过分选除去髓心和尘屑，将大小碎料分离开，分别进入表、芯层拌胶机施胶。玉米秸秆的纤维素含量和木素含量均低于木材，因此，施胶量和防水剂用量均高于木材刨花板。一般平均施胶量为 12%，石蜡防水剂用量为 1.2%~1.5%。玉米秆碎料板的铺装工艺基本同于木材刨花板，但热压工艺稍有区别，原因是玉米秆的半纤维素含量较高，且本身刚性差，容易压缩。因此，为防止粘板和保持产品有一定密度，常采用较低温度、较低压力和较长时间的热压工艺：热压温度 140~170℃，压力低于 2.5MPa，热压时间为 0.8min/mm 板厚。

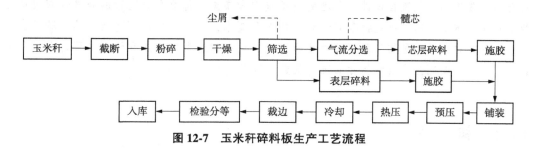

图 12-7 玉米秆碎料板生产工艺流程

玉米秆碎料板生产存在的问题是碎料制备问题，去叶和除髓问题尚未很好解决。

本章小结

非木材植物刨花板是指除木材以外的以其他植物纤维为原料制造的刨花板。这些原料多为一年生的草本植物的茎，茎中密布很多相对细小的维管束，充斥维管束之间的是大量的薄壁细胞，在茎的最外层是坚韧的机械组织。但合理利用丰富的非木材植物资源是缓解木材资源紧张和促进木材工业良性发展的重要途径。麻秆是世界上最早用于人造板生产的非木材植物原料之一，蔗渣则为我国应用最好的原料之一。以甘蔗渣、竹子、棉秆、芦苇、麦秸、稻草、豆秸、玉米秆、油菜秆、烟秆等作为刨花板生产原料，均可制造出性能较好的产品。

由于非木材植物纤维原料的性能差异很大，生产上原则上不会将不同种类的材料混合使用，并应根据原料性质选用合理的生产工艺和设备，尤其应注意刨花(碎料)制备工段的工艺制定和设备选择。这类的贮存应注意通风，以免原料发霉变质，从而影响胶合，再者这类材料受季节性影响很大，且堆积比较困难，因此工厂设计时应增大堆场面积，同时加强消防。

思考题

1. 什么是非木材植物刨花板？
2. 试述非木材植物刨花板的分类和原料特点。
3. 非木材植物刨花板与普通木材刨花板在生产工艺上的主要区别有哪些？
4. 分析比较多种非木材植物原料制造刨花的工艺特点。
5. 简述蔗渣、棉秆、麻屑刨花板的生产工艺。

第13章 刨花板车间工艺设计（选讲）

[本章提要] 刨花板车间设计是刨花板生产线设计的一个重要组成部分，也是一个关键环节。先进的工艺流程设计，合理的设备选型和布置，将对企业运行的经济性起着决定性的作用。本章介绍了刨花板车间设计的内容和要求，分析了生产工艺设计的步骤及优化方法，原辅材料消耗量的计算方法和步骤，以及设备的选型的方法和设备布置的要求和原则等，说明了车间生产技术指标的确定及重要作用。

13.1 概　述

刨花板车间工艺设计是根据产品对象及原料特征，首先制定基本工艺流程，并根据计划产量（任务书）确定车间的设计生产能力，然后从车间日生产能力的计算入手，推算出各工序的生产加工工作量及原料的需要量，然后按各工序的原材料需要量确定设备型号和数量，最后根据选定的工艺流程、设备型号及数量在车间内进行设备合理布置。

13.1.1 设计的内容和深度

一个完整的刨花板企业的设计范围是很广的，包括企业的一切工程设计：总平面设计（生产区、厂前区、生活福利区等）、生产工艺设计、辅助车间设计（制胶车间、机修车间、锅炉房、变电所、仓库等）、厂内外运输、动力及给排水系统、通风采光系统及电力照明等方面的设计。以刨花板工艺设计为重点的课程设计或毕业设计，可不涉及厂址选择和总平面设计，非工艺部分只是以概算指标进行初步的设计计算。

刨花板车间工艺设计应包括以下内容：总论、工艺部分、仓储部分、给排水部分、动力部分、建筑部分、经济部分等。

（1）总论部分应阐明建厂地区的环境、资源、经济等条件，以及拟生产产品的特性，论述建厂或改建、扩建的必要性及经济上的可行性。

（2）工艺部分包括：根据生产计划拟定的产品规格、数量及质量要求；选择基本工艺流程；划分生产工段；原辅材料需要量的计算；车间布置设计和拟定生产工艺规程。

（3）建筑部分包括：平面、剖面设计和结构造型，并计算建筑所需面积，规划服务性房屋面积和楼梯、出入口；整个建筑部分应满足工艺和生活对建筑物在使用功能上的要求和防火要求。

(4)仓储运输部分包括：原材料堆放场地面积计算，参照同类型车间选择木片料仓、干湿刨花料仓，并在平面布置图上考虑车间成品暂存地；各机台的衔接要选配运输设备。

(5)卫生技术部分包括：车间照明及通风问题只做初步考虑，车间内生活用水、防火用水按有关定额标准。车间排水、安全技术应有考虑。

(6)动力部分包括：根据设备装机容量和概算指标计算蒸汽动力消耗量，对供电、供汽提出要求。

(7)经济部分包括：确定生产班制和车间定员，编制设计概算和生产预算，进行技术经济指标和投资效果分析。

13.1.2 设计工作的程序

刨花板车间的建设，从拟定计划到建成投产，大体要经过立项(可行性研究)、方案设计(初步设计)、扩初设计和施工图设计的前期基础工作、然后进行勘测施工、安装调试、投产运行和后期评价等过程。设计是其中一个重要环节，车间设计，通常是按方案设计、扩初设计和施工图设计这三个阶段进行，各个设计阶段的具体任务、目的和工作方法均有不同。

1. 方案设计

它是根据企业经批准的设计任务书在充分调查研究、掌握国内外发展方向的基础上，充分吸收现行工艺中成熟的先进经验，并结合建厂具体情况，从技术上的可能性、经济上的合理性和施工的现实性经几个方案综合比较后确定最佳的建设方案，其内容包括：

(1)确定适销对路的产品规格和尽可能简短而合理的工艺流程。

(2)确定工艺布置方案、画出工艺流程图、平面布置图。

(3)对新型设备提出设备设计资料。

(4)确定土建设计的初步轮廓。

(5)对车间的设备数量和投资进行初步估算。

2. 扩初设计

在方案设计的基础上，设计方案确定不变的情况下进行，其深度及可靠性均较方案设计更大，其内容为：

(1)进一步完善工艺布置；

(2)提出设备清单；

(3)编制设计概算：技术经济指标及投资效益的分析；

(4)确定工艺对水、电、汽、建筑等方面的基本要求；

(5)画出正式的工艺平面布置图(比例1：100或1：200)、立面图和剖面图。

3. 施工设计

在方案设计经审订批准后进行，主要是为满足施工要求、保证施工质量、加快施工进度提供方便条件，它必须符合已经批准了的扩初设计和有关技术文件要求。

施工设计必须按施工需要，分别制订工程上各部分的详细图样，要考虑设备安装的准确尺寸和设备安装标高，提出平面布置总图和分工段工艺设备安装平面图（比例不小于1∶50），安装基础图（比例不小于1∶20）等。

13.2 生产大纲

13.2.1 生产纲领

生产纲领包括产品类型、生产规模、产品幅面、厚度范围、密度范围、产品质量标准及产品用途等。

13.2.2 工作制度

工作制度指生产线的年工作日、日有效工时数、日工作班数等。一般一年按300工作日，日有效工作时数22.5h，工作4班3运转，并进行相关说明。

13.2.3 原料组成

指原料种类和来源等，主要包括针叶材、阔叶材、直径大小和来源情况等，并注明相关比例。

13.2.4 胶黏剂及其添加剂种类指标

指胶黏剂的种类及质量指标。

13.3 生产工艺设计

拟定合理的生产工艺流程，是刨花板工艺设计的重要环节，它直接关系到设计能否顺利进行，也关系到能否正常生产。

1. 方案优化

在设计中应根据产品规格及性能要求、原材料种类及生产规模等确定备料工段的刨花制造工艺、拟定刨花和木片的料仓形式、运输方法、铺装方式及热压方法等。设计时要参照国内外生产实际中现有的刨花板生产工艺流程图拟定几个工艺流程方案，并画出草图，再将各流程反复加以比较，修正最后确定一个既经济、又合理的比较完善的工艺流程，并画出生产工艺流程图。

2. 生产工段划分

在刨花板生产中，各工序之间是相互联系，密切相关的，每道工序都有大量的工艺和运输设备。为保证正常生产，工段之间应设有各种料仓，以防某一工序或机组发生故障停机而影响全线生产。当工艺流程确定后，应根据车间生产规模、生产方式和操作管理方便等方面来划分生产工段。

刨花板车间一般可划分为备料工段、制板和砂光三个工段，是以干刨花贮存、半成品中间贮存及成品贮存作为缓冲区域。

3. 确定工艺参数

工段划分确定后须把主要工序如干燥、施胶、热压、刨花形态等工艺参数确定一个基本范围，工艺参数必须根据国内同类工厂的有关资料及现场情况分析确定。

4. 工艺流程说明

对已经确定的工艺流程进行简要的说明。包括各工序的作用及相关技术要求。

13.4 生产能力确定

设计刨花板工厂(车间)时产品品种、规格、数量比例及年产量是设计的主要根据，由设计委托书提出。产量的大小决定了工厂规模和选择设备的范围。刨花板车间的生产能力以每个工作日生产标准厚度刨花板净板的体积计算，并应扣除废品产量，废品量不得超过5%。计算生产能力以19mm厚净板作为标准厚度(计算依据)。刨花板车间生产能力，设计应留有一定的余量，国内项目预留产量10%，国外项目预留产量20%。刨花板车间设备能力平衡应以热压机为基准，以平衡车间其他设备的生产能力。刨花板车间年工作日280天，除削片工段每天二班生产外，其他工段都是三班生产。刨花板车间每班工作8h，有效工作时间7.5h。

物料平衡计算、设备选型和台数计算都必须以设计年产量为依据。在刨花板生产工艺设计过程中，之所以存在"设计产量"的概念，是因为所选用的热压机的形式及其生产能力与产品设计任务书上所要求完成的年产量(计划年产量)不相符合，因此，在刨花板的生产工艺设计过程中，一定存在着产品年产量修正的问题。修正的前提是必须确保产品的设计年产量略大于计划年产量，这样不仅能完成产品设计计划任务书中关于产品的产量要求，而且又能充分发挥设备(热压机)的生产能力。

1. 采用周期式热压机的年设计产量的确定

周期式单层热压机和多层热压机的计算方法相同，对于多层压机一车生产的板件数量为压板层数×幅面张数，而对于单层热压机热压一次生产出的产品件数为幅面大小分割的数量。需要注意的是对于宽幅面的单层热压机的幅面大小的晋级数为2。

(1) 计划生产能力

完成产品计划年产量，热压机应具备的理论层数：

$$n_1 = \frac{Q_1 \times [p \times (H+\Delta H) + t_f]}{3600 \times T \times L \times B \times H \times K_1 \times K_2} \times 10^9$$

式中：Q_1——年计划产能，m^3/a；

n_1——热压机所需层数，层；

T——年工作小时数，h；

L——裁边刨花板长度，mm；

B——裁边刨花板宽度，mm；

H——刨花板成品厚度,mm;

ΔH——砂光余量,mm;

p——热压系数(单位厚度加压时间),s/mm;

t_f——辅助时间,s;

K_1——工作时间利用系数,可采用 0.95;

K_2——考虑到废品的系数,0.98。

(2)设计生产能力

由于按产品的计划年产量计算出的理论层数 n_1 往往不是整数,所以必须将计算出的数值向增大方向的最小一位整数进位(或取标准值),即 $n \geq n_1$(层),那么热压机的实际产能 Q:

$$Q = \frac{3600 \times n \times T \times L \times B \times H \times K_1 \times K_2}{p \times (H + \Delta H) + t_f} \times 10^{-9}$$

式中:Q——产品的设计生产量,m³/年;

n——热压机的实际层数,层;

其他参数同上。

周期式热压机层数的选择受压机高度或油缸行程的限制,因此,当理论层数超过压机极限高度(实际层数)后,可以选择多幅面的多层热压机,一般为 2 个幅面,也有更多幅面的热压机。应根据设备厂家提供的技术参数选择。

周期式热压机一般选择 16mm 或 19mm 成品厚度进行工艺设计计算。

2. 采用连续式热压机的年设计产量的确定

(1)计划年产量

完成产品计划生产量,热压机需要的理论长度:

$$L_1 = \frac{Q_1 \times 10^6}{3600 \times T \times B \times H \times K} \times (H + \Delta H) \times p$$

式中:L_1——连续热压机所需的有效工作长度,m;

Q_1——计划生产能力,m³/年;

T——年工作小时数,h;

B——热压机成板规格宽度,mm;

H——刨花板成品厚度,mm;

ΔH——砂光余量,mm;

p——热压系数时间(s/mm);

K——工作时间利用系数,可采用 0.99;

(2)设计年产量

根据计划产能需要的压机的理论长度和设备厂家提供的设备最终有效长度不一定完全一致,因此就存在产能的差异。因此,必须对热压机设计产能进行计算。

$$Q = \frac{3600 \times T \times B \times H \times L \times K}{(H + \Delta H) \times p} \times 10^{-6} \quad (\text{m}^3/\text{a})$$

式中:L——所选择的连续热压机有效工作长度,m。

其他同上。

(3) 热压机钢带的最大生产运行速度计算

热压系数是影响产能计算结果的变化范围大的可变参数，而影响热压系数的主要因素有热压温度和板坯特性等，因此，热压系数的确定必须具有先进性和实践性。

压机钢带的运行速度设定主要由热压工艺条件和板坯特性决定。当生产规模较大时，选择压机的有效长度必然加长，这将会导致生产薄板时钢带运行速度很快，这就应校验生产最小厚度板材时的钢带运行速度，以便对钢带生产运行速度与设备的最大设计工作速度进行对比分析，为客户提供选择依据。压机钢带的生产速度可以通过下列公式计算：

$$V_{max} = \frac{L}{p \times (H_{min} + \Delta H)} \leq V_0$$

式中：V_{max}——压机钢带的生产运行速度，m/s；

V_0——压机设计允许的最大钢带运行速度，m/s；

p——热压因子，s/mm，一般取 $p = 5.5 \sim 6.5$ s/mm；

L——热压机的有效加压长度，m；

ΔH——砂光余量，mm；

H_{min}——设计选择的最薄规格板的成品厚度，mm。

13.5 原辅材料消耗计算

进行原材料及辅助材料需要量的计算需要根据设计任务书规定的产品参数、原材料种类及比例、工艺流程及参数、工作制度等进行计算。

产品参数：产品长度 L(mm)、产品宽度 B(mm)、产品厚度 H(mm)、产品基本密度 D(kg/m³)、含水率(%)；

原材料种类及比例：原料来源及比例；

工艺参数：胶黏剂及其添加剂的施加量、砂光量、表芯层刨花比例；

工作制度：年、月、日及每班的工作时间。

13.5.1 计算方法

(1) 根据前面最终确立的生产工艺流程方案，绘制出刨花板的生产工艺流程图(用方框和箭头表示)，流程图绘制需要包含主要的生产工序，如图13-1所示。

图 13-1 原料平衡计算图

(2) 在计算之前列出与计算相关的生产工艺参数，以作为计算依据(表13-1)。表中数据应根据理论、实验、生产实践以及有关资料确定(技术经济指标中的一些数据也要采用，但不可编入此表之中)。表芯层刨花用量比例可以根据素板表层料和芯层料的厚度比例及相关密度进行计算，也可参见表 13-2 的经验数据进行选择。表芯层调胶配比见表 13-3。

表 13-1 刨花板生产工艺参数参照表

序号	项目	单位	定额或数值
1	砂光余量(双面)	mm	
2	裁边余量(单位)	mm	
3	板坯喷水量	g/m²	
4	热压要素 温度	℃	
	压力	MPa	
	时间	min	
……			

表 13-2 表芯层刨花用量比例

刨花种类	产品厚度规格(mm)				
	8	12	16	19	30
表层	55	45	40	35	25
芯层	45	55	60	60	75

表 13-3 表芯层调胶配比(质量比)

原料名称	胶黏剂 (UF65)	固化剂 (20%)	防水剂 (30%)	缓冲剂 (17%)	水	其他
表层	100	1.3	7.5	2.0	50	
芯层	100	12	12	0.6	0	
备注						

(3) 物料平衡计算。刨花板生产的原辅材料平衡计算包括木材、胶黏剂及其他添加剂三个方面的内容。原材料平衡计算的理论根据，是质量守恒定律。凡引入各生产工序(或设备)加工的原材料量，必须等于操作后所得产物和物料损失量之和，如图 13-2 所示。即：

$$q = q' + q''$$

式中：q——进入某工序(或设备)的物料量；
q'——从该工序(或设备)输出的产物；
q''——该工序的物料损失量。

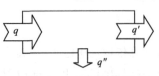

图 13-2 原料损失计算

原料损失率计算如下：

$$\eta = \frac{q''}{q} \times 100\% = \frac{q-q'}{q} \times 100\%$$

各工序的原料损失率有些可以进行理论计算出来，有些则只能通过试验检测出来。设计中可以根据工艺设备的技术水平、材料的质量及管理水平来进行选择。如果已知原料加工后的材料量和材料的损耗率则可以计算出材料进行加工前的材料量，即为材料消耗计算的基本方法。根据下式可以得出工序原料需要量。

$$q = \frac{q'}{1-\eta} \times 100\%$$

物料平衡计算就是根据最终单位产品的总物质量，采用逆序反推法分步计算出各工序的进料量，并最终可得出单位产品和单位时间内各工序的所需的物料量，并列出物料计算平衡总表。此外，物料平衡计算可供设备型号选择和台数计算。

13.5.2 单位体积刨花板成品中原辅材料占有量的计算

1. 木材占有量的计算

按工序计算木材平衡和消耗，确定木材的需要量。

例如设计任务书规定生产三层结构刨花板，素板表层厚为 H_1(mm)，芯层厚为 H_2(mm)，表层密度为 D_a(kg/m³)，芯层密度为 D_b(kg/m³)，原木的组成是杨木占 $X\%$，松木占 $Y\%$，桦木占 $Z\%$。

原料的加权密度计算：

$$d = d_x \times X\% + d_y \times Y\% + d_z \times Z\%$$

表层和芯层刨花用量比例(K_1 和 K_2)可以根据素板中表层料和芯层料的厚度比例及相关密度进行计算，也可参见表 13-3 的经验数据进行选择。

$$K_1 = \frac{H_a \times D_a}{H_a \times D_a + H_b \times D_b} \times 100\%$$

$$K_2 = 1 - K_1$$

刨花板成品包含有木材、胶黏剂和添加剂以及水分部分，那么单位体积产品中木材所占的质量 G_0 按下式计算。

$$G_0 = \frac{D \times 10^3}{(1+M) \times (1+P_1+P_2+P_1 \cdot P_3)} (\text{kg 干木材／m}^3 \text{板})$$

式中：G_0——刨花板内需绝干木材量(实积)，m³干木材／m³板；

　　　D——刨花板的基本密度，g/cm³刨花板；

　　　M——刨花板成品的绝对含水率，可取 $M=5\%\sim8\%$；

　　　P_1——固体施胶率，%；

　　　P_2——固体防水剂施加率，%；

　　　P_3——固体固化剂施加率，%。

2. 胶黏剂及添加剂占有量的计算

胶黏剂及其添加剂在正常生产情况下几乎没有损耗，如果以施胶刨花数量作为需要量的计算基础,其损耗可以忽略不计。此计算只为计算工序能力,便于设备选型。如果进行年材料计算时,则应考虑胶管、胶罐清理及停机等造成的损失,那么胶黏剂损失率按1.2%、各种添加剂均按1%估算。

(1) 树脂需要量的平衡计算

施胶量是指每公斤刨花所需胶黏剂用量。按下列公式计算:

$$g_{01} = G_0 \times K_1 \quad (\text{kg 固体树脂}/\text{m}^3 \text{板})$$

$$g_1 = \frac{G_0 \times K_1}{k_1} \quad (\text{kg 液体树脂}/\text{m}^3 \text{板})$$

式中:g_{01}——每 1m³ 刨花板耗用绝干树脂量,kg 干树脂/m³ 板;

g_1——每 1m³ 刨花板耗用液体树脂量,kg 干树脂/m³ 板;

K_1——每公斤绝干刨花施加的树脂量(施胶量),%;

k_1——胶黏剂的固体含量,%,绝干树脂计算时,取 $k_1 = 1$;

G_0——单位体积刨花板产品中绝干木材所占的质量,kg/m³。

(2) 固化剂占有量计算

固化剂需要量指每公斤绝干树脂所需固体固化剂的数量。按下列公式计算:

$$g_{02} = g_{01} \times K_2$$

$$g_2 = g_{01} \times \frac{K_2}{k_2} (\text{kg}/\text{m}^3 \text{板})$$

式中:g_{02}——每 1m³ 刨花板耗用固体固化剂,kg 液体固化剂/m³ 板;

g_2——每 1m³ 刨花板耗用液体固化剂,kg 液体固化剂/m³ 板;

K_2——固化剂的施加量,一般为 0.5%~1%;

k_2——固化剂浓度,氯化铵一般配制成 20% 的溶液。

(3) 防水剂(固体石蜡)占有量计算

防水剂施加量是指每公斤刨花的需要量。按下列公式计算:

$$g_{03} = G_0 \times K_3 \quad (\text{kg 固体石蜡}/\text{m}^3 \text{板})$$

$$g_3 = G_0 \times \frac{K_3}{k_3} \quad (\text{kg 石蜡乳液}/\text{m}^3 \text{板})$$

式中:g_{03}——每 1m³ 刨花板耗用防水剂(固体石蜡)量,kg 石蜡/m³ 板;

g_3——每 1m³ 刨花板耗用防水剂量,kg 石蜡乳液/m³ 板;

K_3——防水剂施加量,%;

k_3——石蜡防水剂浓度一般乳化成 30% 的溶液。

其他添加剂的消耗量可参照计算。

13.5.3 各工序物料需要量的计算

根据最终产品(砂光板)的木材占有量以及每道工序的损耗率计算出各工序的木材需要量(加工量),计算方法是按生产流程简图的逆方向逐步推算(图 13-3),一般应从砂光板开始进行倒推计算,以单位体积(m³)刨花板为计算基准。

根据材料损失率计算公式可知:

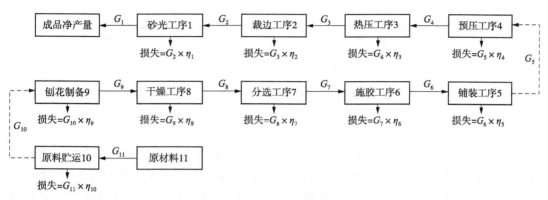

图 13-3 原材料计算平衡图

$$G_2 = \frac{G_1}{1-\eta_1} \qquad G_3 = \frac{G_2}{1-\eta_2} = \frac{G_1}{(1-\eta_2)(1-\eta_1)}$$

依此类推，可以得出如下结论：

$$G_n = \frac{G_{n-1}}{1-\eta_{n-1}} = \frac{G_1}{(1-\eta_n)(1-\eta_{n-1})\cdots\cdots(1-\eta_1)}$$

因此，根据上列公式可以算出任意一道工序所要求的加工量。也可以根据图 13-3 分步骤计算各道工序的加工量。各工序的损耗率可参照表 13-4 所提供数据进行计算。由于工艺、设备技术以及原材料来源的不同等，物料损耗率会有较大差别，设计计算式应根据实际水平及同水平生产线的经验数据进行计算。

表 13-4 物料损失率一览表

物料种类			损失率(%)
木材	加工过程	剥 皮	7.0
		刨花制备	4.5
		干 燥	3.5
		分 选	3.5
		施 胶	0.2
		铺装→横截	0.3
		裁 边	2.3
		砂 光	6.5
	原料种类	工艺木片	0
		薪炭材	1.2
		板皮、板条、截头	10.0
		碎单板	25.0
		废料刨花	17.0
运输			1.0

(续)

物料种类		损失率(%)
其他	树脂(固体)	1.2
	防水剂(固体石蜡)	1.0
	固化剂(固体氯化铵)	1.0

砂光损耗应以产品的规格厚度和毛板的设计厚度作为计算依据,即在保证砂光量的前提下的最小厚度,一般为热压时的工艺控制厚度,其损耗率一般按6.5%计算。对于不同的热压方式,其砂光损失率相差很大。单层热压机16mm规格板的砂光量按1.3mm计算,损失率为7.5%,而多层热压机16mm规格板的砂光量按1.6mm计算,损失率为9.9%,而连续热压机的16mm规格板的砂光量按0.6mm计算,损失率为3.6%。

裁边工序损失也应根据具体情况进行计算,大幅面的单层热压机和连续热压机的裁边损失率相对要低很多,可以根据板坯面积和标准板的规格进行计算。损耗率一般约为2.3%。如果均按单边裁边量2.5mm计算,单幅面多层热压机的损失率为5.87%,双幅面的损失率为4.92%;6幅面单层热压机的损失率为2.68%,连续式单幅宽压机的损失率为4.0%,双幅宽的损失率为2.0%(均按成品规格1220mm×2440mm计算)。

热压和预压的损耗量很小,但考虑废板生产以及不正常生产过程中的回料,刨花板生产回料一般回至湿刨花料仓,因此其损耗率就会大大提高。一般损失率取1%~3%。

气流铺装机由于负压风机会抽走一定量的细刨花和粉尘,其损耗率一般约为0.5%;此外,板坯切割损失按切割宽度(长度方向)0.3m计算,其损失率可达4%;机械铺装机一般约为0.2%。如果考虑回料问题,其损耗率应适当增加。

施胶工序的木材损耗相对比较小,而胶黏剂及其添加剂的损耗会因为停机和交接班设备卫生将会造成一定量的损耗。木材损耗率一般约为0.2%。

分选工序损耗要根据具体工艺进行选择,如果刨花制备质量较差,且粉料和粗大刨花去除或较多,则损耗率将会大幅度增加,其损耗率一般约为3.5%。如果刨花制备质量好,工艺设计合理,其损耗率一般约为0.5%。

干燥工序的损耗与干燥设备性能、生产工艺流程密切关联,此外还需考虑停机及干燥机起火造成的浪费,所以干燥的损耗较高,其损耗率一般约为2%~3.5%。

刨花制备一般采用直接刨片或间接刨片法,其物料的平衡计算均以工段为一个单位,其损耗率一般约为4.5%。如果设有剥皮工序,其损耗率将会更高。

木材搬运及贮存过程中造成的木材损耗,应考虑木材贮存和搬运两个工序的损耗,其损耗率一般约为1.5%。

原料贮存数量一般不少于20天用量。原料堆长一般不宜超过30m,垛间宽度不宜小于1.5m,主通道不小于4m。原料场每隔120~150m应设10m宽的防火道。刨花板生产常用的实积系数见表13-5。

表 13-5 原料实积系数

原料的种类	实积系数	原料的种类	实积系数
直径<30cm 木段	0.6	工厂刨花	0.2
直径≥30cm 木段	0.7	废单板	0.45
枝丫	0.3	锯屑	0.26
板皮、板条	0.5	木片	0.35

13.5.4 单位时间内物料需要量计算

1. 单位时间内木材需要量计算

（1）绝干木材单位时间内需要量计算

绝干木材单位时间内的耗用量是指生产线 1h 内所消耗的干木材总量，可以按体积计算，也可以按重量计算。生产中的原材料总会含有部分水分，且含水率不尽相同，因此生产上要以绝干木材作为计算依据。其计算如下：

$$G_h = G_0 \times q \quad (\text{kg 干木材/h})$$

式中：G_h——完成产品的设计年产量所耗用的绝干木材量，kg/h；

q——小时产量，m³/h；

G_0——每 1m³ 刨花板所耗用的绝干木材量，kg/m³ 刨花板。

（2）含水率为 M 的木材年耗用量计算

$$G_M = G \times \frac{1+M}{1+K_M} = D \times V \cdot \frac{V_s \cdot \gamma_{\text{干}} \cdot K_1}{(1-\eta_1) \cdot k_1} (\text{kg 木材/h})$$

式中：G_M——完成产品设计生产量，所耗用含水率为 M 的木材量，m³木材/h；

K_M——木材体积干缩系数（在多种树种混合使用时，可概略地取算术平均值）；

M——木材含水率（当计算设备台数时，应按各工序的原料或半成品的实际含水率代入上式中），%。

2. 单位时间内其他材料需要量的计算

其他材料在知道刨花板单位体积的需要量及其刨花板单位小时内的产量，那么按下式计算材料单位小时的需要量。

$$G_x = D \cdot g_x$$

式中：G_x——完成产品的设计年产量所耗用的物料量，kg/h；

D——小时产量，m³；

g_x——刨花板的物料耗用量，kg/h。

3. 年物料消耗计算

根据以上单位产品或单位时间内物料需要量的计算结果可以对生产线一年的物料消耗量进行计算，但其中辅助材料的计算应计算出化工原料的需要量。那就是应根据胶黏剂的年消耗量计算出尿素和甲醛的消耗量，根据防水剂的年消耗量计算出石蜡及其乳化剂的消耗量等。

13.5.5 编制物料平衡计算总表

根据以上计算出的单位体积刨花板的绝干木材消耗量和每道工序所需原料及化工原料的数量，并根据设计产量计算出了生产线单位小时内的材料消耗量。其中木材包括干材和湿材的质量、胶黏剂包括原胶的液体原胶和固体原胶的质量，其他添加剂的需要量也包含了固体和液体两种状态的重量。最后将上述计算结果列入表13-6至表13-8中，以便后面进行设备选型。

表13-6 木材物料平衡计算表

序号	工序名称（工段名称）	单位体积成品的耗材量（kg 干木材/m³ 刨花板）	单位时间耗材量(kg/h)		备注
			绝干材	湿材	
1	剥皮				
2	削片				
3	刨片				
4	干燥				
5	施胶 表层 芯层				
……					

表13-7 化工原料平衡计算表

序号	种类	单位体积成品的耗用量（kg/m³ 刨花板）	单位时间耗用量(kg/h)		年消耗量(t)	
			固体	液体	固体	液体
1	胶黏剂					
2	固化剂					
3	防水剂					
4	缓冲剂					

表13-8 各物料的年消耗总表

物料名称	木材		胶黏剂		固化剂	防水剂		缓冲剂
	质量(t)	体积(m³)	尿素	甲醛	氯化铵	石蜡	油酸	氨水
备注	绝干		固体	37%液体	固体	固体	液体	液体(含乳化)

13.6 设备选型

13.6.1 设备选型原则

在拟制了生产工艺流程和编制了技术经济指标以及物料平衡计算以后，根据各工序单位时间内的物料消耗量确定所需设备的加工能力要求进行设备选择与计算出所需要的台数。设备选型应根据生产规模、投资规模、厂区厂房情况、技术要求、工艺要求及配套情况等因素进行选择。设备类型直接关系到投产后能不能正常生产，产品质量、产量，以及操作条件的好坏等。不当的选择包括有：①设备产能不配套，导致生产线出现瓶颈，无法达到设计产能；②设备技术水平不配套，将会导致高性能设备无法发挥其先进水平，且浪费投资；③关键设备技术落后，将会导致产品质量严重滞后市场要求等。

怎样才能选好设备，大致可以参考以下几项原则：

(1) 在满足工艺要求的前提下，设备应技术先进、工作可靠，结构紧凑，操作与维修简便，经济合理。

(2) 关键工序的关键设备必须保证全线技术水平和制造水平一致，次要的辅助设备在工作可靠的前提下，可以考虑其他相应设备配套。

(3) 投资比例大的关键设备一定要尽量提高设备利用率，否则经济效益差，投资少的设备可以适当降低设备利用率，保证剩余时间或降低设备运行速度，以保证设备完好率。

(4) 技术管理方便，生产效率高，能耗低，占地面积小。

(5) 设备的生产能力与台数应选择恰当，合理配备设备台数，除备料段外，一般选择单机生产。备料段设备要考虑换刀时间和维护保养时间，但台数也不可太多，以便提高设备利用率与节约投资。

13.6.2 设备数量和效率计算

根据前面各工序的材料需要量的计算结果，结合设备技术参数及工艺需要选定相应的生产设备。在设备选型确定后，可根据该相应设备的加工能力(技术参数)及工序的需要量来确定设备的数量。计算时应根据不同设备提供的生产能力与工序需要量计算单位并换算一致。一般按单位小时计算。

1. 设备需要量计算

工序单位小时加工物料量计算出台数(N_1)：

$$N_1 = \frac{G_i}{G} (台)$$

式中：N_1——设备的计算台数，台；

G_i——在生产工艺过程中，该设备所需加工的物料量，kg/h 或 m³/h；

G——所选用设备的小时生产能力，一般可以根据设备产品样本或使用说明书中查得，也可通过公式计算（不宜多采用此法），kg/h 或 m³/h。

2. 设备效率计算

按照上式计算出的设备台数往往不是整数，需要将其修正为整数，有时为了具有一定的备用量，也需要增加一台，因而必须核算设备的效率（即设备的负荷系数）。

$$\eta = \frac{N_1}{N} \times 100\%$$

式中：N——实际使用的设备台数，台；

η——设备效率，%。

如设备的效率太低，可以通过更改该设备所在工序的工作班制，或变更其中部分设备的工作班制，以提高设备的效率，但是，此方法不要轻易采用，以免劳动组织困难，生产管理紊乱。

一般情况下，刨花板设备的制造厂家都会提供设备的生产能力及其他技术参数指标。如果遇到所选用设备的技术资料不完善，查不到单机生产能力时，也可根据设备相关技术参数进行计算产能，计算办法可查阅人造板设备的相关书籍资料，也可根据同类型设备的技术参数进行推算。

13.6.3 贮存空间计算

1. 料仓体积计算

刨花板生产中，料仓主要包括有木片贮存、湿刨花贮存和干刨花贮存三类，而料仓又可有立式料仓、卧式料仓和地面堆放形式。根据生产特点，一般要求木片料仓的贮存量可以保证 1~2 班的生产需求量，而湿刨花料仓的贮存量可以满足 3~5h 的生产需要，干刨花料仓可以满足 2~3h 的生产需要量。生产设计中也可根据备料设备的运转可靠性可生产管理选择贮存量。例如日产 1500m³ 进口生产线的削片木片料仓为 4×430m³、刨片机的木片供料料仓为 170m³ 和 100m³ 各一个。湿刨花料仓为 300m³、170m³ 料仓和一个 170m³ 回料料仓，表层刨花料仓为 200m³，芯层刨花料仓为 300m³。各料仓的体积根据物料的堆积密度和贮存时间进行计算。

$$V = \frac{q \times t}{n \times \gamma \times K} \times 100\%$$

式中：V——料仓体积，m³；

q——工序物料需要量，kg/h；

t——物料缓冲贮存所要求的时间，h；

n——料仓的并行数量；

γ——物料的堆积密度，kg/m³；

K——料仓充实系数，取 0.8。

2. 板材贮存计算

板材贮存主要指半成品的中间贮存和成品贮存，而中间贮存要求不少于 72h 的贮存空间，成品贮存要求不少于 10~15d 的贮存量要求。其贮存所需仓库面积应根据板材的堆放高度进行计算，计算如下：

$$S=\frac{q\times t}{1.22\times 2.44\times H\times K_1\times K_2}$$

式中：S——仓库面积，m^2；
　　　q——板材产量，m^3/h；
　　　t——板材贮存所要求的时间，h；
　　　H——板垛高度，m；
　　　K_1——高度有效系数，取 0.9；
　　　K_2——仓库容积系数，取 0.7，有轨运输取 0.8。

13.7　车间设计布置

车间设计布置是指根据所选设备的型号、数量及生产工艺流程，按照车间设备布置的要求进行布置设计。一般图纸深度应根据设计的阶段要求进行，方案设计可以用框图的形式表述，而扩初设计则应根据设备的外形尺寸、安装尺寸及设备的外形轮廓进行粗略表述，而施工图设计应在初步设计的基础上进行更加详细的布置设计。

13.7.1　车间布置的要求

在确定了生产流程及设备型号、规格、数量后，便可着手绘制车间布置图，车间布置的合理与否，不但影响基本建设投资费用，而且影响投产后的生产管理效率、生产的经济性、环境卫生与安全等。因此，布置图设计是一个极复杂细致的工作，因此车间布置设计应作一些基本的原则性要求。

(1)保证生产设备按工艺流程的顺序配置，在生产安全及良好的环境卫生前提下，应尽量节约厂房面积与空间。

(2)车间通道应保证物流运输通畅、操作管理方便、信息交流便捷以及工作人员在紧急情况下能快速安全疏散。

(3)车间采光与通风保证各个操作岗位应有最佳的劳动条件，尤其要注意刨花制造工段的噪声影响，而干燥段的设备防火应尽量独立布置。

(4)厂房结构既要简单紧凑，经济合理，又要为生产发展与技术改造创造有利条件。

13.7.2　车间布置的原则

为满足车间布置的要求，车间布置设计应遵循如下原则：

(1)各个工序的设备布置要顺流程前进，生产流水线要呈链状排列，无交叉排列现象，并尽可能利用自流输送，力求气流输送管路最短。刨花板生产车间的工艺布置有多种形式，常见的有直线型、U 型、L 型、E 型等，如图 13-4 所示。由于生产工艺的特点不同，以及物料的输送的需要，某些工段会有高低布置或曲折布置等。

(2)设备方位的布置，应尽量使工人背窗，免受光线直射。

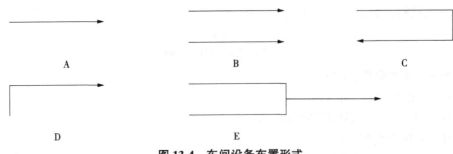

图 13-4　车间设备布置形式

(3) 相互关联的设备，应彼此靠近，并保持正常运转所必需的间距，设备与设备之间或设备与墙之间的距离，既要力求紧凑，又要保证操作、维修及交通方便与安全。

(4) 设备布置的间距应当考虑行人方便、运输无碍、便于管理等方面进行考虑。

设备布置的最小间距可按设计部门的定额或经验数据确定，一般应从以下几方面进行考虑，并结合具体情况增减。

①人行通道、消防通道及安全应急通道的距离；
②设备维护维修所需的最小距离；
③原料及产品运输所需要的安全距离；
④设备与建筑物之间的最小间距。

每个厂房或车间的出入口，不应少于两个，宽度合适，车间门通常布置在与通道连接的地方，以便于交通运输和人员应急疏散。

车间通道包括纵向通道和横向通道，单行通道宽度不宜小于 2m，双行通道宽度不宜小于 3m，当车间为双线双机布置时，纵向通道最好设在中间；若为单线布置时，则纵向通道可设在两旁，车间的横向通道应沿车间纵向每隔 50m 设一条，其宽度与纵向通道的宽度相同。

刨花板车间通常为单层建筑，局部工段为两层或三层建筑。有楼层的工段要求设置楼梯，如果有楼层的建筑部分长度超过 50m，必须设置两个楼梯，一主一辅，主要楼梯的宽度为 1.2~2.2m，坡度一般为 30°，供 10 人以下的专用楼梯的宽度，应不小于 0.6m。

(5) 设备布置在满足工艺要求的同时，要尽量符合建筑模数制的要求。

生产厂房的柱网选择可以为等跨等距的均布结构，也可以根据实际情况选择不等的跨距或柱距，但柱网尺寸选择应符合《厂房建筑模数协调标准》。例如：在单层厂房中，当跨度在 18m 以内时，采用 3m 的倍数，即 6m、9m、12m、15m、18m 等。当跨度大于 18m 时，则采用 6m 的倍数。而单层工业厂房设计主要采用装配式钢筋混凝土结构体系，基本柱距为 6m。当结构为砖混体系时柱距应当小于 4m，可以为 3.9m、3.6m、3.3m 等。必须指出，如果总是根据生产工艺和设备、运输及生产条件等方面的要求，无法遵守建筑模数的规定，仍强求遵循这一规定，反而不合理、不经济，则应按具体情况处理，不受模数制的约束。

(6) 车间生活间的设置，要求做到使用方便、经济而又符合清洁卫生的要求。生活间的组成，视车间性质的大小而定，一般包括：更衣室、存衣室、厕所、浴室、吸烟

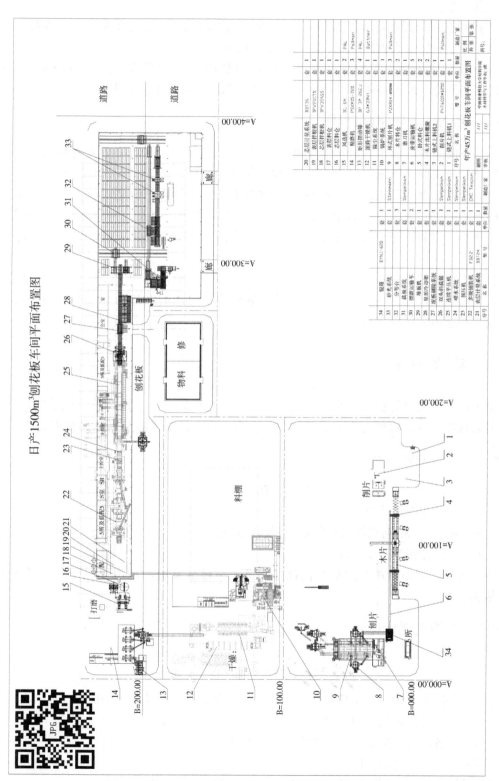

图13-5 刨花板车间平面布置图

室和休息室等。

(7) 刨花板车间备料工段噪音大，最好与其他工段隔开；刨花干燥工段温度高，如用热风干燥，有发生火灾的危险，应与其他工段隔开。

(8) 生产出的成品往往需要在车间内堆放一段时间，并且裁边后的板子必须堆放一段时间才能砂光，所以车间内要考虑有足够的面积供成品和半成品堆放。

13.7.3 绘制车间平面布置图

根据车间布置的要求和原则，对生产线进行合理分区，一般可分为备料工段、制板工段及砂光工段，如图13-5所示。原则上刨花制备段、刨花干燥和刨花加工段、制板和砂光段实行分区段布置。一般施胶之前的工序或工段由于设备噪声大、粉尘多及安全防火的要求，可以设计为敞开或半敞开式的厂房结构(棚式)，而料仓一般为露天布置，制板工段和砂光工段一般采用封闭式厂房，且车间的通风采光要求应符合相关要求。

根据生产工艺特征和设备尺寸与建筑师共同协商和确定车间的总体尺寸和柱网尺寸绘制厂房的基本尺寸图，然后进行设备布置设计。与此同时应考虑安全通道、运输通道及人行通道、门窗等位置的设计。

13.8 动力部分

动力部分主要是计算电力和蒸汽消耗，本专业毕业设计，不进行热、电平衡计算，仅按经验数据估计，以便对供电、供汽提出要求，为选择变压器及锅炉提供依据。

13.8.1 蒸汽消耗量估算

$$Z = A \cdot D \quad (t/a)$$

式中：Z——年蒸汽消耗量；

A——生产$1m^3$刨花板消耗的蒸汽量，t/m^3板；

D——刨花板生产量，m^3/a。

设计时应了解车间蒸汽的平均消耗量，最大消耗量及蒸汽压力，以便为选择锅炉提供依据。

13.8.2 电能消耗计算

$$W = K \cdot \frac{\sum P}{\eta} \cdot T \quad (kW \cdot h)$$

式中：K——需要系数，因电机在生产时不是同时运行，一般取0.5~0.75；

$\sum P$——车间装机容量，kW；

η——各电机平均效率，一般为0.75~0.92；

T——年工作时数，h。

在选择变压器时应考虑照明。生活用电和各电机的平均功率因素。

13.9 车间定员

13.9.1 生产一线人员

1. 主操作工

主操作工的配置应根据生产线的岗位设置情况进行合理配置，主要设备和关键设备的人员应该配置充足。一线工作人员均按每天 4 班(一班轮修)进行安排，主要岗位配备 2~3 人，次要岗位配备 1 人。

2. 辅助人员

辅助人员包括机械和电器设备的维修维护人员、运输及领班人员等。

机械值班修理 1 人/班，电器值班修理 1 人/班，带班人员 1 人/班。叉车运输每车 1 人。

13.9.2 技术及管理人员

车间管理人员应配备有车间主任、副主任及技术工程师、生产统计员等。

13.10 生产技术指标

生产技术指标是衡量一条生产线的工艺设计的一个重要指标，它反映出一条生产线的工艺流程设计是否合理、设备选型是否恰当、配套设备设施是否科学等方面。尽管它与企业的实际运行存在差别，但是生产技术指标与企业的经济运行指标息息相关。因此在进行生产工艺设计时，应保证生产技术指标不能低于行业标准，否则将会不利于企业的生存和发展。

13.10.1 小规模刨花板厂的技术经济指标

小规模刨花板企业投资小，资源及能源消耗少，生产灵活，但资源利用率低，设备技术相对落后，劳动生产率低，其生产成本相对较高。其主要经济技术指标见表 13-9。

表 13-9　年产 30 000m³ 刨花板的技术经济指标

序号	名称		单位	指标	备注
1	原材料消耗	木材	m³/m³	1.4~1.5	
		脲醛树脂	t/a	2310	100%固体
		石蜡(固体)	t/a	230	
		氯化铵	t/a	23	
2	电耗		度/m³	170	

(续)

序号	名称	单位	指标	备注
3	主要设备台数	台	71	
4	装机总容量	kW	2142	
5	生产用水量	t/h	3~3.5	
6	生产用汽量	t/h	6.5	
7	车间在册人员 工人	人	117	
	技管人员	人	11	
8	车间建筑面积	m²	5600	
9	劳动生产率	m³/(人·a)	256	
10	单位成本	元/m³	300	
11	车间投资估算	万元	870	
12	年工作日	d	280	

13.10.2 大规模刨花板厂的技术经济指标

大规模刨花板企业投资大，资源及能源消耗多，投资条件要求相对较高，但资源利用率高，设备技术先进，劳动生产率高，规模效益明显，生产成本相对较低。其主要经济技术指标见表 13-10。

表 13-10 年产 30 万 m³ 主要技术经济指标

序号	名称		单位	指标	备注
1	生产能力	16mm 标准板	m³/d	1000	普通刨花板
2	产品规格	幅面	mm	1220×2440 等	
		厚度	mm	6~40	计算厚度 16mm
		密度	kg/m³	610~790	计算密度 680kg/m³
3	工作制度	年工作日	d	300	
		日工作班数	班	3	
		日有效工时	h	22.5	
4	木材消耗		t/a	233 880	绝干量
5	辅助材料消耗	脲醛树脂	t/a	17 250	固体树脂含量 66.5%
		石蜡	t/a	1020	
		硫酸铵	t/a	420	
		氨水	t/a	255	
		润滑油	L/a	9000	
		硬脂酸	t/a	90	

(续)

序号	名 称	单 位	指 标	备 注
6	水、电、气、热消耗 用水量	m^3/h	3.5	$P=0.3MPa$
	用热量	GJ/h	180	
	压缩空气量	Nm^3/min	58	$P=0.6MPa$
	装机容量	kW	11 545	
7	生产线车间建筑面积	m^2	17 906	
8	生产线定员 生产工人	人	200	
	技管人员	人	18	

13.11 设计说明书内容及格式要求

1. 绪论
   1.1 我国刨花板发展现状及前景分析
   1.2 项目设计厂址选择及相关情况
2. 生产大纲
   2.1 生产纲领
       产品类型：普通刨花板
       生产规模：_____万 m^3/年，或者_____m^3/d(按砂光后成品板计)
       产品幅面：可选择：915mm×1830mm，1220mm×1830mm，
       　　　　　1220mm×2440mm，1220mm×3050mm
       　　　　　(设计时选择计算幅面为 1220mm×2440mm)
       厚度范围：6~40mm(设计时选择计算厚度 16mm 或者 19mm)
       密度范围：600~790kg/m^3(计算密度 680kg/m^3)
       产品质量：内销符合中华人民共和国国家标准—刨花板(GB/T4897.1~
       　　　　　4897.7—2013)第 2 部分，外销符合欧洲标准 EN312：2003 P2
       　　　　　型刨花板。
       产品用途：家具制造与室内装修等。
   2.2 工作制度
       年工作日：300 天
       日工作班数：4 班(一班轮休)
       日有效工时：22.5h(每班按 7.5h 计算)
   2.3 原料来源及组成
       说明原料的主要来源及种类。
3. 生产工艺设计
   3.1 生产工艺流程
       根据设计方案，将优化后的工艺流程用框图表示出来。

3.2 各工序工艺简介

根据3.1的工艺流程设计方案，对主要流程的作用及工艺要求进行简要说明。

4. 设计计算

4.1 确定和验算生产能力

根据流程设计时选用的生产方法，对生产能力进行校对复核。

4.2 原辅材料计算

根据流程图及生产设计能力，对各工序所需加工的材料量进行计算。

5. 设备选型及计算

5.1 设备选型及台数计算

根据各工序所需加工的材料量及确定的生产技术水平，对设备进行选择，包括设备的型号及数量，并要求计算设备的利用率，以确定设备选择的合理性。

5.2 设备明细表

根据5.1的计算和选择结果，将所有设备的名称、型号、数量、外形尺寸、功率及设备制造厂家进行列表。

6. 车间平面布置与厂总平面布置

6.1 主要分区

为了便于生产管理和生产组织，可将整个生产过程中的工序进行分段（工段），并进行理由及目的说明。

6.2 对外出入口

车间和厂区的对外出入口的设置的依据进行简要说明。

6.3 厂区道路和消防通道

厂区道路及消防通道的设计应该符合相关规定。说明设计依据及理由，分清主干道路及分支道路。

6.4 绿化

厂区绿化要求符合相关要求，人造板企业应在考虑绿化效果的同时，还需考虑植物对厂区环境的净化作用。

7. 车间定员

7.1 操作人员列表

根据生产需要，对各工序的生产员工进行分工合作的前提下，确定操作岗位的人员数，包括班长、工段长及维修维护人员，然后将每班定员数进行列表说明。

7.2 生产管理人员列表

生产管理人员包括车间负责人、技术人员、生产统计人员等。

8. 主要经济指标

经济指标计算一般由专门的财会人员来进行。

8.1 投资估算

8.2 生产成本计算

  8.3 年产值
  8.4 年利税
  8.5 劳动生产率
  8.6 主要技术经济指标一览表
结　论
参考文献

本章小结

  刨花板生产车间设计是为新线建设和老线改造提供技术依据，工艺的科学性和设备的适用性是生产线成功运转的关键，它是工厂设计的主体部分。生产线设计包括初步设计、扩初设计和施工图设计三个过程，包括工艺流程设计和工艺设计计算、设备选型和设备布置两部分主要内容，动力消耗及人员配备等内容是为其他相关部门提供技术参考。生产线设计是根据可行性研究或市场研究成果所确定的产品规模、工艺技术和设备水平以及原材料和厂址状况等，对生产过程中的各工序的原辅材料的需要量进行理论计算，并根据工序的原辅材料的需求量进行设备的选型和数量确定，然后根据工艺流程、设备参数和数量等对设备进行合理布置设计。设备布置设计既要考虑设备的衔接，还要考虑设备的维修维护空间、人员通行的安全便利、运输通道的通畅合理，同时还应节省空间，降低成本等。

思考题

1. 刨花板车间工艺设计的内容和要求是什么？
2. 简述设备布置的要求和原则。
3. 车间定员包括哪些内容？
4. 设备选择应考虑哪些内容？什么是设备利用率？
5. 胶黏剂、固化剂及防水剂用量计算的依据是什么？
6. 车间厂房和住宅区布置应考虑哪些问题？

参 考 文 献

安银岭. 植物化学[M]. 哈尔滨：东北林业大学出版社, 1996.
陈剑平, 胡广斌, 等. 世界定向刨花板生产能力现状[J]. 科技论坛, 2012(21)：217.
陈志林, Zhiyong Cai, 等. 美国阻燃人造板研究现状与应用[J]. 中国人造板, 2009(4)：6-10.
成俊卿. 木材学[M]. 北京：中国林业出版社, 1985.
东北林学院. 刨花板制造学[M]. 北京：中国林业出版社, 1981.
董仙. 宽带砂光机的设计和发展[J]. 木工机床, 1996(1)：12-20.
范新强. 刨花干燥设备的制造与使用[J]. 中国人造板, 2009(6)：23-26.
冯长富, 王守祥. 人造板喷蒸试验压机简介[J]. 木材加工机械, 2001(4)：23-24.
顾继友, 胡英成, 等. 人造板生产技术与应用[M]. 北京：化学工业出版社, 2009.
顾继友, 李道安, 等. 石蜡乳液制备工艺研究[J]. 东北林业大学学报, 1991(6)：61-66.
顾继友. 刨花板生产物料流量计算与控制[J]. 林产工业, 1994, 21(2)：23-25.
顾继友. 试析石蜡乳化技术[J]. 建筑人造板, 1991(2)：15-17.
顾炼百. 气流干燥的原理、设计及应用[J]. 木材加工机械, 1991(2)：35-37.
郭红英. 分级式铺装机在刨花板生产中的应用[J]. 中国人造板, 2009(4)：24-28.
韩立超. 刀轴式刨片机在轻质刨花板生产中的应用[J]. 木材加工机械, 1996(3)：22-24.
何泽龙. 喷蒸热压新工艺技术及其在国内外人造板工业中的应用开发[J]. 林产工业, 2005, 32(1)：10-12.
贺宏奎, 李黎. DMC公司及其砂光机[J]. 木材工业, 2001, 15(1)：33-34.
胡广斌. 世界刨花板生产能力发展概况[J]. 林产工业, 2011, 38(3)：44-46.
胡伟, 乔宗明, 等. 纤维板连续平压机热压工艺的研究[J]. 南京林业大学学报（自然科学版）, 2011, 35(6)：151-154.
华毓坤. 人造板工艺学[M]. 北京：中国林业出版社, 2002.
华毓坤. 改变观念迎接21世纪的挑战[J]. 林产工业, 1999, 26(1)：9-10.
华智元. BF178矩形摆动筛平衡系统的研究[J]. 林业机械, 1994(3)：15-17.
宦铁兵. 刨花板生产用环式刨片机的使用与维护[J]. 中国人造板, 2009(6)：26-28.
黄律先. 木材热解工艺学[M]. 北京：中国林业出版社, 1996.
贾晋民, 张容怀, 等. 失重流量计及其电脑施胶自动控制系统[J]. 林产工业, 2001, 28(2)：40-41.
蒋汉文. 热工学[M]. 北京：高等教育出版社, 1993.
雷亚芳. 板坯含水率对刨花板热压过程中传热的影响[J]. 木材工业, 2006, 20(6)：20-22.
李道埔. 圆形摆动筛运动轨迹的理论分析[J]. 木材加工机械, 1990(4)：9-12.
李坚, 等. 木材科学[M]. 2版. 北京：高等教育出版社, 2002.
李黎, 郭建方. IMEAS公司及其砂光机[J]. 木材工业, 2001, 15(5)：37-38.
李武钢. 阻力系数和物体质量对斜抛运动影响的数值分析[J]. 广西师范学院学报, 2006, 23(2)：112-115.

李孝军,王素俭,等.浅谈刨花板生产中几种刨花筛选设备[J].林业机械与木工设备,2009,37(2):39-41.

刘波.连续平压热压机的发展[J].中国人造板,2005(11):5-7.

刘一星,赵广杰.木质资源材料学[M].北京:中国林业出版社,2004.

刘正添,王洁瑛,等.影响刨花板热压传热过程因素的研究[J].北京林业大学学报,1995,17(2):64-71.

龙晓凡,甘雪菲.人造板板坯预热及热压工艺研究[J].林业机械与木工设备,2011,39(7):4-6.

罗伯特·路德,董双文.提高刨花板生产质量的关键环节[J].林产工业,2004,31(6):43-45.

马铨英.介绍一种新型的刀环式万能刨片机[J].木材加工机械,1987(4):35-36.

美卓公司人造板部.带冷却段的中密度纤维板连续压机[J].林产工业,2002,29(2):48-50.

南京林产工业学院.木材干燥[M].北京:中国林业出版社,1981.

南京林产工业学院.木材切削原理与刀具[M].北京:中国林业出版社,1987.

欧阳林.连续平压热压机[J].木材工业,1998,12(1):42-44.

潘启立,赵生贵.刨花板用胶生产工艺的改进[J].林业科技,1998,23(4):43-45.

沈毅,王新男.大型刨花板备料工段设备研发[J].中国人造板,2012(6):17-21.

沈学文.刨花矩形摆动筛的结构与使用[J].中国人造板,2010(4):25-58.

谭长敏,李维邦.矩形摆动筛运动原理浅谈[J].木材加工机械,1992(1):12-16.

唐永裕.刨花制造工艺与设备[J].林产工业,1982,9(3):21-30.

唐忠荣.人造板制造学(上下册)[M].北京:科学出版社,2015.

唐忠荣.单鼓轮长材刨片机的理论研究[J].林业机械与木工设备,2002,30(11):7-9.

唐忠荣,李素珍.刨花板外观质量缺陷分析及对策[J].林产工业,2005,32(6):25-28.

唐忠荣,刘欣,张士成.木材工业工厂设计[M].北京:中国林业出版社,2010.

唐忠荣,谢芳.人造板热压方法比较分析[J].林业科技,2006,31(3):50-52.

唐忠荣,喻云水.气流铺装机的技术改进[J].林业机械与木工设备,2002,30(9):17-19.

唐忠荣,喻云水,等.人造板磨削机理及磨削缺陷分析[J].林业机械与木工设备,2003,31(10):18-21.

唐忠荣,郑欣群,等.刨花板板坯在热压生产过程中反弹力研究[J].林业科技,2005,30(3):47-49.

唐忠荣.刨花板生产的热压工艺分析[J].木材工业,2005,19(5):31-33.

汪晋毅.刨花板滚筒式干燥机的特性分析[J].木材工业,2012,26(2):51-54.

王天佑,陈坤霖.我国中密度纤维板机械制造技术的发展[J].中国人造板,2012(1):6-8.

王垠,张爱莲,等.帕尔曼环式刨片机使用与维修点滴[J].林业科技情报,1994(1):15-16.

王英,臧洪伟.CS3型分级筛使用效果分析[J].林业机械与木工设备,2010,38(8):38-39.

王志同.三通道刨花干燥机刨花干燥过程自动控制系统初探[J].木材工业,1993,7(2):23-27.

文博.双钢带连续平压纤维板生产线(DBP-4C系列)通过新产品鉴定[J].中国人造板,2011(5):43.

吴季陵.几种原木剥皮机械性能概述[J].林业机械与木工设备,1998,26(1):4-7.

吴培国.刀轴式刨片机与传统刨花制备工艺的对比[J].林产工业,1995,22(3):34-36.

吴新泉,罗裕明,等.人造板多层热压机[M].北京:中国林业出版社,1985.

吴章康,周定国,等.木质人造板剖面密度分布的意义与研究进展[J].木材工业,2001,15

(4): 3-5.

习宝田,王庭晖.木材磨削与磨削设备(四)——宽带砂光机的种类及选用[J].木材工业,1997,11(4): 23-24.

向仕龙,蒋远舟.非木材植物人造板[M].2版,北京:中国林业出版社,2008.

向仕龙,李赐生.木材加工与应用技术进展[M].北京:科学出版社,2010.

向仕龙,李远幸.干法蔗渣中密度纤维板热压工艺的研究[J].林产工业,1996(2): 5-7.

熊建军,郑凤山.分级式铺装机的结构及其使用[J].中国人造板,2011(4): 17-20.

熊建军.机械与气流混合式铺装机的结构[J].中国人造板,2010(11): 19-25.

熊建军.气流式铺装机的类型与结构[J].中国人造板,2010(12): 20-22.

徐迎军,李道育.人造板宽带砂光机发展历程、现状与发展趋势[J].中国人造板,2012(9): 26-28.

杨伦,谢一华.气力输送工程[M].北京:机械工业出版社,2006.

杨世铭,陶文铨.传热学[M].3版.北京:高等教育出版社,1998.

意大利意玛公司.动力喷蒸系统在澳大利亚再次获得成功[J].中国人造板,2011(3): 47.

尹思慈.木材学[M].北京:中国林业出版社,1996.

张荣其,罗丽萍.我国现有人造板连续压机的调查与分析[J].中国人造板,2010(9): 7-10.

张荣其.双钢带连续压机的基本组成、要求和工作原理[J].中国人造板,2011(10): 19-22.

章鑫才.盘式削片机设计[J].木材加工机械,1987(3): 1-11.

赵仁杰,喻云水.木质材料学[M].北京:中国林业出版社,2003.

郑凤山.刨花板生产的发展历程及趋势[J].中国人造板,2009(3): 26-30.

郑凤山.刨花板生产的刨花制备[J].中国人造板,2009(3): 26-30.

郑国生.颗粒物料气流干燥的数学模型[J].北京农业工程大学学报,1994,14(2): 35-42.

中国林科院木材工业研究所.人造板生产手册(上下册)[M].北京:中国林业出版社,1981.

中国林学会木材工业学学会论文集(1).新技术革命对木材工业影响的展望[J].林产工业,1988.

中国林学会木材工业学学会论文集(2).刨花板应用技术[J].林产工业,1988.

周定国,华毓坤.人造板工艺学[M].北京:中国林业出版社,2011.

周贤康.水泥刨花板化学助剂的选择[J].林产工业,1999,26(5): 3-6.

朱典想,王正.连续平压热压机的进展[J].林产工业,2003,30(5): 14-18.

朱奎,张美正.气流分选在非木质刨花板生产中的研究[J].木材加工机械,1992(3): 17-20.

朱正贤.木材干燥[M].2版.北京:中国林业出版社,1992.

[德]F.F.P.科尔曼,等.木材与木材工艺学原理(人造板部分)[M].北京:中国林业出版社,1984.

Marius Barbu, Dieter Hoepener, Helmut Roll,等.带冷却段的中密度纤维板连续压机[J].林产工业,2002,29(2): 48-51.

Ben Y X, Kokta B V, et al. Effect of chemical pretreatment on chemical characteristics of steam explosion pulps of aspen[J]. Journal of Wood Chemistry and Technology, 1993, 13(3): 349-369.

Berge A, Mellegard B. Formaldehyde emission from particleboard-a new method for determs ination[J]. Forest Prod, 1997, 29(1): 21-25.

Celeste M C. Pereira high frequency heating of medium density fiberboard(MDF): Theory and experiment[J]. Chemical Engineering Science, 2004, 59: 735-745.

Felby C, Pederson L S, Nielsen B R. Enhanced auto adhesion of Wood fibers using phenol oxidizes[J]. Holzforsehung, 1997, 51(3): 281-286.

Hata T, Tsukuba A, Subiyanto B, et al. Production of particleboard with steam-injection Ⅱ. Temperature behavior in particle mat during hot-pressing and steam-injection pressing[J]. Wood Science and Technology, 1989(23): 361-369.

Han G P, Kawal S, Umemura K, et al. Development of high-performance UF bonded reed and wheat straw medium-density fiberboard[J]. Journal of Wood Science, 2001(47): 350-355.

Hsu W E, Schwald W. Chemical and Physical changes required for producing dimensionally stable wood based composites[J]. Wood Science and Technology, 1988(22): 281-289.

Hiroshi I, et al. Mechanical properties of wood ceramics: a porous carbon material[J]. Journal of Porous Materials, 1999(6): 175-184.

Sekino N. Thinknesss welling and internal bond strength of particleboard made from steam pretreated particles[J]. Mokuzui Gobkaishi, 1997(12): 78-82.

Subiyanto B, Kawai S, Sasaki H. Curing Conditions of Particleboard Adhesives. Optimum Condition of Curing Adhesive in St eam Injection Pressing of Particleboard[J]. Japan Wood Research Society, 1989, 35(5): 424-430.

Umemura K, Kawai S, Ueno R, et al. Curing Behavior of Wood Adhesive under High-pressure Steam. Urea Resin[J]. Japan Wood Research Society, 1996, 42(1): 65-73.